BUILDING CONSTRUCTION
TECHNOLOGY

建筑工程
施工技术

冯超◎主编

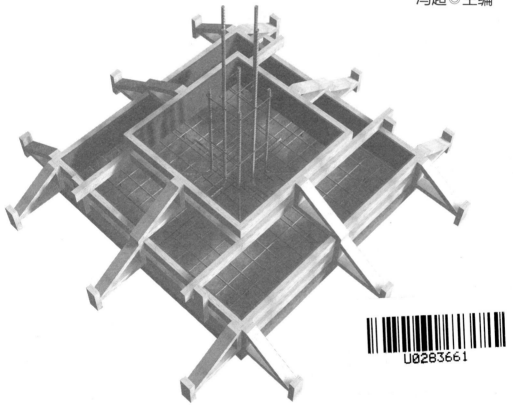

U0283661

清華大学出版社
北 京

内 容 简 介

本书按照国家最新的相关规范和规程编写,力图反映国内外先进的施工技术水平,内容尽量符合施工现场的实际需要,并结合实际情况解决工程施工中涉及的技术问题。全书共分为 10 章,主要内容包括土方工程施工、地基处理方式、基础工程、钢筋混凝土工程、钢筋混凝土主体结构工程、预应力混凝土施工、砌筑工程、防水工程、装饰工程以及外墙保温工程等。

本书可以作为土建类高职高专建筑工程技术、工程监理、工程造价、建筑工程管理等专业相关课程的教材,还可以作为工程技术人员的参考资料和培训教材。

图书在版编目(CIP)数据

建筑工程施工技术/冯超主编. —北京:清华大学出版社,2018(2024.7 重印)
ISBN 978-7-302-48618-3

Ⅰ. ①建… Ⅱ. ①冯… Ⅲ. ①建筑工程-工程施工 Ⅳ. ①TU74

中国版本图书馆 CIP 数据核字(2017)第 256923 号

责任编辑:赵益鹏
封面设计:李召霞
责任校对:赵丽敏
责任印制:刘 菲

出版发行:清华大学出版社
　　　　　网　　　址:https://www.tup.com.cn,https://www.wqxuetang.com
　　　　　地　　　址:北京清华大学学研大厦 A 座　　　　　邮　　编:100084
　　　　　社 总 机:010-83470000　　　　　　　　　　　　邮　　购:010-62786544
　　　　　投稿与读者服务:010-62776969,c-service@tup.tsinghua.edu.cn
　　　　　质量反馈:010-62772015,zhiliang@tup.tsinghua.edu.cn
印 装 者:三河市龙大印装有限公司
经　　销:全国新华书店
开　　本:185mm×260mm　　　印　张:25.5　　　字　数:664 千字
版　　次:2018 年 2 月第 1 版　　　　　　　　　印　次:2024 年 7 月第 7 次印刷
定　　价:72.00 元

产品编号:077026-03

前 言

"建筑工程施工技术"是高职高专土木建筑相关专业开设的一门主干技术课程,主要任务是研究土木工程施工中各主要工种的施工工艺、施工技术和施工方法。建筑施工技术实践性和综合性强、社会性广、新技术发展快、施工方法更新快,必须结合实际情况,综合解决工程施工中的技术问题。建筑施工技术涉及有关学科的综合运用,因此本书力求:拓宽专业面,扩大知识面,以适应发展的需要;综合运用有关学科的基本理论知识,以解决工程实际问题;理论联系实际,以应用为主。

本书以一般民用建筑与工业建筑的施工技术为主,主要的施工工艺、施工技术和施工方法均按新规范要求编写,强调了保证施工质量、质量验收、安全生产措施等。本书共分为 10 章,具体内容如下。

第 1 章主要介绍土方工程的基本知识、土方工程量的计算与调配方法、测量放线的方式、土方工程施工的要点,以及土方工程的质量要求等基本知识。

第 2 章在介绍地基的钎探与验槽方法的基础上,讲述了地基处理与加固的方法,土方的填筑与压实,以及降低地下水位的方法等。

第 3 章分别介绍独立基础与筏板基础的制作流程,以及钢筋混凝土预制桩与钢筋混凝土灌注桩的施工方式。

第 4 章分别讲解模板工程、钢筋工程以及混凝土工程的施工过程与施工质量检验及验收方法。

第 5 章主要讲解钢筋混凝土主体结构工程的施工,如柱、剪力墙、梁板与楼梯等,还分别介绍了各自的拆模与养护方法。

第 6 章分别介绍先张法与后张法的施工设备、施工工艺以及预应力混凝土施工中常见的质量事故与处理方式。

第 7 章依次讲解脚手架工程、砖砌体工程、填充墙砌体工程中的施工工艺和质量要求,并详细介绍了各种类型的脚手架。

第 8 章主要讲解地下防水工程与防水施工,详细介绍了各种材料的防水施工,以及屋面、室内渗漏和防治方法。

第 9 章依次介绍抹灰工程、墙面工程、楼地面工程、吊顶与隔墙工程、涂料、刷浆与裱糊工程以及门窗工程的施工方法和类型。

第 10 章在介绍外墙外保温的作用、范围与特点的基础上,详细讲解聚苯乙烯泡沫塑料板薄抹灰外墙外保温以及胶粉聚苯颗粒外墙外保温工程。

本书除了介绍上述知识体系,还在相关知识点的右侧放置了相关的建筑规范,以增强教材的全面性和实用性;并且,本书还为重点和难点知识配备了 3D 动画、AR、VR 立体模型,以加强读者对相关知识点的理解。

本书由冯超主编,第 1、2 章由冯超编写,第 3、4 章由张岩编写,第 5、6 章由吴东伟编写,第 7 章由马晓玉编写,第 8 章由李乃文编写,第 9 章由王中行编写,第 10 章由王晓军编写。

本书可作为高职院校土木建筑相关专业的教学用书,也可以作为土木工程技术人员的参考用书。

由于作者的水平有限,本书编写过程中难免有疏漏之处,欢迎读者通过清华大学出版社官网与我们联系,帮助我们改正提高。

作 者

2017 年 7 月

目 录

CONTENTS

二维码目录

CONTENTS

第 1 章

土方工程施工

本章学习要求：

➤ 了解土方工程的基本知识

➤ 掌握土方工程量的计算与调配方法

➤ 了解测量放线的方式

➤ 掌握土方工程施工的要点

➤ 了解基坑支护的各种类型

➤ 了解土方工程的质量要求

1.1 土方工程基本知识

1.1.1 土方工程的施工特点

常见的土方工程包括以下内容。

1. 场地平整

场地平整包括确定场地设计标高，计算挖、填土方量，合理进行土方调配等。

2. 土方的开挖

土方的开挖包括土方的开挖、填筑和运输等主要施工，还包括排水、降水、土壁边坡和支护结构等。

3. 土方回填与压实

土方回填与压实包括土料选择、填土压实的方法及密实度检验等土方工程施工，要求标高准确、断面合理、土体有足够的强度和稳定性、土方量少、工期短、费用低。土方工程具有工程量大、施工工期长、劳动强度大的特点，如在大型建设项目的场地平整和深基坑开挖中，施工面积可达数平方千米，土方工程量可达数百万立方米以上。

土方工程的另一个特点是施工条件复杂，且多为露天作业，受气候、水文、地质和邻近建（构）筑物等条件的影响较大，且天然或人工填

知识扩展：

《建筑地基基础设计规范》(GB 50007—2011)

2.1.9 地基处理 ground treatment, ground improvement

为提高地基承载力，或改善其变形性质或渗透性质而采取的工程措施。

2.1.10 复合地基 composite ground, composite foundation

部分土体被增强或被置换，而形成的由地基土和增强体共同承担荷载的人工地基。

2.1.11 扩展基础 spread foundation

为扩散上部结构传来的荷载，使作用在基底的压应力满足地基承载力的设计要求，且基础内部的应力满足材料强度的设计要求，通过向侧边扩展一定底面积的基础。

筑形成的土石成分复杂,难以确定的因素较多,因此在组织土方工程施工前,必须做好施工前的准备工作,完成场地清理,仔细研究勘察设计文件,并进行现场勘察;制订严密合理和经济的施工组织设计,做好施工方案,选择好施工方法和机械设备,尽可能采用先进的施工工艺和施工组织,实现土方工程施工综合机械化;制订合理的土方调配方案,保证工程质量的技术措施和安全文明施工措施,对质量通病做好预防措施等。

1.1.2　土的工程种类及现场鉴别方法

土的种类繁多,其分类方法各异。在土方工程施工中,按土的开挖难易程度将其分为八类,如表 1-1 所示。表中一类至四类为土,五类至八类为岩石,应依据土的工程类别选择施工挖土机械和建筑安装工程劳动定额。

知识扩展:

《建筑地基基础设计规范》(GB 50007—2011)

2.1.13　桩基础
pile foundation
由设置于岩土中的桩和连接于桩顶端的承台组成的基础。

2.1.14　支挡结构
retaining structure
使岩土边坡保持稳定、控制位移、主要承受侧向荷载而建造的结构物。

2.1.15　基坑工程
excavation engineeering
为保证地面向下开挖形成的地下空间在地下结构施工期间的安全稳定所需的挡土结构及地下水控制、环境保护等措施的总称。

表 1-1　土的工程分类

土的分类	土的级别	土的名称	密度/(kg/m³)	开挖方法及工具
一类土(松软土)	I	砂土;粉土;冲积砂土层;疏松的种植土;淤泥(泥炭)	600～1500	用锹、锄头挖掘,少许用脚蹬
二类土(普通土)	II	粉质黏土;潮湿的黄土;夹有碎石、卵石的砂;粉土混卵(碎)石;种植土;填土	1100～1600	用锹、锄头挖掘,少许用脚蹬
三类土(坚土)	III	软及中等密实黏土;重粉质黏土;砾石土;干黄土、含有碎石卵石的黄土;粉质黏土;压实的填土	1750～1900	主要用镐,少许用锹、锄头挖掘,部分用撬棍
四类土(砂砾坚土)	IV	坚硬密实的黏性土或黄土;含碎石、卵石的中等密实的黏性土或黄土;粗卵石;天然级配砂石;软泥灰岩	1900	先用镐、撬棍,后用锹挖掘,部分用楔子及大锤
五类土(软石)	V	硬质黏土;中密的页岩、泥灰岩、白垩土;胶结不紧的砾岩;软石灰岩及贝壳石灰岩	1100～2700	用镐或撬棍、大锤挖掘,部分使用爆破方法

续表

土的分类	土的级别	土的名称	密度/(kg/m³)	开挖方法及工具
六类土(次坚石)	VI	泥岩;砂岩;砾岩;坚实的页岩、泥灰岩;密实的石灰岩;风化花岗岩;片麻岩及正长岩	2200~2900	用爆破方法开挖,部分用风镐
七类土(坚石)	VII	大理岩;辉绿岩;玢岩;粗、中粒花岗岩;坚实的白云岩、砂岩、砾岩、片麻岩、石灰岩;微风化安山岩;玄武岩	2500~3100	用爆破方法开挖
八类土(特坚石)	VIII	安山岩;玄武岩;花岗片麻岩;坚实的细粒花岗岩、闪长岩、石英岩、辉长岩、角闪岩、玢岩、辉绿岩	2700~3300	用爆破方法开挖

《建筑地基基础设计规范》(GB 50007—2011)根据岩土的主要特征,按工程性能近似的原则把作为建筑地基的岩土分为岩石、碎石土、砂土、粉土、黏性土和人工填土六类。

岩石:颗粒间牢固联结,呈整体或具有纹理裂隙的岩体。

碎石土:粒径大于2mm的颗粒含量超过全重50%的土。

砂土:粒径大于2mm的颗粒含量不超过全重50%,粒径大于0.075mm的颗粒含量超过全重50%的土。

粉土:塑性指数 $I_P \leqslant 10$,且粒径大于0.075mm的颗粒含量不超过全重50%的土,其性质介于砂土及黏性土之间。

黏性土:塑性指数 $I_P > 10$ 的土,按其塑性指数可分为黏土($I_P > 7$)和粉质黏土($10 < I_P \leqslant 17$)。

1.1.3 土的工程性质

1. 土的天然含水量

土的含水量 ω 是指土中水的质量与固体颗粒质量之比的百分率,即

$$\omega = \frac{m_w}{m_s} \times 100\% \qquad (1-1)$$

式中 m_w——土中水的质量;

m_s——土中固体颗粒的质量。

知识扩展:

《建筑地基基础设计规范》(GB 50007—2011)

9.2.5 岩体基坑工程勘察除查明基坑周围的岩层分布、风化程度、岩石破碎情况和各岩层物理力学性质外,还应查明岩体主要结构面的类型、产状、延展情况、闭合程度、填充情况、力学性质等,特别是外倾结构面的抗剪强度以及地下水情况,并评估岩体滑动、岩块崩塌的可能性。

9.2.6 需对基坑工程周边进行环境调查时,调查的范围和内容应符合下列规定:

1 应调查基坑周边2倍开挖深度范围内建(构)筑物及设施的状况,当附近有轨道交通设施、隧道、防汛墙等重要建(构)筑物及设施时,或降水深度较大时,应扩大调查范围。

2 环境调查应包括下列内容:

1) 建(构)筑物的结构形式、材料强度、基础形式与埋深、沉降与倾斜及保护要求等;

2) 地下交通工程、管线设施等的平面位置、埋深、结构形式、材料强度、断面尺寸、运营情况及保护要求等。

2. 土的天然密度和干密度

土在天然状态下单位体积的质量，称为土的天然密度。土的天然密度用 ρ 表示：

$$\rho = \frac{m}{V} \tag{1-2}$$

式中 m——土的总质量；

V——土的天然体积。

单位体积中土的固体颗粒的质量称为土的干密度，土的干密度用 ρ_d 表示：

$$\rho_d = \frac{m_s}{V} \tag{1-3}$$

式中 m_s——土中固体颗粒的质量；

V——土的天然体积。

土的干密度越大，表示土越密实。工程中常把土的干密度作为评定土体密实程度的标准，以控制填土工程的压实质量。土的干密度 ρ_d 与土的天然密度 ρ 之间有如下关系：

$$\rho = \frac{m}{V} = \frac{m_s + m_w}{V} = \frac{m_s + \omega m_s}{V} = (1+\omega)\frac{m_s}{V} = (1+\omega)\rho_d$$

即

$$\rho_d = \frac{\rho}{1+\omega} \tag{1-4}$$

3. 土的可松性

土具有可松性，即自然状态下的土经开挖后，其体积因松散而增大，以后虽经回填压实，仍不能恢复其原来的体积。土的可松性程度用可松性系数表示，即

$$K_s = \frac{V_{松散}}{V_{原状}} \tag{1-5}$$

$$K'_s = \frac{V_{压实}}{V_{原状}} \tag{1-6}$$

式中 K_s——土的最初可松性系数；

K'_s——土的最后可松性系数；

$V_{原状}$——土在天然状态下的体积，m^3；

$V_{松散}$——土挖出后在松散状态下的体积，m^3；

$V_{压实}$——土经回填压（夯）实后的体积，m^3。

土的可松性对确定场地设计标高、土方量的平衡调配、计算运土机具的数量和弃土坑的容积等均有很大影响。各类土的可松性系数如表 1-2 所示。

表 1-2　各种土的可松性参考值

土 的 类 别	体积增加百分数/%		可松性系数	
	最初	最后	K_s	K'_s
一类土（种植土除外）	8.0～17.0	1.0～2.5	1.08～1.17	1.01～1.03
一类土（植物性土、泥炭）	20.0～30.0	3.0～4.0	1.20～1.30	1.03～1.04
二类土	14.0～28.0	2.5～5.0	1.14～1.28	1.02～1.05
三类土	24.0～30.0	4.0～7.0	1.24～1.30	1.04～1.07
四类土（泥灰岩、蛋白石除外）	26.0～32.0	6.0～9.0	1.26～1.32	1.06～1.09
四类土（泥灰岩、蛋白石）	33.0～37.0	11.0～15.0	1.33～1.37	1.11～1.15
五类至七类土	30.0～45.0	10.0～20.0	1.30～1.45	1.10～1.20
八类土	45.0～50.0	20.0～30.0	1.45～1.50	1.20～1.30

知识扩展：

《工程测量基本术语标准》（GB/T 50228—2011）

2.0.11　GPS定位系统 Global Positioning System (GPS)

美国建立的全球导航卫星定位系统。

2.0.12　GLONASS定位系统 Global Navigation Satellite System(GLONASS)

俄罗斯建立的全球导航卫星定位系统。

4. 土的渗透性

土的渗透性是指水流通过土中孔隙的难易程度，水在单位时间内穿透土层的能力称为渗透系数，用 K 表示，单位为 m/d。地下水在土中的渗透速度一般可按达西定律计算，其公式如下：

$$v = K \frac{H_1 - H_2}{L} = K \frac{h}{L} = Ki \qquad (1\text{-}7)$$

式中　v——水在土中的渗透速度，m/d；

i——水力坡度，即 A、B 两点水头差与其水平距离之比；

H_1——上水位高程；

H_2——下水位高程；

h——水头差；

K——土的渗透系数，m/d。

从达西公式可以看出渗透系数的物理意义：水力坡度 i 等于 1 时的渗透速度 v 即为渗透系数 K，单位同样为 m/d。K 值的大小反映土体透水性的强弱，影响施工降水与排水的速度。土的渗透系数可以通过室内渗透试验或现场抽水试验测定，一般土的渗透系数如表 1-3 所示。

表 1-3　土的渗透系数参考值　　　　　　　　　m/d

土的名称	渗透系数 K	土的种类	渗透系数 K
黏土	<0.005	中砂	5.0～25.0
粉质黏土	0.005～0.100	均质中砂	35～50
粉土	0.1～0.5	粗砂	20～50
黄土	0.25～0.50	圆砾	50～100
粉砂	0.5～5.0	卵石	100～500
细砂	1.0～10.0	无填充物卵石	500～1000

1.2　土方工程量的计算与调配

1.2.1　基坑、基槽土方量计算

1. 土方边坡

在开挖基坑、沟槽或填筑路堤时,为了防止土体塌方,保证施工安全及边坡稳定,其边沿应考虑放坡。土方边坡的坡度以其高度 H 与底宽 B 之比如图 1-1 所示,即

$$\text{土方边坡坡度} = \frac{H}{B} = \frac{1}{\dfrac{B}{H}} = 1 : m \tag{1-8}$$

式中　m——坡度系数,$m = B/H$。其意义是当边坡高度已知为 H 时,其边坡宽度 B 则等于 mH。

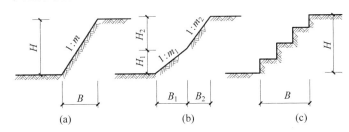

图 1-1　土方边坡量的计算

(a) 直线形；(b) 折线形；(c) 跳步形

2. 基坑、基槽土方量计算

基坑土方量可按立体几何中的拟柱体(由两个平行的平面作底的一种多面体)体积公式计算,如图 1-2 所示,即

$$V = \frac{H}{6}(A_1 + 4A_0 + A_2) \tag{1-9}$$

式中　H——基坑深度,m;

　　　A_1、A_2——基坑上、下底面积,m^2;

　　　A_0——基坑中间位置的截面面积,m^2。

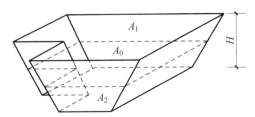

图 1-2　基坑土方量计算

基槽和路堤的土方量可以沿长度方向分段后,再用同样方法进行计算(图1-3),即

$$V_1 = \frac{L_1}{6}(A_1 + 4A_0 + A_2) \qquad (1\text{-}10)$$

式中　V_1——第一段的土方量,m^3;

$\quad\quad L_1$——第一段的长度,m。

将各段土方量相加即得总土方量

$$V = V_1 + V_2 + V_3 + \cdots + V_n \qquad (1\text{-}11)$$

式中　$V_1, V_2, \cdots, V_n$——各分段的土方量,m^3。

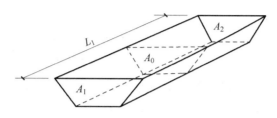

图1-3　基槽土方量计算

1.2.2　场地平整土方量计算

1. 确定场地的设计标高

对于较大面积的场地平整,合理地确定场地的设计标高,对减少土方量和加速工程进度具有重要的经济意义。一般来说,应考虑以下因素来确定场地的设计标高:

(1) 满足生产工艺和运输的要求;

(2) 尽量利用地形,分区或分台阶布置,分别确定不同的设计标高;

(3) 场地内挖填方平衡,土方运输量最少;

(4) 要有一定的泄水坡度,该坡度不小于2‰,使其能满足场地排水要求;

(5) 要考虑最高洪水位的影响。

场地设计标高一般应在设计文件中规定,若设计文件对场地设计标高没有规定时,可按下述步骤来确定。

1) 初步计算场地设计标高

初步计算场地设计标高是依据场地内挖、填方平衡来进行,即场地内挖方总量等于填方总量。计算场地设计标高时,首先将场地的地形图按要求的精度划分为10～40m的方格网,如图1-4(a)所示;然后求出各方格角点的地面标高,地形起伏较大或无地形图时,可在地面用木桩打好方格网,然后用仪器直接测出;地形平坦时,可根据地形图上相邻两等高线的标高,用插入法求得。

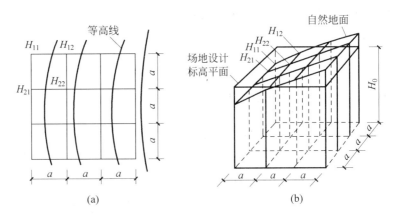

图 1-4　场地设计标高 H_0 计算示意

（a）方格网划分；（b）场地设计标高示意

按照场地内土方在平整前及平整后相等，即挖填方平衡的原则（图 1-4（b）），场地设计标高可按式（1-12）计算

$$H_0 na^2 = \sum \left(a^2 \frac{H_{11} + H_{12} + H_{21} + H_{22}}{4} \right)$$

$$H_0 = \sum \left(\frac{H_{11} + H_{12} + H_{21} + H_{22}}{4n} \right) \tag{1-12}$$

式中　H_0——所计算的场地设计标高，m；

　　　　a——方格边长，m；

　　　　n——方格数；

　　　　H_{11}、H_{12}、H_{21}、H_{22}——任一方格的四个角点的标高，m。

从图 1-4（a）可以看出，H_{11} 是一个方格的角点标高，H_{12} 及 H_{21} 是相邻两个方格的公共角点标高，H_{22} 是相邻四个方格的公共角点标高。如果将所有方格的四个角点相加，则类似 H_{11} 的角点标高需加一次，类似 H_{12}、H_{21} 的角点标高需加两次，类似 H_{22} 的角点标高要加四次，作如下假设：

　　　　H_1——一个方格仅有的角点标高；

　　　　H_2——两个方格共有的角点标高；

　　　　H_3——三个方格共有的角点标高；

　　　　H_4——四个方格共有的角点标高。

则场地设计标高 H_0 的计算公式（1-12）可改写为下列形式：

$$H_0 = \frac{\sum H_1 + 2\sum H_2 + 3\sum H_3 + 4\sum H_4}{4n} \tag{1-13}$$

2）调整场地设计标高

按上述公式计算的场地设计标高 H_0 仅为一理论值，在实际运用中还需考虑以下因素进行调整。

（1）土的可松性影响。由于土具有可松性，如按挖填平衡计算得到的场地设计标高进行挖填施工，回填土多少会有富余，特别是当土的

知识扩展：

《建筑地基基础工程施工质量验收规范》（GB 50202—2002）

6.1　一般规定

6.1.1　土方工程施工前应进行挖、填方的平衡计算，综合考虑土方运距最短、运程合理和各个工程项目的合理施工程序等，做好土方平衡调配，减少重复挖运。

土方平衡调配应尽可能与城市规划和农田水利相结合，将余土一次性运到指定弃土场，做到文明施工。

6.1.2　当土方工程挖方较深时，施工单位应采取措施，防止基坑底部土的隆起，并避免危害周边环境。

最后可松性系数较大时,回填土更不容忽视。如图 1-5 所示,设 Δh 为土的可松性引起设计标高的增加值,则设计标高调整后的总挖方体积 V_w' 应为

$$V_w' = V_w - F_w \times \Delta h \qquad (1-14)$$

总填方体积 V_T' 应为

$$V_T' = V_w' K_s' = (V_w - F_w \times \Delta h) K_s' \qquad (1-15)$$

此时,填方区的标高也应与挖方区一样提高 Δh,即

$$\Delta h = \frac{V_T' - V_T}{F_T} = \frac{(V_w - F_w \times \Delta h) K_s' - V_T}{F_T} \qquad (1-16)$$

移项整理简化得(当 $V_T = V_w$)

$$\Delta h = \frac{V_w (K_s' - 1)}{F_T + F_w K_s'} \qquad (1-17)$$

故考虑土的可松性后,场地设计标高调整为

$$H_0' = H_0 + \Delta h \qquad (1-18)$$

式中 V_w、V_T——按理论设计标高计算的总挖方、总填方体积;

F_w、F_T——按理论设计标高计算的挖方区、填方区总面积;

K_s'——土的最后可松性系数。

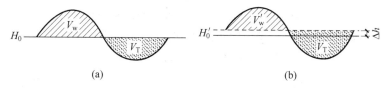

图 1-5 设计标高调整计算示意

(a) 理论设计标高;(b) 调整设计标高

(2) 场地挖方和填方的影响。场地内大型基坑挖出的土方、修筑路堤填高的土方,以及经过经济比较而将部分挖方就近弃于场外或就近从场外取土填方等,均会引起挖填土方量的变化。必要时,亦需调整设计标高。

为了简化计算,场地设计标高的调整值 H_0',可按下列近似公式确定:

$$H_0' = H_0 \pm \frac{Q}{na^2} \qquad (1-19)$$

式中 Q——场地根据 H_0 平整后多余或不足的土方量。

3) 场地泄水坡度的影响

按上述计算和调整后的场地设计标高平整后的场地是一个水平面,但实际上由于排水的要求,场地表面均需有一定的泄水坡度,平整场地的表面坡度应符合设计要求,如无设计要求时,一般应向排水沟方向做不小于 2‰的坡度。所以,在计算 H_0 或经调整后 H_0' 的基础上,要根据场地要求的泄水坡度,最后计算出场地内各方格角点实际施工时

的设计标高。当场地为单向泄水及双向泄水时,场地各方格角点的设计标高求法如下。

(1)单向泄水时场地各方格角点的设计标高(图1-6(a))。

以计算出的设计标高 H_0 或调整后的设计标高 H_0' 作为场地中心线的标高,场地内任意一个方格角点的设计标高为

$$H_{dn} = H_0 \pm li \tag{1-20}$$

式中　H_{dn}——场地内任意一个方格角点的设计标高,m;

　　　　l——该方格角点至场地中心线的距离,m;

　　　　i——场地泄水坡度,不小于2‰;

　　　　$\pm$——该点比 H_0 高则取"+",反之取"−"。

例如,图1-6(a)中场地内角点10的设计标高为

$$H_{d10} = H_0 - 0.5ai$$

(2)双向泄水时场地各方格角点的设计标高(图1-6(b))。

以计算出的设计标高 H_0 或调整后的设计标高 H_0' 作为场地中心线的标高,场地内任意一个方格角点的设计标高为

$$H_{dn} = H_0 \pm l_x i_x \pm l_y l_y \tag{1-21}$$

式中　l_x、l_y——该点在 x—x、y—y 方向上距场地中心线的距离,m;

　　　　i_x、i_y——场地在 x—x、y—y 方向上的泄水坡度。

例如,图1-6(b)中场地内角点10的设计标高为

$$H_{d10} = H_0 - 0.5ai_x - 0.5ai_y$$

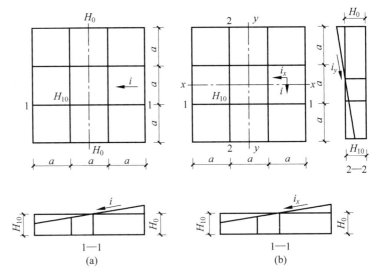

图1-6　场地泄水坡度示意
(a)单向泄水;(b)双向泄水

【例1-1】 某建筑场地的地形图和方格网如图1-7所示,方格边长为20m×20m,x—x、y—y 方向上的泄水坡度分别为2‰和3‰。由于土建设计、生产工艺设计和最高洪水位等方面均无特殊要求,试根据挖

填平衡原则(不考虑可松性)确定场地中心设计标高,并根据 $x—x$、$y—y$ 方向上的泄水坡度推算各角点的设计标高。

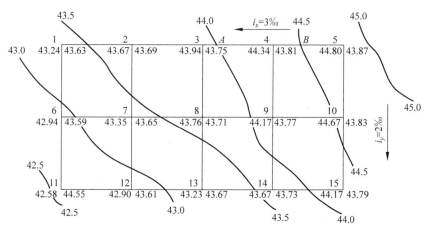

图1-7 某建筑场地方格网布置图(单位:m)

解:(1) 计算角点的自然地面标高。

根据地形图上标设的等高线,用插入法求出各方格角点的自然地面标高。由于地形是连续变化的,可以假定两等高线之间的地面高低呈直线变化。如角点4的地面标高(H_4),从图1-7中可看出,H_4 处于两等高线相交的 AB 直线。如图1-8所示,根据相似三角形特性,可得 $h_x/0.5=\dfrac{x}{l}$,则 $h_x=\dfrac{0.5}{l}x$,得 $H_4=44.00+h_x$。

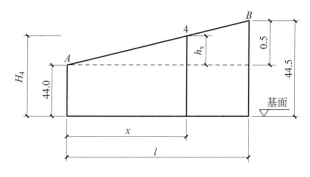

图1-8 插入法计算标高简图(单位:m)

只要在地形图上量出 x(角点4至44.0等高线的水平距离)和 l(44.0等高线和44.5等高线与 AB 直线相交的水平距离)的长度,便可计算出 H_4 的数值。但是,这种计算方法比较烦琐,所以,通常采用图解法来求得各角点的自然地面标高。如图1-9所示,用一张透明纸,在上面画出6根等距离的平行线,把该透明纸放到标有方格网的地形图上,将6根平行线的最外2根分别对准点 A 与点 B,这时6根等距离的平行线将 A、B 之间的1.5m高差五等分,便可直接读得角点4的地面标高 $H_4=44.34$m。其余各角点的标高均可以此求出。用图解法求得

知识扩展:

《建筑地基基础工程施工质量验收规范》(GB 50202—2002)

6.3 土方回填

6.3.1 土方回填前,应清除基底的垃圾、树根等杂物,抽除坑穴积水、淤泥,验收基底标高。如在耕植土或松土上填方,应在基底压实后再进行。

6.3.2 对填方土料,应按设计要求验收后方可填入。

6.3.3 在填方施工过程中,应检查排水措施、每层填筑厚度、含水量控制、压实程度。填筑厚度及压实遍数应根据土质、压实系数及所用机具确定。

的各角点标高如图 1-7 方格网角点左下角所示。

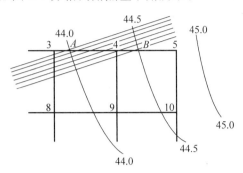

图 1-9 插入法的图解(单位：m)

(2) 计算场地设计标高 H_0。

$$\sum H_1 = 43.24\text{m} + 44.80\text{m} + 44.17\text{m} + 42.58\text{m} = 174.79\text{m}$$

$$2\sum H_2 = 2 \times (43.67\text{m} + 43.94\text{m} + 44.34\text{m} + 43.67\text{m} + 43.23\text{m} + 42.90\text{m} + 42.94\text{m} + 44.67\text{m})$$
$$= 698.72\text{m}$$

$$4\sum H_1 = 4 \times (43.35\text{m} + 43.76\text{m} + 44.17\text{m}) = 525.12\text{m}$$

$$H_0 = \frac{\sum H_1 + 2\sum H_2 + 4H_4}{4n}$$
$$= \frac{174.79\text{m} + 698.72\text{m} + 525.12\text{m}}{4 \times 8}$$
$$= 43.72\text{m}$$

(3) 按照要求的泄水坡度计算各方格角点的设计标高。

以场地中心点即角点 8 为 H_0(图 1-7)，其余各角点的设计标高如下：

$$H_{d8} = H_0 = 43.71\text{m}$$

$$H_{d1} = H_0 - l_x i_x + l_y i_y = 43.71\text{m} - 40\text{m} \times 3‰ + 20\text{m} \times 2‰$$
$$= 43.71\text{m} - 0.12\text{m} + 0.04\text{m} = 43.63\text{m}$$

$$H_{d2} = H_1 + 20\text{m} \times 3‰ = 43.63\text{m} + 0.06\text{m} = 43.69\text{m}$$

$$H_{d5} = H_2 + 60\text{m} \times 3‰ = 43.69\text{m} + 0.18\text{m} = 43.87\text{m}$$

$$H_{d6} = H_0 - 40\text{m} \times 3‰ = 43.71\text{m} - 0.12\text{m} = 43.59\text{m}$$

$$H_{d7} = H_{d6} + 20\text{m} \times 3‰ = 43.59\text{m} + 0.06\text{m} = 43.65\text{m}$$

$$H_{d11} = H_0 - 40\text{m} \times 3‰ - 20\text{m} \times 2‰ = 43.71\text{m} - 0.12\text{m} - 0.04\text{m}$$
$$= 44.55\text{m}$$

$$H_{d12} = H_{11} + 20\text{m} \times 3‰ = 43.55\text{m} + 0.06\text{m} = 43.61\text{m}$$

$$H_{d15} = H_{d12} + 60\text{m} \times 3‰ = 43.61\text{m} + 0.18\text{m} = 43.79\text{m}$$

其余各角点设计标高均可以此求出，详见图 1-7 中方格网角点右下角标示。

2．场地土方工程量计算

场地土方量的计算方法通常有方格网法和断面法两种。方格网法适用于地形较为平坦、面积较大的场地,断面法则多用于地形起伏变化较大或地形狭长的地带。

1)方格网法

仍以例 1-1 为例,其分解和计算步骤如下。

(1)划分方格网并计算场地各方格角点的施工高度。

根据已有地形图(一般用 1∶500 的地形图)将其划分成若干个方格网,尽量与测量的纵横坐标网对应,方格一般采用 10m×10m～40m×40m 大小,将角点自然地面标高和设计标高分别标注在方格网点的左下角和右下角(图 1-10)。角点设计标高与自然地面标高的差值即为各角点的施工高度,表示为

$$h_n = H_{dn} - H_n \qquad (1-22)$$

式中　h_n——角点的施工高度,以"+"为填,以"−"为挖,标注在方格网点的右上角;

　　　H_{dn}——角点的设计标高(若无泄水坡度时,即为场地设计标高);

　　　H_n——角点的自然地面标高。

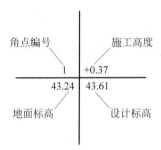

图 1-10　方格网点(单位:m)

各方格网点的施工高度如下:

$$h_1 = H_{d1} - H_1 = 43.63m - 43.24m = +0.39m$$
$$h_2 = H_{d2} - H_2 = 43.69m - 43.67m = +0.02m$$
$$\vdots$$
$$h_{15} = H_{d15} - H_{15} = 43.79m - 44.17m = -0.38m$$

各角点的施工高度标注于图 1-11 中各方格网点的右上角。

(2)计算零点位置。

当一个方格网内同时有填方或挖方时,要先算出方格网边的零点位置即不挖不填点,并标注于方格网上,由于地形是连续的,连接零点得到的零线即成为填方区与挖方区的分界线(图 1-11)。零点的位置按相似三角形原理(图 1-12)计算:

知识扩展:

《建筑地基基础设计规范》(GB 50007—2011)

9.1.4　基坑工程设计安全等级、结构设计使用年限、结构重要性系数,应根据基坑工程的设计、施工及使用条件应按有关规范的规定采用。

9.1.5　基坑支护结构设计应符合下列规定:

1　所有支护结构设计均应满足强度和变形计算以及土体稳定性验算的要求;

2　设计等级为甲级、乙级的基坑工程。应进行因土方开挖、降水引起的基坑内、外土体的变形计算;

3　高地下水位地区设计等级为甲级的基坑工程,应按本规范 9.9 节的规定进行地下水控制的专项设计。

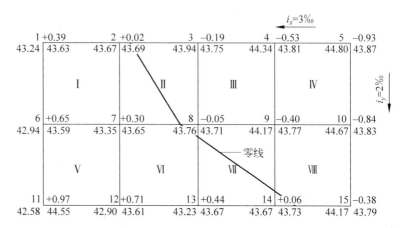

图 1-11 某建筑场地方格网挖填土方量计算图（单位：m）

$$x_1 = \frac{h_1}{h_1 + h_2} \times a, \quad x_2 = \frac{h_2}{h_1 + h_2} \times a \qquad (1\text{-}23)$$

式中　x_1、x_2——角点至零点的距离，m；

　　　　h_1、h_2——相邻两角点的施工高度，m，均用绝对值；

　　　　a——方格网的边长，m。

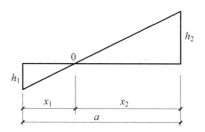

图 1-12 零点的位置按相似三角形原理计算

图 1-11 中 2～3 网格线两端分别是填方与挖方点，故中间必有零点，零点至 3 角点的距离为

$$x_{32} = \frac{h_3}{h_3 + h_2} \times a = \frac{0.19\text{m}}{0.19\text{m} + 0.02\text{m}} \times 20\text{m}$$
$$= 18.10\text{m},$$

$$x_{23} = 20\text{m} - 18.10\text{m} = 1.90\text{m}$$

同理

$$x_{78} = \frac{0.30\text{m}}{0.30\text{m} + 0.05\text{m}} \times 20\text{m} = 17.14\text{m},$$

$$x_{87} = 20\text{m} - 17.14\text{m} = 2.86\text{m},$$

$$x_{138} = \frac{0.44\text{m}}{0.44\text{m} + 0.05\text{m}} \times 20\text{m} = 17.96\text{m},$$

$$x_{813} = 20\text{m} - 17.96\text{m} = 2.04\text{m},$$

$$x_{914} = \frac{0.40\text{m}}{0.40\text{m} + 0.06\text{m}} \times 20\text{m} = 17.39\text{m},$$

知识扩展：

《建筑地基基础设计规范》（GB 50007—2011）

9.1.6 基坑工程设计采用的土的强度指标，应符合下列规定：

1 对淤泥及淤泥质土，应采用三轴不固结不排水抗剪强度指标；

2 对正常固结的饱和黏性土，应采用在土的有效自重应力下预固结的三轴不固结不排水抗剪强度指标；当施工挖土速度较慢，排水条件好，土体有条件固结时，可采用三轴固结不排水抗剪强度指标；

3 对砂类土，应采用有效应力强度指标；

4 验算软黏土隆起稳定性时，可采用十字板剪切强度或三轴不固结不排水抗剪强度指标；

5 灵敏度较高的土，基坑邻近有交通频繁的主干道或其他对土的扰动源时，计算采用土的强度指标宜适当进行折减；

6 应考虑打桩、地基处理的挤土效应等施工扰动原因造成对土强度指标降低的不利影响。

$$x_{87} = 20\text{m} - 17.39\text{m} = 2.61\text{m},$$

$$x_{1514} = \frac{0.38\text{m}}{0.38\text{m} + 0.06\text{m}} \times 20\text{m} = 17.27\text{m},$$

$$x_{1415} = 20\text{m} - 17.27\text{m} = 2.73\text{m}$$

连接零点得到的零线称为填方区与挖方区的分界线(图1-11)。

(3) 计算方格土方工程量。

按方格网底面积图形和表1-4所列公式,计算每个方格内的挖方或填方量。

表1-4 常用方格网计算公式

项目	图 示	计算公式
一点填方或挖方(三角形)		$V = \dfrac{1}{2}bc\dfrac{\sum h}{3} = \dfrac{bch_3}{6}$ 当 $b = c = a$ 时,$V = \dfrac{a^2 h_3}{6}$
两点填方或挖方(梯形)		$V_+ = \dfrac{b+c}{2}a\dfrac{\sum h}{4} = \dfrac{a}{8}(b+c)(h_1+h_3)$ $V_- = \dfrac{d+e}{2}a\dfrac{\sum h}{4} = \dfrac{a}{8}(d+e)(h_2+h_4)$
三点填方或挖方(五边形)		$V = \left(a^2 - \dfrac{bc}{2}\right)\dfrac{\sum h}{5} = \left(a^2 - \dfrac{bc}{2}\right)\dfrac{h_1+h_2+h_4}{5}$
四点填方或挖方(正方形)		$V = \dfrac{a^2}{4}\sum h = \dfrac{a^2}{4}(h_1+h_2+h_3+h_4)$

注:a——方格网的边长,m;

b、c——零点到一角的边长,m;

h_1、h_2、h_3、h_4——方格网四角点的施工高程,m,用绝对值代入;

$\sum h$——填方或挖方施工高程的总和,m,用绝对值代入。

方格Ⅰ、Ⅲ、Ⅳ、Ⅴ底面为正方形，土方量为

$$V_{\text{I}+} = \frac{(20\text{m})^2}{4} \times (0.39\text{m} + 0.02\text{m} + 0.65\text{m} + 0.30\text{m}) = 136\text{m}^3$$

$$V_{\text{III}-} = \frac{(20\text{m})^2}{4} \times (0.19\text{m} + 0.53\text{m} + 0.05\text{m} + 0.40\text{m}) = 117\text{m}^3$$

$$V_{\text{IV}-} = \frac{(20\text{m})^2}{4} \times (0.53\text{m} + 0.93\text{m} + 0.40\text{m} + 0.84\text{m}) = 270\text{m}^3$$

$$V_{\text{V}+} = \frac{(20\text{m})^2}{4} \times (0.65\text{m} + 0.30\text{m} + 0.97\text{m} + 0.71\text{m}) = 263\text{m}^3$$

方格Ⅱ底面为两个梯形，土方量为

$$V_{\text{II}+} = \frac{x_{23} + x_{78}}{2} \times a \times \frac{\sum h}{4}$$

$$= \frac{1.90\text{m} + 17.14\text{m}}{2} \times 20\text{m} \times \frac{0.02\text{m} + 0.30\text{m} + 0\text{m} + 0\text{m}}{4}$$

$$= 15.23\text{m}^3$$

$$V_{\text{II}-} = \frac{x_{32} + x_{87}}{2} \times a \times \frac{\sum h}{4}$$

$$= \frac{18.10\text{m} + 2.86\text{m}}{2} \times 20\text{m} \times \frac{0.19\text{m} + 0.05\text{m} + 0\text{m} + 0\text{m}}{4}$$

$$= 12.58\text{m}^3$$

方格Ⅵ底面为三角形和五边形，土方量为

$$V_{\text{VI}+} = \left(a^2 - \frac{x_{87}x_{813}}{2}\right) \times \frac{\sum h}{5}$$

$$= \left((20\text{m})^2 - \frac{2.86\text{m} \times 2.04\text{m}}{2}\right) \times$$

$$\left(\frac{0.30\text{m} + 0.71\text{m} + 0.44\text{m} + 0\text{m} + 0\text{m}}{5}\right)$$

$$= 115.15\text{m}^3$$

$$V_{\text{VI}-} = \frac{x_{87}x_{813}}{2} \times \frac{\sum h}{3} = \frac{2.86\text{m} \times 2.04\text{m}}{2} \times \frac{0.05\text{m} + 0\text{m} + 0\text{m}}{3}$$

$$= 0.05\text{m}^3$$

方格Ⅶ底面为三角形和五边形，土方量为

$$V_{\text{VII}+} = \frac{x_{138} + x_{149}}{2} \times a \times \frac{\sum h}{4}$$

$$= \frac{17.96\text{m} + 2.61\text{m}}{2} \times 20\text{m} \times \frac{0.44\text{m} + 0.06\text{m} + 0\text{m} + 0\text{m}}{4}$$

$$= 25.71\text{m}^3$$

$$V_{\text{VII}-} = \frac{x_{813} + x_{914}}{2} \times a \times \frac{\sum h}{4}$$

$$= \frac{2.04\text{m} + 17.39\text{m}}{2} \times 20\text{m} \times \frac{0.05\text{m} + 0.40\text{m} + 0\text{m} + 0\text{m}}{4}$$

$$= 21.86\text{m}^3$$

方格Ⅷ底面为三角形和五边形,土方量为

$$V_{Ⅷ-} = \left(a^2 - \frac{x_{149}x_{1415}}{2}\right) \times \frac{\sum h}{5}$$

$$= \left((20\text{m})^2 - \frac{2.61\text{m} \times 2.73\text{m}}{2}\right) \times$$

$$\left(\frac{0.40\text{m} + 0.84\text{m} + 0.38\text{m} + 0\text{m} + 0\text{m}}{5}\right)$$

$$= 128.44\text{m}^3$$

$$V_{Ⅷ+} = \frac{x_{149}x_{1415}}{2} \times \frac{\sum h}{3}$$

$$= \frac{2.61\text{m} \times 2.73\text{m}}{2} \times \frac{0.06\text{m} + 0\text{m} + 0\text{m}}{3}$$

$$= 0.07\text{m}^3$$

方格网的总填方量 $\sum V_+ = 136\text{m}^3 + 263\text{m}^3 + 15.23\text{m}^3 +$

$$115.15\text{m}^3 + 25.71\text{m}^3 + 0.07\text{m}^3$$

$$= 555.16\text{m}^3$$

方格网的总挖方量 $\sum V_- = 117\text{m}^3 + 270\text{m}^3 + 12.58\text{m}^3 +$

$$0.05\text{m}^3 + 21.86\text{m}^3 + 128.44\text{m}^3$$

$$= 549.93\text{m}^3$$

(4) 计算边坡土方量。

为了维持土体的稳定,场地的边沿不管是挖方区还是填方区均须做成相应的边坡。因此,在实际工程中,还需要计算边坡的土方量。边坡土方量的计算较简单,限于篇幅,这里不作介绍,图1-13是例1-1场地边坡的平面示意图。

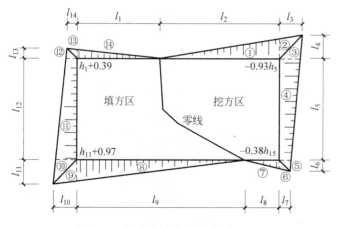

图1-13　场地边坡平面图(单位:m)

2) 断面法

沿场地的纵向或相应方向取若干个相互平行的断面(可利用地

形图或实地测量定出），将所取的每个断面（包括边坡）划分成若干个三角形和梯形，如图 1-14 所示，对于某一断面，其中三角形和梯形的面积为

$$f_1 = \frac{h_1}{2}d_1, \quad f_2 = \frac{h_1+h_2}{2}d_2, \quad \cdots, \quad f_n = \frac{h_n}{2}d_n \quad (1\text{-}24)$$

该断面面积为 $F_i = f_1 + f_2 + \cdots + f_n$

若 $d_1 = d_2 = \cdots = d_n = d$

则

$$F_i = d(h_1 + h_2 + \cdots + h_n) \quad (1\text{-}25)$$

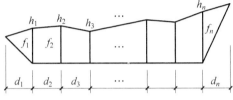

图 1-14 断面法计算图

求出各个断面面积后，即可计算土方体积。设各断面面积分别为 $F_1, F_2, \cdots, F_n$，相邻两断面之间的距离依次为 $l_1, l_2, \cdots, l_n$，则所求土方体积为

$$V = \frac{F_1+F_2}{2}l_1 + \frac{F_2+F_3}{2}l_2 + \cdots + \frac{F_{n-1}+F_n}{2}l_n \quad (1\text{-}26)$$

图 1-15 所示是用断面法求面积的一种简便方法，称为累高法。此法不需用公式计算，只要将所取的断面绘于普通坐标纸上（d 取等值），用透明纸尺从 h_1 开始，依次量出（用大头针向上拨动透明纸尺）各点标高（$h_1, h_2, \cdots$），累计得出各点标高之和，然后将此值与 d 相乘，即可得出所求断面面积。

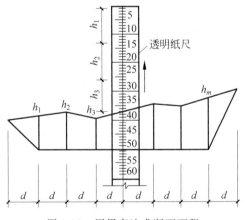

图 1-15 用累高法求断面面积

1.2.3 土方的平衡与调配

土方工程量计算完成后,即可进行土方调配。所谓土方调配,就是指对挖方和填方的运输问题进行统筹安排,以土方运输量最小或土方运输费最低为依据,确定挖填方区土方的调配方向、数量及平均运距,从而缩短工期,降低成本。

土方调配工作主要包括以下内容:划分调配区;计算土方调配区之间的平均运距;选择最优的调配方案;绘制土方调配图表。

1. 土方平衡与调配的原则

(1) 应力求达到挖、填平衡和运距最短,使挖、填土方量与运距的乘积之和尽可能最小,即使得土方运输量或运费最少。

(2) 应考虑近期施工与后期利用相结合及分区与全场结合的原则,以避免重复挖运和场地混乱。

(3) 土方调配还应尽可能与大型地下建筑物的施工相结合,以备后期回填。

(4) 合理布置挖、填分区线,选择恰当的调配方向、运输线路,以充分发挥挖方机械和运输车辆的性能。

2. 土方平衡与调配的步骤和方法

(1) 划分调配区。在场地平面上先画出挖、填方区的分界线,然后在挖、填方区适当地划分出若干调配区。调配区的划分应与建筑物的平面位置及土方工程量计算用的方格网相协调,通常可由若干个方格组成一个调配区,同时还应满足土方及运输机械的技术要求。

(2) 计算各调配区的土方量,并标明在调配图上。

(3) 计算各挖、填方调配区之间的平均运距。平均运距是指挖方区与填方区之间的重心距离。取场地或方格网的纵横两边为坐标轴,计算各调配区的重心位置。

$$\left.\begin{array}{l} x_0 = \dfrac{\sum V_i x_i}{\sum V_i} \\[3mm] y_0 = \dfrac{\sum V_i y_i}{\sum V_i} \end{array}\right\} \qquad (1\text{-}27)$$

式中　V_i——第 i 个方格的土方量;

　　　x_i、y_i——第 i 个方格的中心坐标。

为简化计算,可假定每个方格上的土方都是均匀分布的,从而用图解法求出形心位置以代替重心位置。

(4) 确定土方调配方案。以挖、填平衡为原则,制订出土方调配的初始方案(通常采用"最小元素法"),以初始调配方案为基础,采用"表

知识扩展:

《复合土钉墙基坑支护技术规范》(GB 50739—2011)

6.4.5 基坑侧壁应采用小型机具或铲锹进行切削清坡,挖土机械不得碰撞支护结构、坑壁土体及降排水设施。基坑侧壁的坡率应符合设计规定。

6.4.6 开挖后,发现土层特征与提供地质报告不符,或有重大地质隐患时,应立即停止施工,并通知有关各方。

6.4.7 基坑开挖至坑底后,应尽快浇筑基础垫层,地下结构完成后,应及时回填土方。

上作业法"可以求出在保持挖填平衡的条件下,使土方调配总运距最小的最优方案。该方案是土方调配中最经济的方案,即土方调配的最优方案。

（5）绘制土方调配图。经土方调配最优化求出最佳土方调配后,即可绘制土方调配图以指导土方工程施工,如图 1-16 所示。

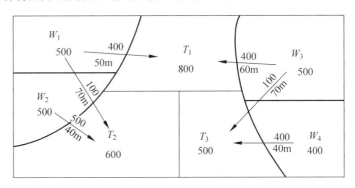

图 1-16　土方调配图

1.3　测量放线

1.3.1　测量仪器

建筑工程测量放线的仪器主要有经纬仪、全站仪、水准仪等。

1. 经纬仪

经纬仪是测量水平角和竖直角的仪器,是根据测角原理设计的。经纬仪根据度盘刻度和读数方式的不同,分为光学经纬仪（图 1-17～图 1-19）和电子经纬仪（图 1-20、图 1-21）。

图 1-17　光学经纬仪

图 1-18   经纬仪测量

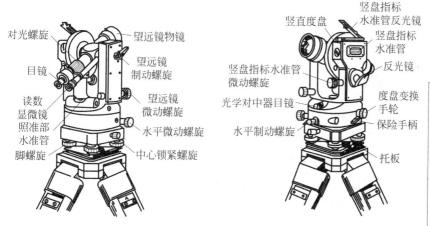

图 1-19   DJ₆型光学经纬仪外形构造

图 1-20   电子经纬仪

2. 全站仪

全站仪即全站型电子测距仪,是一种集光、机、电为一体的高技术测量仪器,是集水平角、垂直角、距离(斜距、平距)、高差测量功能于一体的测绘仪器系统。因其一次安置仪器就可完成该测站的全部测量工作,所以称为全站仪(图 1-22～图 1-24)。

知识扩展:

《工程测量基本术语标准》(GB/T 50228—2011)

2.0.4   2000 国家大地坐标系

China Geodetic Coordinate System 2000(CGCS2000)

由国家建立的高精度、动态、实用、统一的地心大地坐标系,其原点为包括海洋和大气的整个地球的质量中心。所采用的地球椭球参数如下:长半轴 $a=6378137$m,扁率 $f=1/298.257222101$,地心引力常数 $GM=3.986004418\times1014$m^3 · s^{-2},自转角速度 $\omega=7.292115\times10^{-5}$rad · s^{-1}。

2.0.5   1980 西安坐标系

Xi′an Geodetic Coordinate System 1980

采用 1975 国际椭球,以 JYD1968.0 系统为椭球定向基准,大地原点设在陕西省泾阳县永乐镇,采用多点定位所建立的大地坐标系。

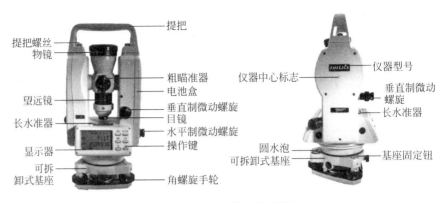

提把螺丝
物镜
望远镜
长水准器
显示器
可拆
卸式基座

提把
粗瞄准器
电池盒
垂直制微动螺旋
目镜
水平制微动螺旋
操作键
角螺旋手轮

仪器中心标志
仪器型号
垂直制微动螺旋
长水准器
圆水泡
可拆卸式基座
基座固定钮

图 1-21　电子经纬仪外形构造

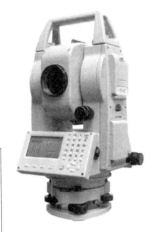

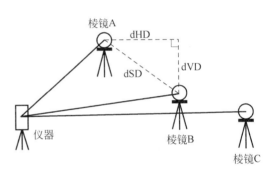

棱镜A
dHD
dSD
dVD
仪器
棱镜B
棱镜C

图 1-22　全站仪

图 1-23　全站仪测量

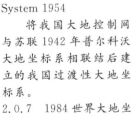
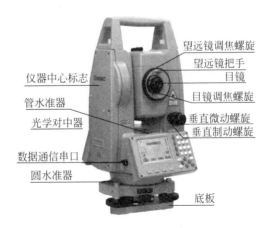

望远镜调焦螺旋
望远镜把手
目镜
目镜调焦螺旋
垂直微动螺旋
垂直制动螺旋

仪器中心标志
管水准器
光学对中器
数据通信串口
圆水准器
底板

图 1-24　全站仪外形构造

3. 水准仪

水准仪是根据水准测量原理测量地面点间高差的仪器。水准仪按精度分为普通水准仪(图 1-25、图 1-26)和精密水准仪(图 1-27、图 1-28);

按结构分为微倾水准仪、自动安平水准仪、激光水准仪和数字水准仪（又称电子水准仪）。

图 1-25　普通水准仪（一）

图 1-26　普通水准仪（二）

图 1-27　精密水准仪（一）

图 1-28　精密水准仪（二）

水准仪是适用于水准测量的仪器，中国水准仪按仪器所能达到的每千米往返测高差中数的偶然中误差这一精度指标进行划分，共分为四个等级（表 1-5）。

表 1-5　水准仪等级

水准仪型号	DS0.5	DS1	DS3	DS10
千米往返高差中数偶然中误差/mm	$\leqslant 0.5$	$\leqslant 1$	$\leqslant 3$	$\leqslant 10$
主要用途	国家一等水准测量及地震监测	国家二等水准测量及精密水准测量	国家三、四级水准测量及一般工程水准测量	一般工程水准测量

水准仪型号都以 DS 开头，分别为"大地"和"水准仪"的汉语拼音第一个字母，通常书写省略字母 D。其后"0.5""1""3""10"等数字表示该仪器的精度。S3 级和 S10 级水准仪又称为普通水准仪，用于中国国家三、四等水准及普通水准测量，S0.5 级和 S1 级水准仪称为精密水准仪，用于中国国家一、二等精密水准测量。

用水准仪测量的基本原理如下（图 1-29）：①后视点的高程＋后视

知识扩展：

《工程测量基本术语标准》（GB/T 50228—2011）

3.3　平面控制测量

3.3.1　平面控制测量
horizontal control survey
确定平面控制点坐标的技术。

3.3.2　平面控制网
horizontal control network
由相互联系的平面控制点所构成的测量控制网。

3.3.3　平面控制点
horizontal control point
具有平面坐标的控制点。

3.3.4　控制网选点
reconnaissance for control point selection
根据控制网设计方案和选点的技术要求，在实地选定控制点位置的过程。

3.3.5　测站
observation station
观测时安置测量仪器的位置。

读数＝前视点的高程＋前视读数；②前视与后视两点高差＝前视高程－后视高程(或后视读数－前视读数)。

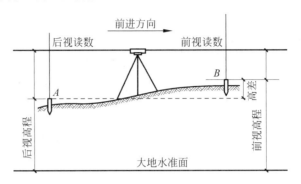

图 1-29　水准仪测量基本原理

1.3.2　平面控制网布置

可采用卫星定位测量、导线测量、三角形网测量等方法建立平面控制网。卫星定位测量网依次为二、三、四等和一、二级,导线及导线网依次为三、四等和一、二级、三级,三角形网依次为二、三、四等和一、二级。

平面控制网的布设,应遵循下列原则。

首级控制网的布设,应因地制宜,且适度考虑发展,当与国家坐标系联测时,应同时考虑联测方案。

首级控制网的等级,应根据工程规模、控制网的用途和精度要求合理确定。

加密控制网,可越级布设或同等级扩展。

控制网宜采用矩形网,并与其主轴线平行,以方便施工放线使用,如图 1-30 所示。

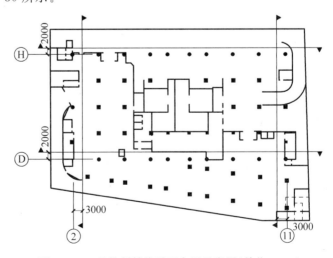

图 1-30　一级控制轴线平面布置示意图(单位:mm)

控制网轴线应根据施工流水段确定,外延距离视施工场地条件而定,控制桩尽可能设在变形区外,测设精度满足平面控制网相应等级的技术指标。

控制桩埋设采用混凝土浇筑,顶部预埋 100mm×100mm×5mm 钢板,点位中心镶嵌 ϕ10 铜芯,埋深不小于 1.5m,桩顶略低于场地设计高程,施工期间用钢管围护,并做醒目标识,确保桩位不压盖、不扰动,如图 1-31 所示。

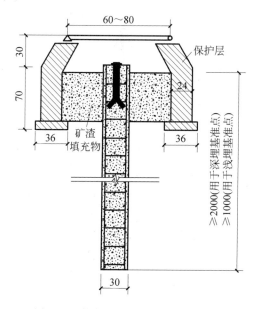

图 1-31 控制基准点标识(单位:cm)

对于高层建筑,地下工程完成后,在建筑物中以内控法设置二级控制网作为主体结构、装修施工放线的依据。高层建筑内控点同样以钢板埋设于地下室顶板混凝土中,每一施工流水段四角各设一点。二级控制网应与一级控制网对应,宜为矩形网,测设精度满足二级建筑物平面控制网的技术指标,如图 1-32~图 1-34 所示。

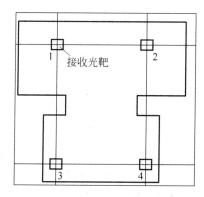

图 1-32 内控法现场投测点留设布置图(二级控制网)

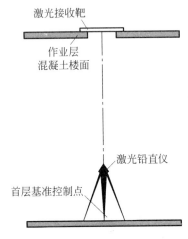

图1-33　内控法控制点投测

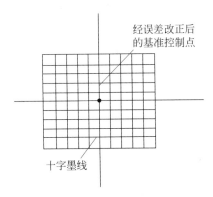

图1-34　激光接收靶

1.3.3　高程控制网布置

高程控制测量精度等级依次为二、三、四、五等。各等级高程控制宜采用水准测量，四等及以下可采用电磁波测距、三角高程测量，五等也可采用GPS拟合高程测量。

工地上的高程控制点要联测到国家水准标志或城市水准点上，高程建筑物的外部水准点标高系统必须与城市水准点标高系统统一，才能确保管线在敷设时能与城市管线连通。

标高点依据建设单位提供的高等级水准点引测。为了计算简便又不容易出错，应根据水准基点将该工程的设计±0.000点标高准确引测于附近固定建筑物上，做好标志。各层标高均根据±0.000水准点用经过校正的钢尺沿着建筑物外壁测出各层设计标高，作为控制该层标高的依据。由±0.000标高引至各层的临时水准点不应少于三个，引测各层标高后，应复核至另一水准标高点，其差不能超过±3mm。这样在各层找平时可相互校核,避免错误。

1.4 土方工程施工要点

1.4.1 施工准备

土方工程施工前,通常应完成下列准备工作:施工场地的清理、地面水排除、临时道路修筑、油燃料和其他材料的准备、供电与供水管线的敷设、临时停机棚和修理间等的搭设、土方工程的测量放线和编制施工组织设计等。

1. 场地清理

场地清理包括清理地面及地下各种障碍。在施工前,应拆除旧有房屋和古墓,拆迁或改建通信、电力设备、上下水道以及地下建筑物,迁移树木,去除耕植土及河塘淤泥等。此项工作由业主委托有资质的拆卸拆除公司或建筑施工公司完成,所发生的费用由业主承担。

2. 排除地面水

必须排除场地内低洼地区的积水,同时应注意排除雨水,使场地保持干燥,以利于土方施工。地面水一般采用排水沟、截水沟、挡水土坝等措施排除。

应尽量利用自然地形来设置排水沟,使水直接排至场外,或流向低洼处再用水泵抽走。主排水沟最好设置在施工区域的边缘或道路的两旁,其横断面和纵向坡度应根据最大流量确定。一般排水沟的横断面不小于 $0.5\text{m} \times 0.5\text{m}$,纵向坡度不小于 2‰。在场地平整过程中,要注意保持排水沟畅通,必要时应设置涵洞。山区的场地平整施工时,应在较高一面的山坡上开挖截水沟。在低洼地区施工时,除开挖排水沟外,必要时应修筑挡水土坝,以阻挡雨水的流入。

3. 修筑临时设施

应修筑好临时道路及供水、供电等临时设施,做好材料、机具及土方机械的进场工作。

4. 做好土方工程的测量和放灰线工作

放灰线时,可用装有石灰粉末的长柄勺靠着木质板侧面,边走边撒,在地上撒出灰线,标出基础挖土的界线。

1)基槽放线

应根据房屋主轴线控制点进行基槽放线,首先将外墙轴线的交点用木桩测设在地面上,并在桩顶钉上铁钉作为标志。房屋外墙轴线测定以后,再根据建筑物平面图,一一测出内部开间所有轴线。最后根据中心轴线用石灰在地面上撒出基槽开挖边线,同时在房屋四周设置龙

知识扩展:

《建筑地基基础术语标准》(GB/T 50941—2014)

14.1 一般术语

14.1.1 边坡支护 slope retaining

为保证边坡及其环境的安全,对边坡采取的支挡、加固与防护等工程措施。

14.1.2 基坑支护 retaining and protecting for foundation excavation

为保证基坑土方开挖、坑内施工和基坑周边环境的安全,对基坑侧壁稳定性进行治理和对地下水位进行控制的工程活动。

14.1.3 基坑周边环境 surroundings around foundation excavation

基坑开挖影响范围内的既有建(构)筑物、道路、地下设施、地下管线、岩土体及地下水体等的总称。

门板(图 1-35)或者在轴线延长线上设置轴线控制桩(又称引桩),如图 1-36 所示,以便于基础施工时复核轴线位置。附近若有已建的建筑物,也可用经纬仪将轴线投测在建筑物的墙上。恢复轴线时,只要将经纬仪安置在某轴线一端的控制桩上,瞄准另一端的控制桩,该轴线即可恢复。

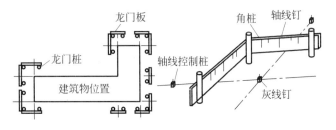

图 1-35　龙门板的设置

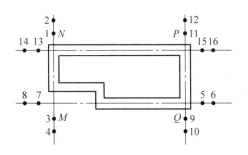

图 1-36　轴线控制桩(引桩)

为了控制基槽开挖深度,当快挖到槽底设计标高时,可用水准仪以地面±0.00 为水准点,在基槽壁上每隔 2~4m 及拐角处打一水平桩,如图 1-37 所示。测设时,应使桩的上表面离槽底设计标高为整分米数,作为清理槽底和打基础垫层控制高程的依据。

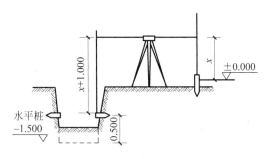

图 1-37　基槽底抄平水准测量示意图

2) 柱基放线

在基坑开挖前,从设计图上查出基础的纵、横轴线编号和基础施工详图,根据柱子的纵、横轴线,用经纬仪在矩形控制网上测定基础中心线的端点,同时在每个柱基中心线上测定基础定位桩,每个基础的中心线上设置 4 个定位木桩,其桩位离基础开挖线的距离为 0.5~1.0m。

若基础之间的距离不大,可每隔 1～2 个或几个基础打一定位桩,但两定位桩的间距以不超过 20m 为宜,以便拉线恢复中间柱基的中线。在桩顶上钉钉子,标明中心线的位置,然后按施工图上柱基的尺寸和已经确定的挖土边线的尺寸,放出基坑上口挖土灰线,标出挖土范围。当基坑挖到一定深度时,应在坑壁四周离坑底设计高程 0.3～0.5m 处测设几个水平桩,如图 1-38 所示,作为基坑修坡和检查坑深的依据。

大基坑开挖时,应根据房屋的控制点用经纬仪放出基坑四周的挖土边线。

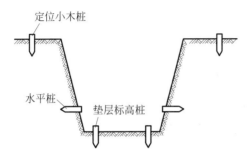

图 1-38　基坑定位高程测设示意图

5. 编制专项施工方案

根据住房和城乡建设部建质[2009]87 号文《危险性较大的分部分项工程安全管理办法》的规定,"开挖深度超过 3m(含 3m)的土方工程"需编制专项施工方案,"开挖深度超过 5m(含 5m)的基坑专项施工方案"应由施工单位组织专家进行论证。

专项施工方案应包括以下内容:

(1) 工程概况危险性较大的分部分项工程概况、施工平面布置、施工要求和技术保证条件。

(2) 编制依据包括相关法律、法规、规范性文件、标准、规范及图纸(国标图集)、施工组织设计等。

(3) 施工计划包括施工进度计划、材料与设备计划。

(4) 施工工艺技术参数、工艺流程、施工方法、检查验收等。

(5) 施工安全保证措施、组织保障、技术措施、应急预案、监测监控。

(6) 劳动力计划,专职安全生产管理人员、特种作业人员等。

(7) 计算书及相关图纸。

1.4.2　土方边坡与土壁支撑

土壁的稳定主要是靠土体内摩擦阻力和黏结力来保持的,一旦土体失去平衡,土体就会塌方,这不仅会造成人身安全事故,影响工期,有时还会危及附近的建筑物。

知识扩展:

《建筑地基基础术语标准》(GB/T 50941—2014)

14.2.3　土钉墙
soil nailing wall

分步开挖施工形成的由基坑侧壁内部的土钉群、面层及土钉之间的原位土体共同构成的支护结构。

14.2.4　复合土钉墙
composite soil nailing wall

土钉墙与预应力锚杆、微型桩、旋喷桩、搅拌桩等其他一种或多种支护技术组成的复合支护结构。

14.2.5　排桩
soldier pile

沿基坑外侧设置、顶部设有冠梁的联排式支护桩。

14.2.6　悬臂式支护结构
cantilever retaining structure

不设锚杆或内支撑,完全靠坑底以下桩墙的嵌固作用进行挡土护坡的桩墙式支护结构。

造成土壁塌方的原因主要如下：

(1) 边坡过陡，使土体的稳定性不足从而导致塌方，尤其是在土质差、开挖深度大的坑槽中。

(2) 雨水、地下水渗入土中泡软土体，从而增加土的自重，同时降低土的抗剪强度，这是造成塌方的常见原因。

(3) 基坑上口边缘附近有大量堆土，停放机具、材料，以及行车等动荷载，使土体中的剪应力超过土体的抗剪强度。

(4) 土壁支撑强度破坏失效或刚度不足导致塌方。

为了防止塌方，保证施工安全，在开挖基坑(槽)时，可采取以下措施进行预防。

1. 放足边坡

土方边坡(图 1-1)坡度大小的留设应根据土质、开挖深度、开挖方法、施工工期、地下水水位、坡顶荷载及气候条件等因素确定。一般情况下，黏性土的边坡可陡些，砂性土则应平缓些；当基坑附近有主要建筑物时，边坡应取 1∶10～1∶1.5。

应按相关规范的规定进行放坡。按照《土方与爆破工程施工及验收规范》(GB 50201—2012)的要求，在坡体整体稳定的情况下，如地质条件良好、土(岩)质较均匀，高度在 3m 以内的临时性挖方边坡坡度宜符合表 1-6 的规定。放坡后基坑上口宽度由基坑底面宽度及边坡坡度来决定。

表 1-6　临时性挖方边坡坡度值

土 的 类 别		边坡坡度(高∶宽)
砂土	不包括细砂、粉砂	1∶1.50～1∶1.25
一般性黏土	坚硬	1∶1.00～1∶0.75
	硬塑	1∶1.25～1∶1.00
碎石类土	密实、中密	1∶1.00～1∶0.50
	稍密	1∶1.50～1∶1.00

一般来说，工作面留 15～30cm(基础外边线到基坑底边的距离)以便施工操作，如图 1-39 所示。

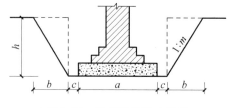

图 1-39　按规范放坡示意图

《建筑地基基础工程施工质量验收规范》(GB 50202—2002)规定，临时性挖方的边坡值应符合表 1-6 的规定。

2. 设置支撑

为了缩小施工面,减少土方,或受场地的限制不能放坡时,则可设置土壁支撑。

1) 一般沟槽的支撑方法及适用条件

(1) 间断式水平支撑

两侧挡土板水平放置,用工具式或木横撑借木楔顶紧,挖一层土,支顶一层。该支撑方式适于能保持立壁的干土或具有天然湿度的黏土类土,地下水很少,深度在 2m 以内,如图 1-40 所示。

(2) 断续式水平支撑

挡土板水平放置,中间留出间隔,并在两侧同时对称立竖楞木,再用工具或木横撑上、下顶紧。该支撑方式适于能保持直立壁的干土或具有天然湿度的黏土类土,地下水很少,深度在 3m 以内,如图 1-41 所示。

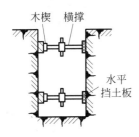

图 1-40　间断式水平支撑

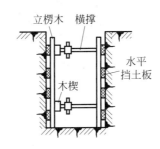

图 1-41　断续式水平支撑

(3) 连续式水平支撑

挡土板水平连续放置,不留间隙,然后两侧同时对称立竖楞木,上、下各顶一根撑木,端头加木楞顶紧。该支撑方式适于较松散的干土或具有天然湿度的黏土类土,地下水很少,深度为 3～5m,如图 1-42 所示。

(4) 连续或间断式垂直支撑

挡土板垂直放置,连续或留适当间隙,然后每侧上、下各水平顶一根楞木,再用横撑顶紧。该支撑方式适于土质较松散或天然湿度很高的土,地下水较少,深度不限,如图 1-43 所示。

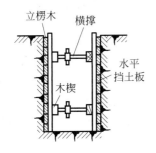

图 1-42　连续式水平支撑

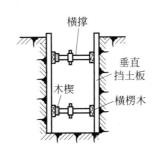

图 1-43　连续或间断式垂直支撑

知识扩展:

《建筑地基基础设计规范》(GB 50007—2011)

9.6　土层锚杆

9.6.1　土层锚杆锚固段不应设置在未经处理的软弱土层、不稳定土层和不良地质地段及钻孔注浆引发较大土体沉降的土层。

9.6.2　锚杆杆体材料宜选用钢绞线、螺纹钢筋,当锚杆极限承载力小于 400kN 时,可采用 HRB335 钢筋。

9.6.3　锚杆布置与锚固体强度应满足下列要求:

1　锚杆锚固体上、下排间距不宜小于 2.5m,水平方向间距不宜小于 1.5m;锚杆锚固体上覆土层厚度不宜小于 4.0m。锚杆的倾角宜为 15°～35°。

2　锚杆定位支架沿锚杆轴线方向宜每隔 1.0～2.0m 设置一个,锚杆杆体的保护层不得少于 20mm。

3　锚固体宜采用水泥砂浆或纯水泥浆,浆体设计强度不宜低于 20.0MPa。

4　土层锚杆钻孔直径不宜小于 120mm。

（5）水平垂直混合支撑

沟槽上部连续或水平支撑,下部设连续或垂直支撑。该支撑方式适于沟槽深度较大,下部有含水土层的情况,如图1-44所示。

2）一般浅基坑的支撑方法及适用条件

（1）斜柱支撑

水平挡土板钉在柱桩内侧,柱桩外侧用斜撑支顶,斜撑底端支在木桩上,在挡土板内侧回填土。该支撑方式适于开挖较大型、深度不大的基坑,或使用机械挖土,如图1-45所示。

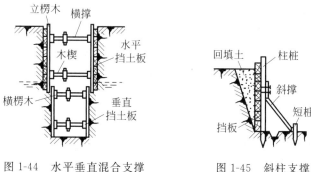

图1-44　水平垂直混合支撑　　　　图1-45　斜柱支撑

（2）锚拉支撑

水平挡土板支在柱桩的内侧,柱桩一端打入土中,另一端用拉杆与锚桩拉紧,在挡土板内侧回填土。该支撑方式适于开挖较大型、深度不大的基坑,或使用机械挖土而不能安设横撑时使用,如图1-46所示。

（3）短柱横隔支撑

打入小短木桩,部分打入土中,部分露出地面,钉上水平挡土板,在背面填土捣实。该支撑方式适于开挖宽度大的基坑,当部分地段下部放坡不够时使用,如图1-47所示。

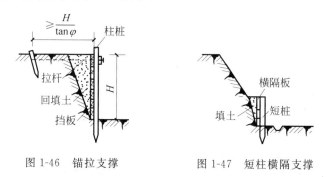

图1-46　锚拉支撑　　　　图1-47　短柱横隔支撑

（4）临时挡土墙支撑

沿坡脚用砖、石叠砌或用草袋装土砂堆砌,使坡脚保持稳定。该支撑方式适用于开挖宽度大的基坑,当部分地段下部放坡不够时使用,如图1-48所示。

3）一般深基坑的支撑方法及适用条件

（1）型钢桩横挡板支撑

沿挡土位置预先打入钢轨、工字钢或 H 形钢桩,间距为 1.0～1.5m,然后边挖方,边将 3～6cm 厚的挡土板塞进钢桩之间挡土,并在横向挡板与型钢桩之间打入楔子,使横板与土体紧密接触。该支撑方式适于在地下水位较低、深度不很大的一般黏性或砂土层中应用,如图 1-49 所示。

图 1-48 临时挡土墙支撑

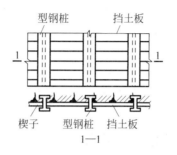

图 1-49 型钢桩横挡板支撑

（2）钢板桩支撑

在开挖基坑的周围打钢板桩或钢筋混凝土板桩,板桩入土深度及悬臂长度应经计算确定,如基坑宽度很大,可加水平支撑。该支撑方式适于在一般地下水、深度和宽度不很大的黏性砂土层中应用,如图 1-50 所示。

（3）钢板桩与钢构架结合支撑

在开挖的基坑周围打钢板桩,在柱位置上打入暂设的钢柱,在基坑中挖土,每挖 3～4m 就装上一层构架支撑体系;挖土在钢构架网格中进行,亦可不预先打入钢柱,随挖随接长支柱。该支撑方式适于在饱和软弱土层中开挖较大、较深基坑,钢板桩刚度不够时采用,如图 1-51 所示。

知识扩展:

《建筑地基基础设计规范》(GB 50007—2011) 9.6.4 锚杆设计应包括下列内容:

1 确定锚杆类型、间距、排距和安设角度、断面形状及施工工艺。

2 确定锚杆自由段、锚固段长度、锚固体直径、锚杆抗拔承载力特征值。

3 锚杆筋体材料设计。

4 锚具、承压板、台座及腰梁设计。

5 预应力锚杆张拉荷载值、锁定荷载值。

6 锚杆试验和监测要求。

7 对支护结构变形控制需要进行的锚杆补张拉设计。

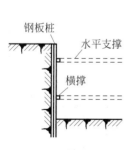

图 1-50 钢板桩支撑

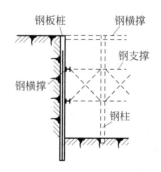

图 1-51 钢板桩与钢构架结合支撑

（4）挡土灌注桩支撑

在开挖基坑的周围,用钻机钻孔,现场灌注钢筋混凝土桩,达到强度后,在基坑中间用机械或人工挖土,下挖 1m 左右装上横撑;桩背面装上拉杆与已设锚桩拉紧,然后继续挖土至要求深度;桩间土方挖成外拱形,使之起土拱作用,如基坑深度小于 6m,或邻近有建筑物,亦可不设锚拉杆,采取加密桩距或加大桩径方式处理。该支撑方式适于开挖较大、较深(>6m)基坑,邻近有建筑物,不允许支护,背面地基有下沉、位移时采用,如图 1-52 所示。

（5）挡土灌注桩与土层锚杆结合支撑

同挡土灌注桩支撑,但柱顶不设锚桩锚杆,而是在基坑挖至一定深度时,每隔一定距离向桩背面斜下方用锚杆钻机打孔,安放钢筋锚杆,用水泥压力灌浆,达到强度后,安上横撑,拉紧固定,在桩中间进行挖土,直至设计深度,如设 2～3 层锚杆,可挖一层土,装设一次锚杆。该支撑方式适于大型较深基坑、施工工期较长、邻近有高层建筑,不允许支护,邻近地基不允许有任何下沉位移时采用,如图 1-53 所示。

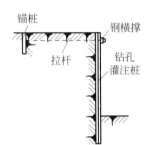

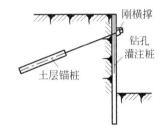

图 1-52　挡土灌注桩支撑　　图 1-53　挡土灌注桩与土层锚杆结合支撑

（6）挡土灌注桩与旋喷桩组合支撑

系在深基坑内侧设置直径为 0.6～1.0m 混凝土灌注桩,间距为 1.2～1.5m;在紧靠混凝土灌注桩的外侧设置直径为 0.8～1.5m 的旋喷桩,以旋喷水泥浆方式形成水泥土桩与混凝土灌注桩紧密结合,组成一道防渗帷幕,既可起抵抗土压力、水压力的作用,又可起挡水抗渗的作用;挡土灌注桩与旋喷桩采取分段间隔方式施工。当基坑为淤泥质土层,有可能在基坑底部产生管涌、涌泥现象时,亦可在基坑底部以下用旋喷桩封闭。在混凝土灌注桩外侧设旋喷桩,有利于支护结构的稳定,可防止发生边坡坍塌、渗水和管涌等现象。该支撑方式适于土质条件差、地下水位较高,要求既挡土又挡水防渗的支护工程,如图 1-54 所示。

（7）双层挡土灌注桩支护

将挡土灌注桩在平面布置上由单排桩改为双排桩,呈对应或梅花式排列,桩数保持不变,双排桩的桩径 d 一般为 400～600mm,排距为 $(1.5～3.0)d$,在双排桩顶部设圈梁使其成为整体刚架结构。亦可在基坑每侧中段设双排桩,而在四角仍采用单排桩。采用双排桩支护可使支护整体刚度增大,桩的内力和水平位移减小,提高护坡效果。该支撑方式适于基坑较深、采用单排混凝土灌注桩挡土,强度和刚度均不能胜任时使用,如图 1-55 所示。

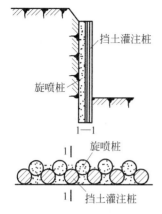

图 1-54 挡土灌注桩与旋喷桩
组合支护

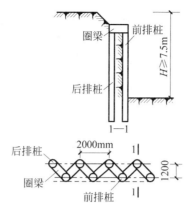

图 1-55 双层挡土灌注桩支护

（8）地下连续墙支护

在开挖的基坑周围，先建造混凝土或钢筋混凝土地下连续墙，达到强度后，在墙中间用机械或人工挖土，直至要求深度。当跨度、深度很大时，可在内部加设水平支撑及支柱。用于逆作法施工，每下挖一层，把下一层梁、板、柱浇筑完成，以此作为地下连续墙的水平框架支撑，如此循环作业，直到地下室的底层土全部挖完，浇筑全部完成。该支撑方式适于开挖较大、较深（>10m）、有地下水、周围有建筑物和公路的基坑，作为地下结构的外墙部分，或用于高层建筑的逆作法施工，作为地下室结构的部分外墙，如图 1-56 所示。

（9）地下连续墙与土层锚杆结合支护

先在开挖基坑的周围建造地下连续墙支护，在墙中部用机械配合人工开挖土方至锚杆部位，用锚杆钻机在要求位置钻孔，放入锚杆，进行灌浆，待达到强度，装上锚杆横梁，或锚头垫座，然后继续下挖至要求深度，如设 2~3 层锚杆，每挖一层装一层，采用快凝砂浆灌浆。该支撑方式适于开挖较大、较深（>10m）、有地下水的大型基坑，在周围有高层建筑，不允许支护有变形、采用机械挖方、要求有较大空间、不允许内部设支撑时采用，如图 1-57 所示。

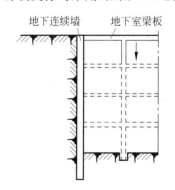

图 1-56 地下连续墙支护

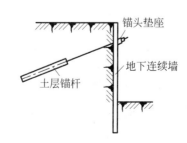

图 1-57 地下连续墙与土层锚杆结合支护

（10）土层锚杆支护

沿开挖基坑边坡每2～4m设置一层水平土层锚杆，直到挖土至要求深度。该支撑方式适于在较硬土层或破碎岩石中开挖较大、较深基坑，邻近有建筑物，必须保证边坡稳定时采用，如图1-58所示。

（11）板桩（灌注桩）中央横顶支撑

在基坑周围打板桩或设挡土灌注桩，在内侧放坡挖中间部分土方到坑底，先施工中间部分结构至地面，再利用此结构作支承向板桩（灌注桩）支水平横顶撑，挖除放坡部分土方，每挖一层，支一层水平横顶撑，直到设计深度，最后建该部分结构。该支撑方式适于开挖较大、较深的基坑，支护桩刚度不够，又不允许设置过多支撑时采用，如图1-59所示。

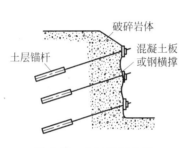

图1-58　土层锚杆支护

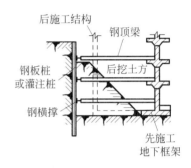

图1-59　板桩（灌注桩）中央横顶支撑

（12）板桩（灌注桩）中央斜顶支撑

在基坑周围打板桩或设挡土灌注桩，在内侧放坡挖中间部分土方到坑底，并先施工好中间部分基础，再从基础向桩上方支斜顶撑，然后把放坡的土方挖除，每挖一层，支一层斜撑，直至坑底，最后建该部分结构。该支撑方式适于开挖较大、较深的基坑，支护桩刚度不够、坑内不允许设置过多支撑时用，如图1-60所示。

（13）分层板桩支撑

先在开挖厂房群基础的周围打支护板桩，再在内侧挖土方至群基础底标高，然后在中部主体深基础四周打二级支护板桩，挖主体深基础土方，施工主体结构至地面，最后施工外围群基础。该支撑方式适于开挖较大、较深基坑，当中部主体与周围群基础标高不等，而又无重型板桩时采用，如图1-61所示。

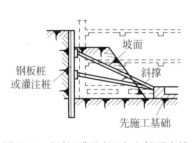

图1-60　板桩（灌注桩）中央斜顶支撑

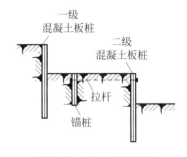

图1-61　分层板桩支撑

1.4.3　人工挖土

根据土质情况和现场存土、运土条件,合理确定开挖顺序,再分段分层开挖。土方开挖顺序应遵循"开槽支撑,先撑后挖,分层开挖,不得超挖"的原则。

开挖时应沿灰线切出基槽轮廓线,每层深度以 600mm 为宜,每层应清底,然后逐步挖掘。

开挖大面积浅基坑时,可沿坑三面同时开挖,挖出的土方装入手推车或翻斗车,由未开挖的一面运至弃土地点。

在有存土条件的场地,一定要留足需要的回填土,将多余土方运至弃土地点,避免二次搬运。

在槽边堆放土时,应保证边坡稳定。一般情况下,土方距槽边缘不小于 1.0m,高度不宜超过 1.5m。

修整边坡:开挖放坡的坑(槽)时,先按施工方案规定的坡度粗略开挖,再分层按坡度要求每隔 3m 左右做出一条坡度线。边坡应随挖随修整,待挖至设计标高,由两端轴线引桩拉通线,检查距槽边尺寸,据此再统一修整一次边坡。

清理槽底:在挖至坑槽底设计标高 50cm 以内时,测量放线人员配合抄出距槽底 50cm 水平线。自槽端部 20cm 处每隔 2～3m 在基槽侧壁钉水平小木橛,随时以小木橛校核槽底标高,用拉线尺量法校核槽底标高。人工挖土时,应预留 15～30cm 土不挖,待下道工序开始后,再挖至设计标高。

1.4.4　机械挖土

1. 开挖原则

机械挖土最常用的机械是反铲挖掘机,其特点是后退向下,强制切土。土方开挖顺序应遵循"开槽支撑,先撑后挖,分层开挖,不得超挖"的原则。基坑边界周围地面应设排水沟,对坡顶、坡面、坡脚采取降排水措施。

浅基坑开挖,应先进行测量定位,抄平放线,定出开挖长度,按放线分块(段)分层挖土。根据土质和水文情况,采取在四周或两侧直立开挖或放坡,保证施工操作安全。

相邻基坑开挖时,应遵循先深后浅或同时进行的施工程序。挖土应自上而下水平分段分层进行。

2. 开挖方式

根据挖掘机的开挖方式与运输汽车的相对位置不同,一般有两种开挖方式:

《建筑地基基础术语标准》(GB/T 50941—2014)

14.2.16　锚杆挡墙 anchored retaining wall

用锚固在边坡稳定区的锚杆(锚索)来保持挡墙稳定的一种支护结构。

14.2.17　地下连续墙 diaphragm wall

地面以下设置的截水、防渗、挡土或承受上部结构荷载的连续墙体。

14.2.18　导墙 guide wall

设置在导向槽两侧、用于支撑槽壁、成槽定位、承担孔口荷载及维持泥浆高度的钢筋混凝土或钢制墙体。

14.2.19　单元槽段 panel

地下连续墙施工时,划分成一定长度进行成槽、下放钢筋笼和灌注混凝土的施工单元。

（1）沟端开挖。反铲停于沟端，后退挖土，同时往沟一侧弃土或装汽车运走。

（2）沟侧开挖。反铲停于沟侧，沿沟边开挖，汽车停在机旁装土或往沟一侧卸土。

3. 分层厚度

土方开挖宜分层分段依次进行，分层原则宜上层薄下层厚，分层厚度不超过机械一次挖掘深度，但分层厚度不宜相差太大，否则会影响运输车辆重载爬坡效能。挖掘机沿挖方边缘移动时，机械距离边坡上缘的宽度不得小于基坑深度的 1/2。

4. 开挖路线

宜采用纵向由里向外、先两侧后中间的方式开挖。

5. 严禁超挖

开挖基坑不得挖至设计标高以下，如不能准确地挖至设计基底标高时，可在设计标高以上暂留一层土不挖，以便在抄平后，由人工清理。

6. 预留土层

一般用铲运机、推土机挖土时，预留土层为 15～20cm；挖土机用反铲、正铲和拉铲挖土时，预留土层为 20～30cm 为宜。

7. 场地存土

在有存土条件的场地，一定要留足需要的回填土，多余土方运至弃土地点，避免二次搬运。在槽边堆放土时，应保证边坡稳定。一般地，土方距槽边缘不小于 1.0m，高度不宜超过 1.5m。

8. 修整边坡

在边坡检查土方开挖过程中，应经常检查开挖的边坡坡度，随时校核。常用的检查方法是用按设计边坡坡度制作的三角靠尺检查，如图 1-62 所示。

边坡修整施工中应随挖随修整，待挖至设计标高时，由两端轴线引桩拉通线，检查距槽边尺寸，据此再统一修整一次槽边。

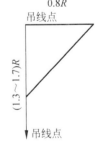

图 1-62 三角靠尺

9. 清理槽底

机械挖土时，为不扰动基底土的结构，在基底标高上预留 20～30cm 厚的土用人工配合清理至基底标高。在挖至坑槽底设计标高 50cm 以内时，测量放线人员配合抄出距槽底 50cm 水平线，钉上小木橛，用水准仪抄平，人工清走余土。

深基坑工程的挖土方案如下：放坡挖土（无支护结构）；中心岛式（也称墩式）挖土；盆式挖土；逆作法挖土。其中，后三种皆有支护结构。

1.5 基坑支护

1.5.1 基坑支护类型

基坑支护设计应规定其设计使用期限。基坑支护的设计使用期限不应小于1年。

根据《建筑基坑支护技术规程》(JGJ 120—2012)规定,基坑支护应满足下列功能要求:

(1) 保证基坑周边建(构)筑物、地下管线、道路的安全和正常使用;

(2) 保证主体地下结构的施工空间。

基坑支护设计时,应综合考虑基坑周边环境和地质条件的复杂程度、基坑深度等因素。支护结构的安全等级分为三级,如表1-7所示。

表1-7 支护结构的安全等级

安全等级	破坏后果
一级	支护结构失效、土体过大变形对基坑周边环境或主体结构施工安全的影响很严重
二级	支护结构失效、土体过大变形对基坑周边环境或主体结构施工安全的影响严重
三级	支护结构失效、土体过大变形对基坑周边环境或主体结构施工安全的影响不严重

根据结构形式,基坑支护分为四大类型,如表1-8所示。

表1-8 支护结构的类型及适用条件

结构类型		适用条件	
		安全等级	基坑深度、环境条件、土类和地下水条件
支挡式结构	锚拉式结构	一级、二级、三级	适用于较深的基坑
	支撑式结构		适用于较深的基坑
	悬臂式结构		适用于较浅的基坑
	双排桩		当锚拉式、支撑式和悬臂式结构不适用时,可考虑采用双排桩
	支护结构与主体结构结合的逆作法		适用于基坑周边环境条件很复杂的深基坑

适用条件(右列):
(1) 排桩适用于可采用降水或截水帷幕的基坑;
(2) 地下连续墙宜同时用作主体地下结构外墙,可同时用于截水;
(3) 锚杆不宜用在软土层和高水位的碎石土、砂土层中;
(4) 当邻近基坑有建筑物地下室、地下构筑物等,锚杆的有效锚固长度不足时,不应采用锚杆;
(5) 当锚杆施工会造成基坑周边建(构)筑物的损害或违反城市地下空间规划等规定时,不应采用锚杆

续表

结构类型		适用条件	
	安全等级	基坑深度、环境条件、土类和地下水条件	
土钉墙 单一土钉墙	二级、三级	适用于地下水位以上或降水的非软土基坑,且基坑深度不宜大于12m	当基坑潜在滑动面内有建筑物、重要地下管线时,不宜采用土钉墙
预应力锚杆复合土钉墙		适用于地下水位以上或降水的非软土基坑,且基坑深度不宜大于15m	
水泥土桩复合土钉墙		用于非软土基坑时,基坑深度不宜大于12m;用于淤泥质土基坑时,基坑深度不宜大于6m;不宜用在高水位的碎石土、砂土层中	
微型桩复合土钉墙		适用于地下水位以上或降水的基坑,用于非软土基坑时,基坑深度不宜大于12m;用于淤泥质土基坑时,基坑深度不宜大于6m	
重力式水泥土墙	二级、三级	适用于淤泥质土、淤泥基坑,且基坑深度不宜大于7m	
放坡	三级	(1)施工场地满足放坡条件;(2)放坡与上述支护结构形式结合	

注:1. 当基坑不同部位的周边环境条件、土层性状、基坑深度等不同时,可在不同部位分别采用不同的支护形式;

2. 支护结构可采用上、下部以不同结构类型组合的形式。

1. 支挡式结构

(1)锚拉式结构支护是一种浅基坑支护方式,它是将水平挡土板支在柱桩内侧,柱桩一端打入土中,另一端用拉杆与锚桩拉紧,在挡土板内侧回填土,如图1-63所示。

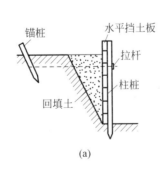

(a) (b)

图1-63 锚拉式结构支护

(a)示意图;(b)实景图

（2）支撑式结构支护是排桩下部插入土体中，在基坑开挖面以上设置一层或数层支撑，共同承担基坑外的土体侧压力的支护。该结构抗力大，可用于开挖深度大的基坑，如图1-64和图1-65所示。

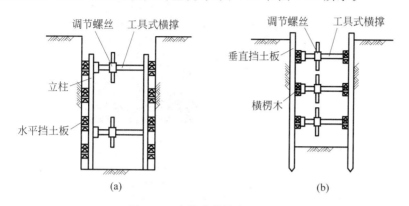

图1-64　支撑式结构支护（一）

（a）间断式水平挡土板支撑；（b）垂直挡土板支撑

图1-65　支撑式结构支护（二）

（3）悬臂式结构支护是在基坑开挖时完全依靠插入坑底足够的深度，利用悬臂作用来挡住壁后土体的支护，有地下连续墙、钢板桩、钢筋混凝土桩等形式，如图1-66和图1-67所示。

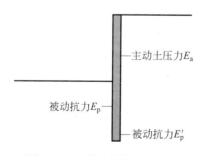

图1-66　悬臂式结构支护（一）

（4）双排桩支护又称为双排桩门架式支护结构，是由前、后两排平行的钢筋混凝土桩、压顶梁以及前、后排桩桩顶之间的连梁（或板）形成类似门架的空间结构的支护，如图1-68～图1-70所示。

知识扩展：

《建筑基坑支护技术规程》（JGJ 120—2012）3.1.8　基坑支护设计应按下列要求设定支护结构的水平位移控制值和基坑周边环境的沉降控制值：

1　当基坑开挖影响范围内有建筑物时，支护结构水平位移控制值、建筑物的沉降控制值应按不影响其正常使用的要求确定，并应符合现行国家标准《建筑地基基础设计规范》（GB 50007—2012）中对地基变形允许值的规定；当基坑开挖影响范围内有地下管线、地下构筑物、道路时，支护结构水平位移控制值、地面沉降控制值应按不影响其正常使用的要求确定，并应符合现行相关标准对其允许变形的规定。

2　当支护结构构件同时用作主体地下结构构件时，支护结构水平位移控制值不应大于主体结构设计对其变形的限值。

图 1-67　悬臂式结构支护(二)

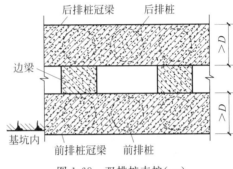

图 1-68　双排桩支护(一)

图 1-69　双排桩支护(二)

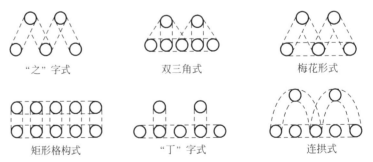

图 1-70　双排桩支护结构平面布桩形式

（5）逆作法是高层建筑物目前最先进的施工技术方法之一，它是先沿建筑物地下室轴线或周围施工地下连续墙或其他支护结构，同时在建筑物内部的有关位置浇筑或打下中间支承桩和柱，作为施工期间于底板封底之前承受上部结构自重和施工荷载的支撑。然后施工地面一层的梁板楼面结构，作为地下连续墙刚度很大的支撑，随后逐层向下开挖土方和浇筑各层地下结构，直至底板封底。同时，由于地面一层的楼面结构已完成，为上部结构施工创造了条件，所以可以同时向上逐层进行地上结构的施工。如此地面上、下同时进行施工，直至工程结束，如图1-71～图1-74所示。

逆作法可以分为全逆作法、半逆作法、部分逆作法和分层逆作法。

知识扩展：

《建筑基坑支护技术规程》(JGJ 120—2012)

3　当无本条第1款、第2款情况时，支护结构水平位移控制值应根据地区经验按工程的具体条件确定。

3.1.9　基坑支护应按实际的基坑周边建筑物、地下管线、道路和施工荷载等条件进行设计。设计中应提出明确的基坑周边荷载限值、地下水和地表水控制等基坑使用要求。

3.1.10　基坑支护设计应满足下列主体地下结构的施工要求：

1　基坑侧壁与主体地下结构的净空间和地下水控制应满足主体地下结构及其防水的施工要求。

2　采用锚杆时，锚杆的锚头及腰梁不应妨碍地下结构外墙的施工。

3　采用内支撑时，内支撑及腰梁的设置应便于地下结构及其防水的施工。

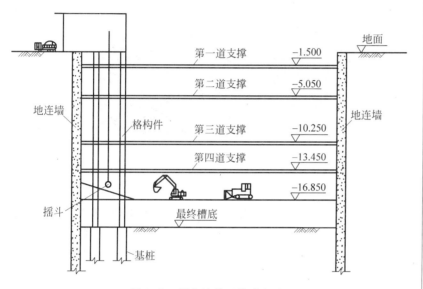

图1-71　逆作法施工技术（一）

图1-72　逆作法施工技术（二）

图 1-73　逆作法施工技术（三）

图 1-74　逆作法施工技术（四）

2. 土钉墙

（1）单一土钉墙支护是由天然土体通过土钉就地加固并与喷射混凝土面板相结合,形成一个类似重力挡墙以此来抵抗墙后的土压力;从而保持开挖面的稳定,这个土挡墙称为土钉墙,如图 1-75 和图 1-76 所示。

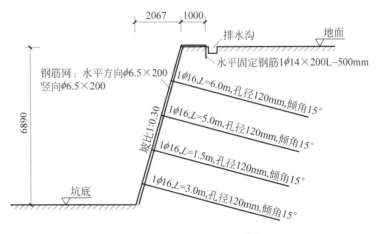

图 1-75　单一土钉墙支护（一）（单位：mm）

图 1-76　单一土钉墙支护(二)

土钉墙通过钻孔、插筋、注浆来设置的，一般称为砂浆锚杆，也可以直接打入角钢、粗钢筋形成土钉。

（2）复合土钉墙支护是将土钉墙与一种或几种单项支护技术或截水技术有机组合成的复合支护体系，它的构成要素主要有土钉、预应力锚杆、截水帷幕、微型桩、挂网喷射混凝土面层、原位土体等，如图 1-77 所示。

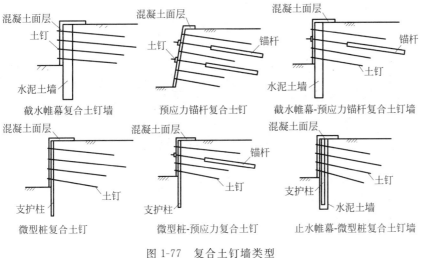

图 1-77　复合土钉墙类型

3. 重力式水泥土墙

重力式水泥土墙支护是通过加固基坑侧壁形成一定厚度的重力式挡墙，以达到挡土的目的。水泥土搅拌桩(或称深层搅拌桩)支护结构是近年来发展起来的一种重力式支护结构。它是通过搅拌桩机将水泥与土进行搅拌，形成柱状水泥土墙，它既具有挡土作用，又具有隔水作用。它适用于 4～6m 深的基坑，最深可达 7m，如图 1-78 和图 1-79 所示。

知识扩展：

《建筑基坑支护技术规程》(JGJ 120—2012)

2　勘探点应沿基坑边布置，其间距宜取 15～25m；当场地存在软弱土层、暗沟或岩溶等复杂地质条件时，应加密勘探点，并查明其分布和工程特性。

3　基坑周边勘探孔的深度不宜小于基坑深度的 2 倍；基坑面以下存在软弱土层或承压水含水层时，勘探孔深度应穿过软弱土层或承压水含水层。

4　应按现行国家标准《岩土工程勘察规范》(GB 50021—2001)的规定进行原位测试和室内试验，并提出各层土的物理性质指标和力学指标；对主要土层和厚度大于 3m 的素填土，应按本规程第 3.1.14 条的规定进行抗剪强度试验，并提出相应的抗剪强度指标。

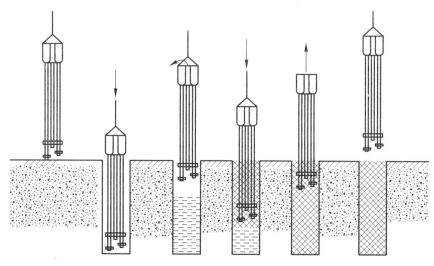

定位　　　预埋下沉　提升喷浆搅拌　重复下沉搅拌　重复提升搅拌　成桩结束

图 1-78　重力式水泥土墙支护施工流程

图 1-79　重力式水泥土墙支护

4. 放坡

为了防止土壁塌方，确保施工安全，当挖方超过一定深度或填方超过一定高度时，其边沿应放出足够的边坡，这就是放坡，如图 1-80 所示。

土方边坡用边坡坡度和坡度系数表示。坡度指挖土深度 h 与放坡宽度 b 的比值，用 1：m 表示，m 称放坡系数，即 $m=b/h$，如图 1-81～图 1-83 所示。

图 1-80 放坡(一)

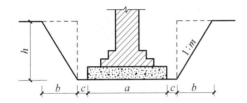

图 1-81 放坡(二)

a—基础长(或宽);b—放坡宽度;c—工作面;h—挖土深度;$1:m$—坡度

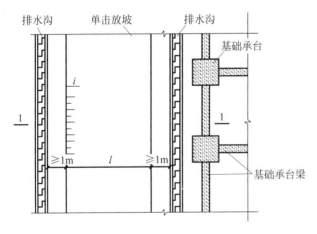

图 1-82 放坡平面布置

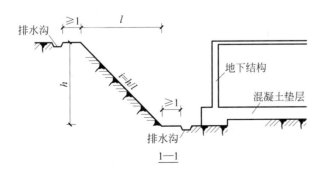

图 1-83 放坡剖面

知识扩展:

《建筑基坑支护技术规程》(JGJ 120—2012)

3.2.2 基坑支护设计前,应查明下列基坑周边环境条件:

1 既有建筑物的结构类型、层数、位置、基础形式和尺寸、埋深、使用年限、用途等;

2 各种既有地下管线、地下构筑物的类型、位置、尺寸、埋深等;对既有供水、污水、雨水等地下输水管线,尚应包括其使用状况及渗漏状况;

3 道路的类型、位置、宽度,道路行驶情况,最大车辆荷载等;

4 基坑开挖与支护结构使用期内施工材料、施工设备等临时荷载的要求;

5 雨期时的场地周围地表水汇流和排泄条件。

知识扩展:

《建筑基坑支护技术规程》(JGJ 120—2012)

2.1 术语

2.1.3 基坑支护 retaining and protection for excavations

为保护地下主体结构施工和基坑周边环境的安全,对基坑采用的临时性支挡、加固、保护与地下水控制的措施。

2.1.4 支护结构 retaining and protection structure

支挡或加固基坑侧壁的结构。

2.1.5 设计使用期限 design workable life

设计规定的从基坑开挖到预定深度至完成基坑支护使用功能的时段。

2.1.6 支挡式结构 retaining structure

以挡土构件和锚杆或支撑为主的,或仅以挡土构件为主的支护结构。

1.5.2   土钉墙支护

1. 施工工艺流程

施工工艺流程如下:放设基坑开挖上、下口线→机械挖土、人工平边坡→土钉施工→镀锌铁丝网、钢筋网格铺设→安置泄水管、喷混凝土面层→面层养护→基坑监测,如图 1-84 所示。

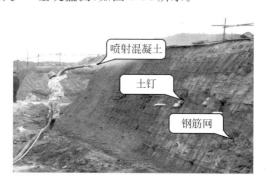

图 1-84   土钉墙支护施工

2. 构造要求

土钉墙的坡比不宜大于 1∶0.2;土钉水平间距和竖向间距宜为 1～2m;土钉倾角宜为 5°～20°。

1) 成孔注浆型钢筋土钉的构造

成孔注浆型钢筋土钉的构造如图 1-85 所示,应符合下列要求:

(1) 成孔直径宜取 70～120mm;

(2) 土钉钢筋宜选用 HRB400、HRB500 钢筋,直径宜为 16～32mm;

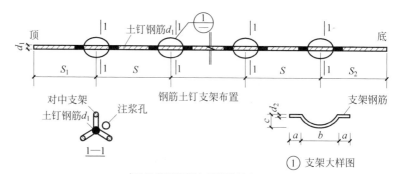

成孔注浆型钢筋土钉外形尺寸

mm

土钉钢筋直径d_1	支架钢筋直径d_1	支架距土钉顶部距离S_1	支架间距S	支架距土钉底部距离S_2	支架搭接长度a	支架宽度b	支架高度c
Φ16～Φ32	φ6～φ8	1000～2500	1500～2500	500～1500	20～30	80～120	27～52

图 1-85   成孔注浆型钢筋土钉

（3）应沿土钉全长设置对中定位支架，间距宜为 1.5～2.5m，保护层厚度不宜小于 20mm；

（4）土钉注浆材料可采用水泥浆或水泥砂浆，其强度不低于 20MPa。

2）钢管土钉的构造

钢管土钉的构造如图 1-86 所示，应符合下列要求：

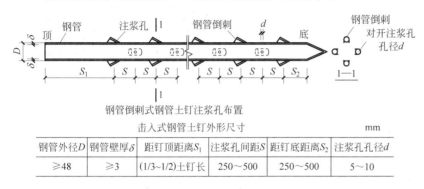

钢管倒刺式钢管土钉注浆孔布置

击入式钢管土钉外形尺寸　　　　　　　　　　　mm

钢管外径D	钢管壁厚δ	距钉顶距离S₁	注浆孔间距S	距钉底距离S₂	注浆孔孔径d
≥48	≥3	(1/3~1/2)土钉长	250~500	250~500	5~10

图 1-86　成孔注浆型钢管土钉

（1）钢管土钉需要接长时，宜采用螺纹接箍连接，并在接箍与管体间焊接牢固；采用绑条焊接时，绑条不应少于 3 根钢筋，钢筋直径不小于 16mm，并应沿钢管截面均匀分布拼焊；双面焊接时，钢筋长度不应小于钢管直径的 2 倍，钢管的对接接头应用焊缝填满。

（2）注浆孔应沿钢管周边对称布置，每个注浆截面的注浆孔宜取 2 个，注浆孔外应设置倒刺覆盖保护孔口。

（3）倒刺可采用 Q235B 的钢管或热轧等边角钢，与土钉钢管夹角宜取 20°～30°。倒刺钢管直径宜取 20mm，壁厚同钉体钢管，长度 30～40mm。

（4）角钢宽度 30～63mm，厚度 3～6mm，长度 50～60mm。

（5）钢管打入地层后，应在钢管内进行压力注浆，注浆材料宜采用水灰比为 0.5～0.6 的水泥浆，注浆压力不宜小于 0.6MPa；注浆量根据地层和土钉所处位置确定，应在注浆至管顶周围出现返浆后停止注浆。

3）面层的构造

土钉墙高度不大于 12m 时，喷射混凝土面层的构造如图 1-87 所示，应符合下列要求：

（1）喷射混凝土面层厚度宜取 80～100mm；

（2）喷射混凝土设计强度等级不宜低于 C20；

（3）喷射混凝土面层中应配置钢筋网和通长的加强钢筋，钢筋网宜采用 HPB300 级钢筋，钢筋直径宜取 6～10mm，钢筋间距宜取 150～200mm；钢筋网间的搭接长度应大于 300mm；加强钢筋的直径宜取 14～20mm；当充分利用土钉杆体的抗拉强度时，加强钢筋的截面面积不应小于土钉杆体截面面积的 1/2。

知识扩展：

《建筑基坑支护技术规程》(JGJ 120—2012)

2.1.7　锚拉式支挡结构
anchored retaining structure

以挡土构件和锚杆为主的支挡式结构。

2.1.8　支撑式支挡结构
strutted retaining structure

以挡土构件和支撑为主的支挡式结构。

2.1.9　悬臂式支挡结构
cantilever retaining structure

仅以挡土构件为主的支挡式结构。

2.1.10　挡土构件
structural member for earth retaining

设置在基坑侧壁并嵌入基坑底面的支挡式结构竖向构件，如支护桩、地下连续墙。

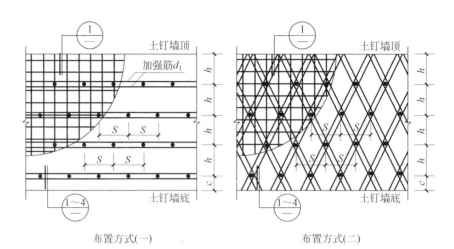

布置方式(一)　　　　布置方式(二)

知识扩展：

《建筑基坑支护技术规程》(JGJ 120—2012)

2.1.11　排桩 soldier pile wall

沿基坑侧壁排列设置的支护桩及冠梁组成的支挡式结构部件或悬臂式支挡结构。

2.1.12　双排桩 double-row-piles wall

沿基坑侧壁排列设置的由前、后两排支护桩和梁连接成的刚架及冠梁组成的支挡式结构。

2.1.13　地下连续墙 diaphragm wall

分槽段用专用机械成槽、浇筑钢筋混凝土所形成的连续地下墙体。亦可称为现浇地下连续墙。

2.1.14　锚杆 anchor

由杆体(钢绞线、预应力螺纹钢筋、普通钢筋或钢管)、注浆固结体、锚具、套管所组成的一端与支护结构构件连接，另一端锚固在稳定岩土体内的受拉杆件。杆体采用钢绞线时，亦可称为锚索。

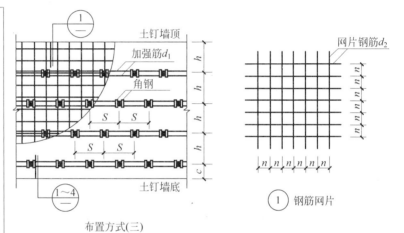

布置方式(三)　　　　① 钢筋网片

土钉面层网筋外部尺寸

mm

土钉 水平间距S	土钉 竖向间距h	最后一层土钉 与墙底间距c	加强筋 直径d_1	网片钢筋 直径d_2	网片钢筋 间距n
1000～2000	1000～2000	300～500	$\Phi14\sim\Phi20$	$\Phi6\sim\Phi10$	150～250

图 1-87　土钉网筋展开图

3. 施工偏差

土钉墙的施工偏差应符合下列要求：

(1) 土钉位置的允许偏差应为 100mm；

(2) 土钉倾角的允许偏差应为 3°；

(3) 土钉杆体长度不应小于设计长度；

(4) 钢筋网间距的允许偏差应为 ±30mm；

(5) 微型桩桩位的允许偏差应为 50mm；

(6) 微型桩垂直度的允许偏差应为 0.5%。

1.5.3 灌注桩排桩支护

排桩的桩型主要有混凝土灌注桩、型钢桩、钢管桩、钢板桩、型钢水泥土搅拌桩等,其中混凝土灌注桩排桩在工程支护中运用较广泛,如图 1-88 和图 1-89 所示。

图 1-88 灌注桩排桩施工

灌注桩排桩

图 1-89 灌注桩排桩

灌注桩按其成孔方法不同,可分为钻孔灌注桩、沉管灌注桩、人工挖孔灌注桩和爆扩灌注桩等。

钻孔灌注桩是指利用钻孔机械钻出桩孔,并在孔中浇筑混凝土(或先在孔中吊放钢筋笼)而成的桩。根据钻孔机械的钻头是否在土壤的含水层中施工,又分为泥浆护壁成孔灌注桩(又称湿式钻孔灌注桩)和干作业成孔灌注桩两种施工方法。

泥浆护壁成孔灌注桩适用于在地下水位较高的含水黏土层,或流砂、夹砂和风化岩等各种土层中的桩基成孔施工,因而使用范围较广,现以泥浆护壁成孔灌注桩排桩为例进行介绍。

知识扩展:

《建筑基坑支护技术规程》(JGJ 120—2012)

4.3 排桩设计

4.3.1 排桩的桩型与成桩工艺应符合下列要求:

1 应根据土层的性质、地下水条件及基坑周边环境要求等选择混凝土灌注桩、型钢桩、钢管桩、钢板桩、型钢水泥土搅拌桩等桩型;

2 当支护桩施工影响范围内存在对地基变形敏感、结构性能差的建筑物或地下管线时,不应采用挤土效应严重、易塌孔、易缩径或有较大振动的桩型和施工工艺;

3 采用挖孔桩且成孔需要降水时,降水引起的地层变形应满足周边建筑物和地下管线的要求,否则应采取截水措施。

知识扩展：

《建筑基坑支护技术规程》(JGJ 120—2012)

4.3.2 混凝土支护桩的正截面和斜截面承载力应符合下列规定：

1 沿周边均匀配置纵向钢筋的圆形截面支护桩,其正截面受弯承载力宜按本规程第 B.0.1 条的规定进行计算；

2 沿受拉区和受压区周边局部均匀配置纵向钢筋的圆形截面支护桩,其正截面受弯承载力宜按本规程第 B.0.2 条～第 B.0.4 条的规定进行计算；

3 圆形截面支护桩的斜截面承载力,可用截面宽度为 1.76r 和截面有效高度为 1.6r 的矩形截面代替圆形截面后,按现行国家标准《混凝土结构设计规范》（GB 50010—2010）对矩形截面斜截面承载力的规定进行计算,但其剪力设计值应按本规程第 3.1.7 条确定,计算所得的箍筋截面面积应作为支护桩圆形箍筋的截面面积。

1. 施工工艺

1）工艺流程（图 1-90）

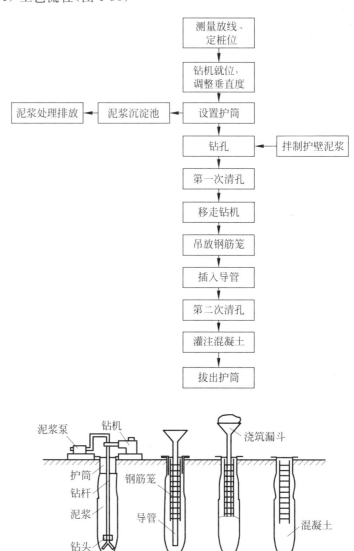

图 1-90 泥浆护壁成孔灌注桩施工

2）操作工艺

安装钻机时,转盘中心应与钻架上吊滑轮在同一垂直线上,钻杆位置偏差不应大于 2cm。

根据岩土情况合理选择钻头和泥浆性能。下钻头后,先使其距孔底 50～80mm,开动泥浆泵,待泥浆循环 3～5min 后再启动钻机慢速回转,同时慢慢降下钻头,轻压慢转数分钟后逐渐增大转速和钻压而进入正常钻进。此时应合理掌握和调整钻进及基本参数,不要随意提动钻具。要掌握卷扬机钢丝绳的松紧度,减少水龙头晃动,加接钻杆时,先将钻头稍提离孔底,待泥浆循环 3～5min 后,再拆卸加接钻杆。在钻进过程中,应根据不同的地质条件,随时检查泥浆指标。对正循环回转钻进终孔并经检查后,应立即清孔。

常采用正循环清孔和压风机清孔。用泥浆正循环清孔时,待钻进结束后将钻头提离孔底 $200\sim500\text{mm}$,同时大量泵进性能指标符合要求的新泥浆,把孔内悬浮大量钻渣的泥浆替换出来,直到清除孔底沉渣和孔壁泥皮,泥浆含砂量小于 4% 时为止。用压缩空气机清孔时。调节风压可获得较好的清孔效果。一般用风量 $6\sim9\text{m}^3/\text{min}$,风压 0.7MPa 的压缩空气机,出水管用 $\phi100\sim\phi150$ 的钢管。混合器一般用 $\phi8\sim\phi25$ 的水管弯成,穿进出水管壁焊牢,混合器下入深度应满足 $L_1/L_2\geqslant0.60$,如图 1-91 和图 1-92 所示。

知识扩展:

《建筑基坑支护技术规程》(JGJ 120—2012)

4 矩形截面支护桩的正截面受弯承载力和斜截面受剪承载力,应按现行国家标准《混凝土结构设计规范》(GB 50010—2010)的有关规定进行计算,但其弯矩设计值和剪力设计值应按本规程第3.1.7条确定。

注:r 为圆形截面半径。

4.3.3 型钢、钢管、钢板支护桩的受弯、受剪承载力应按现行国家标准《钢结构设计规范》(GB 50017—2003)的有关规定进行计算,但其弯矩设计值和剪力设计值应按本规程第3.1.7条确定。

4.3.4 采用混凝土灌注桩时,对悬臂式排桩,支护桩的桩径宜大于或等于600mm;对锚拉式排桩或支撑式排桩,支护桩的桩径宜大于或等于400mm;排桩的中心距不宜大于桩直径的2倍。

图 1-91 钻孔

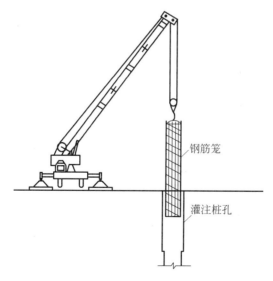

钢筋笼

灌注桩孔

图 1-92 吊放钢筋笼

灌注桩支护桩的桩身混凝土强度等级、钢筋配置和混凝土保护层厚度应符合下列规定：

（1）桩身混凝土强度等级不宜低于 C25。

（2）纵向受力钢筋宜选用 HRB400、HRB500 钢筋，单桩的纵向受力钢筋不宜少于 8 根，其间距不宜小于 60mm。

（3）支护桩顶部应设置冠梁，冠梁的宽度不宜小于桩径，高度不宜小于桩径的 0.6 倍。冠梁纵向钢筋伸入冠梁的长度宜取冠梁厚度，且不宜小于 700mm。

（4）箍筋可采用螺旋式箍筋；箍筋直径不应小于纵向受力钢筋最大直径的 1/4，且不应小于 6mm；箍筋间距宜取 100～200mm，且不应大于 400mm 及桩的直径。

（5）沿桩身配置的加强箍筋应满足钢筋笼起吊安装要求，宜选用 HPB300、HRB400 钢筋，其间距宜取 1000～2000mm。

（6）纵向受力钢筋的保护层厚度不宜小于 35mm；采用水下灌注混凝土工艺时，不宜小于 50mm。

（7）当采用沿截面周边非均匀配置纵向钢筋时，受力区的纵向钢筋不应少于 5 根；当施工方法不能保证钢筋的方向时，不应采用沿截面周边非均匀配置纵向钢筋的形式。

（8）当桩身分段配置纵向受力主筋时，纵向受力钢筋的搭接应符合现行国家标准《混凝土结构设计规范》(GB 50010—2010)的相关规定。

2. 质量标准

灌注桩、预制桩的检验标准应符合《建筑基坑支护技术规程》(JGJ 120—2012)规定。混凝土板桩应符合表 1-9 的规定。

表 1-9　混凝土板桩制作标准

项	序	检查项目	允许偏差或允许值/mm	检查方法
主控项目	1	桩长度	+10 0	用钢尺量
	2	桩身弯曲度	<0.1%/L	用钢尺量，L 为桩长
一般项目	1	保护层厚层	±5	用钢尺量
	2	模截面相对两面之差	5	用钢尺量
	3	桩尖对桩轴线的位移	10	用钢尺量
	4	桩厚度	+10 0	用钢尺量
	5	凹凸槽尺寸	±3	用钢尺量

1.6 土方工程的质量要求及施工安全

1.6.1 土方工程常见的质量缺陷及处理方法

在土方工程施工中,施工操作不善或违反操作规程会引起质量事故,其危害程度很大,如造成建筑物(或构筑物)的沉陷、开裂、位移、倾斜,甚至倒塌。因此,必须特别重视土方工程施工,应按设计和施工质量验收规范要求认真施工,以确保土方工程质量。下面介绍土方工程中常见的几种质量缺陷及处理方法。

1. 场地积水

在建筑场地的平整过程中或平整完成后,场地范围内高低不平,会局部或大面积出现积水。

1) 原因

(1) 当场地平整的填土面积较大或较深时,未分层回填压(夯)实,土的密实度不均匀或不够,遇水产生不均匀下沉而造成积水。

(2) 场地周围未做排水沟,或场地未做成一定的排水坡度,或存在反向排水坡。

(3) 测量有误,使场地高低不平。

2) 防治

(1) 平整前,应对整个场地的排水坡、排水沟、截水沟和下水道进行有组织的排水系统设计。在施工时,应遵循先地下后地上的原则做好排水设施,使整个场地排水通畅。排水坡度的设置应按设计要求进行,当设计无要求时,对地形平坦的场地,纵横方向应做成不小于0.2%的坡度,以利于泄水。在场地周围或场地内设置排水沟(截水沟),其截面、流速和坡度等应符合有关规定。

(2) 场地内的填土应认真分层回填碾压(夯)实,使其密实度不低于设计要求;当设计无要求时,一般也应分层回填、分层压(夯)实,使相对密实度不低于85%,以免松填。填土压(夯)实的方法应根据土的类别和工程条件合理选用。

(3) 做好测量工作,防止出现标高误差。

3) 处理

对于已积水的场地,应立即疏通排水和采用截水设施,将水排除。如果场地未做排水坡度或坡度过小,则应重新修坡;对于局部低洼处,应填土找平,碾压(夯)实至符合要求,避免再次积水。

2. 填方出现沉陷现象

在基坑(槽)回填时,填土局部或大片出现沉陷,从而造成室外散水坡空鼓下陷、积水,甚至引起建筑物不均匀下沉,出现开裂。

知识扩展:

《建筑边坡工程技术规范》(GB 50330—2013)

18.1 一般规定

18.1.1 边坡工程应根据安全等级、边坡环境、工程地质和水文地质、支护结构类型和变形控制要求等条件编制施工方案,采取合理、可行、有效的措施保证施工安全。

18.1.2 对土石方开挖后不稳定或欠稳定的边坡,应根据边坡的地质特征和可能发生的破坏方式等情况,采取自上而下、分段跳槽、及时支护的逆作法或部分逆作法施工。未经设计许可,严禁大开挖、爆破作业。

18.1.3 不应在边坡潜在塌滑区超量堆载。

18.1.4 边坡工程的临时性排水措施应满足地下水、暴雨和施工用水等的排放要求,有条件时,宜结合边坡工程的永久性排水措施进行。

18.1.5 边坡工程开挖后,应及时按设计实施支护结构施工,或采取封闭措施。

18.1.6 一级边坡工程施工应采用信息法施工。

18.1.7 边坡工程施工应进行水土流失、噪声及粉尘控制等的环境保护。

18.1.8 边坡工程施工除应符合本章规定外,尚应符合本规范其他有关章节及现行国家标准《土方与爆破工程施工及验收规范》(GB 50201—2012)的有关规定。

1) 原因

（1）填方基底上的草皮、淤泥、杂物和积水未清除就填方，含有机物过多，腐朽后造成下沉。

（2）基础两侧用松土回填，未经分层夯实。

（3）槽边松土落入基坑（槽），夯填前未认真地进行处理，回填后土受到水的浸泡产生沉陷。

（4）基槽宽度较窄，采用人工回填夯实，未达到要求的密实度。

（5）回填土料中夹有大量的干土块，受水浸泡产生沉陷。

（6）采用含水量大的黏性土、淤泥质土、碎块草皮作土料，回填质量不符合要求。

（7）在冬期施工时基底土体受冻胀，未经处理就直接在其上方填土。

2) 防治

（1）基坑（槽）回填前，应将坑槽中的积水排净，将淤泥、松土、杂物清理干净，如果有地下水或地表积水，应有排水措施。

（2）回填土采取严格的分层回填、分层夯实。每层的铺土厚度不得大于 300mm，土料和含水量应符合规定。回填土的密实度要按规定抽样检查，使其符合要求。

（3）填土土料中不得含有大于 50mm 直径的土块，也不应有较多的干土块，在急需进行下道工序时，宜用 2∶8 或 3∶7 灰土回填夯实。

3) 处理

基坑（槽）回填土沉陷造成墙角散水空鼓，如果混凝土面层尚未破坏，则可填入碎石，侧向挤压捣实；若面层已经裂缝破坏，则应视面积大小或损坏情况，采取局部或全部返工。局部处理可用锤、凿将空鼓部位打去，填灰土或黏土、碎石混合物夯实后再做面层。当因回填土沉陷引起结构物下沉时，应会同设计部门针对实际情况采取加固措施。

3．边坡塌方

边坡塌方是指挖方过程中或挖方后，基坑（槽）边坡土方局部或大面积坍塌或滑坡。

1) 原因

（1）基坑（槽）开挖较深，放坡不够，或挖方尺寸不够，将坡脚挖去。

（2）在通过不同土层时，没有根据土的特性分别放成不同坡度，致使边坡失稳而造成塌方。

（3）在有地表水、地下水作用的土层开挖基坑（槽）时，未采取有效的降、排水措施，使土层湿化，粘聚力降低，在重力作用下失稳而引起塌方。

（4）边坡顶部堆载过大，或受施工设备、车辆等外力振动影响。

（5）土质松软，开挖次序、方法不当而造成塌方。

2）防治

（1）根据土的种类、物理力学性质（土的内摩擦力、粘聚力、湿度、密度、休止角等）确定适当的边坡坡度。经过不同的土层时，其边坡应做成折线形。

（2）做好地面排水工作，避免在影响边坡的范围内积水，造成边坡塌方。当基坑（槽）开挖范围内有地下水时，应采取降、排水措施，将水位降至基底以下 0.5～1.0m 后方可开挖，并持续到基坑（槽）回填完毕。

（3）土方开挖应自上而下分段依次进行，防止先挖坡脚，造成坡体失稳。相邻基坑（槽）和管沟开挖时，应遵循先深后浅或同时进行的施工顺序，并及时做好基础或铺管，尽量防止对地基的扰动。

（4）施工中，应避免在坡体上堆放弃土和材料。

（5）当基坑（槽）或管沟开挖时，在建筑物密集的地区施工，有时不允许按规定的坡度进行放坡，可以采用设置支撑或支护的施工方法来保证土方的稳定。

3）处理

对基坑（槽）塌方，可将坡脚塌方清除，做临时性支护措施，如堆放装土编织袋或草袋、设支撑、砌砖石护坡墙等；对永久性边坡局部塌方，可将塌方清除，用块石填砌或回填 2：8 或 3：7 灰土嵌补，与土接触部位做成台阶搭接，防止滑动；将坡顶线后移，将坡度改缓。

在土方工程施工中，一旦出现边坡失稳塌方现象，后果非常严重，不但会造成安全事故，而且会增加费用、拖延工期等，因此应引起高度重视。

4. 填方出现橡皮土

1）原因

在含水量很大的黏土或粉质黏土、淤泥质土、腐殖土等原状土地基上进行回填，或采用上述土作土料进行回填时，由于原状土被扰动，颗粒之间的毛细孔被破坏，水分不易渗透和散发，当施工气温较高时，对其进行夯实或碾压，表面易形成一层硬壳，更阻止了水分的渗透和散发，使土形成软塑状态的橡皮土。这种土埋藏得越深，水分散发就越慢，长时间内不易消失。

2）防治

（1）在夯（压）实填土时，应适当控制填土的含水量。

（2）避免用含水量过大的黏土、粉质黏土、淤泥质土和腐殖土等原状土进行回填。

（3）填方区如果有地表水，应设排水沟排水；如果有地下水，地下水水位应降至基底 0.5～1.0m 以下。

3）处理

（1）用干土、石灰粉或碎砖等吸水材料均匀掺入橡皮土中，吸收土

知识扩展：

《建筑边坡工程技术规范》（GB 50330—2013）

6　施工进度计划

采用流水作业原理编制施工进度、网络计划及保证措施。

7　质量保证体系及措施

8　安全管理及文明施工

18.2.2　采用信息法施工的边坡工程组织设计应反映信息法施工的特殊要求。

18.3　信息法施工

18.3.1　信息法施工的准备工作应包括下列内容：

1　熟悉地质及环境资料，重点了解影响边坡稳定性的地质特征和边坡破坏模式；

2　了解边坡支护结构的特点和技术难点，掌握设计意图及对施工的特殊要求；

3　了解坡顶需保护的重要建（构）筑物基础、结构和管线情况及其要求，必要时采取预加固措施；

中的水分,降低土的含水量。

（2）暂停一段时间再回填,使橡皮土含水量逐渐降低。

（3）将橡皮土翻松、晾晒、风干至最优含水量范围,再夯实。

（4）将橡皮土挖除,回填灰土或用级配砂石夯（压）实。

1.6.2　土方工程的质量标准

土方工程的质量标准如下:

（1）柱基、基坑、基槽和管沟基底的土质必须符合设计要求,并严禁扰动。

（2）填方的基底处理,必须符合设计要求或施工规范规定。

（3）填筑柱基、基坑、基槽、管沟回填的土料必须符合设计要求和施工规范。

（4）填土施工过程中应检查排水设施、每层填筑厚度、含水量控制和压实程度。

（5）填方和柱基、基坑、基槽、管沟的回填等对有密实度要求的填方,在夯实或压实之后,必须按规定分层夯压密实。取样测定压实后土的干密度,90％以上符合设计要求,其余10％的最低值与设计值的差不应大于 0.08g/cm^3,且不应集中。

（6）土方工程外形尺寸的允许偏差和检验方法,应符合表 1-10 的规定。

（7）填方施工结束后,应检查标高、边坡坡度、压实程度等,应符合表 1-11 的规定。

表 1-10　土方开挖工程质量检查标准

项序		项目	允许偏差或允许值/mm					检验方法
			柱基基坑基槽	挖方场地平整		管沟	地(路)面基层	
				人工	机械			
主控项目	1	标高	−50	±30	±50	−50	−50	水准仪
	2	长度、宽度(由设计中心线向两边量)	+200 −50	+300 −100	+500 −150	+100	—	经纬仪,用钢尺检查
	3	边坡	按设计要求					观察或用坡度尺检查
一般项目	1	表面平整度	20	20	50	20	20	用2m靠尺和模型塞尺检查
	2	基底土性	按设计要求					观察或土样分析

注:地(路)面基层的偏差只适用于直接在挖、填方上做地(路)面的基层。

知识扩展:

《建筑边坡工程技术规范》(GB 50330—2013)

4　收集同类边坡工程的施工经验;

5　参与制订和实施边坡支护结构、邻近建(构)筑物和管线的监测方案;

6　制订应急预案。

18.3.2　信息法施工应符合下列规定:

1　按设计要求实施监测,掌握边坡工程监测情况;

2　编录施工现场揭示的地质状态与原地质资料对比变化图,为施工勘察提供资料;

3　根据施工方案,对可能出现的开挖不利工况进行边坡及支护结构强度、变形和稳定验算;

4　建立信息反馈制度,当开挖后的实际地质情况与原勘察资料变化较大,支护结构变形较大,监测值达到报警值等不利于边坡稳定的情况发生时,应及时向设计、监理、业主通报,并根据设计处理措施调整施工方案;

5　施工中出现险情时,应按本规范18.5节的要求进行处理。

表 1-11　填土工程质量检验标准

项序		检查项目	允许偏差或允许值/mm					检验方法
			柱基基坑基槽	场地平整		管沟	地(路)面基础层	
				人工	机械			
主控项目	1	标高	−50	±30	±50	−50	−50	水准仪
	2	分层压实系数	按设计要求					按规定方法
一般项目	1	回填土料	按设计要求					取样检查或直观鉴别
	2	分层厚度及含水量	按设计要求					水准仪及抽样检查
	3	表面平整度	20	20	30	20	20	用靠尺或水准仪

1.6.3　土方工程的安全技术及交底

土方工程的安全技术及交底工作内容如下:

(1) 施工前,应对施工区域内存在的各种障碍物,如建筑物、道路、沟渠、管线、防空洞、旧基础、坟墓、树木等进行检查,如影响施工,均应拆除、清理或迁移,并在施工前妥善处理,确保施工安全。

(2) 对于大型土方和开挖较深的基坑工程,在施工前,要认真研究整个施工区域和施工场地内的工程地质和水文资料,邻近建筑物或构筑物的质量和分布状况,挖土和弃土要求,施工环境及气候条件等,编制专项施工组织设计(方案),制订有针对性的安全技术措施,严禁盲目施工。

(3) 对于山区施工,应事先了解当地的地形地貌、地质构造、地层岩性、水文地质等,如果因土方施工可能产生滑坡,则应采取可靠的安全技术措施。在陡峭的山坡脚下施工,应事先检查山坡坡面的情况,如果有危岩、孤石、崩塌体、古滑坡体等不稳定迹象,则应妥善处理后才能施工。

(4) 施工机械进入施工场地所经过的道路、桥梁和卸车设备等,应事先做好检查和必要加宽、加固工作。在开工前,应做好施工场地内机械运行的道路,开辟适当的工作面,以利于安全施工。

(5) 在土方开挖前,应会同有关单位对附近已有建筑物或构筑物、道路、管线等进行检查和鉴定,对于可能受开挖和降水影响的邻近建(构)筑物、管线,应制订相应的安全技术措施,并在整个施工期间,加强监测其沉降和位移、开裂等情况。如果发现问题,应与设计或建设单位协商采取防护措施,并及时处理。当相邻基坑深浅不等时,一般应按先深后浅的顺序施工,否则应分析后施工的深基坑对先施工的浅基坑可能产生的危害,并应采取必要的保护措施。

(6)基坑开挖工程应验算边坡或基坑的稳定性,并注意由于土体内应力场的变化和淤泥土的塑性流动而导致周围土体向基坑开挖方向位移,使基坑邻近建筑物等产生相应的位移和下沉。在验算时,应考虑地面堆载、地表积水和邻近建筑物的影响等不利因素,决定是否需要支护,并选择合理的支护形式。在基坑开挖期间应加强监测。

(7)在饱和黏性土、粉土的施工现场,不得边打桩边开挖基坑,应待桩全部打完并间隔一段时间后再开挖,以免影响边坡或基坑的稳定性,并应防止开挖基坑可能引起的基坑内外的桩产生过大偏移、倾斜或断裂。

(8)基坑开挖后,应及时修筑基础,不得长期暴露。基础施工完毕后,应抓紧基坑的回填工作。在回填基坑时,必须事先清除基坑中不符合回填要求的杂物。在相对的两侧或四周同时均匀进行回填,并且分层夯实。

(9)基坑开挖深度超过9m(或地下室超过两层),或深度虽未超过9m,但地质条件和周围环境复杂,在施工过程中要加强监测,施工方案必须由单位总工程师审定,报告企业上一级主管。

(10)基坑深度超过14m、地下室三层或三层以上,地质条件和周围特别复杂及工程影响重大时,对于有关的设计和施工方案,施工单位要协同建设单位组织评审后,报市建设行政主管部门备案。

(11)夜间施工时,应合理安排施工项目,防止挖方超挖或铺填超厚。施工现场应根据需要安设照明设施,在危险地段应设置红灯警示。

(12)土方工程、基坑工程在施工过程中,如果发现有文物、古遗迹或化石等,应立即保护现场和报请有关部门处理。

(13)挖土方前要对周围环境认真检查,不能在危险岩石或建筑物下面进行作业。

(14)人工开挖时,两人的操作间距应保持2～3m,并应自上而下挖掘,严禁采用掏洞的挖掘操作方法。

(15)上、下深基坑应先挖好阶梯或设木梯,或开设坡道,采取防滑措施,禁止踩踏土壁及其支撑上下基坑。深基坑四周应设防护栏杆,或悬挂危险标志。

(16)用挖土机施工时,在挖土机的工作范围内,不得有人进行其他工作;如果是多台机械同时开挖,则挖土机的间距应大于10m,挖土自上而下,逐层进行,严禁先挖坡脚的危险作业。

(17)基坑开挖应严格按要求放坡,操作时,应随时注意边坡的稳定情况,如果发现有裂纹或部分塌落现象,要及时进行支撑,或改缓放坡,并注意支撑的稳固和边坡的变化。

(18)对于机械挖土,当多台阶同时开挖土方时,应验算边坡的稳定,根据规定和验算确定挖土机离边坡的安全距离。

　　(19)基坑(槽)挖土深度超过 3m 以上,使用吊装设备吊土时,起吊后,坑内操作人员应立即离开吊点的垂直下方,起吊设备距坑边一般不少于 1.5m,坑内人员应戴安全帽。

　　(20)基坑(槽)沟边 1m 以内不得堆土、堆料和停放机具,1m 以外堆土高度不宜超过 1.5m;基坑(槽)、沟与附近建筑物的距离不得小于 1.5m,危险时必须加固。

第 2 章

地基的处理方式

知识扩展：

《建筑地基检测技术规范》(JGJ 34—2015)

2.1 术语

2.1.7 标准贯入试验 standard penetration test (SPT)

质量为 63.5kg 的穿心锤,以 76cm 的落距自由下落,将标准规格的贯入器自钻孔孔底预打 15cm,测记再打入 30cm 的锤击数的原位试验方法。

2.1.8 圆锥动力触探试验 dynamic penetration test (DPT)

用一定质量的击锤,以一定的自由落距将一定规格的圆锥探头打入土中,根据打入土中一定深度所需的锤击数,判定土的性质的原位试验方法。

本章学习要求：

➢ 了解地基的钎探与验槽方法

➢ 掌握地基处理与加固的方法

➢ 掌握土方的填筑与压实

➢ 掌握降低地下水位的方法

2.1 地基的钎探与验槽

2.1.1 地基钎探

地基钎探是指在基坑土方开挖之后,用重锤自由落体方式将钎探工具打入基坑底下一定深度的土层内,通过锤击次数探查判断地下有无异常情况或不良地基的一种方法。

钎探是施工单位在开挖完基坑土方之后,必须进行的一项施工程序,其主要目的如下：

(1) 查明基坑底是否有局部枯井、墓穴、空洞、防空洞等地下埋藏物;

(2) 探测基底土质是否有松土坑、局部软弱或显著不均匀现象以及它们的平面范围及深度;

(3) 查明地下是否有局部坚硬物;

(4) 校核基坑底土质是否与勘察设计资料相一致;

(5) 为是否进行地基处理提供依据。

在华北地区,钎探工具普遍采用轻便触探器,也叫穿心锤钎探器。轻便触探器由尖锥头、触探杆、穿心锤三部分组成,如图 2-1 所示,其主要参数如表 2-1 所示。

表 2-1 轻便触探器主要技术参数

名　　称	参　　数
锤重	10kg±10g
落距	500mm±1mm
最大贯入深度	2100mm
贯入锥度	60°
贯入锥直径	40mm

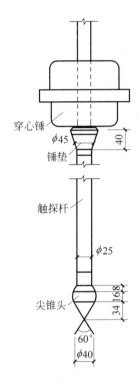

图 2-1 轻便触探器(单位:mm)

知识扩展:

《建筑地基检测技术规范》(JGJ 34—2015)

2.1.9 静力触探试验 cone penetration test(CPT)

以静压力将一定规格的锥形探头压入土层,根据其所受抗阻力大小评价土层力学性质,并间接估计土层各深度处的承载力、变形模量和进行土层划分的原位试验方法。

2.1.10 十字板剪切试验 vane shear test

将十字形翼板插入软土按一定速率旋转,测出土破坏时的抵抗扭矩,求软土抗剪强度的原位试验方法。

3.2 检测方法

3.2.1 建筑地基检测应根据检测对象情况,选择深浅结合、点面结合、载荷试验和其他原位测试相结合的多种试验方法综合检测。

钎探工艺流程如下:放钎探点线→撒白灰点标志→就位打钎(分级记录锤击数)→拔钎→检查孔深→钎孔保护→移位打下一个钎探点→验槽后钎孔灌砂。

一般按 1:100 的比例绘制钎探平面布置图,确定钎探点的位置及顺序编号。钎探点间距及检验深度按《建筑地基基础工程施工质量验收规范》(GB 50202—2002)附录 A 执行,如表 2-2 所示。

表 2-2 轻型动力触探检验深度及间距表 　　　　m

排列方式	基槽宽度	检验深度	检验间距
中心一排	<0.8	1.2	1.0～1.5m 视地层复杂情况定
两排错开	0.8～2.0	1.5	
梅花形	>2.0	2.1	

知识扩展:

《建筑地基检测技术规范》(JGJ 34—2015)

3.2.2 人工地基承载力检测应符合下列规定:

1 换填、预压、压实、挤密、强夯、注浆等方法处理后的地基应进行土(岩)地基载荷试验;

2 用水泥土搅拌桩、砂石桩、旋喷桩、夯实水泥土桩、水泥粉煤灰碎石桩、混凝土桩、树根桩、灰土桩、柱锤冲扩桩等方法处理后的地基,应进行复合地基载荷试验;

3 对水泥土搅拌桩、旋喷桩、夯实水泥土桩、水泥粉煤灰碎石桩、混凝土桩、树根桩等有粘结强度的增强体,应进行竖向增强体载荷试验;

4 强夯置换墩地基,应根据不同的加固情况,选择单墩竖向增强体载荷试验或单墩复合地基载荷试验。

在钎探过程中,钎探杆每打入 30cm 记录一次锤击数,一直到规定深度为止。将钎探锤击数及时填入"地基钎探记录"。将各分级记录锤击数进行合计。

在钎探点平面图上,注明过硬或过软的探点位置,并用彩色笔分开,以便勘察设计人员验槽时分析处理。

钎探深度和布孔间距必须符合规定要求,否则视为不合格钎探。锤击数记录必须准确,数据真实可靠,不得弄虚作假。钎探点的位置应基本准确,钎探孔不得遗漏。

2.1.2 地基验槽

《建筑地基基础工程施工质量验收规范》(GB 50202—2002)规定:所有建(构)筑物均应进行施工验槽。基坑挖完后,由建设单位组织施工、设计、勘察、监理、质检等部门的项目技术负责人对地基土进行联合检查验收。地基验槽属于建筑工程隐蔽验收的重要内容之一。

1. 验槽的目的

(1) 检验地质勘察报告结论、建议是否正确,与实际情况是否一致。

(2) 可以及时发现问题及存在的隐患,解决勘察报告中未解决的遗留问题,防患于未然。

2. 验槽的内容

(1) 根据设计图纸检查基槽的开挖平面位置、尺寸、槽底深度,检查是否与设计图纸相符,开挖深度是否符合设计要求。

(2) 仔细观察槽壁、槽底土质类型、均匀程度,是否存在有关异常土质,核对基坑土质及地下水情况是否与勘察报告相符。

(3) 检查基槽之中是否有旧建筑物基础、古井、古墓、洞穴、地下掩埋物及地下人防工程等。

(4) 检查基槽边坡外缘与附近建筑物的距离,基坑开挖对建筑物稳定是否有影响。

(5) 检查、核实、分析钎探资料,对存在的异常点位进行复核检查。

3. 验槽方法

(1) 验槽通常采用观察法,而对于基底以下土层的不可见部位,要辅以钎探法配合共同完成。

(2) 钎探法钢钎的打入分人工和机械两种。人工锤举高度一般为50cm,自由下落。机械法利用机械动力拉起穿心锤,使其自由下落,锤距为 50cm。

(3) 钎杆每打入土层 30cm 时,记录一次锤击数。钎探深度以设计为依据;如设计无规定时,一般钎点按梅花形、间距 1.5m 分布,深度为

2.1m。

（4）钎探后的孔要用砂灌实。

（5）验槽时,应重点观察柱基、墙角、承重墙下或其他受力较大部位;如有异常情况,要会同勘察、设计等有关单位进行处理。

（6）地基工程经检查验收合格后,填写"地基验槽记录"和"基坑（槽）隐蔽验收记录",各方签字盖章,并及时办理相关验收手续。如验收不合格,待处理和整改合格后,重新验收确认。

4. 验槽的注意事项

（1）天然地基验槽前必须完成钎探,并有详细的钎探记录。不合格的钎探不能作为验槽的依据。必要时应对钎探孔深及间距进行抽样检查,核实其真实性。

（2）基坑土方开挖完后,应立即组织验槽。

（3）在特殊情况下,如雨期,要做好排水措施,避免基坑被雨水浸泡。冬期要防止基底土受冻,及时用保温材料覆盖。

（4）验槽时,要认真仔细查看土质及其分布情况,是否有杂物、碎砖、瓦砾等杂填土,是否已挖到老土等,从而判断是否需要作地基处理。

2.2　土方的填筑与压实

在土方填筑前,应清除基底上的垃圾、树根等杂物,抽除地下水和淤泥。在建筑物和构筑物地面下的填方,厚度小于0.5m的填方,应清除基底上的草皮、垃圾和软弱土层。在土质较好,地面坡度不陡于1/10的较平坦场地的填方,可不清除基底上的草皮,但应割除长草。在稳定山坡上填方,当山坡坡度为1/15～1/10时,应清除基底上的草皮;坡度陡于1/5时,应将基底挖成阶梯形,阶宽不小于1m的填方基底为耕植土或松土时,应将基底碾压密实。在水田、沟渠或池塘上填方前,应根据实际情况采取排水疏干、挖除淤泥以及抛填块石、砂砾、矿渣等方法处理后再进行填土。填土区如遇有地下水或滞水时,必须设置排水设施,以保证施工的顺利进行。

2.2.1　填方土料的选择与填筑要求

为保证土方工程的填筑质量,必须正确选择填方土料的种类和填筑方法。

1. 填方土料的选择

对填方土料应按设计要求验收后方可填入,如果设计无要求,应符合以下规定。

知识扩展:

《建筑地基基础设计规范》（GB 50007—2011）10.2.1　本条为强制性条文。基槽（坑）检验工作应包括下列内容:

1　应做好验槽（坑）准备工作,熟悉勘察报告,了解拟建建筑物的类型和特点,研究基础设计图纸及环境监测资料。当遇有下列情况时,应列为验槽（坑）的重点:

（1）当持力土层的顶板标高有较大的起伏变化时;

（2）基础范围内存在两种以上不同成因类型的地层时;

（3）基础范围内存在局部异常土质或坑穴、古井、老地基或古迹遗址时;

（4）基础范围内遇有断层破碎带、软弱岩脉以及古河道、湖、沟、坑等不良地质条件时;

（5）在雨期或冬期等不良气候条件下施工,基底土质可能受到影响时。

（1）碎石类土、砂石和爆破石渣可用作表层以下的填料；

（2）含水量符合压实要求的黏性土可用作各层填料；

（3）碎块、草皮和有机质含量大于8％的土，仅用于无压实要求的填方；

（4）含有大量有机物的土，容易降解变形而降低承载能力，含水溶性硫酸盐大于5％的土，在地下水的作用下，硫酸盐会逐渐溶解变小时，形成孔洞，影响密实性，因此前述两种土以及淤泥和淤泥质土、冻土、膨胀土等均不应用作回填土。

2. 填筑要求

填土应分层进行，并尽量采用同类土进行填筑。如果采用不同类土填筑，则应将透水性较大的土层置于透水性较小的土层之下，不能将各种土混杂使用，以免填方内形成水囊。

用碎石类土或爆破石渣作填料时，其最大粒径不得超过每层铺土厚度的2/3。在使用振动碾时，不得超过每层铺土厚度的3/4，铺填时大块料不应集中，且不得填在分段接头或填方与山坡的连接处。当填方位于倾斜的山坡上时，应将斜坡挖成阶梯状，以防填土横向移动。

在回填基坑和管沟时，应从四周或两侧均匀地分层进行，以防基础和管道在土压力作用下产生偏移或变形。

回填以前，应清除填方区的积水和杂物，如遇软土、淤泥等，则必须进行换土回填。在回填时，应防止地面水流入，并预留一定的下沉高度（一般不得超过填方高度的3％）。

2.2.2 填土压实的方法

填土压实的方法一般有碾压法、夯实法、振动压实法以及利用运土工具压实法等。对于大面积填土工程，多采用碾压法和利用运土工具压实法。对于较小面积的填土工程，则宜用夯实机具进行夯实。

1. 碾压法

碾压法是利用机械滚轮的压力压实土壤，使之达到所需的密实度。碾压机械有平碾、羊足碾和气胎碾。

平碾又称光碾压路机（图2-2），是一种以内燃机为动力的自行式压路机，按自重等级分为轻型（30～50kN）、中型（60～90kN）和重型（100～140kN）三种，适于压实砂类土和黏性土，适用土类范围较广。轻型平碾压实土层的厚度不大，但土层上部变得较密实，当用轻型平碾初碾后，再用重型平碾碾压松土，就会取得较好的效果。如果直接用重型平碾碾压松土，则由于强烈的起伏现象，其碾压效果较差。

羊足碾（图2-3）无动力，一般靠拖拉机牵引，有单筒、双筒两种，根据碾压要求，又可分为空筒、装砂、注水等三种。羊足碾虽然与土的接

知识扩展：

《建筑地基基础工程施工规范》（GB 51004—2015）

8.1 一般规定

8.1.1 土方工程施工前，应考虑土方量、土方运距、土方施工顺序、地质条件等因素，进行土方平衡和合理调配，确定土方机械的作业线路、运输车辆的行走路线、弃土地点。

8.1.2 平整场地的表面坡度应符合设计要求，排水沟方向的坡度不应小于2‰。平整后的场地表面应进行逐点检查，检查点的间距不宜大于20m。

8.1.3 挖土机械、土方运输车辆等通过坡道进入作业点时，应采取保证坡道稳定的措施。

8.1.4 基坑开挖期间，若周边影响范围内存在桩基、基坑支护、土方开挖、爆破等施工作业时，应根据实际情况合理确定相互之间的施工顺序和方法，必要时应采取可靠的技术措施。

触面积小,但对单位面积的压力比较大,土的压实效果好。羊足碾只能用来压实黏性土。

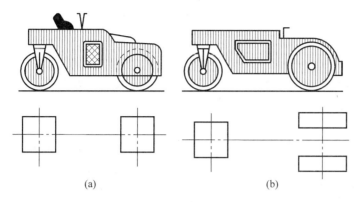

图 2-2 光碾压路机
(a) 两轴两轮;(b) 两轴三轮

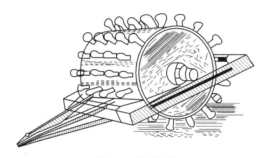

图 2-3 羊足碾

气胎碾又称为轮胎压路机(图 2-4),它的前、后轮分别密排着 4 个、5 个轮胎,既是行驶轮,也是碾压轮。由于轮胎弹性大,在压实的过程中,土与轮胎都会发生变形,而随着几遍碾压后铺土密实度的提高,沉陷量逐渐减少,因而轮胎与土的接触面积逐渐缩小,但接触应力则逐渐增大,最后使土料得到压实。由于在工作时是弹性体,所以其压力均匀,填土质量较好。

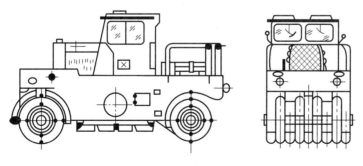

图 2-4 轮胎压路机

碾压法主要用于大面积的填土,如场地平整、路基、堤坝等工程。在用碾压法压实填土时,铺土应均匀一致,碾压遍数要一样,碾压方向

知识扩展:

《建筑地基基础工程施工规范》(GB 51004—2015)

8.1.5 机械挖土时,应避免超挖,场地边角土方、边坡修整等应采用人工方式挖除。基坑开挖至坑底标高,应在验槽后及时进行垫层施工,垫层宜浇筑至基坑围护墙边或坡脚。

8.1.6 永久性挖方边坡坡度应符合设计要求。使用时间较长的临时性挖方边坡坡度,应根据工程地质和水文地质、边坡高度等,结合当地同类土体的稳定坡度值或通过稳定性计算确定。过程中形成的临时边坡应按现行国家标准《建筑地基基础工程施工质量验收规范》(GB 50202—2002)的规定控制坡度。

8.1.7 土方工程施工应采取保护周边环境、支护结构、工程桩及降水井点等设施的技术措施。

应该从填土区的两边逐渐压向中心,每次碾压应有 15~20cm 的重叠;碾压机械的开行速度不宜过快,一般平碾速度不应超过 2km/h,羊足碾速度应控制在 3km/h 之内,否则会影响压实效果。

2. 夯实法

夯实法是利用夯锤自由下落的冲击力来夯实土壤,主要用于小面积的回填土或作业面受到限制的环境下。夯实法分为人工夯实和机械夯实两种。人工夯实所用的工具有木夯、石夯等;常用的夯实机械有内燃夯土机、蛙式打夯机和利用挖土机或起重机装上夯板后的夯土机等,适用于黏性较低土(砂土、粉土、粉质黏土)基坑、管沟及各种零星分散、边角部位的填方夯实,以及配合压路机对边线或边角碾压不到之处的夯实。夯锤是借助起重机悬挂一重锤进行夯土的机械,适用于夯实砂性土、湿陷性黄土、杂填土以及含有石块的填土。其中,蛙式打夯机(图 2-5)轻巧灵活、构造简单,在小型土方工程中应用广泛。

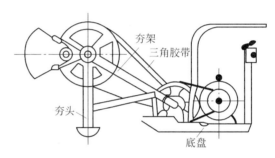

图 2-5 蛙式打夯机

3. 振动压实法

振动压实法是将振动压实机放在土层表面,借助振动机械使压实机械振动土颗粒,土颗粒发生相对位移而达到紧密状态。用这种方法振实非黏性土效果较好。

近年来,将碾压和振动法结合起来而设计和制造了振动平碾、振动凸块碾等新型压实机械。振动平碾适用于填料为爆破碎石渣、碎石类土、杂填土或轻亚黏土的大型填方;振动凸块碾则适用于亚黏土或黏土的大型填方。当压实爆破石渣或碎石类土时,可选用重 8~15t 的振动平碾,铺土厚度为 0.6~1.5m,先静压后振动碾压,碾压遍数由现场试验确定,一般为 6~8 遍。

2.2.3 填土压实的影响因素

填土压实与许多因素有关,其中主要影响因素为压实功、土的含水量及每层铺土厚度。

1. 压实功的影响

填土压实后的密度与压实机械在其上所施加的功有一定的关系。土的密度与所消耗功的关系如图 2-6 所示。当土的含水量一定，在开始压实时，土的密度急剧增加，待接近土的最大密度时，压实功虽然增加许多，但土的密度变化甚小。在实际施工中，对于砂土，只需碾压或夯实 2～3 遍；对于粉土，只需 3～4 遍；对于亚黏土或黏土，只需 5～6 遍。此外，松土不宜用重型碾压机械直接滚压，否则土层有强烈的起伏现象，效率不高。如果先用轻碾压实，再用重碾压实，就会取得较好的效果。

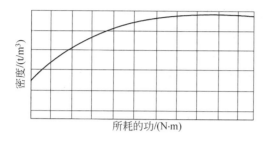

图 2-6　土的密度与压实功的关系

2. 含水量的影响

在同一压实功的作用下，填土的含水量大小对压实质量有直接影响。含水量过小的土，由于土颗粒之间的摩阻力较大，而不易压实；含水量过大，则易成橡皮土。当土具有适当的含水量时，水起润滑作用，土颗粒之间的摩阻力减小，从而易于压实。土在最佳含水量的条件下，使用同样的压实功进行压实，所得到的密度最大（图 2-7）。各种土的最佳含水量和最大干密度可参考表 2-3。工地简单检验黏性土含水量的方法一般是以土握成团落地开花为宜。为了保证填土在压实过程中处于最佳含水量状态，当土过湿时，应翻松晾干，也可掺入同类干土或吸水性土料；当土过干时，则应预先洒水湿润。

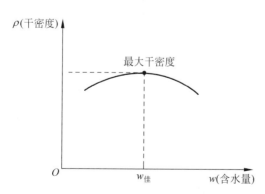

图 2-7　土的干密度与含水量的关系

知识扩展：

《建筑地基处理技术规范》(JGJ 79—2012)

6.2　压实地基

6.2.1　压实地基处理应符合下列规定：

1　地下水位以上填土，可采用碾压法和振动压实法，非黏性土或黏粒含量少、透水性较好的松散填土地基宜采用振动压实法。

2　压实地基的设计和施工方法的选择，应根据建筑物体型、结构与荷载特点、场地土层条件、变形要求及填料等因素确定。对大型、重要或场地地层条件复杂的工程，在正式施工前，应通过现场试验确定地基处理效果。

3　以压实填土作为建筑地基持力层时，应根据建筑结构类型、填料性能和现场条件等，对拟压实的填土提出质量要求。未经检验，且不符合质量要求的压实填土，不得作为建筑地基持力层。

知识扩展：

《建筑地基处理技术规范》(JGJ 79—2012)

4 对大面积填土的设计和施工,应验算并采取有效措施确保大面积填土自身稳定性、填土下原地基的稳定性、承载力和变形满足设计要求;应评估对邻近建筑物及重要市政设施、地下管线等的变形和稳定的影响;在施工过程中,应对大面积填土和邻近建筑物、重要市政设施、地下管线等进行变形监测。

6.2.2 压实填土地基的设计应符合下列规定:

1 压实填土的填料可选用粉质黏土、灰土、粉煤灰、级配良好的砂土或碎石土,以及质地坚硬、性能稳定、无腐蚀性和无放射性危害的工业废料等,并应满足下列要求:

1) 以碎石土作填料时,其最大粒径不宜大于100mm;

2) 以粉质黏土、粉土作填料时,其含水量宜为最优含水量,可采用击实试验确定;

3) 不得使用淤泥、耕土、冻土、膨胀土以及有机质含量大于5%的土料;

4) 采用振动压实法时,宜降低地下水位到振实面下600mm。

表 2-3　土的最佳含水量和最大干密度参考表

项次	土的种类	变 动 范 围	
		最佳含水量/%（质量比）	最大干密度/(g/m³)
1	砂土	8～12	1.80～1.88
2	黏土	19～22	1.58～1.70
3	粉质黏土	12～15	1.85～1.95
4	粉土	16～22	1.61～1.80

注：1. 表中土的最大干密度以现场实际达到的数字为准。

　　2. 一般性的回填可不作此测定。

3. 铺土厚度的影响

土在压实功的作用下,其应力随深度增加而逐渐减小,如图 2-8 所示,当超过一定深度后,土的压实功密度与未压实前相差极小,其影响深度与压实机械、土的性质和含水量等有关。铺土厚度应小于压实机械压土时的影响深度。因此,填土压实时,每层铺土厚度应根据所选压实机械和土的性质确定,在保证压实质量的前提下,应使土方压实机械的功耗费最小,可按照表 2-4 选用。

表 2-4　填方每层的铺土厚度和最大干密度

压实机具	每层铺土厚度/mm	每层压实遍数/遍
平碾	250～300	6～8
振动压实机	250～350	3～4
柴油打夯机	200～250	3～4
人工打夯	<200	3～4

注：人工打夯时,土块粒径不应大于50mm。

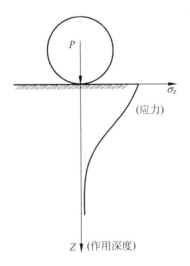

图 2-8　压实作用沿深度的变化

上述三方面因素之间是互相影响的,为了保证压实质量,提高压实机械的生产效率,重要工程应根据土质和所选用的压实机械在施工现场进行压实试验,以确定达到规定密实度所需的压实遍数、铺土厚度和最优含水量。

2.2.4　填土压实的质量检查

填土压实后必须具有一定的密实度,以避免建筑物的不均匀沉陷。填土密实度以设计规定的控制干密度 ρ_d 或规定的压实系数 λ_c 作为检查标准。它们的关系如下:

$$\lambda_c = \frac{\rho_d}{\rho_{dmax}} \tag{2-1}$$

式中　λ_c——土的压实系数;

ρ_d——土的实际干密度;

ρ_{dmax}——土的最大干密度。

土的最大干密度 ρ_{dmax} 由实验室击实试验或计算求得,再根据规范规定的压实系数 λ_c 即可算出填土控制干密度 ρ_d 的值。填土压实后的实际干密度,应有90%以上符合设计要求,其余10%的最低值与设计值的差不得大于 $0.08g/cm^3$,且应分散,不得集中。

检查压实后的实际干密度,通常采用环刀法取样,或用轻便触探仪直接通过锤击数来检验干密度和密实度,符合设计要求后,才能填筑上层。其取样组数规定如下:柱基回填取样不少于柱基总数的10%,且不少于5个;基槽、管沟回填每层按长度20~50m取样一组;基坑和室内填土每层按100~500m² 取样一组;场地平整填土每层按400~900m² 取样一组,取样部位应在每层压实后的下半部。用灌砂法取样应为每层压实后的全部深度。

2.3　地基的处理及加固

地基指建筑物基础以下的土体,地基的主要作用是承托建筑物的基础;地基虽不是建筑物本身的一部分,但与建筑物的关系非常密切。地基问题处理恰当与否,不仅影响建筑物的造价,而且直接影响建筑物的安全。

基础直接建造在未经加固的天然土层上时,这种地基称为天然地基。若天然地基不能满足地基强度和变形的要求,则必须事先对其进行人工加固处理后再建造基础,这种地基加固称为地基处理。

地基加固处理的原理是将土质由松变实,将水的含水量由高变低。常用的人工地基加固方法有换填法、重锤夯实法、机械碾压法、挤密桩法、深层搅拌法、化学加固法等。

2.3.1 换填法

当建筑物的地基土比较软弱，不能满足上部荷载对地基强度和变形的要求时，常采用换填法来处理。换填法适用于浅层软弱土层或不均匀土层的地基处理。

换填垫层根据换填材料不同可分为土、石垫层和土工合成材料加筋垫层。换填垫层的厚度应根据置换软弱土的深度以及下卧土层的承载力确定，厚度不宜小于 0.5m，也不宜大于 3m。应根据建筑体型、结构特点、荷载性质、场地土质条件、施工机械设备及填料性质和来源等进行综合分析，进行换填垫层的设计和选择施工方法。

1. 砂和砂石地基（垫层）

砂和砂石地基（垫层）经分层夯实，作为基础的持力层，可提高基础下地基强度，降低地基的压应力，减少沉降量，加速软土层的排水固结作用。

砂石垫层应用范围广泛，施工工艺简单，用机械和人工都可以使地基密实，工期短、造价低；适用于 3.0m 以内的软弱、透水性强的黏性土地基，不适用于加固湿陷性黄土和不透水的黏性土地基。

1）材料要求

砂石垫层材料宜采用级配良好、质地坚硬的中砂、粗砂、石屑和碎石、卵石等，含泥量不应超过 5%，且不含植物残体、垃圾等杂质。若用作排水固结地基，含泥量不应超过 3%；在缺少中、粗砂的地区，若用细砂或石屑，因其不容易压实，而强度也不高，因此在用作换填材料时，应掺入粒径不超过 50mm、不少于总重 30% 的碎石或卵石，并拌和均匀。若回填在碾压、夯、振地基上时，其最大粒径不超过 80mm。

2）施工技术要点

铺设垫层前应验槽，将基底表面浮土、淤泥、杂物等清理干净，两侧应设一定坡度，防止振捣时塌方。基坑（槽）内如发现有孔洞、沟和墓穴等，应将其填实后再做垫层。

垫层底面标高不同时，土面应挖成阶梯或斜坡，并按先深后浅的顺序施工，搭接处应夯压密实。分层铺实时，接头应做成斜坡或阶梯搭接，每层错开 0.5～1.0m，并注意充分捣实。

人工级配的砂石材料，施工前应充分拌匀，再铺夯压实。砂石垫层压实机械首先应选用振动碾和振动压实机，其压实效果、分层填铺厚度、压实次数、最优含水量等应根据具体的施工方法及施工机械现场确定。如无试验资料，砂石垫层的每层填铺厚度及压实边数可参考表 2-3。分层厚度可用样桩控制。施工时，下层的密实度应经检验合格后，方可进行上层施工。一般情况下，垫层的厚度可取 200～300mm。

砂石垫层材料的最优含水量可根据施工方法的不同而控制。最优含水量由工地试验确定,也可参考表 2-5 选择。对于矿渣应充分洒水,待湿透后进行夯实。

表 2-5　砂和砂石垫层每层铺筑厚度及最优含水量

振捣方式	每层铺筑厚度/mm	施工时最优含水 f/%	施工说明	备注
平振法	200～250	15～20	用平板式振捣器往复振捣	不宜用于细砂或含泥量较大的砂所铺筑的砂垫层
插振法	振捣器插入深度	饱和	插入式振捣器; 插入间距可根据机械振幅大小决定; 不应插入下卧黏性土层; 插入式振捣器插入完毕后所留的孔洞,应用砂填实	不宜用于细砂或含泥量较大的砂所铺筑的砂垫层
水撼法	250	饱和	注水高度应超过每次铺筑面; 钢叉摇撼捣实,插入点间距为 100mm;钢叉分四齿,齿的间距为 800mm,长 300mm,木柄长 90mm,重 40N	湿陷性黄土、膨胀土地区不得使用
夯实法	150～200	8～12	用木夯或机械夯; 木夯重 400N,落距 400～500m 一夯压半夯,全面夯实	—
碾压法	250～350	8～12	60～100kN 压路机往复碾压	适用于大面积砂垫层;不宜用于水位以下的砂垫层

当地下水位高出基础底面时,应采取排、降水措施,要注意边坡稳定,以防止塌土混入砂石垫层中影响质量。

当采用水撼法或插振法施工时,应在基槽两侧设置样桩,控制铺砂厚度,每层为 250mm。铺砂后,灌水与砂面齐平,将振动棒插入振捣,依次振实,以不再冒气泡为准,直至完成。垫层接头应重复振捣,插入式振动棒振完所留孔洞应用砂填实。在振动首层垫层时,不得将振动棒插入原土层或基槽边部,以避免使软土混入砂垫层而降低砂垫层的强度。

垫层铺设完毕,应及时回填,并及时施工基础。冬期施工时,砂石材料中不得夹有冰块,并应采取措施防止砂石内的水分冻结。

3) 质量检验

砂石垫层的施工质量检验应随施工分层进行。检验方法主要有环刀法和贯入法。

环刀取样法是用容积不小于 $200cm^3$ 的环刀压入垫层的每层 2/3

知识扩展:

《建筑地基处理技术规范》(JGJ 79—2012)

3　灰土。体积配合比宜为 2∶8 或 3∶7。石灰宜选用新鲜的消石灰,其最大粒径不得大于 5mm。土料宜选用粉质黏土,不宜使用块状黏土,且不得含有松软杂质,土料应过筛,且最大粒径不得大于 15mm。

4　粉煤灰。选用的粉煤灰应满足相关标准对腐蚀性和放射性的要求。粉煤灰垫层上宜覆土 0.3～0.5m。粉煤灰垫层中采用掺加剂时,应通过试验确定其性能及适用条件。粉煤灰垫层中的金属构件、管网应采取防腐措施。大量填筑粉煤灰时,应经场地地下水和土壤环境的不良影响评价合格后,方可使用。

深处取样,测定其干密度,以不小于通过试验所确定的该砂料在中密状态时的干密度数值为合格。如是砂石地基,可在地基中设置纯砂检验点,在相同的试验条件下,用环刀测其干密度。

贯入测定法是检验前先将垫层表面的砂刮去 30mm 左右,再用贯入仪、钢筋或钢叉等以贯入度大小来定性检验砂垫层的质量,以不大于通过相关试验所确定的贯入度为合格。钢筋贯入法所用钢筋的直径为 20mm,长 1.25m,垂直距离砂垫层表面 700mm 处自由下落,测其贯入深度。

2. 灰土垫层

灰土垫层是将基础底面以下一定范围内的软弱土挖去,用按一定体积配合比的灰土在最优含水量情况下分层回填夯实(或压实)。

灰土垫层的材料为石灰和土,石灰和土的体积比一般为 3∶7 或 2∶8。灰土垫层的强度随用灰量的增大而提高,但当用灰量超过一定值时,其强度增加很小。

灰土地基施工工艺简单,费用较低,是一种应用广泛、经济、实用的地基加固方法,适用于加固处理 1~3m 厚的软弱土层。

1) 材料要求

(1) 土料可采用地基坑(槽)挖出来的黏性土或塑性指数大于 4 的粉土,但应过筛,其颗粒直径不大于 15mm,土内有机含量不得超过 5%。不宜使用块状的黏土、粉土、淤泥、耕植土和冻土。

(2) 石灰应使用达到国家三等石灰标准的生石灰,使用前将生石灰消解 3~4d 并过筛,其粒径不应大于 5mm。

2) 施工技术要点

(1) 铺设垫层前应验槽,基坑(槽)内如发现有孔洞、沟和墓穴等,应将其填实后再做垫层。

(2) 灰土在施工前应充分拌匀,控制其含水量,一般最优含水量为 16% 左右,如水分过多或不足时,应晾干或洒水湿润。在现场可按经验直接判断,方法是手握灰土成团,两指轻捏即碎,这时即可判定灰土达到最优含水量。

(3) 灰土垫层应选用平碾和羊足碾、轻型夯实机及压路机,分层填铺夯实。每层虚铺厚度如表 2-6 所示。

知识扩展:

《建筑地基处理技术规范》(JGJ 79—2012)

5 矿渣。宜选用分级矿渣、混合矿渣及原状矿渣等高炉重矿渣。矿渣的松散重度不应小于 11kN/m³,有机质及含泥总量不得超过 5%。垫层设计、施工前,应对所选用的矿渣进行试验,确认性能稳定并满足腐蚀性和放射性安全要求。对易受酸、碱影响的基础或地下管网,不得采用矿渣垫层。大量填筑矿渣时,应经场地地下水和土壤环境的不良影响评价合格后,方可使用。

6 其他工业废渣。在有充分依据或成功经验时,可采用质地坚硬、性能稳定、透水性强、无腐蚀性和无放射性危害的其他工业废渣材料,但应经过现场试验证明其经济技术效果良好且施工措施完善后方可使用。

表 2-6　灰土最大虚铺厚度

夯实机具种类	质量/t	虚铺厚度/mm	备　　注
石夯、木夯	0.04~0.08	200~250	人力送夯,落距 400~500mm,一夯压半夯,夯实后为 80~100mm
轻型夯实机械	0.12~0.40	200~250	蛙式打夯机、柴油打夯机,夯实后为 100~150mm 厚
压路机	6~10	200~300	双轮

（4）分段施工时，不得在墙角、柱基及承重窗间墙下接缝，上、下两层的接缝距离不得小于 500mm，接缝处应夯压密实。

（5）灰土应当日铺填夯压，入槽（坑）的灰土不得隔日夯打，如刚铺筑完毕或尚未夯实的灰土遭到雨淋浸泡时，应将积水及松软灰土挖去并填补夯实，受浸泡的灰土应晾干后再夯打密实。

（6）垫层施工完后，应及时修建基础并回填基坑，或做临时遮盖，防止垫层日晒雨淋。夯实后的灰土 30d 内不得受水浸泡。

（7）冬季施工，必须在基层不冻的状态下进行，土料应覆盖保温，不得使用夹有冻土及冰块的土料，施工完的垫层应加盖塑料面或草袋保温。

3）施工质量检验

质量检验宜用环刀取样，测定其干密度。质量标准可按压实系数 λ_c 鉴定，一般为 $0.93 \sim 0.95$，计算公式见式（2-1）。

如用贯入仪检查灰土质量，应先在现场进行试验，以确定贯入度的具体要求。如无设计要求，可按表 2-7 取值。

表 2-7 灰土质量要求 t/m^3

土料种类	灰土最小密度
粉土	1.55
粉质黏土	1.50
黏土	1.45

2.3.2 强夯施工

强夯法具有施工速度快、造价低、设备简单、能处理的土壤类别多等特点。

施工时用起重机将很重的锤（一般为 $8 \sim 40t$）起吊至高处（一般为 $6 \sim 30m$），使其自由落下，产生的巨大冲击能量和振动能量给地基以冲击和振动，从而在一定的范围内提高地基土的强度，降低其压缩性，达到地基受力性能改善的目的。强夯法是我国目前最为常用和最经济的深层地基处理方法之一。强夯法适用于碎石土、砂性土、黏性性土、湿陷性黄土和回填土。

1. 施工机具

强夯施工的主要机具和设备有起重设备、夯锤、脱钩装置等。

起重机是强夯施工的主要设备，施工时宜选用起重能力大于 100kN 的履带式起重机，为防起重机起吊夯锤时倾翻和弥补起重量的不足，也可在起重机臂杆端部设置辅助门架，如图 2-9 所示。

知识扩展：

《建筑地基处理技术规范》（JGJ 79—2012）

7 土工合成材料。加筋垫层所选用土工合成材料的品种与性能及填料，应根据工程特性和地基土质条件，按照现行国家标准《土工合成材料应用技术规范》（GB 50290—2014）的要求，通过设计计算，并进行现场试验后确定。土工合成材料应采用抗拉强度较高、耐久性好、抗腐蚀的土工带、土工格栅、土工格室、土工垫或土工织物等土工合成材料。垫层填料宜用碎石、角砾、砾砂、粗砂、中砂等材料，且不宜含氯化钙、碳酸钠、硫化物等化学物质。当工程要求垫层具有排水功能时，垫层材料应具有良好的透水性。在软土地基上使用加筋垫层时，应保证建筑物稳定并满足允许变形的要求。

图 2-9　辅助门架强夯施工

夯锤的形状有圆台形和方形，夯锤可整个用铸钢（或铸铁）制成，或在钢板壳内填筑混凝土，夯锤的质量为 8～40t；夯锤的底面积取决于表面土层，对于砂石、碎石、黄土，一般面积为 2～4m²，黏性土一般为 3～4m²，淤泥质土为 4～6m²。为消除作业时夯坑对夯锤的气垫作用，夯锤上应对称设置 4～6 个直径为 250～300mm 的上下贯通的排气孔，如图 2-10 所示。

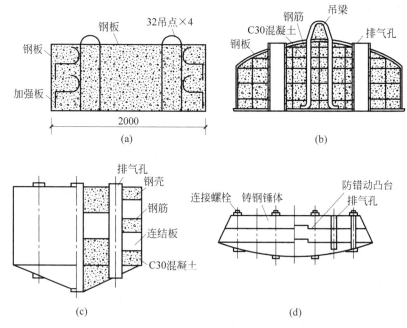

图 2-10　夯锤的构造
（a）平底方形锤；（b）平底圆柱形锤；（c）锥形圆柱形锤；（d）球形圆台形锤

用履带式起重机作强夯起重设备时,都通过动滑轮组用脱钩装置起落夯锤。脱钩装置用得较多的是工地自制的,如图 2-11 所示。脱钩装置由吊环、耳板、销环、吊钩等组成,要求有足够的强度,使用灵活,脱钩快速、安全。

知识扩展:

《建筑地基处理技术规范》(JGJ 79—2012)
6.3.4 强夯处理地基的施工,应符合下列规定:

1 强夯夯锤质量宜为 10～60t,其底面形式宜采用圆形,锤底面积宜按土的性质确定,锤底静接地压力值宜为 25～80kPa,单击夯击能高时,取高值,单击夯击能低时,取低值,对于细颗粒土,宜取低值。锤的底面宜对称设置若干个上下贯通的排气孔,孔径宜为 300～400mm。

2 强夯法施工,应按下列步骤进行:

(1) 清理并平整施工场地。

(2) 标出第一遍夯点位置,并测量场地高程。

(3) 起重机就位,夯锤置于夯点位置。

(4) 测量夯前锤顶高程。

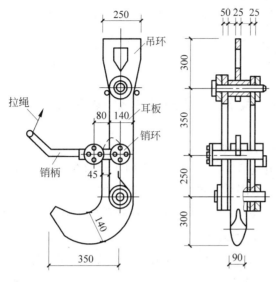

图 2-11　强夯自动脱钩器(单位:mm)

2. 施工要点

施工前应进行试夯,试夯面积不小于 $10m×10m$,对试夯前后的变化情况进行对比,以确定正式夯击施工时的技术参数。

场地应做好排水工作,地下水位高时应采取降低水位措施,冬季施工要采取防冻措施。

夯点的布置应根据基础底面形状确定,施工时按由内向外、隔行跳打的原则进行。夯实范围应大于基础边缘 3m。

3. 注意事项

施工前应进行场地调查,查明施工范围内有无地下设施和各种地下管道等。

强夯前应平整场地,地下水位较高时,可在场地内铺垫一层 $0.5～2.0m$ 厚的粗颗粒砂砾石、碎石、矿渣等(不宜用砂),用以支承机械设备。

当强夯施工时产生的振动对邻近的建筑物和设备产生影响时,应挖防振沟,并设置相应的监测点。

注意现场安全,非强夯施工人员,不得进入夯点 30m 内,当夯锤起吊后,现场操作人员应迅速撤离 10m 以外,以免飞石伤人。

4. 质量检查

现场测试方法有标准贯入、静力触探、动力触探等，选用两种或两种以上的测试数据综合确定。

检验的数量如下：每单位工程不少于 3 处；$1000m^2$ 以上工程，每 $100m^2$ 至少有 1 点，$3000m^2$ 以上，每 $300m^2$ 至少应有 1 点；每一个独立基础下不少于 1 点；基槽每 20m 应有 1 点。对于复杂场地或重要的建筑物应增加检测点数。

2.3.3　其他常见的地基处理方法

1. 压——压实地基

压指将地基压实。压实主要是用压路机等机械对地基进行碾压，使地基压实排水固结。也可在地基范围的地面上，预先堆置重物预压一段时间，以增加地基的密实度，提高地基的承载力，减少沉降量。

2. 挤——挤密地基

挤主要是用沉管、冲击或爆炸等方法在地基中挤土，形成一定直径的桩孔，然后向桩孔内夯填灰土、砂石、石灰和水泥粉煤灰等，分别形成灰土挤密桩、砂石挤密桩、石灰挤密桩和水泥粉煤灰挤密桩等。成孔时，桩孔部分的土被横向挤开，形成横向挤密，与换土垫层相比，不须大量开挖和回填，施工的工期短、费用低，处理深度较大，桩体与挤密土共同组成人工复合地基，这是深层地基加密处理的一种方法。目前，CFG 桩用得较多。

3. 拌——搅拌法加固地基

施工时以旋喷法或搅拌法加固地基，是以水泥土或水玻璃、丙凝等作为固化剂，通过特制的搅拌机械边钻进边往软土中喷射浆液或雾状粉体，在地基深处就地将软土和固化剂强制搅拌，使喷入软土中的固化剂与软土充分拌和在一起，在固化剂和软土之间产生一系列物理和化学变化，使土体固结，增加地基的强度，减少沉降，形成复合地基。

2.4　降低地下水位

在土方开挖前，应做好地面排水和降低地下水位工作。在开挖基坑或沟槽时，土的含水层被切断，地下水会不断地渗入基坑。在雨季施工时，地面水也会流入基坑。为了保证施工的正常进行，防止边坡塌方和地基承载力下降，在基坑开挖前和开挖时，必须做好排水、降水工作。基坑排水降水方法，可分为集水井降水法和井点降水法。

2.4.1 集水井降水法

集水井降水法是采用截、疏、抽的方法来进行排水,即在开挖基坑时,沿坑底周围或中央开挖排水沟,再在沟底设置集水井,使基坑内的水经排水沟流向集水井内,然后用水泵抽出坑外,如图2-12所示。它适用于降水深度较小且地层为粗粒土层或黏性土。

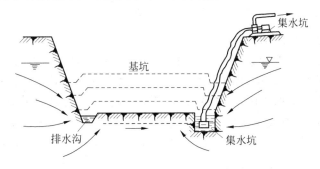

图 2-12 集水井降水

为了防止基底上的土颗粒随水流失而使土结构受到破坏,集水井应设置于基础范围之外、地下水走向的上游。根据地下水水量、基坑平面形状及水泵的抽水能力,每隔20～40m设置一个集水井。集水井的直径或宽度一般为0.6～0.8m,其深度随着挖土的加深而加深,并保持低于挖土面0.7～1.0m。井壁可用竹、木等材料简易加固。当基坑挖至设计标高后,井底应低于基坑底 1.0～2.0m,并铺设碎石滤水层(0.3m厚)或下部砾石(0.1m厚)、上部粗砂(0.1m厚)的双层滤水层,以免由于抽水时间较长而将泥砂抽出,并防止井底的土被扰动。

集水井降水法设备少,施工简单,应用广泛。但是,当基坑开挖深度较大,地下水的动水压力和土的组成可能引起流砂、管涌、坑底隆起和边坡失稳时,则宜采用井点降水法。

2.4.2 流沙及其防治

当基坑挖土至地下水位以下时,在土质为细砂土或粉砂土的情况下,往往会出现一种被称为"流砂"的现象,即土颗粒不断地从基坑边或基坑底部冒出的现象。一旦出现流砂,土体就会边挖边冒,完全丧失承载力,致使施工条件恶化,基坑难以挖到设计深度,严重时还会引起基坑边坡塌方。邻近建筑因地基被掏空而出现开裂、下沉、倾斜甚至倒塌。

1. 产生流砂的原因

流砂现象是水在土中渗透所产生的动水压力对土体作用的结果。

知识扩展:

《建筑地基基础工程施工规范》(GB 51004—2015)

7.4 截水

7.4.1 基坑工程截水措施可采用水泥土搅拌桩、高压喷射注浆、地下连续墙、小齿口钢板桩等。对于特种工程,可采用地层冻结技术(冻结法)阻隔地下水。

7.4.2 截水帷幕应连续,强度和抗渗性能应满足设计要求。

7.4.3 截水帷幕的插入深度应根据坑内潜水降水要求、地基土抗渗流(或抗管涌)稳定性要求确定。

7.4.4 基坑预降水期间,可根据坑内、外水位观测结果判断截水帷幕的可靠性。

7.4.5 承压水影响基坑稳定性,且其含水层顶板埋深较浅时,截水帷幕宜隔断承压含水层。

7.4.6 地质条件、环境条件复杂或基坑工程等级较高时,宜采用多种截水措施联合使用的方式,增强截水可靠性。

7.4.7 基坑截水帷幕出现渗水时,宜设置导水管、导水沟等构成明排系统,并应及时封堵。

动水压力是地下水的渗透对单位土体内骨架产生的压力，用 G_D 表示，它与单位土体内渗流水受到土骨架的阻力 T 大小相等，方向相反。动水压力 G_D 的大小与水力坡度成正比，即水位差越大，渗透路径 L 越短，则 G_D 越大。

当动水压力大于或等于土的浸水重度时，而且动水压力方向（与水流方向一致）与土的重力方向相反时，土不仅受水的浮力，而且受动水压力的作用，有向上举的趋势，土颗粒就处于悬浮状态，土颗粒往往会随渗流的水一起流动，涌入基坑内，形成流砂。

2. 流砂的防治

流砂的影响因素是水在土中渗流所产生的动水压力的大小和方向。当动水压力方向向上且足够大时，土颗粒被带出而形成流砂，而当动水压力方向向下时，如果发生土颗粒的流动，其方向向下，使土体稳定。因此，在基坑开挖中，防治流砂的原则是"治流砂必先治水"。

防治流砂的主要途径如下：减少或平衡动水压力；设法使动水压力的方向向下；截断地下水流。

其具体措施如下：

（1）枯水期施工法。枯水期地下水位较低，基坑内外水位差小，动水压力小，就不宜产生流砂。

（2）抢挖法。分段抢挖土方，使挖土速度超过冒砂速度，在挖至标高后立即铺竹、芦席，并抛大石块，以平衡动水压力，将流砂压住。该法适用于治理局部或轻微的流砂。

（3）设止水帷幕法。是将连续的止水支护结构（如连续板桩、深层搅拌桩、密排灌注桩等）打入基坑底面以下一定深度，形成封闭的止水帷幕，从而使地下水只能从支护结构下端向基坑渗透，增加了地下水从坑外流入基坑内的渗流路径，减小了水力坡度，从而减小动水压力，防止流砂产生。

（4）冻结法。是将出现流砂区域的土进行冻结，阻止地下水的渗流，以防止流砂发生。

（5）人工降低地下水位法。是采用井点降水法（如轻型井点、管井井点、喷射井点等）使地下水位降低至基坑底面以下，地下水的渗流向下，则动水压力的方向也向下，从而使水不能渗流进入基坑内，可以有效地防止流砂的发生。因此，该法应用广泛且较可靠。

2.4.3 井点降水法

井点降水法就是在基坑开挖前，预先在基坑四周埋设一定数量的滤水管，利用抽水设备从中抽水，使地下水位降落在坑底以下，直至施工结束为止。这样可使所挖的土始终保持干燥状态，改善施工条件，还可以使动力水压力方向向下，从根本上防止流砂发生，并增加土中的有

知识扩展：

《建筑地基基础工程施工规范》（GB 51004—2015）

7.3.5 减压降水运行应符合下列规定：

1 应符合按需减压的原则，制订详细的减压降水运行方案，当基坑开挖工况发生变化或周边环境有较大影响时，应及时调整或修改降水运行方案；

2 现场排水能力应满足所有减压井（包括备用井）全部启用时的排水量，所有减压井抽出的水体应排到基坑影响范围以外；

3 减压井全部施工完成、现场排水系统安装完毕后，应进行一次群井抽水试验或减压降水试运行；

4 降水运行正式开始前一周内应测定环境背景值，监测内容应包括基坑内、外的初始承压水位、基坑周边相邻地面沉降初值、被保护对象及基坑围护体的变形等，降水运行过程中，应及时整理监测资料，绘制曲线，预测可能发生的问题，并及时处理。

效应力,提高土的强度或密实度。因此,井点降水法也是一种地基加固的方法,采用井点降水法降低地下水位,可适当改陡边坡以减少挖土数量,但在降水过程中,基坑附近的地基土壤会有一定的沉降,施工时应加以注意。

井点降水法有轻型井点、喷射井点、电渗井点、管井井点及深井井点等。各种方法应视土的渗透系数、降低水位的深度、工程特点、设备条件及技术经济比较等具体条件,参照表 2-8 选用,其中以轻型井点采用较广,下面做重点介绍。

表 2-8 各种井点的适用范围

井点类型	土层渗透系数/(m/d)	降低水位深度/m	适 用 土 质
一级轻型井点	0.1～50.0	3～6	粉质黏土,砂质粉土,粉砂,含薄层粉砂的粉质黏土
二级轻型井点	0.1～50	6～12	粉质黏土,砂质粉土,粉砂,含薄层粉砂的粉质黏土
喷射井点	0.1～5.0	8～20	粉质黏土,砂质粉土,粉砂,含薄层粉砂的粉质黏土
电渗井点	<0.1	根据选用的井点确定	黏土,粉质黏土
管井井点	20～200	3～5	砂质黏土,粉砂,含薄层粉质黏土,各类砂土,砾砂
深井井点	10～250	>15	粉质黏土,砂质粉土,粉砂,含薄层粉砂的粉质黏土

1. 轻型井点设备

轻型井点降低地下水位是沿基坑周围以一定的间距埋入井点管(下端为滤管)至蓄水层,在地面上用集水总管将各井点管连接起来,并在一定的位置设置抽水设备,利用真空泵和离心泵的真空吸力作用,使地下水经滤管进入井管,然后经总管排出,从而降低地下水位。

轻型井点设备由管路系统和抽水设备组成,如图 2-13 所示。管路系统由滤管、井点管、弯连管及总管等组成。滤管长 1.0～1.2m,直径为 38mm 或 51mm 的无缝钢管,管壁上钻有直径为 12～19mm 的星棋状排列的滤孔,滤孔面积为滤管总表面的 20%～25%。滤管外面包括两层孔径不同的滤网,内层为细滤网,采用 30～40 眼/cm² 的铜丝布或尼龙丝布;外层为粗滤网,采用 5～10 眼/cm² 的塑料纱布。为了使流水畅通,管壁与滤网之间用塑料管或铁丝绕成螺旋形隔开,滤管外面再绕一层粗铁丝保护,滤管下端为一铸铁头,如图 2-14 所示。

井点管由直径为 38mm 或 51mm,长为 5～7m 的无缝钢管或焊接钢管制成。下接滤管,上端通过弯连管与总管相连,弯连管一般采用橡胶软管或透明塑料管,后者可以随时观察井点管的出水状况。

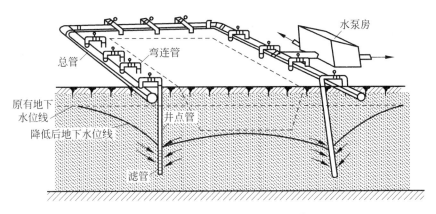

图 2-13　轻型井点降低地下水位全貌图

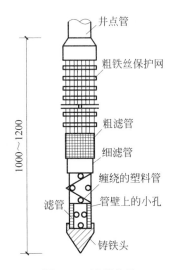

图 2-14　滤管构造

集水总管直径为 100～127mm 的无缝钢管，每节长 4m，各节间用橡皮套管连接，并用钢箍拉紧，防止漏水。总管上装有与井点管连接的短接头，间距为 0.8m、1.2m、1.6m、2.0m。

抽水设备是由真空泵、离心泵和水气分离器(又称集水箱)等组成。

2. 轻型井点的布置

轻型井点的布置应根据基坑平面的形状及尺寸、基坑深度、土质、地下水位高低与流向、降水深度要求等因素而确定。

1) 平面布置

当基坑或沟槽宽度小于 6m，水位降低值不大于 5m 时，可用单排线状井点，井点管应布置在地下水流的上游一侧，两端延伸长度一般不小于基坑宽度，如图 2-15 所示。如果宽度大于 6m 或土质不良，则用双排线状井点，如图 2-16 所示。面积较大的基坑宜采用环状井点，如图 2-17 所示。有时也可布置为 U 形，以利于挖土机械和运输车辆出入基坑。井点管距离基坑壁一般不小于 0.7～1.0m，以防止局部发生漏气,井点管露出地面0.2m。井点管间距一般为0.8m、1.2m、1.6m、2.0m,由计算或经验确定。井点管在总管四角部分应适当加密。

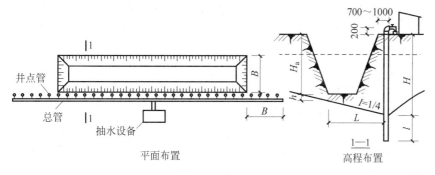

图 2-15 单排线状井点的布置

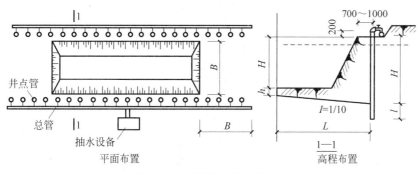

图 2-16 双排线状井点的布置

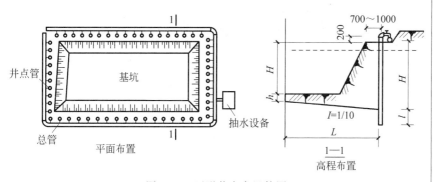

图 2-17 环形井点布置简图

2) 高程布置

井点降水深度在考虑抽水设备的水头损失以后,一般不超过6m。井点管理设深度 H(不包括滤管长)按下式计算:

$$H = H_1 + h + IL \qquad (2-2)$$

式中 H_1——井点管理设面至基坑底面的距离,m;

h——基坑底面至降低后地下水位线的最小距离,一般取0.5～1.0m;

I——水力坡度,根据实测,双排和环状井点为1/10,单排井点为1/4;

L——井点管至基坑中心的水平距离,m,在单排井点中,为井点管至基坑另一侧的水平距离。

如果计算出的 H 值大于井点管的长度,则应降低井点管的埋设面(但以不低于地下水位为准),以适应降水深度的要求。在任何情况下,滤管必须埋设在透水层内。为了充分利用抽吸能力,总管的布置标高宜接近地下水位线(可事先挖槽),水泵轴心标高易与总管平行或略低于总管。总管应具有 $0.25\% \sim 0.50\%$ 的坡度(坡向泵房)。各段总管与滤管宜设在同一水平面,不宜高低悬殊。

当一级井点系统达不到降水深度的要求时,可视土质情况采取其他方法降水。如先用集水井降水法挖去一层土,再布置井点系统或采用二级井点(即先挖去第一级井点所疏干的土,然后再布置第二级井点),使降水深度增加,如图 2-18 所示。

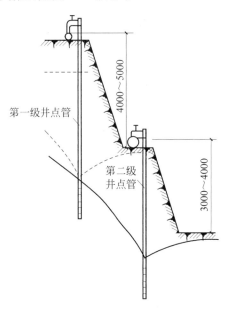

图 2-18　二级轻型井点(单位:mm)

3. 轻型井点的计算

轻型井点的计算内容如下:根据确定的井点系统平面和竖向布置,计算井点系统涌水量;计算并确定井点管数量与间距;选择抽水设备等。

井点系统涌水量是按水井理论进行计算的,根据井底是否达到不透水层,水井可分为完整井和非完整井;凡井底到达含水层下面的不透水层顶面的井称为完整井,否则称为非完整井。根据地下水有无压力,又分为无压井和承压井,如图 2-19 所示。

对于无压完整井的环状井点系统(图 2-20(a)),涌水量计算公式为

$$Q = 1.366K \frac{(2H-s)s}{\lg R - \lg x_0} \quad (2\text{-}3)$$

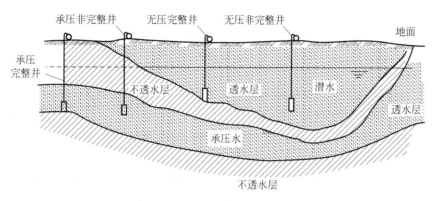

图 2-19　水井的分类

式中　Q——井点系统涌水匮,m^3/d；

　　　　K——土的渗透系数,m/d,由实验室或现场抽水试验确定；

　　　　H——含水层厚度,m；

　　　　s——水位降低值,m；

　　　　R——抽水影响半径,m；

$$R = 1.95s\sqrt{HK} \tag{2-4}$$

　　　　x_0——环状井点系统的假想半径,m；对于矩形基坑,其长度与宽度之比不大于 5 时,可按下式计算：

$$x_0 = \sqrt{\dfrac{F}{\pi}} \tag{2-5}$$

式中　F——环状井点系统所包围的面积,m^2。

知识扩展：

　　《建筑地基基础工程施工规范》(GB 51004—2015)

　　7.3.10　管井施工应符合下列规定：

　　1　井管外径不宜小于 200mm,且应大于抽水泵体最大外径 50mm 以上,成孔孔径不应小于 650mm；

　　2　滤料回填应符合本规范第 7.3.7 条第 4 款的规定；

　　3　成孔施工可采用泥浆护壁钻进成孔,钻进中保持泥浆比重为 1.10~1.15,宜采用地层自然造浆,钻孔孔斜不应大于 1%,终孔后应清孔,直到返回泥浆内不含泥块为止；

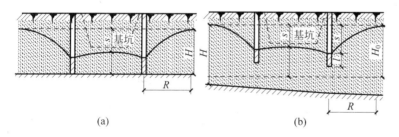

图 2-20　环状井点涌水量计算简图

(a) 无压完整井；(b) 无压非完整井

　　对于无压非完整井点系统,如图 2-20(b)所示,地下水不仅从井的侧面流入,还从井点底部渗入,因此涌水量较完整井大。为了简化计算,仍可采用式(2-3)计算。但此时式中 H 应换成有效抽水深度 H_0,H_0 值可按表 2-9 确定,当计算的 H_0 大于实际含水层厚度 H 时,仍取 H 值。

表 2-9　有效抽水影响深度 H_0 值

$s'/(s'+l)$	0.2	0.3	0.5	0.8
H_0	$1.3(s'+l)$	$1.5(s'+l)$	$1.7(s'+l)$	$1.85(s'+l)$

注：s' 为井点管中水位降落值,l 为滤管长度。

知识扩展：

《建筑地基基础工程施工规范》(GB 51004—2015)

4 井管安装应准确到位，不得损坏过滤结构，井管连接应确保完整无隙，避免井管脱落或渗漏，应保证井管周围填砾厚度基本一致，应在滤水管上下部各加1组扶正器，过滤器应刷洗干净，过滤器缝隙应均匀；

5 井管安装结束后沉入钻杆，将泥浆缓慢稀释至比重不大于1.05后，将滤料徐徐填入，并随填随测填砾顶面高度，在稀释泥浆时井管管口应密封；

6 宜采用活塞和空气压缩机交替洗井，洗井结束后应按设计要求的验收指标予以验收；

7 抽水泵应安装稳固，泵轴应垂直，连续抽水时，水泵吸口应低于井内扰动水位2.0m。

对于承压完整井点系统，涌水量计算公式为

$$Q = 2.73 \frac{KM_s}{\lg R - \lg x_0} \qquad (2\text{-}6)$$

式中　M——承压含水层厚度，m，其他符号同前。

若用以上各式计算轻型井点系统涌水量时，要先确定井点系统的布置方式和基坑计算图形面积。如矩形基坑的长宽比大于5，或基坑宽度大于抽水影响半径的2倍时，须将基坑分块，使其符合上述各式的适用条件，然后分别计算各块的涌水量和总涌水量。

确定井点管数量，须先确定单根井点管的抽水能力。单根井点管的最大出水量取决于滤管的构造尺寸和土的渗透系数，按下式计算：

$$q = 65\pi dl K^{\frac{1}{3}} \qquad (2\text{-}7)$$

式中　q——单根井点管出水量，m^3/d；

　　　d——滤管直径，m；

　　　l——滤管长度，m；

　　　k——土的渗透系数，m/d。

井点管的最少根数 n，根据井点系统涌水量 Q 和单根井点管的最大出水量 q，按下式确定：

$$n = 1.1 \frac{Q}{q} \qquad (2\text{-}8)$$

式中　1.1——备用系数（考虑井点管堵塞等因素）。

井点管的间距为

$$D = \frac{L}{n} \qquad (2\text{-}9)$$

式中　L——总管长度，m；

　　　n——井点管根数。

井点管间距经计算确定后，布置时还需注意井点管间距不能过小，否则彼此干扰大，出水量会显著减少，一般可取滤管周长的5～10倍；应适当加密基坑周围四角和靠近地下水流方向一边的井点管；当采用多级井点降水时，下一级井点管的间距应较上一级的小；实际采用的间距，还应与集水总管上接头的间距相适应。

真空泵主要有 W5 型、W6 型，按总管长度选用。当总管长度不大于100m时，可选用 W5 型；总管长度不大于200m时，可选用 W6 型。水泵按涌水量的大小选用，要求水泵的抽水能力应大于井点系统的涌水量（增大10%～20%）。通常一套抽水设备配两台离心泵，既可轮换备用，又可在地下水量较大时同时使用。

4. 轻型井点的安装与使用

轻型井点的安装程序是先排放总管，再埋设井点管，然后用弯连管将井点管连通，最后安装抽水设备。轻型井点安装的关键工作是井点管的埋设。井点管的埋设可利用水冲法进行,分为冲孔与埋管两个过程,如图 2-21 所示。

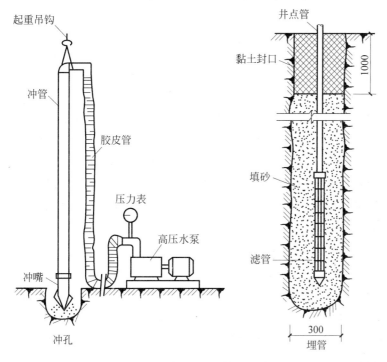

图 2-21　井点的埋设(单位：mm)

知识扩展：

《建筑地基基础工程施工规范》(GB 51004—2015)

7.3.11　真空管井井点施工除应满足本规范第 7.3.10 条的各项要求外,尚应符合下列规定：

1　宜采用真空泵抽气集水,深井泵或潜水泵排水,井管应严密封闭,并与真空泵吸气管相连;

2　单井出水口与排水总管的连接管路中应设置单向阀;

3　分段设置滤管的真空降水管井,应对基坑开挖后暴露的井管、滤管、填砾层等采取有效封闭措施;

4　井管内真空度不应小于 65kPa,宜在井管与真空泵吸气管的连接位置处安装高灵敏度的真空压力表监测真空度。

在冲孔时,先用起重设备将冲管吊起并插在井点的位置上,然后开动高压水泵,利用高压水由冲孔头部的喷水小孔,以急速的射流冲刷土壤,同时使冲孔管上、下、左、右转动,将土冲松,冲管则边冲边沉,逐渐在土中形成孔洞。井孔形成后,随即拔出冲孔管,插入井点管并及时在井点管与孔壁之间填灌砂滤层,防止孔壁塌土。

冲孔直径一般为 300mm,冲孔深度应比滤管底深 0.5m 左右,以防在拔出冲管时部分土颗粒沉于底部,砂滤层的填灌质量是保证轻型井点顺利抽水的关键。宜先用干净粗砂,均匀填灌,并填至滤管顶上至 1.0~1.5m,以保证水流畅通。井内填砂后,在地面以下 0.5~1.0m 的范围内,应用黏土封口,以防止漏气。

井点系统全部安装结束后,应接通总管与抽水设备进行试抽,检查有无漏气、漏水现象。

轻型井点在使用时,应该连续抽水,以免引起滤孔堵塞和边坡塌方等事故。抽吸排水要保持均匀,达到细水长流,正常的出水规律是"先大后小,先浊后清"。在使用中,如果发现异常情况,应及时检修完好后再使用。在降水过程中,应按时观测流量、真空度,检查观测井点中水位的下降情况,并做好记录。

知识扩展：

《建筑地基基础工程施工规范》(GB 51004—2015)

7.1 一般规定

7.1.1 地下水控制应包括基础开挖影响范围内的潜水、上层滞水与承压水控制，采用的方法应包括集水明排、降水、截水以及地下水回灌。

7.1.2 应依据拟建场地的工程地质、水文地质、周边环境条件，以及基坑支护设计和降水设计等文件，结合类似工程经验，编制降水施工方案。

7.1.3 基坑降水应进行环境影响分析，根据环境要求采用截水帷幕、坑外回灌井等减小对环境造成影响的措施。

2.4.4 井点降水对周围建筑的影响

1. 井点降水的不利影响

在井点管理设完成开始抽水时，井内水位开始下降，周围含水层的水不断地流向滤管。在无承压水等环境条件下，经过一段时间之后，在井点周围形成漏斗状的弯曲水面，即"井水漏斗"，这个漏斗状水面逐渐趋于稳定，一般需要几天到几周的时间，降水漏斗范围内的地下水位下降以后，必然会造成土体固结沉降。该影响范围较大，有时影响半径可达百米。在实际工程中，由于井点管滤网及砂滤层结构不良，把土层的黏土颗粒、粉土颗粒甚至细砂同地下水一同抽出地面的情况也时有发生，这种现象会使地面产生的不均匀沉降加剧，造成附近建筑物及地下管线不同程度的损坏。

2. 井点降水影响的防治措施

由于井点降水会引起周围地层的不均匀沉降，但在高水位地区开挖深基坑必须采用降水措施以保证地下工程的顺利进行，一方面要保证土方开挖及地下工程的施工，另一方面要防范对周围环境引起的不利影响。因此，在降水的同时，应采取相应的措施减少井点降水对周围建筑物及地下管线造成的影响，具体措施如下：

（1）设置地下水位观测孔，并对邻近建筑、管线进行监测。在降水系统运转过程中，应随时检查观测孔中的水位，当发现沉降量达到报警值时，应及时采取措施。

（2）在降水施工时，应做好井点管滤网及砂滤层结构，以防止抽水带走土层中的细颗粒，当有坑底承压水时应采取有效措施防止流砂。

（3）如果施工区周围有湖、河等储水体，则应在井点和储水体之间设置止水帷幕，以防抽水造成与储水体穿通，引起大量涌水，甚至带出土颗粒，产生流砂现象。

（4）在建筑物和地下管线密集区等对地面沉降控制有严格要求的地区开挖深基坑时，应尽可能采取止水帷幕，并进行坑内降水的方法，一方面可疏干坑内的地下水，以利于开挖施工；另一方面，须利用止水帷幕切断坑外地下水的涌入，以减小对周围环境的影响。

（5）在场地外缘设置回灌系统也是减小降水对周围环境影响的有效方法。回灌井点是在抽水井点设置线外 4～5m 处，以间距 3～5m 插入注水管，将井点中抽取的水经过沉淀后用压力注入管内，形成一道水墙，以防止土体过量脱水，而基坑内仍可保持干燥。这种情况下抽水管的抽水量约增加 10%，可适当增加抽水井点的数量。

第 3 章

基 础 工 程

本章学习要求：

➢ 了解独立基础的制作流程

➢ 掌握筏板基础的制作流程

➢ 掌握钢筋混凝土预制桩的构造与施工方式

➢ 掌握钢筋混凝土灌注桩的施工方式

3.1 独立基础

当建筑物上部结构采用框架结构或单层排架结构承重时，基础常采用圆柱形和多边形等形式的独立式基础，这类基础称为独立式基础，也称单独基础。独立基础分为阶梯形基础、杯口基础和锥形基础，如图 3-1 所示。

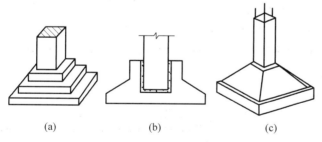

图 3-1　独立基础形式

（a）阶梯形基础；（b）杯口基础；（c）锥形基础

3.1.1 钢筋绑扎

垫层浇灌完成，混凝土强度达到 1.2MPa 后，表面弹线进行钢筋绑扎，钢筋绑扎不允许漏扣，柱插筋弯钩部分必须与底板筋成 45°绑扎，连接点处必须全部绑扎，距底板 50mm 处绑扎第一个箍筋，距基础顶

> **知识扩展：**
>
> 《建筑地基基础设计规范》(GB 50007—2011) 8.2.1　扩展基础的构造，应符合下列规定：
>
> 1　锥形基础的边缘高度不宜小于 200mm，且两个方向的坡度不宜大于 1∶3；阶梯形基础的每阶高度，宜为 300～500mm。
>
> 2　垫层的厚度不宜小于 70mm，垫层混凝土强度等级不宜低于 C10。
>
> 3　扩展基础受力钢筋最小配筋率不应小于 0.15％，底板受力钢筋的最小直径不应小于 10mm，间距不应大于 200mm，也不应小于 100mm。墙下钢筋混凝土条形基础纵向分布钢筋的直径不应小于 8mm；间距不应大于 300mm；每延米分布钢筋的面积不应小于受力钢筋面积的 15％。当有垫层时钢筋保护层的厚度不应小于 40mm；无垫层时不应小于 70mm。

50mm处绑扎最后一道箍筋，作为标高控制筋及定位筋，柱插筋最上部再绑扎一道定位筋，上、下箍筋及定位箍筋绑扎完成后，将柱插筋调整到位，并用"井"字木架临时固定，然后绑扎剩余箍筋，保证柱插筋不变形走样，两道定位筋在基础混凝土浇筑完后，必须进行更换，如图3-2所示。

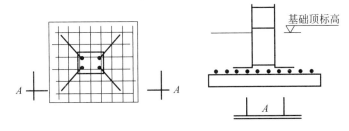

图3-2　独立柱基钢筋绑扎示意

钢筋绑扎好后，应在底面及侧面搁置保护层塑料垫块，厚度为设计保护层厚度，垫块间距不得大于1000mm(视设计钢筋直径确定)，以防出现露筋的质量通病。

注意对钢筋的成品保护，不得任意碰撞钢筋，造成钢筋移位。

3.1.2　模板安装

钢筋绑扎及相关专业施工完成后，应立即进行模板安装，模板采用夹板模板或小钢模，利用钢管或木方加固，如图3-3和图3-4所示。锥形基础坡度<30°时，利用钢丝网(间距30cm)防止混凝土下坠，上口设"井"字木控制钢筋位置；坡度≥30°时，采用斜模板支护，利用螺栓与底板钢筋拉紧，防止上浮，模板上部设透气及振捣孔，如图3-5所示。不得用重物冲击模板，不准在吊帮的模板上搭设脚手架，保证模板的牢固和严密。

3-1　独立基础施工工艺流程

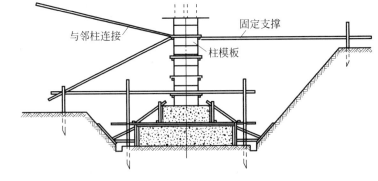

图3-3　阶梯形基础模板(一)

图 3-4 阶梯形基础模板(二)

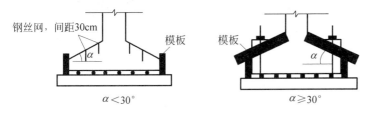

图 3-5 锥形基础模板

3.1.3 混凝土浇筑

混凝土应分层连续进行浇筑,间歇时间不超过混凝土初凝时间,一般不超过 2h,为保证钢筋位置正确,先浇一层 50～100mm 厚混凝土固定钢筋。台阶型基础每一台阶高度整体浇捣,每浇完一台阶停顿 0.5h 待其下沉,再浇上一层。分层下料,每层厚度为振动棒的有效振动长度。防止由于下料过厚,振捣不实或漏振,侧模的根部砂浆涌出等原因造成蜂窝、麻面或孔洞。

3.1.4 养护

已浇筑完的混凝土,应在 12h 左右覆盖和浇水。一般常温养护不得少于 7d,特种混凝土养护不得少于 14d。养护设专人检查落实,防止由于养护不及时,而使混凝土表面产生裂缝。

3.2 筏板基础

当建筑物上部荷载较大而地基承载能力又比较弱时,用简单的独立基础或条形基础已不能适应地基变形的需要,这时常将墙或柱下基础连成一片,使整个建筑物的荷载承受在一块整板上,这种满堂式的板

知识扩展:

《建筑地基基础设计规范》(GB 50007—2011) 8.2.7 扩展基础的计算应符合下列规定:

1 对柱下独立基础,当冲切破坏锥体落在基础底面以内时,应验算柱与基础交接处以及基础变阶处的受冲切承载力;

2 对基础底面短边尺寸小于或等于柱宽加 2 倍基础有效高度的柱下独立基础,以及墙下条形基础,应验算柱(墙)与基础交接处的基础受剪切承载力;

3 基础底板的配筋,应按抗弯计算确定;

4 当基础的混凝土强度等级小于柱的混凝土强度等级时,尚应验算柱下基础顶面的局部受压承载力。

式基础称筏板基础,又称筏形基础。

筏形基础分为平板式和梁板式两种类型,如图 3-6 所示,其选型应根据地基土质、上部结构体系、柱距、荷载大小、使用要求以及施工条件等因素确定。与梁板式筏基相比,平板式筏基具有抗冲切及抗剪切能力强的特点,且构造简单,施工便捷,经大量工程实践和部分工程事故分析,平板式筏基具有更好的适应性。

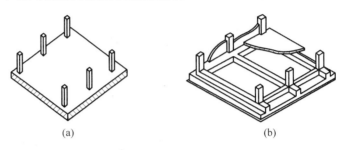

图 3-6　筏板基础
(a)平板式;(b)梁板式

3.2.1　钢筋绑扎

1. 绑底板下层网片钢筋

根据在防水保护层弹好的钢筋位置线,先铺下层网片的长向钢筋,如图 3-7 所示。钢筋接头尽量采用焊接或机械连接,要求接头在同一截面相互错开 50%,同一根钢筋在 35d 或 500mm 的长度内不得有两个接头,如图 3-8 所示。

图 3-7　铺下层长向钢筋

后铺下层网片上面的短向钢筋。钢筋接头尽量采用焊接或机械连接,要求接头在同一截面相互错开 50%,同一根钢筋尽量减少接头。

应防止出现质量通病。由于底板钢筋施工要求较复杂,此处一定要注意钢筋绑扎接头和焊接接头按要求错开的问题。应根据图纸设计依次绑扎局部加强筋。

图3-8　接头错开50%

2. 绑扎地梁钢筋

在放平的梁下层水平主钢筋上,用粉笔画出箍筋间距。箍筋与主筋要垂直,箍筋转角与主筋交点均要绑扎,主筋与箍筋非转角部分的相交点成梅花交错绑扎。在箍筋的接头,即弯钩叠合处沿梁水平筋交错布置绑扎。

地梁在槽上预先绑扎好后,根据已划好的梁位置线用塔吊直接吊装到位,与底板钢筋绑扎牢固。

3. 绑扎底板上层网片钢筋

铺设上层铁马凳:马凳用剩余短料焊制成,如果上、下层间距较大,可用槽钢(或角钢、工字钢等型钢),如图3-9和图3-10所示,马凳短向放置,间距1.2~1.5m。

图3-9　钢筋马凳

绑扎上层网片下铁:先在马凳上绑架立筋,在架立筋上划好钢筋位置线,按图纸要求,顺序放置上层网的下铁,钢筋接头尽量采用焊接或机械连接,要求接头在同一截面相互错开50%,同一根钢筋尽量减少接头。

绑扎上层网片上铁:根据在上层下铁上划好的钢筋位置线,顺序放置上层钢筋,钢筋接头尽量采用焊接或机械连接,要求接头在同一截

图 3-10　槽钢马凳

面相互错开 50%，同一根钢筋尽量减少接头。

绑扎暗柱和墙体插筋：根据放好的柱和墙体位置线，将暗柱和墙体插筋绑扎就位，并和底板钢筋点焊固定，要求接头均错开 50%，根据设计要求执行；设计无要求时，伸出底板面的长度不小于 $45d$，暗柱绑扎两道箍筋，墙体绑扎一道水平筋。

垫保护层：保护层厚度应符合设计要求。

成品保护：绑扎钢筋时，钢筋不能直接抵到外墙砖模上，并注意防水保护。钢筋绑扎前，导墙内侧防水必须甩浆做保护层，导墙上部的防水浮铺油毡加盖红机砖保护，以免防水卷材在钢筋施工时被破坏。

3.2.2　模板安装

1. 240mm 砖胎模

砖胎模砌筑前，先在垫层面上将砌砖线放出，比基础底板外轮廓大 40mm，砌筑时要求拉直线，采用一顺一丁"三一"砌筑方法，转角处或接口处留出接槎口，墙体要求垂直。砖模内侧、墙顶面抹 15mm 厚的水泥砂浆并压光，同时阴阳角做成圆弧形。

底板外墙侧模采用 240mm 厚砖胎模，高度同底板厚度，砖胎模采用 MU7.5 砖，M5.0 水泥砂浆砌筑，内侧及顶面采用 1∶2.5 水泥砂浆抹面，如图 3-11 和图 3-12 所示。

知识扩展：

《建筑地基基础设计规范》(GB 50007—2011)

8.4.11　梁板式筏基底板应计算正截面受弯承载力，其厚度尚应满足受冲切承载力、受剪切承载力的要求。

8.4.12～8.4.13　略。

8.4.14　当地基土比较均匀、地层压缩层范围内无软弱土层或可液化土层、上部结构刚度较好、柱网和荷载较均匀、相邻柱荷载及柱间距的变化不超过 20%，且梁板式筏基梁的高跨比或平板式筏基板的厚跨比不小于 1/6 时，筏形基础可仅考虑局部弯曲作用。筏形基础的内力，可按基底反力直线分布进行计算，计算时基底反力应扣除底板自重及其上填土的自重。当不满足上述要求时，筏基内力可按弹性地基梁板方法进行分析计算。

图 3-11　砖模(一)

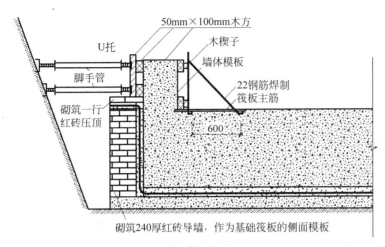

图 3-12　砖模(二)

考虑混凝土浇筑时侧压力较大,砖胎模外侧面必须采用木方及钢管进行支撑加固,支撑间距不大于 1.5m。

2. 集水坑模板

根据集水坑设计尺寸,由 15mm 厚木夹板拼装成筒状,内衬两道木方(100mm×100mm),并钉成一个整体,配模的板面保证表面平整、尺寸准确、接缝严密。

模板组装好后进行编号。安装时用塔吊将模板初步就位,然后根据位置线加水平和斜向支撑进行加固,并调整模板位置,使模板的垂直度、刚度、截面尺寸符合要求。

3. 外墙高出底板 300mm 部分

墙体高出部分模板采用 15mm 厚木夹板事先拼装而成,外绑两道水平向木方(50mm×100mm)。

在防水保护层上弹好墙边线,在墙两边焊钢筋预埋竖向和斜向筋(用 $\phi 12$ 钢筋剩余短料),以便进行加固。

用小线拉外墙通长水平线,保证截面尺寸为 297m(300mm 厚外墙),将配好的模板就位,然后用架子管和铅丝与预埋铁进行加固。安装钢板止水带。模板固定完毕后,拉通线检查板面是否顺直。

3.2.3　混凝土浇筑

1. 混凝土浇筑顺序

基础底板应一次性浇筑,间歇时间不能太长,不允许出现冷缝,混凝土应由一端向另一端采用踏步式分层浇筑,分层振捣密实,以使混凝土的水化热尽量散发。具体为从下到上分层浇筑,从底层开始浇筑,进行 5m 后回头来浇筑第二层,如此依次向前浇筑以上各层,上、下相邻两层浇筑时间不超过 2h,为了控制浇筑高度,须在出灰口及其附近设

知识扩展:

《建筑地基基础设计规范》(GB 50007—2011)

8.4.15　按基底反力直线分布计算的梁板式筏基,其基础梁的内力可按连续梁分析,边跨跨中弯矩以及第一内支座的弯矩值宜乘以 1.2 的系数。梁板式筏基的底板和基础梁的配筋除满足计算要求外,纵横方向的底部钢筋尚应有不少于 1/3 贯通全跨,顶部钢筋按计算配筋全部连通,底板上下贯通钢筋的配筋率不应小于 0.15%。

8.4.16　略。

8.4.17　对有抗震设防要求的结构,当地下一层结构顶板作为上部结构嵌固端时,嵌固端处的底层框架柱下端截面组合弯距设计值应按现行国家标准《建筑抗震设计规范》(GB 50011—2010)的规定乘以与其抗震等级相对应的增大系数。当平板式筏形基础板作为上部结构的嵌固端、计算柱下板带截面组合弯矩设计值时,底层框架柱下端内力应考虑地震作用组合及相应的增大系数。

置尺杆,夜间施工时,尺杆附近要用手把灯进行照明。

2. 混凝土浇筑方法

每班安排一个作业班组,并配备 3 名振捣工人,根据混凝土泵送时自然形成的坡度,在每个浇筑带前、后、中部不停振捣,振捣手要求认真负责,仔细振捣,以保证混凝土振捣密实。防止上一层混凝土盖上后,下层混凝土仍未振捣,造成混凝土振捣不密实。振捣时,要快插慢拔,各层插入深度均为 350mm,即上面两层均须插入其下面一层 50mm。振捣点间距为 450mm,梅花形布置,振捣时逐点移动,顺序进行,不得漏振。每一插点要掌握好振捣时间,一般为 20~30s,过短不易振实,过长可能引起混凝土离析。以混凝土表面泛浆,不大量泛气泡,不再显著下沉,表面浮出灰浆为准,边角处要多加注意,防止漏振。振捣棒距离模板要小于其作用半径的 1/2,约为 150mm,并不宜靠近模板振捣,且要尽量避免碰撞钢筋、芯管、止水带、预埋件等。

3. 混凝土槎平方法

泵送混凝土时,注意不要将料斗内剩余混凝土降低到 200mm 以下,以免吸入空气。混凝土浇筑完毕,要进行多次槎平,保证混凝土表面不产生裂纹,具体方法是振捣完后先用长刮杠刮平,待表面收浆后,用木抹刀槎平表面,并覆盖塑料布以防表面出现裂缝,在终凝前掀开塑料布再进行槎平,要求槎压三遍,最后一遍抹压要掌握好时间,以终凝前为准,终凝时间可用手压法把握。混凝土槎平完毕后,立即用塑料布覆盖养护,浇水养护时间为 14d。

3.2.4　拆模及养护

保护钢筋、模板的位置正确,不得直接踩踏钢筋和改动模板。当混凝土强度达到 1.2MPa 后,方可拆模及在混凝土上操作。在拆模时,不得碰坏施工缝止水带。

已浇筑完的混凝土,应在 12h 左右覆盖和浇水。一般常温养护不得少于 7d,特种混凝土养护不得少于 14d。养护设专人检查落实,防止由于养护不及时,造成混凝土表面裂缝。

3.3　钢筋混凝土预制桩施工

3.3.1　桩的预制、起吊、运输和堆放

1. 桩的预制

钢筋混凝土预制桩是在预制构件厂或施工现场预制,用沉桩设备在设计位置上将其沉入土中。其特点是坚固耐久,不受地下水或潮湿

环境影响,能承受较大荷载,施工机械化程度高、进度快,能适应不同土层施工。钢筋混凝土预制桩有实心桩和管桩两种。

实心桩一般为正方形截面,截面尺寸为 200～500mm,单根桩的最大长度,根据打桩架的高度确定,一般在 27m 以内,如需打设 30m 以上的桩,则将桩预制成几段,在打桩过程中逐段接长。如在工厂制作,每段长度不宜超过 12m。

管桩是预应力混凝土管桩,它是一种细长的空心等截面预制混凝土构件,是在工厂经先张预应力、离心成型、高压蒸汽养护等工艺生产而成。管桩按桩身混凝土强度等级的不同分为 PC 桩(C60、C70)和 PHC 桩(C80);按桩身抗裂弯矩的大小分为 A 型、AB 型和 B 型;外径有 300mm、400mm、500mm、550mm、600mm,壁厚 65～125mm,常用节长为 7～12m,特殊节长为 4～5m。

桩的预制场地应平整夯实,并做好排水设施,以避免雨后场地浸水而沉陷。预制桩的混凝土应由桩顶向桩尖连续浇筑,严禁中断。

现场预制桩多采用重叠法施工,重叠的层数应根据地面承载力和施工要求来确定,一般不超过 4 层。相邻两层桩之间要做好隔离层,以免起吊时互相粘结。上层桩或邻桩的混凝土浇筑,应在下层或邻桩的混凝土强度达到设计强度的 30% 以上时才可进行。预制完成后,应洒水养护不少于 7d,并在每根桩上标明编号和制作日期;如不埋设吊钩,应标明绑扎点位置。

桩的表面应平整、密实,掉角的深度不应超过 10mm,且局部蜂窝和掉角的缺损总面积不得超过桩总表面积的 0.5%,并不得过分集中。

混凝土收缩产生的裂缝深度不得大于 20mm,宽度不得大于 0.25mm,横向裂缝长度不得超过边长的 50%(圆桩和多边形桩不得超过直径和对角线的 1/2)。

桩顶和桩尖处不得有过分集中的蜂窝、麻面、裂缝和掉角。

几何尺寸允许偏差如下:横截面边长 ±5mm;桩顶对角线 ±10mm;保护层厚度 ±5mm;桩尖对中心线位移 ±10mm;桩身弯曲矢高不大于 0.1% 桩长,且不大于 20mm;桩顶平面对桩中心线的倾斜 ≤30mm。

2. 桩的起吊、运输和堆放

1) 桩的起吊

预制桩混凝土的强度达到设计强度等级的 70% 以上才可以起吊。如需要提前起吊,则必须做强度和抗裂度验算。起吊时,吊点位置必须严格按设计位置绑扎,如无吊环,应按如图 3-13 所示的位置起吊。在吊索与桩间应加衬垫,起吊应平稳提升,采取措施保护桩身质量,防止撞击和受振动。

知识扩展:

《建筑桩基技术规范》(JGJ 94—2008)

7.1 混凝土预制桩的制作

7.1.1 混凝土预制桩可在施工现场预制,预制场地必须平整、坚实。

7.1.2 制桩模板宜采用钢模板,模板应具有足够刚度,并应平整,尺寸应准确。

7.1.3 钢筋骨架的主筋连接宜采用对焊和电弧焊,当钢筋直径不小于 20mm 时,宜采用机械接头连接。主筋接头配置在同一截面内的数量,应符合下列规定:

1 当采用对焊或电弧焊时,对于受拉钢筋,不得超过 50%;

2 相邻两根主筋接头截面的距离应大于 $35d_g$(d_g 为主筋直径),并不应小于 500mm;

3 必须符合现行行业标准《钢筋焊接及验收规程》(JGJ 18—2012)和《钢筋机械连接通用技术规程》(JGJ 107—2003)的规定。

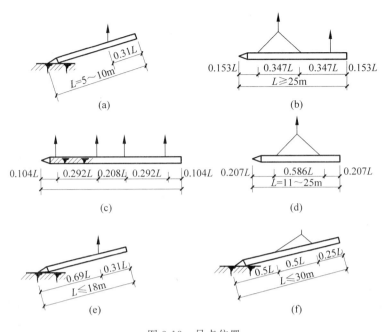

图 3-13　吊点位置

（a）一点吊法；（b）三点吊法；（c）四点吊法；（d）十点吊法；
（e）预应力管桩一点吊法；（f）预应力管桩二点吊法

知识扩展：

　　《建筑桩基技术规范》（JGJ 94—2008）

7.3　混凝土预制桩的接桩

7.3.1　桩的连接可采用焊接、法兰连接或机械快速连接（螺纹式、啮合式）。

7.3.2　接桩材料应符合下列规定：

　　1　焊接接桩：钢板宜采用低碳钢，焊条宜采用 E43；并应符合现行行业标准《钢结构焊接规范》（GB 50661—2011）要求。

　　2　法兰接桩：钢板和螺栓宜采用低碳钢。

2）桩的运输

预制桩混凝土的强度达到设计强度等级的 100% 才能运输和打桩。一般应根据打桩顺序随打随运，以避免二次搬运。当运距不大时，可在桩下面垫以木板，木板下设滚筒，用卷扬机拖运。当运距较长时，可用平板拖车或轻轨平板车运输。桩下宜设活动支座，运输时应做到平稳并不得损坏，经过搬运的桩要进行质量检查。

3）桩的堆放

桩的堆放场地应平整夯实，设有排水设施。每根桩下都用垫木架空，垫木间距应与吊点位置相同。各层垫木应在同一垂直线上，最下层垫木应适当加宽。堆放一般不宜超过 4 层，而且不同规格的桩应分别堆放，以免搞错。

3.3.2　打桩前的准备工作

桩基础施工前，应根据工程规模的大小和复杂程度来编制整个分部工程施工组织设计或施工方案。在沉桩前，现场准备工作的内容有处理障碍物、平整场地、抄平放线、铺设水电管网、沉桩机械设备的进场和安装，以及桩的供应等。

1. 处理障碍物

打桩前，宜向城市管理、供水、供电、煤气、电信、房管等有关单位提出要求，认真处理高空、地上和地下的障碍物，然后对现场周围(一般为 10m 以内)的建筑物、驳岸、地下管线等做全面检查，如有危房或危险构筑物，必须予以加固或采取隔振措施或拆除，以免在打桩过程中由于振动的影响而引起倒塌。

2. 平整场地

打桩场地必须平整、坚实，必要时宜铺设道路，经压路机碾压密实，场地四周应挖排水沟以利于排水。

3. 抄平放线

在打桩现场附近设水准点，其位置应不受打桩影响，数量不得少于 2 个，用以抄平场地和检查桩的入土深度。要根据建筑物的轴线控制桩定出桩基础的每个桩位，可用小木桩标记。在正式打桩之前，应对桩基的轴线和桩位复查一次，以免因小木桩挪动、丢失而影响施工。桩位放线的允许偏差为 20mm。

4. 进行打桩试验

施工前，应做数量不少于 2 根桩的打桩工艺试验，用以了解桩的沉入时间、最终沉入度、持力层的强度、桩的承载力以及施工过程中可能出现的各种问题和反常情况等，以便检验所选的打桩设备和施工工艺，确定是否符合设计要求。

3.3.3　锤击沉桩施工

锤击沉桩也称为打入桩，是利用桩锤下落产生的冲击能量，克服土体对桩的阻力，将桩沉入土中。锤击沉桩法是混凝土预制桩最常用的沉桩法。该法施工速度快，机械化程度高，适应范围广，但在施工时有噪声和振动，对于城市中心和夜间施工有所限制。

1. 打桩设备及选择

打桩所选用的机具设备主要包括桩锤、桩架及动力装置三部分。桩锤的作用是对桩施加冲击力，将桩打入土中。桩架的作用是支持桩身和桩锤将桩吊到打桩位置，并在打入过程中引导桩的方向，保证桩锤沿着所要求的方向冲击。动力装置包括启动桩锤用的动力设施，如卷扬机、锅炉、空气压缩机等。

1) 桩锤选择

桩锤是把桩打入土中的主要机具，有落锤、单动汽锤、双动汽锤、柴油桩锤、振动桩锤等。

落锤一般由铸铁制成，构造简单、使用方便，能随意调整其落锤高度，适合于普通黏土和含砾石较多的土层中打桩，但打桩速度较慢(6～12 次/min)，效率不高，贯入能力低，对桩的损伤较大。落锤有穿心锤和龙门锤两种，质量一般为 0.5～1.5t。它适合打细长尺寸的混凝土桩，在一般土层及黏土、含有砾石的土层中均可使用。

知识扩展：

《建筑桩基技术规范》(JGJ 94—2008)

7.4.4 打桩顺序要求应符合下列规定：

1 对于密集桩群，自中间向两个方向或四周对称施打；

2 当一侧毗邻建筑物时，由毗邻建筑物处向另一方向施打；

3 根据基础的设计标高，宜先深后浅；

4 根据桩的规格，宜先大后小，先长后短。

7.4.5 略。

7.4.6 桩终止锤击的控制应符合下列规定：

1 当桩端位于一般土层时，应以控制桩端设计标高为主，贯入度为辅；

2 桩端达到坚硬、硬塑的黏性土、中密以上粉土、砂土、碎石类土及风化岩时，应以贯入度控制为主，桩端标高为辅；

3 贯入度已达到设计要求而桩端标高未达到时，应继续锤击3阵，并按每阵10击的贯入度不应大于设计规定的数值确认，必要时，施工控制贯入度应通过试验确定。

汽锤是以高压蒸汽或压缩空气为动力的打桩机械，有单动汽锤和双动汽锤两种。

单动汽锤结构简单、落距小，对设备和桩头不易损坏，打桩速度及冲击力较落锤大，效率较高，冲击力较大，打桩速度较落锤快，每分钟锤击 60～80 次，一般适用于各种桩在各类土中施工，最适用于套管法灌注混凝土桩，锤重 0.5～15t。

双动汽锤打桩速度快，冲击频率高，每分钟达 100～120 次，一般打桩工程都可使用，并能用于打钢板桩、水下桩、斜桩和拔桩，但设备笨重、移动较困难，锤重为 0.6～6.0t。

柴油桩锤是利用燃油爆炸来推动活塞往返运动进行锤击打桩，柴油桩锤与桩架、动力设备配套组成柴油打桩机。柴油桩锤分导杆式和筒式两种。锤重 0.6～7.0t，设备轻便，打桩迅速，每分钟锤击 40～80 次，常用于打木桩、钢板桩和混凝土预制桩。它是目前应用较广的一种桩锤，但在软松土中打桩时易熄火。

振动桩锤是利用机械强迫振动，通过桩帽传到桩顶使桩下沉。振动桩锤沉桩速度快，适用性强，施工操作简易安全，能打各种桩，并能帮助卷扬机拔桩，适用于打钢板桩、钢管桩、长度在 15m 以内的灌注桩，但不适于打斜桩。它适用于粉质黏土、松散砂土和软土，不宜用于岩石、砾石和密实的黏性土地基，在砂土中打桩最有效。

应根据施工现场的情况、机具设备条件及工作方式和工作效率等条件来选择桩锤的类型。

关于锤重的选择，在做功相同且锤重与落距乘积相等的情况下，宜选用重锤低击，这样可以使桩锤动量大而冲击回弹能量小。如果桩锤过重，所需动力设备大，能源消耗大，不经济；如果桩锤过轻，在施打时必定增大落距，使桩身产生回弹，桩不易沉入土中，常常打坏桩头，或使混凝土保护层脱落。轻锤高击所产生的应力，还会使距桩顶 1/3 桩长范围内的薄弱处产生水平裂缝，甚至使桩身断裂。因此，选择稍重的锤、用重锤低击和重锤快击的方法效果较好，一般可根据地质条件、桩型、桩的密集程度、单桩竖向承载力及现有施工条件等决定。

2）桩架的选择

桩架是支持桩身和桩锤，在打桩过程中引导桩的方向及维持桩的稳定，并保证桩锤沿着所要求的方向冲击的设备。桩架一般由底盘、导向杆、起吊设备、撑杆等组成。根据桩的长度、桩锤的高度及施工条件等选择桩架和确定桩架高度，桩架高度＝桩长＋桩锤高度＋滑轮组高度＋桩帽高度＋起锤工作高度(1～2m)。

桩架的形式多种多样，常用的桩架有三种基本形式：滚筒式桩架、多功能桩架和履带式桩架。

滚筒式桩架：靠两根钢滚筒在垫木上滚动，优点是结构简单，制作容易，但在平面转弯、调头方面不够灵活，操作人员较多，适用于预制桩和灌注桩施工，如图 3-14 所示。

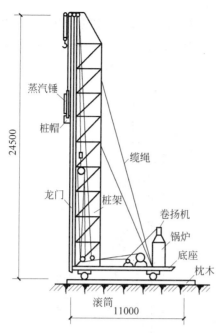

图 3-14 滚筒式桩架(单位:mm)

多功能桩架:由定柱、斜撑、回转工作台、底盘及传动机构组成。多功能桩架的机动性和适应性很大,在水平方向可做 360°回转,导架可以伸缩和前、后倾斜,底座下装有铁轮,底盘在轨道上行走。这种桩架可适用于各种预制桩及灌注桩施工,其缺点是机构较庞大,现场组装和拆卸比较麻烦,如图 3-15 所示。

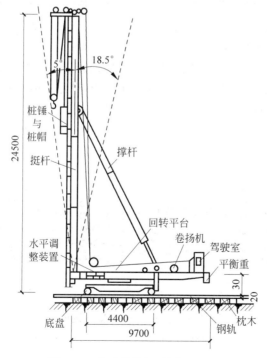

图 3-15 多功能桩架(单位:mm)

知识扩展:

《建筑桩基技术规范》(JGJ 94—2008)

7.4.7 当遇到贯入度剧变,桩身突然发生倾斜、位移或有严重回弹、桩顶或桩身出现严重裂缝、破碎等情况时,应暂停打桩,并分析原因,采取相应措施。

7.4.8 当采用射水法沉桩时,应符合下列规定:

1 射水法沉桩宜用于砂土和碎石土;

2 沉桩至最后 1~2m 时,应停止射水,并采用锤击至规定标高,终锤控制标准可按本规范第 7.4.6 条有关规定执行。

履带式桩架：以履带式起重机为底盘，增加导杆和斜撑组成，用以打桩。它操作灵活、移动方便，适用于各种预制桩和灌注桩的施工，如图 3-16 所示。

知识扩展：

《建筑桩基技术规范》(JGJ 94—2008)

7.4.9 施打大面积密集桩群时，应采取下列辅助措施：

1 对预钻孔沉桩，预钻孔孔径可比桩径（或允桩对角线）小 50～100mm，深度可根据桩距和土的密实度、渗透性确定，宜为桩长的 1/3～1/2；施工时应随钻随打；桩架宜具备钻孔锤击双重性能；

2 对饱和黏性土地基，应设置袋装砂井或塑料排水板；袋装砂井直径宜为 70～80mm，间距宜为 1.0～1.5m，深度宜为 10～12m；塑料排水板的深度、间距与袋装砂井相同；

3 应设置隔离板桩或地下连续墙；

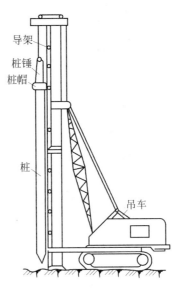

图 3-16 履带式桩架

3）动力装置

打桩机械的动力装置是根据所选桩锤而定的。

2. 确定打桩顺序

打桩顺序直接影响到桩基础的质量和施工速度，应根据桩的密集程度、桩的规格、长短、桩的设计标高、工作面布置、工期要求等综合考虑，合理确定打桩的顺序。根据桩的密集程度，打桩顺序一般分为逐排打设、自两侧向中间打设、自中部向四周打设和自中间向两侧打设四种，如图 3-17 所示。当桩的中心距不大于桩直径或边长的 4 倍时，应由中间向两侧对称施打，或由中间向四周施打；当桩的中心距大于桩直径或边长的 4 倍时，可采用自两侧向中间施打，或逐段单向施打。

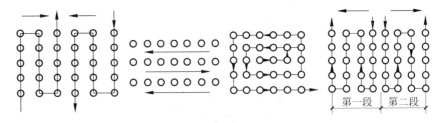

图 3-17 打桩顺序

(a) 从两侧向中间打设；(b) 逐排打设；

(c) 自中部向四周打设；(d) 由中间向两侧打设

根据基础的设计标高和桩的规格,宜按先深后浅、先大后小、先长后短的顺序进行打桩。

3. 打桩施工工艺

1）吊桩就位

按既定的打桩顺序,先将桩架移动至桩位处并用缆风绳拉牢,然后将桩运至桩架下,利用桩架上的滑轮组,由卷扬机提升桩。当桩提升至直立状态后,即可将桩送入桩架的龙门导管内,同时把桩尖准确地安放到桩位上,并与桩架导管相连接,以保证打桩过程中不发生倾斜或移动。桩插入时的垂直偏差不得超过 0.5%。桩就位后,为防止击碎桩顶,在桩锤与桩帽、桩帽与桩顶之间应放上硬木、粗草纸或麻袋等桩垫作为缓冲层,桩帽与桩顶四周应留 5～10mm 的间隙,如图 3-18 所示,然后进行检查,使桩身、桩帽和桩锤在同一轴线上,即可开始打桩。

知识扩展:

《建筑桩基技术规范》(JGJ 94—2008)

4 可开挖地面防震沟,并可与其他措施结合使用,防震沟沟宽可取 0.5～0.8m,深度按土质情况决定;

5 应控制打桩速率和日打桩量,24h 内休止时间不应少于 8h;

6 沉桩结束后,宜普遍实施一次复打;

7 应对不少于总桩数 10% 的桩顶上涌和水平位移进行监测;

8 沉桩过程中应加强邻近建筑物、地下管线等的观测、监护。

7.4.10 预应力混凝土管桩的总锤击数及最后 1.0m 沉桩锤击数应根据桩身强度和当地工程经验确定。

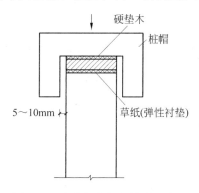

图 3-18 自落锤桩帽的构造示意图

2）打桩

打桩时用"重锤低击",可取得良好效果,因为这样桩锤对桩头的冲击小,回弹也小,桩头不易损坏,大部分能量都用于克服桩身与土的摩阻力和桩尖阻力上,桩就能较快地沉入土中。

初打时地层软、沉降量较大,宜低锤轻打,随着沉桩加深(1～2m),速度减慢,再酌情增加起锤高度,要控制锤击应力。打桩时应观察桩锤回弹的情况,如果经常回弹较大,则说明锤太轻,不能使桩下沉,应及时更换。至于桩锤的落距以多大为宜,应根据实践经验确定,在一般情况下,单动汽锤以 0.6m 左右为宜,柴油锤不超过 1.5m,落锤不超过 1.0m 为宜。打桩时要随时注意贯入度的变化情况,当贯入度骤减,桩锤有较大回弹时,表示桩尖遇到障碍物,此时应使桩锤落距减小,加快锤击。如果上述情况仍存在,则应停止锤击,查明原因再进行处理。

在打桩过程中,如果突然出现桩锤回弹、贯入度突增、锤击时桩弯曲、倾斜、颤动、桩顶破坏加剧等情况,则表明桩身可能已破坏。打桩最后阶段,当沉降太小时,要避免硬打;如果难沉下,要检查桩垫、桩帽是否适宜,需要时可更换或补充软垫。

知识扩展：

《建筑桩基技术规范》(JGJ 94—2008)

7.4.11 锤击沉桩送桩应符合下列规定：

1 送桩深度不宜大于 2.0m；

2 当桩顶打至接近地面需要送桩时，应测出桩的垂直度并检查桩顶质量，合格后应及时送桩；

3 送桩的最后贯入度应参考相同条件下不送桩时的最后贯入度并修正；

4 送桩后遗留的桩孔应立即回填或覆盖；

5 当送桩深度超过 2.0m 且不大于 6.0m 时，打桩机应为三点支撑履带自行式或步履式柴油打桩机；桩帽和桩锤之间应用竖纹硬木或盘四层叠的钢丝绳作"锤垫"，其厚度宜取 150～200mm。

3）接桩

在预制桩施工中，由于受到场地、运输及桩机设备等的限制，常将长桩分为多节进行制作。接桩时要注意新接桩节与原桩节的轴线一致。目前预制桩的接桩工艺主要有硫磺胶泥浆锚法、电焊接桩和法兰螺栓接桩等三种。前一种适用于软松土层，后两种适用于各类土层。

当采用焊接法接桩时，如图 3-19 所示，必须对准下节桩并垂直无误后，用点焊将拼接角钢连接固定，再次检查位置正确后进行焊接。施焊时，应两人同时对称地进行，以防止节点变形不匀而引起桩身歪斜，焊缝要连续饱满。

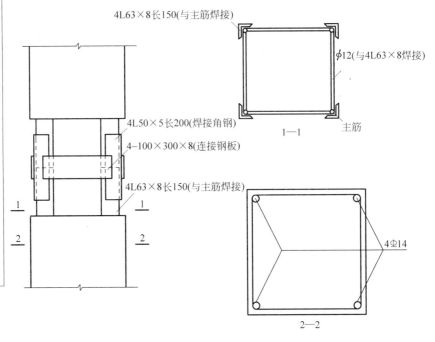

图 3-19 焊接法接桩节点构造

当采用浆锚法接桩时，如图 3-20 所示，首先将上节桩对准下节桩，使 4 根锚筋插入锚筋孔中（直径为锚筋直径的 2.5 倍），下落压梁并套住桩顶，然后将桩和压梁同时上升约 200mm（以 4 根锚筋不脱离锚筋孔为宜）。此时，安装好施工夹箍（由 4 块木板，内侧用人造革包裹 40mm 厚的树脂海绵块而成），将熔化的硫黄胶泥注满锚筋孔内和接头平面上，然后将上节桩和压梁同时下落，当硫黄胶泥冷却并拆除施工夹箍后，即可继续加荷施压。

为保证锚接桩质量，应做到以下几点：锚筋应刷清并调直；锚筋孔内应有完好螺纹，无积水、杂物和油污；接桩时接点的平面和锚筋孔内应灌满胶泥；灌注时间不得超过 2min；灌注后停歇时间应符合有关规定。

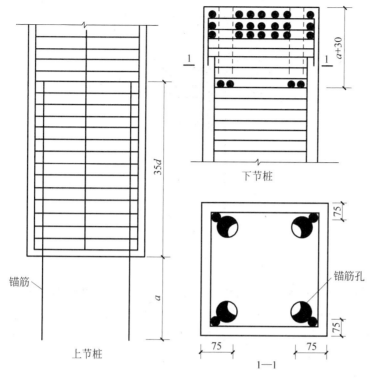

图 3-20　浆锚法接桩节点构造(单位：mm)

4. 打桩质量要求

打桩质量包括以下内容：一是能否满足贯入度或标高的设计要求；二是打入后的偏差是否在施工及验收规范允许范围以内。

保证打桩的质量，应遵循以下原则：端承桩即桩端达到坚硬土层或岩层，以控制贯入度为主，桩端标高可做参考；摩擦桩即桩端位于一般土层，以控制桩端设计标高为主，桩端标高可做参考。打入桩的桩位偏差必须符合规定。打斜桩时，斜桩倾斜度的允许偏差不得大于倾斜角正切值的15%。

5. 桩头的处理

在打完各种预制桩开挖基坑时，按设计要求的桩顶标高将桩头多余的部分截去。截桩头时，不能破坏桩身，要保证桩身的主筋伸入承台，长度应符合要求。当桩顶标高在设计标高以下时，在桩位上挖成喇叭口，凿掉桩头混凝土，剥出主筋并焊接接长至设计要求长度，与承台钢筋绑扎在一起，用桩身同强度等级的混凝土与承台一起浇筑接长桩身，如图 3-21 所示。

6. 打桩施工的常见问题

在打桩施工过程中会遇见各种各样的问题，如桩顶破碎、桩身断裂、桩身位移、扭转、倾斜、桩锤跳跃、桩身严重回弹等，主要有钢筋混

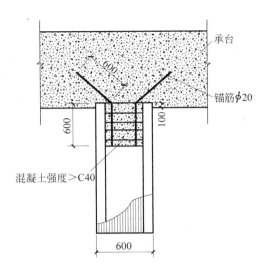

图 3-21 桩头的处理(单位：mm)

土预制桩的制作质量、沉桩操作工艺和复杂土层等方面的原因。如果在打桩过程中遇到上述问题，应立即暂停打桩，施工单位应与勘察、设计单位共同研究，查明原因，提出明确的处理意见，并采取相应的技术措施后，方可继续施工。

3.3.4　静力压桩施工

1. 特点及原理

静力压桩是在软土地基上，利用静力压桩机或液压压桩机用无振动的静力压力将预制桩压入土中的一种新工艺。静力压桩在我国沿海的软土地基上应用较为广泛。与普通的打桩和振动沉桩相比，它具有施工无噪声、无振动、节约材料、降低成本、提高施工质量、沉桩速度快等特点，故特别适用于扩建工程和城市内桩基工程施工。

静力压桩机的工作原理是通过安置在压桩机上卷扬机的牵引，由钢丝绳、滑轮及压梁，将整个桩基的自重力(800~1500kN)反压在桩顶上，以克服桩身下沉时与土的摩擦力，迫使预制桩下沉。

2. 压桩机械设备

压桩机有两种类型：一种是机械静力压桩机，如图 3-22 所示，它由压桩架(桩架与底盘)、传动设备(卷扬机、滑轮组、钢丝绳)、平衡设备(铁块)、量测装置(测力计、油压表)及辅助设备(起重设备、送桩)等组成；另一种是液压静力压桩机，如图 3-23 所示，它由液压吊装机构、液压夹持、压桩机构(千斤顶)、行走及回转机构、液压及配电系统、配铁等组成，该机具有体积轻巧、使用方便等特点。

知识扩展：

《建筑桩基技术规范》(JGJ 94—2008)
7.5.3 选择压桩机的参数应包括下列内容：

1 压桩机型号、桩机质量(不含配重)、最大压桩力等；

2 压桩机的外型尺寸及拖运尺寸；

3 压桩机的最小边桩距及最大压桩力；

4 长、短船型履靴的接地压强；

5 夹持机构的型式；

6 液压油缸的数量、直径，率定后的压力表读数与压桩力的对应关系；

7 吊桩机构的性能及吊桩能力。

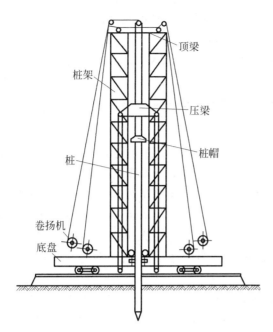

图 3-22　机械静力压桩机

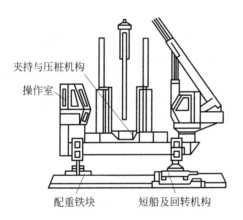

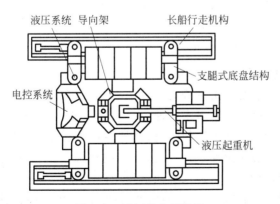

图 3-23　液压静力压桩机

桩架高度为 10～40m，压入桩的长度已达 37m，桩断面为 400mm×400mm～500mm×500mm。

近年引进的 WYJ-200 型和 WYJ-400 型压桩机是液压操纵的先进设备。静压力有 2000kN 和 4000kN 两种，单根制桩长度可达 20m。压桩施工一般情况下都采取分段压入、逐段接长的方法。

3. 压桩施工工艺

静力压桩的施工程序如下：测量定位→桩机就位→吊桩插桩→桩身对中调直→静压沉桩→接桩→再静压沉桩→终止压桩→切割桩头。

压桩方法是用起重机将预制桩吊运或用汽车运至桩机附近，再利用桩机自身设置的起重机将其吊入夹持器中，夹持油缸将桩从侧面夹紧，压桩油缸作回程动作，把桩压入土层中。伸程完后，夹持油缸回程松夹，压桩油缸回程，重复上述动作，可实现连续压桩操作，直至把桩压入预定深度土层中。

钢筋混凝土预制长桩在起吊、运输时受力极为不利，因而一般先将长桩分段预制后，再在沉桩过程中接长。常用的接头连接方法有浆锚接头、焊接接头等。

4. 压桩施工要点

压桩应连续进行，因故停歇时间不宜过长，否则压桩力将大幅度增长而导致桩压不下去或桩机被抬起。

压桩的终压控制很重要。一般对纯摩擦桩，终压时以设计桩长为控制条件。对长度大于 21m 的端承摩擦型静压桩，应以设计桩长控制为主，终压力值作对照。对一些设计承载力较高的桩基，终压力值宜尽量接近压桩机满载值。对于长度为 14～21m 静压桩，应以终压力值达满载值为终压条件。对桩周土质较差且设计承载力较高的，宜复压 1～2 次为佳，对长度小于 14m 的桩，宜连续多次复压，特别对于长度小于 8m 的短桩，连续复压的次数应适当增加。

静力压桩单桩竖向承载力可通过桩的终止压力值大致判断。如果判断的终止压力值不能满足设计要求，应立即采取送桩加深处理或补桩，以保证桩基的施工质量。

5. 其他沉桩方法

水冲沉桩法是锤击沉桩的一种辅助方法，它是利用高压水流经过桩侧面或空心桩内部的射水管冲击桩尖附近的土层，减小桩与土层之间的摩擦力及桩尖下土层的阻力，使桩在自重和锤击的作用下能迅速沉入土中。一般是边冲水边打桩，当沉桩至最后 1～2m 时停止冲水，用锤击至规定标高。水冲沉桩法适用于砂土和碎石土，有时对于特别长的预制桩，单靠锤击有一定的困难，亦可用水冲沉桩法辅助之。

振动沉桩法与锤击沉桩的施工方法基本相同，振动沉桩法是借助固定于桩顶的振动器产生的振动力，减小桩与土层之间的摩擦阻力，使桩在自重和振动力的作用下沉入土中。振动沉桩法在砂石、黄土、软土中的运用效果较好,对黏土地区效率较差。

钻孔锤击法是钻孔与锤击相结合的一种沉桩方法。当遇到土层坚硬,采用锤击法遇到困难时可以先在桩位上钻孔后,再在孔内插桩,然后锤击沉桩。当钻孔深度距持力层为 $1\sim2m$ 时停止钻孔,提钻时注入泥浆以防止塌孔,泥浆的作用是护壁。钻孔直径应小于桩径。钻孔完成后吊桩,插入桩孔锤击至持力层深度。

3.3.5　预制桩施工常见的质量通病及防治措施

钢筋混凝土预制桩一般采用锤击打入或压桩施工。常见的质量事故有断桩、桩顶破裂、桩倾斜过大、桩顶位移过大、单桩承载力低于设计要求等。

1. 桩顶破裂

打桩时,桩顶出现混凝土掉角、碎裂、坍塌或被打坏、桩顶钢筋局部或全部外露等。

1)产生的原因

(1)混凝土强度设计等级偏低。

(2)混凝土施工质量不良,如混凝土配合比不准确、浇筑振捣不密实、养护不良等。

(3)桩顶配置钢筋网片不足,主筋端部距桩顶距离太小。

(4)桩制作外形不符合规范要求,桩顶面倾斜或不平,桩顶混凝土保护层过厚或过薄。

(5)桩锤选择不当,桩锤质量过小,锤击次数过多,造成桩顶混凝土疲劳损坏;桩锤质量过大,使桩顶撞击应力过大,造成混凝土破碎。

(6)桩顶与桩帽接触不平,桩帽变形倾斜或桩沉入土中不垂直,造成桩顶局部应力集中而将桩头打坏。

(7)沉桩时未加入缓冲垫或桩垫损坏,失去缓冲作用,使桩直接承受冲击荷载。

(8)施工中落锤过高或遇坚硬砂土层、大石块等。

2)防治措施

(1)合理设计桩头,保证有足够的强度。

(2)严格控制桩的制作质量,支模正确、严密,使制作偏差符合规范要求。

(3)施工中,混凝土配合比应准确,振捣密实,主筋不得超过第一层钢筋网片,浇筑后应有 $1\sim3$ 个月的自然养护过程,使其达到 100% 的设计强度。

(4)根据桩、土质情况,合理选择桩锤。

(5)沉桩前,对桩构件进行检查,对有桩顶不平或破碎缺陷的,应

知识扩展:

《建筑桩基技术规范》(JGJ 94—2008)

7.5.8 静力压桩施工的质量控制应符合下列规定:

1 第一节桩下压时垂直度偏差不应大于 0.5%;

2 宜将每根桩一次性连续压到底,且最后一节有效桩长不宜小于 $5m$;

3 抱压力不应大于桩身允许侧向压力的 1.1 倍;

4 对于大面积桩群,应控制日压桩量。

7.5.9 终压条件应符合下列规定:

1 应根据现场试压桩的试验结果确定终压标准;

2 终压连续复压次数应根据桩长及地质条件等因素确定。对于入土深度大于或等于 $8m$ 的桩,复压次数可为 $2\sim3$ 次;对于入土深度小于 $8m$ 的桩,复压次数可为 $3\sim5$ 次;

3 稳压压桩力不得小于终压力,稳定压桩的时间宜为 $5\sim10s$。

修补后才能使用。

(6) 经常检查桩帽与桩的接触面处及桩帽整体是否平整,如果不平整,应进行处理后方能施打,并应及时更换缓冲垫。

(7) 桩顶已破碎时,应更换桩垫;如果破碎严重,可把桩顶剔平补强,必要时可加钢板箍,再重新沉桩。

2. 沉桩达不到设计控制要求

沉桩达不到设计控制要求是指桩未达到设计标高,或最后贯入度控制指标要求超限。

1) 产生的原因

(1) 桩锤选择不当,桩锤太小或太大,使沉桩不到或超过设计要求的控制标高。

(2) 桩帽、缓冲垫、送桩的选择与使用不当,锤击能量损失太大。

(3) 地质勘探不充分,地质和持力层起伏标高不明,致使设计的桩尖标高与实际不符。

(4) 设计要求过严,打桩超过施工的机械能力和桩身混凝土强度。

(5) 桩距过密或打桩顺序不当,使地基土的密实度增大过多。

(6) 沉桩遇到地下障碍物,如大块石、坚硬土夹层、砂夹层或旧埋置物。

(7) 打桩间歇时间过长,阻力增大。

(8) 桩顶打碎或桩身打断,致使桩不能继续打入。

(9) 桩接头过多,连接质量不好,引起桩锤能量损失过大。

2) 防治措施

(1) 根据地质情况,合理选择施工机械、桩锤大小、施工的最终控制标准。

(2) 检修打桩设备,及时更换缓冲垫。

(3) 详细探明工程地质情况,必要时应做补充勘探。

(4) 正确选择持力层或桩尖标高。

(5) 确定合理打桩顺序。

(6) 探明地下障碍物,并进行清除或钻透处理。

(7) 打桩应连续施工,不宜间歇时间过长。

(8) 保证桩的制作质量,防止桩顶打碎和桩身打断。

3. 桩倾斜、偏移

桩身垂直度偏移过大,桩身倾斜。

1) 产生的原因

(1) 桩制作时桩身弯曲超过规定、桩尖偏离桩的纵轴线较大、桩顶不平,致使沉入时发生倾斜,或桩长细比过大,打桩产生桩体压曲破坏。

(2) 施工场地不平、地表松软导致沉桩设备及导杆倾斜,引起桩身倾斜。

知识扩展:

《建筑桩基技术规范》(JGJ 94—2008)

7.5.10 压桩顺序宜根据场地工程地质条件确定,并应符合下列规定:

1 对于场地地层中局部含砂、碎石、卵石时,宜先对该区域进行压桩;

2 当持力层埋深或桩的入土深度差别较大时,宜先施压长桩后施压短桩。

7.5.11 压桩过程中应测量桩身的垂直度。当桩身垂直度偏差大于1%时,应找出原因并设法纠正;当桩尖进入较硬土层后,严禁用移动机架等方法强行纠偏。

（3）稳桩时桩不垂直，桩帽、桩锤及桩不在同一直线上。

（4）接桩位置不正，相接的两节桩不在同一直线上，造成歪斜。

（5）桩入土后，遇到大块孤石或坚硬障碍物，使桩向一侧偏斜。

（6）采用钻孔，插桩施工时，桩孔倾斜过大，沉桩时桩顺钻孔倾斜而产生偏移。

（7）桩距太近，邻桩打桩时产生土体挤压。

（8）基坑上方的开挖方法不当，桩身两侧土压力差值较大，使桩身倾斜。

2）防治措施

（1）沉桩前，检查桩身弯曲情况，如超过规范允许偏差，则不宜使用；桩的长细比不宜超过40。

（2）安放桩架的场地应平整、坚实，打桩机底盘应保持水平。

（3）随时检查、调整桩机及导杆的垂直度，并保证桩锤、桩帽与桩身在同一直线上。

（4）接桩时，应严格按操作要求接桩，保证上、下节桩在同一轴线上。

（5）施工前用钎或洛阳铲探明地下障碍物，较浅的直接挖除，较深的用钻孔机钻透。

（6）在钻孔插桩时，钻孔必须垂直，垂直偏差应在1%以内。

（7）在饱和软黏土施工密集群桩时，宜合理确定打桩顺序；控制打桩速度，采用井点降水、砂井、挖沟降水等排水措施。

（8）分层开挖基坑土方，避免使桩身两侧出现较大的土压力差。

（9）若偏移过大，应拔出，移位再打；若偏移不大，则可顶正后再慢锤打入。

4. 桩身断裂

沉桩时，桩身突然倾斜错位，贯入度突然增大，同时当桩锤跳起后，桩身随之出现回弹。

1）产生的原因

（1）桩身有较大的弯曲，在打桩过程中，在反复集中荷载的作用下，当桩身承受的抗弯强度超过混凝土的抗弯强度时，即产生断裂。其主要情况有桩制作弯曲度过大；桩尖偏离轴线；接桩不在同一轴线上；桩长细比过大；沉桩时遇到较坚硬土层或障碍物。

（2）桩身局部的混凝土强度不足或不密实，沉桩时遇到较坚硬的土层或障碍物。

（3）桩的堆放、起吊、运输过程中操作不当、产生裂纹或断裂。

2）防治措施

（1）桩制作时，应保证混凝土的配合比正确，振捣密实，强度均匀。

（2）桩的堆放、起吊、运输过程中，应严格按操作规程进行操作，如果发现桩超过有关验收规定，则不得使用。

知识扩展：

《建筑桩基技术规范》（JGJ 94—2008）7.5.12 出现下列情况之一时，应暂停压桩作业，并分析原因，采取相应措施：

1 压力表读数显示情况与勘察报告中的土层性质明显不符；

2 桩难以穿越硬夹层；

3 实际桩长与设计桩长相差较大；

4 出现异常响声；压桩机械工作状态出现异常；

5 桩身出现纵向裂缝和桩头混凝土出现剥落等异常现象；

6 夹持机构打滑；

7 压桩机下陷。

（3）检查桩的外形尺寸，当发现弯曲超过规定或桩尖不在桩纵轴线上时，不得使用。

（4）每节桩的长细比不应大于 40。

（5）施工前应检查并清除地下障碍物。

（6）接桩要保持上、下节桩在同一轴线上。

（7）沉桩过程中，如果发现桩不垂直，应及时纠正，或拔出重新沉桩。

（8）对于断桩，可采取在一旁补桩的办法处理。

5. 接头松脱、开裂

接桩处经锤击出现松脱、开裂等现象。

1）产生的原因

（1）接头表面有杂物、油垢、水未清理干净。

（2）当采用硫黄胶泥接桩时，配合比、配置使用的温度控制不当，造成硫黄胶泥强度达不到要求，在锤击的作用下产生开裂。

（3）当采用焊接或法兰连接时，焊接件或法兰平面不平，有较大的间隙，造成焊接不牢或螺栓拧不紧；或焊接质量不好，焊接不连续、不饱满，存在夹渣等缺陷。

（4）接桩时上、下节桩不在同一轴线上，在接桩处产生弯曲，锤击时在接桩处局部产生应力集中而破坏连接。

2）防治措施

（1）接桩前，清除连接表面的杂物、油污、水等。

（2）当采用硫黄胶泥接桩时，严格控制配合比、熬制工艺和使用温度，按要求进行操作，以保证连接强度。

（3）连接件必须牢固、平整，如果有问题应修正后再使用，保证焊接质量。

（4）控制接桩上、下中心线在同一直线上。

6. 桩顶上涌

在沉桩过程中，桩产生横向位移或桩顶上浮。

1）产生的原因

在软土地基施工较密集的群桩时，由一侧向另一侧施打，常会使桩向一侧挤压而造成位移或涌起。

2）防治措施

（1）在饱和软黏土地基施工密集群桩时，应合理确定打桩顺序，控制打桩速度。

（2）对于浮起较大的桩应重新打入。

3.4　钢筋混凝土灌注桩施工

钢筋混凝土灌注桩是直接在施工现场的桩位上成孔，然后在孔内安装钢筋笼，浇筑混凝土成桩。与预制桩相比，灌注桩具有不受地层变

知识扩展：

《建筑桩基技术规范》(JGJ 94—2008)
7.5.13　静压送桩的质量控制应符合下列规定：

1　测量桩的垂直度并检查桩头质量，合格后方可送桩，压桩、送桩作业应连续进行；

2　送桩应采用专制钢质送桩器，不得将工程桩用作送桩器；

3　当场地上多数桩的有效桩长小于或等于 15m 或桩端持力层为风化软质岩，需要复压时，送桩深度不宜超过 1.5m；

4　除满足本条上述 3 款规定外，当桩的垂直度偏差小于 1%，且桩的有效桩长大于 15m 时，静压桩送桩深度不宜超过 8m；

5　送桩的最大压桩力不宜超过桩身允许抱压压桩力的 1.1 倍。

化的限制,不需要接桩和截桩、节约钢材、振动小、噪声小、挤土影响小、单桩承载力大、设计变化自如等特点,但其施工工艺复杂,速度较慢,影响质量的因素多。灌注桩按成孔方法分为泥浆护壁成孔灌注桩、干作业成孔灌注桩、人工挖孔灌注桩、沉管成孔灌注桩、爆破成孔灌注桩等,近年来还出现了夯扩桩、管内泵压桩、变径桩等新工艺,特别是变径桩,已将信息化技术引入桩基础中。

3.4.1 灌注桩的施工准备工作

1. 定桩位和确定成孔顺序

灌注桩的定位放线与预制桩基本相同,确定桩的成孔顺序时应注意以下几点要求。

(1) 机械成孔灌注桩、干作业成孔灌注桩等,成孔时对土没有挤密作用,一般按现场施工条件和桩机行走最方便的原则确定成孔顺序。

(2) 冲孔灌注桩、振动灌注桩、爆破灌注桩等,成孔时对土有挤密作用和振动影响,一般可结合现场施工条件,采取下列方法确定成孔顺序。

(3) 间隔1~2个桩位成孔。

(4) 在邻桩混凝土初凝前或终凝后再成孔。

(5) 5根单桩以上的群桩基础,位于中间的桩先成孔,周围的桩后成孔。

(6) 同一个承台下的爆破灌注桩,可根据不同的桩距采用单爆或连爆法成孔。

(7) 对于人工挖孔桩,当桩净距小于2倍桩径且小于2.5m时,应采用间隔开挖。排桩跳挖的最小施工净距不得小于4.5m,孔深不宜大于40m。

2. 成孔深度的控制

对于摩擦桩,应以设计桩长控制成孔深;端承摩擦桩必须保证设计桩长及桩端进入持力层深度;当采用锤击沉管法成孔时,桩管入土深度以标高为主,以贯入度控制为辅。

对于端承桩,当采用钻(冲)、挖掘成孔时,必须保证桩孔进入设计持力层的深度;当采用锤击法成孔时,沉管深度控制以贯入度为主,设计持力层标高对照为辅。

3. 制作钢筋笼

绑扎钢筋笼时,要求纵向钢筋沿环向均匀布置,箍筋的直径和间距、纵向钢筋的保护层、加劲箍的间距等应符合设计规定。箍筋和纵向钢筋之间采用绑扎时,应在其两端和中部采用焊接,以增加钢筋骨架的牢固程度,便于吊装入孔。分段制作的钢筋笼,其接头宜采用焊接。加

知识扩展:

《建筑桩基技术规范》(JGJ 94—2008)

6.1 施工准备

6.1.1 灌注桩施工应具备下列资料:

1 建筑场地岩土工程勘察报告;

2 桩基工程施工图及图纸会审纪要;

3 建筑场地和邻近区域内的地下管线、地下构筑物、危房、精密仪器车间等的调查资料;

4 主要施工机械及其配套设备的技术性能资料;

5 桩基工程的施工组织设计;

6 水泥、砂、石、钢筋等原材料及其制品的质检报告;

7 有关荷载、施工工艺的试验参考资料。

劲箍宜设在主筋外侧,主筋一般不设弯钩,根据施工工艺要求所设弯钩不得向内圆伸露,以免妨碍工作。钢筋笼直径除按设计要求外,还应符合下列规定。

(1) 套管成孔的桩,应比套管内径小 60～80mm。

(2) 用导管法灌注水下混凝土的桩,应比导管连接处的外径大 100mm 以上。

(3) 在钢筋笼制作、运输和安装过程中,应采取措施防止变形,并应有保护层垫块。

(4) 钢筋笼吊放入孔时,不得碰撞孔壁,浇筑混凝土时,应采取措施固定钢筋笼的位置,防止上浮和偏移。

钢筋笼主筋保护层允许偏差规定如下:水下灌注混凝土桩为 ±20mm;非水下灌注混凝土桩为 ±10mm。

4. 配制混凝土

配制混凝土时,应选用合适的石子粒径和混凝土坍落度。石子粒径要求如下:卵石不宜大于 50mm,碎石不宜大于 40mm,配筋的桩不宜大于 30mm,石子最大粒径不得大于钢筋净距的 1/3。坍落度要求如下:水下灌注的混凝土宜为 160～220mm,干作业成孔的混凝土宜为 80～100mm,套管成孔的混凝土宜为 80～100mm,素混凝土宜为 60～80mm。

灌注桩的混凝土浇筑应连续进行,水下浇筑混凝土时,钢筋笼放入泥浆后 4h 内必须浇筑混凝土,并做好施工记录。桩身混凝土必须留有试块,直径大于 1m 的桩,每根桩应有一组试块,且每个浇筑台班不得少于一组,每组 3 件。

3.4.2　泥浆护壁成孔灌注桩

泥浆护壁成孔灌注桩是利用原土自然造浆或人工造浆进行护壁,通过循环泥浆将被钻头切下的土块携带排出孔外成孔,然后安装扎好的钢筋笼,水下灌注混凝土成桩。此法适用于地下水位较高的黏性土、粉土、砂土、填土、碎石土及风化岩层,也适用于地质情况复杂、夹层较多、风化不均、软硬变化较大的岩层,但在岩溶发育地区要慎用。

1. 施工工艺

泥浆护壁成孔灌注桩施工工艺如图 3-24 所示。

2. 埋设护筒

护筒是用 4～8mm 厚的钢板制成的圆筒,其内径应大于钻头直径 100mm,其上部宜开设 1～2 个溢浆孔。

在埋设护筒时,先挖去桩孔处表面土,将护筒埋入土中,保证其准确、稳定。护筒中心与桩中心的偏差不得大于 50mm,护筒与坑壁之间

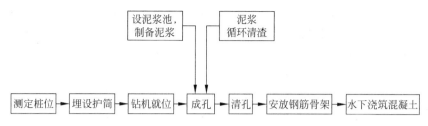

图 3-24 泥浆护壁成孔灌注桩施工工艺流程图

用黏土填实,以防漏水。护筒的埋设深度规定如下:在黏土中不宜小于 1.0m,在砂土中不宜小于 1.5m。护筒顶面应高于地面 0.4~0.6m,并应保持孔内泥浆高出地下水位 1m 以上,在受水位涨落影响时,泥浆面应高出最高水位 1.5m 以上。

护筒的作用是固定桩孔位置,防止地面水流入,保护孔口,增高桩孔内水压力,防止塌孔和在成孔时引导钻头方向。

3. 制备泥浆

制备泥浆的方法如下:在黏性土中成孔时可在孔中注入清水,当钻机旋转时,切削土屑与水旋拌,用原土造浆,泥浆比重应控制在 1.1~1.2;在其他土中成孔时,泥浆制备应选用高塑性黏土或膨润土;在砂土和较厚的夹砂层中成孔时,泥浆比重应控制在 1.1~1.3。施工中应经常测定泥浆比重,并定期测定黏度、含砂率和胶体率等指标。对施工中废弃的泥浆、渣,应按环境保护的有关规定处理。

泥浆在成孔过程中所起的作用是护壁、携渣、冷却和润滑,其中最重要的作用还是护壁。

(1)护壁泥浆的相对密度较大,当孔内泥浆液面高于地下水位时,泥浆对孔壁产生的静水压力相当于一种水平方向的液体支撑,可以稳固孔壁、防止塌孔;泥浆在孔壁上形成一层低透水性的泥皮,避免孔内水分漏失,稳定护筒内的泥浆液面,保持孔内壁的静水压力,以达到护壁的目的。

(2)携渣泥浆有较高的黏性,通过循环泥浆可将切削破碎的土渣悬浮起来,随同泥浆排出孔外,起到携渣排土的作用。

(3)冷却和润滑循环的泥浆对钻具起冷却和润滑的作用,可减轻钻具的磨损。

4. 成孔

泥浆护壁成孔灌注桩的成孔方法按成孔机械分为回旋钻成孔、潜水钻成孔、冲击钻成孔、冲抓锥成孔等。

1)潜水钻成孔

潜水钻机成孔如图 3-25 所示。潜水钻机是一种将动力、变速结构、钻头连在一起加以密封,潜入水中工作的一种体积小而质量轻的钻机。这种钻机的钻头有多种形状,可以适应不同桩径和不同土层的需

知识扩展:

《建筑桩基技术规范》(JGJ 94—2008)

6.3.3 废弃的浆、渣应进行处理,不得污染环境。

Ⅱ 正、反循环钻孔灌注桩的施工

6.3.4 对孔深较大的端承型桩和粗粒土层中的摩擦型桩,宜采用反循环工艺成孔或清孔,也可根据土层情况采用正循环钻进,反循环清孔。

要。钻头可带有合金刀齿,靠电机带动刀齿旋转切削土层或岩层。钻机靠桩架悬吊吊杆定位,钻孔时钻杆不旋转,仅钻头部分放置切削下来的泥渣,通过泥浆循环排出孔外。

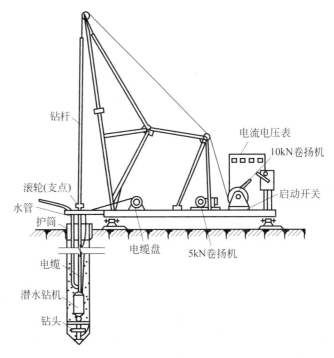

图 3-25　潜水钻机成孔示意图

钻机桩架轻便、移动灵活、钻进速度快、噪声小,钻孔直径为 500~1500mm,钻孔深度可达 50m,甚至更深。

潜水钻机成孔适用于黏性土、淤泥、淤泥质土、砂土等的钻进,也可钻入岩层,适用于地下水位较高的土层中成孔。当钻一般黏性土、淤泥、淤泥质土及砂土时,宜用笼式钻头;穿过不厚的砂夹卵石层或在强风化岩上钻进时,可镶焊硬质合金刀头的笼式钻头;遇孤石或旧基础时,应用带硬质合金齿的筒式钻头。

2)冲击钻成孔

冲击钻机通过机架、卷扬机把带刃的重钻头提高到一定高度,靠自由下落的冲击力切削破碎岩层或冲击土层成孔,如图 3-26 所示。部分碎渣和泥浆挤压进孔壁,大部分碎渣用掏渣筒掏出。此法设备简单、操作方便,对于有孤石的砂卵石岩、坚质岩、岩层均可成孔。

冲击钻头的形式有"十"字形、"下"字形、"人"字形等,一般常用"十"字形冲击钻头。在钻头锥顶与提升钢丝绳之间设有自动转向装置,冲击锤每冲击一次转动一个角度,从而保证桩孔冲成圆孔。

冲孔前应埋设钢护筒,并准备好护壁材料。若表层为淤泥、细砂等软土,则在筒内加入小块片石、砾石和黏土;若表层为砂砾卵石,则投入小颗粒砂砾石和黏土,以便冲击造浆,并使孔壁挤密实。冲击钻机就

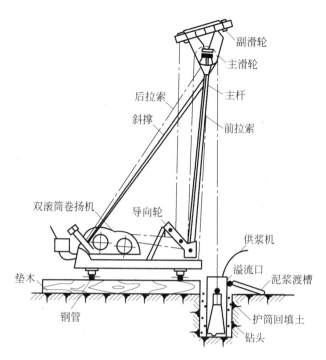

图 3-26　简易冲击钻孔机示意图

位后,校正冲锤中心对准护筒中心,在冲程 0.4~0.8m 的范围内应低提密冲,并及时加入石块与泥浆护壁,直至护筒下沉 3~4m 以后为止,冲程可以提高到 1.5~2.0m,转入正常冲击,随时测定并控制泥浆的相对密度。

施工中,应经常检查钢丝绳的损坏情况,卡机的松紧程度和转向装置是否灵活,以免掉钻。如果冲孔发生偏斜,应回填片石后重新冲孔。

3）冲抓锥成孔

冲抓锥锥头上有一重铁块和活动抓片,通过机架和卷扬机将冲抓锥提升到一定高度,下落时松开卷筒刹车,抓片张开,锥头便自由下落冲入土中,然后开动卷扬机提升锥头,这时抓片闭合抓土,如图 3-27 所示。冲抓锥整体提升至地面上卸去土渣,依次循环成孔。

冲抓锥的成孔施工过程、护筒安装要求、泥浆护壁循环等与冲击钻机成孔施工的相同。

冲抓锥的成孔直径为 450~600mm,孔深可达 10m,冲抓高度宜控制在 1.0~1.5m。它适用于松软土层(砂上、黏土)中冲孔,但遇到坚硬的土层时宜换用冲击钻机施工。

5. 清孔

成孔后,必须保证桩孔进入设计的持力层深度。当孔达到设计要求后,即进行验孔和清孔。验孔是用探测器检查桩位、直径、深度和孔道情况;清孔即清除孔底沉渣、淤泥浮土,以减少桩基的沉降量,提高承载能力。

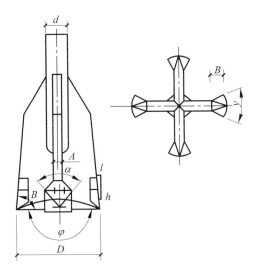

图 3-27　十字形冲击钻头示意图

清孔时,对于土质较好不易坍塌的桩孔,可用空气吸泥机清孔,气压为 0.5MPa,可使管内形成强大的高压气流向上涌,同时不断地补充清水,被搅动的泥渣随气流上涌从喷口排出,直至喷出清水为止。对于稳定性较差的孔壁,应采用泥浆循环法清孔或抽筒排渣,清孔后的泥浆相对密度应控制在 1.15～1.25;对于原土造浆的孔,清孔后泥浆的相对密度应控制在 1.1 左右,在清孔时,必须及时补充足够的泥浆,并保持浆面稳定。

孔底沉渣的厚度应符合下列规定:端承桩小于 50mm;摩擦端承桩小于 100mm;摩擦桩小于 300mm。

6. 安放钢筋骨架

清孔符合要求后,应立即吊放钢筋骨架。吊放时,要防止扭转、弯曲和碰撞,要吊直扶稳,缓缓下落,避免碰撞孔壁。钢筋骨架下放到设计位置后,应立即固定。为保证钢筋骨架位置正确,可在钢筋笼上设置钢筋环或混凝土垫块,以确保保护层的厚度。

7. 水下浇筑混凝土

泥浆护壁成孔灌注桩混凝土的浇筑是在泥浆中进行的,故称为水下浇筑混凝土。混凝土要具备良好的和易性,配合比应通过试验确定;坍落度宜为 180～220mm,含砂率宜为 40%～50%,宜选中粗砂,骨料最大粒径应小于 40mm;为改善和易性,宜掺外加剂。

水下浇筑混凝土常用导管法,导管壁厚不宜小于 3mm,直径为 200～250mm,直径制作偏差不超过 2mm。导管分节的长度视具体情况而定,一般为 3～4m,接头宜采用法兰和双螺纹方扣快速接头,接口要严密,不漏水不漏浆。使用前应试拼装、试压,压力为 0.6～1.0MPa。

浇筑混凝土前,先将桩管吊入桩孔内,导管顶部高于泥浆面 3～

4m,并连接漏斗,导管底部距孔底 0.3~0.5m,导管内设隔水栓,用细钢丝悬吊在导管下口,隔水栓可用预制混凝土四周加橡胶封圈、橡胶球胆或软木球。

浇筑混凝土时,先在漏斗内灌入足够量的混凝土,保证下落后能将导管下端埋入混凝土 1.0~1.5m,然后剪断钢丝,隔水栓下落,混凝土在自重的作用下,随隔水栓冲出导管下口,并把导管底部埋入混凝土内,然后连续浇筑混凝土,边浇筑、边拔管、边拆除上部导管。在拔管过程中,应保证导管埋入混凝土 2.0~2.5m,这样连续浇筑,直到桩顶为止。

桩身混凝土必须留置试块,每浇筑 50m³ 必须有一组试件,对于小于 50m³ 的桩,每根桩必须有一组试件。

3.4.3 干作业成孔灌注桩

干作业成孔灌注桩是先用钻机在桩位处进行钻孔,然后在桩孔内放入钢筋骨架,再灌注混凝土而成的桩,如图 3-28 所示。它适用于地下水位以上的各种软硬土层,施工中不需设置护壁而直接钻孔取土形成桩孔。

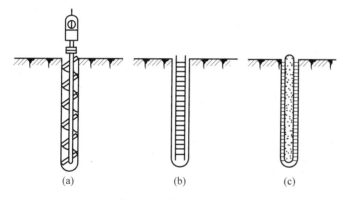

图 3-28 干作业钻孔灌注桩的施工过程示意图
(a) 钻机进行钻孔;(b) 放入钢筋骨架;(c) 浇筑混凝土

干作业成孔灌注桩一般采用螺旋钻机钻孔。螺旋钻机根据钻杆形式不同可分为整体式螺旋、装配式螺旋和短螺旋三种。螺旋钻杆是一种动力旋动钻杆,它是使钻头的螺旋叶旋转削土,土块由钻头旋转上升而带出孔外。螺旋钻头的外径分别为 400mm、500mm、600mm,钻孔深度相应为 12m、10m、8m。

1. 施工工艺

干作业成孔灌注桩的施工工艺如下:螺旋钻机就位对中→钻进成孔、排土→钻至预定深度、停钻,测孔深、孔斜、孔径→清理孔底虚土→钻机移位→安放钢筋笼→安放混凝土溜筒→浇筑混凝土成桩→桩头

知识扩展:

《建筑桩基技术规范》(JGJ 94—2008)
6.6 干作业成孔灌注桩
Ⅰ 钻孔(扩底)灌注桩施工
6.6.1 钻孔时应符合下列规定:
1 钻杆应保持垂直稳固,位置准确,防止因钻杆晃动引起扩大孔径;
2 钻进速度应根据电流值变化,及时调整;
3 钻进过程中,应随时清理孔口积土,遇到地下水、塌孔、缩孔等异常情况时,应及时处理。
6.6.2 钻孔扩底桩施工,直孔部分应按本规范第6.6.1、6.6.3、6.6.4条规定执行,扩底部位尚应符合下列规定:
1 应根据电流值或油压值,调节扩孔刀片削土量,防止出现超负荷现象;
2 扩底直径和孔底的虚土厚度应符合设计要求。

养护。

　　钻机就位后,钻杆垂直对准桩位中心,开钻时先慢后快,减少钻杆的摇晃,及时纠正钻孔的偏斜或位移。在钻孔时,螺旋刀片旋转削土,削下的土沿整个钻杆螺旋叶片上升而涌出孔外,钻杆可逐节接长直至钻到设计要求规定的深度为止。在钻孔过程中,若遇到硬物或软岩,则应减速慢钻或提起钻头反复钻,穿透后再正常进钻。在砂卵石、卵石或淤泥质土夹层中成孔时,这些土层的土壁不能直立,易造成塌孔,这时,钻孔可钻至塌孔下1～2m以内,用低标号混凝土回填至塌孔1m以上,待混凝土初凝后,再钻至设计要求的深度,也可以用3∶7的夯实灰土回填代替混凝土处理。

　　钻孔至规定要求深度后,孔底一般都有较厚的虚土,需要进行专门处理。清孔的目的是将孔内的浮土、虚土取出,减少桩的沉降。常用的方法是采用25～30kg的重锤对孔底虚土进行夯实,或投入低坍落度素混凝土,再用重锤夯实;或是钻机在原深处空转清土,然后停止旋转,提钻卸土。

　　钢筋骨架的主筋、箍筋、直径、根数、间距及主筋保护层均应符合设计规定,绑扎牢固,防止变形。用导向钢筋送入孔内,同时防止泥土杂物掉进孔内。钢筋骨架就位后,应立即浇筑混凝土,以防塌孔。灌注时应分层浇筑、分层捣实,每层厚度为500～600mm。

　　2. 操作要点

　　(1) 螺旋钻进应根据地层情况,合理选择和调整钻进参数,并可通过电流表来控制进尺速度,电流值增大说明孔内阻力增大,应降低钻进速度。

　　(2) 在开始钻进及穿过软硬土层交界处时,应缓慢进尺,保持钻具垂直;在钻进含有砖头、瓦块、卵石的土层时,应控制钻杆跳动与机架摇晃。

　　(3) 在钻进过程中,如果遇不进尺或钻进缓慢,应停机检查,找出原因,采取措施,避免盲目钻进导致桩孔严重倾斜、垮孔甚至卡钻、折断钻具等恶性孔内事故。

　　(4) 在遇孔内渗水、垮孔、缩径等异常情况时,应立即起钻,采取相应的技术措施;在上述情况不严重时,可调整钻进参数、投入适量黏土球、经常上下活动钻具等,以保持钻进顺畅。

　　(5) 对冻土层、硬土层施工,宜采用高转速、小给进量、恒钻压。

　　(6) 对于短螺旋钻进,每次进尺宜控制在钻头长度的2/3左右,砂层、粉土层可控制在0.8～1.2m,黏土、粉质黏土控制在0.6m以下。

　　(7) 钻至设计深度后,应使钻具在孔内空转数圈清除虚土,然后起钻,盖好孔口盖,防止杂物落入。

知识扩展:

　　《建筑桩基技术规范》(JGJ 94—2008)

6.6.3 成孔达到设计深度后,孔口应予保护,应按本规范第6.2.4条规定验收,并做好记录。

6.6.4 灌注混凝土前,应在孔口安放护孔漏斗,然后放置钢筋笼,并应再次测量孔内虚土厚度。扩底桩灌注混凝土时,第一次应灌到扩底部位的顶面,随即振捣密实;浇筑桩顶以下5m范围内混凝土时,应随浇筑随振捣,每次浇灌高度不得大于1.5m。

6.5 沉管灌注桩和内夯沉管灌注桩

Ⅰ 锤击沉管灌注桩施工

6.5.1 锤击沉管灌注桩施工应根据土质情况和荷载要求,分别选用单打法、复打法或反插法。

3.4.4 沉管成孔灌注桩

沉管成孔灌注桩是利用锤击打桩设备或振动沉桩设备,将带有钢筋混凝土的桩尖(或钢板靴)或带有活瓣式桩靴的钢管沉入土中(钢管直径应与桩的设计尺寸一致),形成桩孔,然后放入钢筋骨架并浇筑混凝土,随之拔出套管,利用拔管时的振动将混凝土捣实,便形成了所需要的灌注桩。按其施工方法不同可分为锤击沉管灌注桩、振动沉管灌注桩等。

1. 锤击沉管灌注桩

锤击沉管灌注桩的施工要点如下。

(1)桩尖与桩管接口处应垫麻(或草绳)垫圈,以防地下水渗入管内,并做缓冲层。沉管时,先用低锤锤击,观察无偏移后,再正常施打。

(2)拔管前,应先锤击或振动套管,在测得混凝土确已流出套管时方可拔管。

(3)桩管内混凝土应尽量填满,拔管时要均匀,保持连续密锤轻击,并控制拔管速度,一般土层以不大于 1m/min 为宜,软松土层与软硬土层的交界处应控制在 0.8m/min 以内为宜。

(4)在管底未拔到桩顶设计标高前,倒打或轻击不得中断,注意使管内的混凝土保持略高于地面,并保持到全管拔出为止。

(5)当桩的中心距在 5 倍桩管外径以内或小于 2m 时,均应跳打施工;中间空出的桩须待邻桩混凝土达到设计强度的 50% 以后,方可施打。

锤击沉管灌注桩适宜于一般黏性土、淤泥质土、砂土和人工填土地基。

2. 振动沉管灌注桩

振动沉管灌注桩的施工要点如下:

(1)桩机就位将桩尖活瓣合拢对准桩位中心,利用振动器及桩管自重,把桩尖压入土中。

(2)沉管开动振动器,桩管即在强迫振动下迅速沉入土中。在沉管过程中,应经常探测管内有无水或泥浆,如果发现水、泥浆较多,应拔出桩管,用砂回填桩孔后方可重新沉管。

(3)上料桩管沉到设计标高后停止振动,放入钢筋笼,再上料斗将混凝土灌入桩管内,一般应灌满桩管或略高于地面。

(4)拔管开始拔管时,应先启动振动器 8~10min,并用吊舵测得桩尖活瓣确已张开,混凝土确已从桩管中流出以后,卷扬机方可开始抽拔桩管,边振边拔。拔管速度应控制在 1.5m/min 以内。

振动沉管灌注桩宜用于一般黏性土、淤泥质土及人工填土地基,更适用于砂土、稍密及中密的碎石土地基。

为了提高桩的质量和承载能力,沉管灌注桩常采用单打法、复打法、反插法等。

(1)采用单打法(又称一次拔管法)拔管时,每提升0.5～1.0m振动5～10s,然后再拔管0.5～1.0m,这样反复进行,直至全部拔出为止。

(2)复打法是在同一桩孔内连续进行两次单打,或根据需要进行局部复打。在施工时,应保证前、后两次沉管轴线重合,并在混凝土初凝之前进行。

(3)采用反插法时,钢管每提升0.5m,再向下插0.3m,这样反复进行,直至拔出为止。在施工前,注意及时补充套筒内的混凝土,使管内混凝土面保持一定高度并高于地面。

3. 沉管夯扩灌注桩

沉管夯扩灌注桩是在普通沉管灌注桩的基础上加以改进,增加一根内夯管,使桩端扩大的一种桩型。内夯管的作用是在夯扩工序时,将外管混凝土夯出管外,并在桩端形成扩大头;在施工桩身时,利用内管和桩锤的自重将桩身混凝土压实。夯扩桩适用于一般黏性土、淤泥、淤泥质土、黄土、硬黏土;也可用于有地下水的情况;桩身直径一般为400～600mm,可在20层以下的高层建筑基础中应用。

沉管夯扩灌注桩施工时,先在桩位处按要求放置干混凝土,然后将内外管套叠对准桩位,再通过柴油锤将双管打入地基土中至设计要求的深度,将内夯管拔出,向外管内灌入一定高度的混凝土,然后将内管放入外管内压实灌入的混凝土,将外管拔起一定高度。通过柴油锤与内夯管夯打管内混凝土,夯打至外管底端深度略小于设计桩底的深度处。此过程为一次夯扩,如果需要第二次夯扩,则重复一次夯扩的步骤即可。

3.4.5　人工挖孔灌注桩

人工挖孔灌注桩是采用人工挖掘方法成孔,然后放置钢筋笼、浇筑混凝土而形成的桩基础。其施工工艺如下:人工挖孔→安放钢筋笼→浇筑混凝土。

人工挖孔灌注桩施工的特点是设备简单、无噪声、无振动、不污染环境,对施工现场周围原有建筑物的影响小;施工速度快,可按施工进度要求决定同时开挖桩孔的数量,必要时各桩孔可同时施工;土层情况明确,可直接观察到地质变化,桩底沉渣能清除干净,施工质量可靠。尤其是当高层建筑选用大直径的灌注桩,而施工现场又在狭窄的市区时,采用人工挖孔比机械挖孔具有更大的适用性,但其缺点是人工耗量大、开挖效率低、安全操作条件差等。

1. 施工设备

施工设备一般可根据孔径、孔深和现场具体情况加以选用,常用的有电动葫芦、提土桶、潜水泵、鼓风机和输风管、镐、锹、土筐、照明灯、对讲机及电铃等。

2. 施工工艺

施工时,为确保挖土成孔施工安全,必须考虑预防孔壁坍塌和流砂现象发生的措施。因此,施工前,应根据地质水文资料,拟定出合理的护壁措施和降排水方案,护壁方法很多,可以采用现浇混凝土护壁、沉井护壁、钢套管护壁、喷射混凝土护壁等,如图3-29所示。

知识扩展:

《建筑桩基技术规范》(JGJ 94—2008)

Ⅱ 人工挖孔灌注桩施工

6.6.5 人工挖孔桩的孔径(不含护壁)不得小于0.8m,且不宜大于2.5m;孔深不宜大于30m。当桩净距小于2.5m时,应采用间隔开挖。相邻排桩跳挖的最小施工净距不得小于4.5m。

6.6.6 人工挖孔桩混凝土护壁的厚度不应小于100mm,混凝土强度等级不应低于桩身混凝土强度等级,并应振捣密实;护壁应配置直径不小于8mm的构造钢筋,竖向筋应上下搭接或拉接。

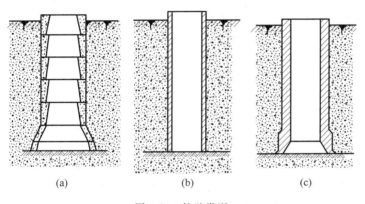

图3-29　护壁类型

(a)混凝土护壁;(b)钢套管护壁;(c)沉井护壁

现浇混凝土护壁法施工即分段开挖、分段浇筑混凝土护壁,既能防止孔壁坍塌,又能起到防水作用。

桩孔采用分段开挖,每段高度取决于土壁直立状态的能力,一般情况下0.5~1.0m为一施工段,开挖的井孔直径为设计桩径加混凝土护壁厚度。

护壁施工段,即支护护壁内模板(工具式活动钢模板)后浇筑混凝土,模板的高度取决于开挖土方施工段的高度,一般为1m,由4~8块活动钢模板组合而成,支成有锥度的内膜。支设内膜后,吊放用角钢和钢板制成的两半圆形合成的操作平台入桩孔内,置于内模板顶部,以放置料具和浇筑混凝土操作之用。混凝土的强度一般不低于C15,在浇筑混凝土时要注意振捣密实。

当护壁混凝土的强度达到1MPa(常温下约24h)时可拆除模板,开挖下段的土方,再支模浇筑护壁混凝土,如此循环,直至挖到设计要求的深度为止。

当桩孔挖到设计深度,并检查孔底土质是否已达到设计要求后,再在孔底挖成扩大头。待桩孔全部成型后,用潜水泵抽出孔底的积水,然后立即浇筑混凝土。当混凝土浇筑至钢筋笼的底面设计标高时,再吊入钢筋笼就位,并继续浇筑桩身混凝土而形成桩基。

知识扩展：

《建筑桩基技术规范》(JGJ 94—2008)

6.6.7 人工挖孔桩施工应采取下列安全措施：

1 孔内必须设置应急软爬梯供人员上下；使用的电葫芦、吊笼等应安全可靠，并配有自动卡紧保险装置，不得使用麻绳和尼龙绳吊挂或脚踏井壁凸缘上下；电葫芦宜用按钮式开关，使用前必须检验其安全起吊能力；

2 每日开工前必须检测井下的有毒、有害气体，并应有相应的安全防范措施；当桩孔开挖深度超过10m时，应有专门向井下送风的设备，风量不宜少于25L/s；

3 孔口四周必须设置护栏，护栏高度宜为0.8m；

4 挖出的土石方应及时运离孔口，不得堆放在孔口周边1m范围内，机动车辆的通行不得对井壁的安全造成影响；

5 施工现场的一切电源、电路的安装和拆除必须遵守现行行业标准《施工现场临时用电安全技术规范》(JGJ 46—2005)的规定。

当桩径较大、挖掘深度大、地质复杂、土质差（松软土层），且地下水位较高时，应采用沉井护壁法挖孔施工。

沉井护壁施工是先在桩位上制作钢筋混凝土井筒，在井筒下捣制钢筋混凝土刃脚，然后在筒内挖土掏空，井筒靠其自重或附加荷载来克服筒壁与土体之间的摩擦阻力，边挖边沉，使其垂直下沉到设计要求的深度。

施工时，应注意以下问题。

（1）开挖前，桩定位应准确，在桩位外设置龙门桩，安装护壁模板时须用桩心点校正模板位置，并由专人负责。

（2）保证桩孔的平面位置和垂直度。桩孔中心线的平面位置偏差不宜超过50mm，桩的垂直度偏差不超过0.5%，桩径不得小于设计桩径。为了保证桩孔的平面位置和垂直度符合要求，每开挖一段，安装护壁模板时，可用十字架放在孔口上方，对准预先标定的轴线标记，在十字架交叉点悬吊垂球对中，须使每一段护壁符合轴线要求，以保证桩身的垂直度。

（3）防止土壁坍塌和流砂。在开挖过程中遇有特别松散的土层和流砂层时，为防止土壁坍塌和流砂，可采用钢套管护壁或沉井护壁，或将混凝土护壁的高度减小到300～500mm。流砂现象严重时可采用井点降水法降低地下水位，以确保施工安全和工程质量。

（4）人工挖孔灌注桩混凝土护壁厚度不宜小于100mm，混凝土强度等级不得低于桩身混凝土强度等级，采用多节护壁时，应用钢筋进行拉结。第一节井壁顶面应比场地高出150～200mm，壁厚比下面井壁厚度增加100～150mm。

（5）浇筑桩身混凝土时，应及时清孔，并排除井底积水。桩身混凝土宜一次连续浇筑完毕，不留施工缝。浇筑前，应认真地清除孔底的浮土、石渣。在浇筑过程中，要防止地下水流入，保证浇筑层表面无积水层，如果地下水穿过护壁流入孔内，且流入量较大无法抽干时，应采用导管法浇筑。

（6）必须制订好安全措施。人工挖孔灌注桩施工时，工人在井下作业，应特别重视施工安全，要严格按操作规程施工，制订安全可靠的技术措施。

3.4.6　爆扩成孔灌注桩

爆扩成孔灌注桩是先在桩位上钻孔或爆扩成孔，然后在孔底放入炸药，再灌注适量的压爆混凝土，引爆炸药，使孔底形成球形扩大头，再放入钢筋骨架，浇筑桩身混凝土而形成的桩。其施工工艺如下：成孔→检查修理桩孔→安放炸药→注入压爆混凝土→引爆→检查扩大头→安放钢筋笼→浇筑桩身混凝土→成桩养护。

爆扩成孔灌注桩在黏土层中使用效果较好,但在软土及砂土中不易成型。桩长一般为 3~6m,最大不超过 10m。扩大头直径为桩径的 2.5~3.5 倍。爆扩成孔灌注桩具有成孔简单、节省劳力和成本低等优点,但检查质量不便,施工要求较严格。

3.4.7　灌注桩施工常见的质量通病及防治措施

1. 孔壁塌孔

在成孔过程中,孔壁土层会不同程度坍落。

1) 产生的原因

(1) 护壁泥浆的密实度和浓度不足,在孔壁形成的泥皮质量不好,起不到护壁作用。或者没有及时向孔内加泥浆,孔内泥浆水位低于孔外水位或孔内出现承压水,降低了静水压力。

(2) 护筒埋深不合适,护筒周围未用黏土填封紧密而漏水。

(3) 在提升、下落冲锤、掏渣筒和安放钢筋骨架时碰撞孔壁,破坏了泥皮和孔壁的土体结构。

(4) 在较差土质如软淤泥破碎土层、松散砂层中钻进时,进尺太快或停在某一高度时空转时间太长,或排除较大障碍物形成大空洞而漏水致使孔壁坍塌。

2) 防治措施

(1) 控制成孔速度。成孔速度应根据土质情况选取,在松散砂土或流砂中钻进时,应控制进尺速度,并选用较大密度、黏度、胶体率的优质泥浆。

(2) 护筒埋深要合适,一般埋入黏土中 0.5m 以上,如地下水位变化大,应采取升高护筒、增大水头,或利用虹吸管连接等措施。

(3) 对钢筋笼的绑扎、吊插以及定位垫板设置安装等环节,均应予以充分注意。提升、下落冲锤、掏渣筒和安放钢筋骨架时,要保持垂直上下。

(4) 如发现塌孔,首先应保持孔内水位,如果为轻度塌孔,应先探明坍塌位置,将砂和黏土混合物回填到塌孔位置以上 1~2m;如果塌孔严重,应全部回填,待回填物沉淀密实后再采用低钻速施工。

2. 护筒冒水

护筒外壁冒水,严重时会引起地基下沉、护筒偏斜和位移,以致造成桩孔偏斜,甚至无法施工。

1) 产生的原因

在埋设护筒时,与周围填土不密实或起落钻头时碰撞了护筒。

2) 防治措施

在埋设护筒时,应分层夯实四周的黏土,并且要选用含水量适当的

知识扩展:

《建筑桩基技术规范》(JGJ 94—2008)

6.7　灌注桩后注浆

6.7.1　灌注桩后注浆工法可用于各类钻、挖、冲孔灌注桩及地下连续墙的沉渣(虚土)、泥皮和桩底、桩侧一定范围土体的加固。

9.1　一般规定

9.1.1　桩基工程应进行桩位、桩长、桩径、桩身质量和单桩承载力的检验。

9.1.2　桩基工程的检验按时间顺序可分为三个阶段:施工前检验、施工检验和施工后检验。

9.1.3　对砂、石子、水泥、钢材等桩体原材料质量的检验项目和方法应符合国家现行有关标准的规定。

知识扩展：

《建筑桩基技术规范》(JGJ 94—2008)

9.2　施工前检验

9.2.1　施工前应严格对桩位进行检验。

9.2.2　预制桩（混凝土预制桩、钢桩）施工前应进行下列检验：

1　成品桩应按选定的标准图或设计图制作，现场应对其外观质量及桩身混凝土强度进行检验；

2　应对接桩用焊条、压桩用压力表等材料和设备进行检验。

9.2.3　灌注桩施工的应进行下列检验：

1　混凝土拌制应对原材料质量与计量、混凝土配合比、坍落度、混凝土强度等级等进行检查；

2　钢筋笼制作应对钢筋规格、焊条规格、品种、焊口规格、焊缝长度、焊缝外观和质量、主筋和箍筋的制作偏差等进行检查，钢筋笼制作允许偏差应符合本规范的要求。

黏土填筑，同时在起落钻头时，要防止碰撞护筒。

初发现护筒冒水，可用黏土在四周填实加固，如果护筒严重下沉或位移，则应返工重埋。

3．钻孔偏斜

钻孔偏斜指成孔后，孔位发生倾斜，偏离中心线，超过规范允许值。它的危害除了影响桩基质量，还会造成施工上的困难，如放不进钢筋骨架等。

1）产生的原因

（1）桩架不稳，钻头不直，钻头导向部分太短、导向性差，或钻杆连接不当。

（2）钻孔时遇有倾斜度的软硬土层交界处或岩石倾斜处，钻头受阻力不均而偏移。

（3）钻孔时遇较大的孤石、探头石等地下障碍物使钻杆偏移。

（4）地面不平或不均匀沉降使钻机底座倾斜。

2）防治措施

（1）在有倾斜性的软硬土层处钻进时，应吊住钻杆，控制进尺速度并以低速钻进，或在斜面位置处填入片石、卵石，以冲击锤将斜面硬层冲平再钻。

（2）明地下障碍物的情况，并预先清除干净。

（3）如果发现探头石，宜用钻机钻透，在使用冲孔机时用低锤密击，把石块打碎；如果冲击钻也不能将探头石击碎，则应用小直径钻头在探头石上钻孔，或在表面放药包爆破；如果岩基倾斜，应先投入块石，使表面略平，再用锤密打。

（4）钻杆、接头应逐个检查，及时调整，弯曲的钻杆要及时更换。

（5）场地要平整，钻架就位后要调整，使转盘与底座水平，钻架顶端的起重滑轮边缘、固定钻杆的卡环和护筒中心三者应在同一轴线上，并注意经常检查和校正。

（6）如果已出现斜孔，则应在桩孔偏斜处吊住钻头，上下反复扫孔，使孔校直；或在桩孔偏斜处回填砂黏土，待沉淀密实后再钻。

4．钻孔漏浆

成孔过程中或成孔后，泥浆向孔外漏失。

1）产生的原因

（1）护筒埋设太浅，回填土不密实或护筒接缝不严密，在护筒刃脚或接缝处跑浆。

（2）遇到透水性强或有地下水流动的土层。

（3）水头过高、压力过大使孔壁渗浆。

2）防治措施

（1）根据土质情况决定护筒的埋置深度。

（2）将护筒外壁与孔洞间的缝隙用土填密实，必要时用旧棉絮将护筒底端外壁与孔洞间的接缝堵塞。

（3）加稠泥浆或倒入黏土，慢速转动，或在回填土内掺片石、卵石，反复冲击，增强护壁。

5. 梅花孔

桩孔断面形状不规则，呈梅花形。

1）产生的原因

（1）冲孔时转向环失灵，冲锤不能自由转动。

（2）护臂泥浆稠度过大，使阻力增加。

（3）提锤太低，冲锤没有充足的转动时间，换不了方向，致使钻孔很难改变冲击位置。

2）防治措施

经常转动吊环，保持灵活；勤掏渣，必要时辅以入土转动；在用低冲程时，间隔一段时间更换高一些冲程，使冲锤有充足的转动时间。

6. 卡锤

在采用冲锤成孔时，有时冲锤会被卡在环内，不能上下运动。

1）产生的原因

（1）孔内遇到探头石或冲锤磨损过甚，孔成梅花形，提锤时，锤的大径被孔的小径卡住。

（2）石块落入孔内，夹在锤与孔壁之间，使冲锤难以上下运动。

2）防治措施

施工时，如果遇到探头石，可用一个半截冲锤冲打几下，使锤脱落卡点，锤落孔底，然后吊出；如果因为梅花孔产生卡锤，则可用小钢轨焊成"T"形，将锤一侧拉紧后吊起；当被石块卡住时，亦可用上述方法提出冲锤。

7. 流砂

发生流砂时，桩孔内大量冒砂，将孔堵塞。

1）产生的原因

孔外水压比孔内大，孔壁松散而引起。当遇到粉砂层时，如果泥浆密度不够，孔壁则难以形成泥皮，也会引起流砂。

2）防治措施

保证孔内水位高于孔外水位 0.5m 以上，并适当增加泥浆密度；当流砂严重时，可抛入砖、石、黏土，用锤冲入流砂层做成泥浆结块，使其形成坚厚孔壁，阻止流砂涌入。

8. 钢筋笼偏位、变形、上浮

在施工中，经常会出现钢筋笼变形、保护层不够、深度、放置位置不符合设计要求等，这些都会严重影响桩的承载力。另外，在浇筑非全桩长配筋的桩身混凝土时，经常会出现钢筋笼上浮现象，上浮程度的差别对桩使

知识扩展：

《建筑桩基技术规范》(JGJ 94—2008)

9.3 施工检验

9.3.1 顶制桩（混凝土预制桩、钢桩）施工过程中应进行下列检验：

1 打入（静压）深度、停锤标准、静压终止压力值及桩身（架）垂直度检查；

2 接桩质量、接桩间歇时间及桩顶完整状况；

3 每米进尺锤击数、最后 1.0m 进尺锤击数、总锤击数，最后三阵贯入度及桩尖标高等。

用价值的影响不同,轻微的上浮(不超过0.5m)一般不至于影响桩的使用价值。如果上浮大于1m而钢筋笼又不长,则会严重影响桩的承载力。

1) 产生的原因

(1) 钢筋笼在堆放、吊起、搬运时没有严格执行规程,支点数量不够或位置不当造成变形。

(2) 在钢筋笼的制作过程中,未设垫块或耳环控制保护层厚度;或钢筋笼过长,未设加劲箍,刚度不够,造成变形。

(3) 桩孔本身偏斜或偏位,致使钢筋笼难以下沉。

(4) 钢筋笼定位措施不力,在二次清孔时受掏渣筒和导管上下碰撞、拖带而移位。

(5) 钢筋笼吊放未垂直缓慢放下,而是斜插入孔内。

(6) 在清孔时,孔底沉渣或泥浆没有清除干净,造成实际孔深和设计要求不符,钢筋笼放不到指定的深度;或初灌混凝土时的冲力使钢筋笼上浮。

(7) 混凝土品质较差,坍落度太小或产生分层离析,使混凝土底面上升至钢筋笼底端,难以下沉。另外,当混凝土面进入钢筋笼内一定高度后,导管埋入太深,也会造成钢筋笼上浮。

2) 防治措施

在钢筋笼过长时,应分为2~3节制作,分段吊放、分段焊接或加设加劲箍加强,必要时可在笼内每隔3~4m装一个临时"十"字形加劲架,在钢筋笼安放入孔后拆除;在钢筋笼的部分主筋上,每隔一段距离设置混凝土垫块或焊耳环控制保护层厚度;桩孔本身偏斜、偏位应在下钢筋笼前往复扫孔纠正,孔底沉渣应置换清水或用适当密度泥浆清除,保证实际的有效孔深满足设计要求;钢筋笼应垂直缓慢放入孔内,防止碰撞孔壁,入孔后,应将钢筋笼固定在孔壁上或压住;在浇筑混凝土时,导管应埋入钢筋笼底面1.5m以上,避免钢筋笼上浮。

在施工中,如果已经发生钢筋笼上浮或下沉,对于混凝土质量较好者,可不予处理,但对于承受水平荷载的桩,则应校对核实弯矩是否超标,采取补强措施。

9. 断桩

水下灌注混凝土时,如果桩截面上存在泥夹层,会造成断桩现象,这种事故使桩的完整性大受损害,桩身强度和承载力大大降低。

1) 产生的原因

(1) 混凝土坍落度太小,骨料粒径太大,未及时提升导管或导管倾斜,使导管堵塞,形成桩身混凝土中断。

(2) 当混凝土供应不及时,混凝土浇筑中断时间过长,新旧混凝土结合困难。

(3) 提升导管时碰撞钢筋笼,使孔壁土体混入混凝土中。

(4) 导管没扶正,接头法兰挂住钢筋笼。

（5）当导管上拔时，管口脱离混凝土面或埋入混凝土太浅，泥土挤入桩身。

（6）测深不准，把沉积在混凝土面上的浓泥浆或泥浆中的泥块误认为是混凝土，错误地判断混凝土面高度，致使导管提离混凝土面成为断桩。

2）防治措施

（1）混凝土坍落度应满足设计要求，粗骨料粒径应按规范要求控制，并防止堵管，保证桩身混凝土密实。如果导管堵塞，在混凝土尚未初凝时，可吊起一节钢轨或其他重物在导管内冲击，把堵塞的混凝土冲开；也可迅速提出导管，用高压水冲通导管，重新下隔水栓浇筑。浇筑时，当隔水栓冲出导管后，将导管继续下降直至导管不能在插入时，再稍许提升，继续浇筑混凝土。

（2）在土质较差的土层施工时，应选用稠度、黏度较大，胶体率较好的泥浆护壁，同时控制进尺速度，保持孔壁稳定。

（3）边浇筑混凝土边拔管，并勘测混凝土面高度，随时掌握导管埋深，避免导管拔出混凝土面。

（4）如果导管接头法兰挂在钢筋笼上，钢筋笼埋入混凝土又不深，则可提起钢筋笼，转动导管使导管与钢筋笼脱离。

（5）在下钢筋笼过程中，不得碰撞孔壁。

（6）如果已发生断桩，对于不严重者，可核算其实际承载力；如果比较严重，则应进行补桩。

10. 混凝土的超灌量

混凝土的超灌量一般可达 10%。

1）产生的原因

钻头在经过松软土层时造成一定程度的扩孔；同时，当混凝土注入桩孔时，有一部分会扩散到软土中。

2）防治措施

应掌握好各层土的钻进速度；在正常钻孔作业时，中途不要随便停钻，以免形成过大扩孔。

11. 吊脚桩

吊脚桩是指桩成孔后，桩身下部没有混凝土或局部夹有泥土。

1）产生的原因

（1）清孔后泥浆密度过低，造成孔壁塌落或孔底漏进泥砂。

（2）在安放钢筋笼或导管时碰撞孔壁，使孔壁泥土坍塌。

（3）清渣未净或残留沉渣过厚。

2）防治措施

（1）做好清孔工作，清孔应符合设计要求，并立即浇筑混凝土。

（2）在安放钢筋笼和浇筑混凝土时，注意不要碰撞孔壁。

（3）注意泥浆浓度，及时清渣。

知识扩展：

《建筑桩基技术规范》(JGJ 94—2008) 9.4.3 有下列情况之一的桩基工程，应采用静荷载试验对工程桩单桩竖向承载力进行检测，检测数量应根据桩基设计等级、施工前取得试验数据的可靠性因素，按现行行业标准《建筑基桩检测技术规范》（JGJ 106—2014)确定：

1 工程施工前已进行单桩静载试验，但施工过程变更了工艺参数或施工质量出现异常时；

2 施工前工程未按本规范第 5.3.1 条规定进行单桩静载试验的工程；

3 地质条件复杂、桩的施工质量可靠性低；

4 采用新桩型或新工艺。

第 4 章

钢筋混凝土工程

知识扩展：

《建筑施工模板安全技术规范》(JGJ 162—2008)

2.1 术语

2.1.1 面板

surface slab

直接接触新浇混凝土的承力板，并包括拼装的板和加肋楞带板。面板的种类有钢、木、胶合板、塑料板等。

2.1.2 支架

support

支撑面板用的楞梁、立柱、连接件、斜撑、剪刀撑和水平拉条等构件的总称。

2.1.3 连接件

pitman

面板与楞梁的连接、面板自身的拼接、支架结构自身的连接和其中二者相互间连接所用的零配件。包括卡销、螺栓、扣件、卡具、拉杆等。

2.1.4 模板体系(简称模板)

shuttering

由面板、支架和连接件三部分系统组成的体系，也可统称为"模板"。

本章学习要求：

➢ 掌握模板工程的组成、构造、安装与拆除
➢ 掌握钢筋工程的分类、冷加工、连接、代换与安装
➢ 掌握混凝土工程的准备工作、配料、运输以及质量检查

4.1 模板工程

模板工程的施工工艺包括模板的选材、选型、设计、制作、安装、拆除和周转等过程。模板工程是钢筋混凝土工程的重要组成部分，模板工程占钢筋混凝土工程总价的 20%～30%，占劳动量的 30%～40%，占工期的 50%左右，决定着施工方法和施工机械的选择，直接影响工期和造价。模板是使新拌混凝土在浇筑过程中保持实际要求的位置尺寸和几何形状，是使之硬化成为钢筋混凝土结构或构件的模型。

4.1.1 模板的组成、作用和基本要求

1. 模板的组成

模板工程包括模板、支架和紧固件三个部分。模板又称为模型板，是新浇混凝土成型用的模型。支撑模板及承受作用在模板上荷载的结构(如支柱、行架等)均称为支架。模板及其支架应根据工程结构形式、荷载大小、地基土类别、施工设备和材料供应等条件进行设计。

2. 模板的作用

在钢筋混凝土工程中，模板是保证混凝土在浇筑过程中保持正确的形状和尺寸，以及混凝土在硬化过程中进行防护和养护的工具。模板就是使钢筋混凝土结构或构件成型的模具。

3. 模板的基本要求

模板结构是施工时的临时结构物，它对钢筋混凝土工程的施工质量和工程成本有重要的影响，所以模板应符合规范中的要求。

（1）保证工程结构和构件各部分形状、尺寸和相互位置的正确性。

（2）具有足够的强度、刚度和稳定性，能可靠地承受新浇筑混凝土的自重、侧压力以及施工过程中所产生的荷载。

（3）构造简单，装拆方便，能多次周转，便于钢筋的绑扎与安装、混凝土的浇筑与养护等工艺要求。

（4）接缝严密，不得漏浆。

（5）所用材料受潮后不易变形。

（6）就地取材，用料经济，降低成本。

4.1.2　模板的种类

模板按其所用的材料不同可分为木模板、钢模板、钢木模板、钢竹模板、胶合板模板、塑料模板、铝合金模板、玻璃钢模板等。按其结构构件的类型不同可分为基础模板、柱模板、梁模板、楼板模板、墙模板、壳模板和烟囱模板等。按其形式不同可分为整体式模板、定型模板、工具式模板、滑升模板、胎模等。

模板结构随着建筑新结构、新技术、新工艺的不断出现而发展，发展方向如下：构造上向定型发展；材料上向多种形式发展；功能上向多功能发展。近年来，结构施工体系中采用了大模板和滑模两种现浇工业化体系的新型模板，有力地推动了高层建筑的发展。

4.1.3　模板的构造与安装

1. 木模板

木模板及其支架系统一般在加工厂或现场木工棚制成基本元件（拼板），然后在现场拼装而成。木模板的基本元件——拼板（图 4-1），由板条和拼条组成。板条厚度一般为 $25\sim50\text{mm}$，宽度不宜大于200mm，以保证干缩时缝隙均匀，浇水后板缝严密而又不翘曲；拼条间距应根据施工荷载的大小以及板条厚度而定，一般取 $400\sim500\text{mm}$。

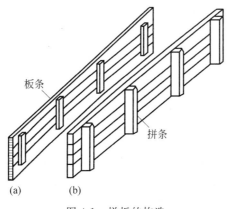

板条

拼条

图 4-1　拼板的构造

（a）拼条平放；（b）拼条立放

(a)　(b)

知识扩展：

《建筑施工模板安全技术规范》(JGJ 162—2008)

6.1　一般规定

6.1.1　模板安装前必须做好下列安全技术准备工作：

1　应审查模板结构设计与施工说明书中的荷载、计算方法、节点构造和安全措施，设计审批手续应齐全。

2　应进行全面的安全技术交底，操作班组应熟悉设计与施工说明书，并应做好模板安装作业的分工准备。采用爬模、飞模、隧道模等特殊模板施工时，所有参加作业人员必须经过专门技术培训，考核合格后方可上岗。

3　应对模板和配件进行挑选、检测，不合格者应剔除，并应运至工地指定地点堆放。

4　备齐操作所需的一切安全防护设施和器具。

2. 胶合板模板

胶合板模板有木胶合板和竹胶合板。胶合板用做混凝土模板具有以下优点。

(1) 板幅大，自重轻，板面平整。既可减少安装工作量，节省现场人工费用，又可减少混凝土外露表面的装饰及磨去接缝的费用。

(2) 承载能力大，特别是经表面处理后耐磨性好，能重复使用。

(3) 材质轻，厚 18mm 的木胶合板，单位面积质量为 50kg，模板的运输、堆放、使用和管理等都较为方便。

(4) 保温性能好，能防止温度变化过快，冬期施工有助于混凝土的保温。

(5) 锯截方便，易加工成各种形状的模板。

(6) 便于按工程的需要弯曲成型，用作曲面模板。

(7) 用于清水混凝土模板，最为理想。

1) 木胶合板模板

木胶合板从材种分类可分为软木胶合板(材种为马尾松、黄花松、落叶松、红松等)及硬木胶合板(材种为锻木、桦木、水曲柳、黄杨木、泡桐木等)。从耐水性能划分，胶合板分为四类。

Ⅰ类——具有高耐水性，耐沸水性良好，所用胶粘剂为酚醛树脂胶粘剂(PF)，主要用于室外。

Ⅱ类——耐水防潮胶合板，所用胶粘剂为三聚氰胺改性脲醛树脂胶粘剂(MUF)，可用于高潮湿的条件下和室外。

Ⅲ类——防潮胶合板，胶粘剂为脲醛树脂胶粘剂(OF)，用于室内。

Ⅳ类——不耐水，不耐潮，用血粉或豆粉黏合，近年已停产。

混凝土模板用的木胶合板属于具有高耐气候、耐水性的Ⅰ类胶合板，胶粘剂为酚醛树脂胶。

模板用的木胶合板通常由 5、7、9、11 层等奇数层单板经热压固化而胶合成型。相邻层的纹理方向相互垂直，通常最外层表板的纹理方向和胶合板板面的长向平行。因此，整张胶合板的长向为强方向，短向为弱方向，使用时必须加以注意。

必须选用经过板面处理的胶合板，处理的方法为冷涂刷涂料，把常温下固化的涂料胶涂刷在胶合板表面，构成保护膜。未经板面处理的胶合板用做模板时，因混凝土硬化过程中，胶合板与混凝土界面上存在水泥与木材之间的结合力，使板面与混凝土粘结较牢，脱模时易将板面木纤维撕破，影响混凝土的表面质量。这种现象随胶合板使用次数的增加而逐渐加重。

经覆膜罩面处理后的胶合板，增加了板面耐久性，脱模性能良好，外观平整光滑，最适用于有特殊要求的、混凝土外表面不加装饰处理的清水混凝土工程，如混凝土桥墩、立交桥、筒仓、烟囱以及塔等。

经表面处理的胶合板，在施工现场使用时，一般应注意以下几点：

脱模后立即清洗板面浮浆,堆放整齐;模板拆除时,严禁抛扔,以免损伤板面处理层;胶合板边角应涂有封边胶,故应及时清除水泥浆。为了保护模板边角的封边胶,最好在支模时在模板拼缝处粘贴防水胶带或水泥纸袋,加以保护,防止漏浆;胶合板板面尽量不钻孔洞。遇有预留孔洞,可用普通木板拼补;现场应备有修补材料,以便及时对损伤的面板进行修补;使用前必须涂刷脱模剂。

2) 竹胶合板模板

我国竹材资源丰富,且竹材具有生长快、生产周期短(一般2~3年成材)的特点。另外,一般竹材顺纹抗拉强度为 $18N/mm^2$,为松木的2.5倍,红松的1.5倍;横纹抗压强度为 $6~8N/mm^2$,是杉木的1.5倍,红松的2.5倍;静弯曲强度为 $15~16N/mm^2$。因此,在我国木材资源短缺的情况下,以竹材为原料,制作混凝土模板用竹胶合板,具有收缩率小、膨胀率和吸水率低,以及承载能力大的特点,是一种具有发展前途的新型建筑模板。

混凝土模板用竹胶合板,其面板与芯板所用材料既有不同,又有相同。不同的材料是芯板将竹子劈成竹条(称竹帘单板),宽14~17mm,厚3~5mm,在软化池中进行高温软化处理后,做烤青、烤黄、去竹衣及干燥等进一步处理。竹帘的编织可用人工或编织机编织。面板通常为编席单板,做法是竹子劈成篾片,由编工编成竹席。表面板采用薄木胶合板,这样既可利用竹材资源,又可兼有木胶合板的表面平整度。另外,也有采用竹编席作面板的,这种板材表面平整度较差,且胶粘剂用量较多。

试验证明,为了提高竹胶合板的耐水性、耐磨性和耐碱性,竹胶板表面进行环氧树脂涂面的耐碱性较好,进行瓷釉涂料涂面的综合效果最佳。

各地所产竹材的材质不同,又与胶粘剂的胶种、胶层厚度、涂胶均匀程度以及热固化压力等生产工艺有关,因此,竹胶合板的物理力学性能差异较大,其弹性模量变化范围为 $(2~10)×10^3N/mm^2$。一般认为,密度大的竹胶合板,相应的静弯曲强度和弹性模量值也高。

3) 胶合板模板的配制方法

(1) 按设计图纸尺寸直接配置模板。对于形体简单的结构构件,可根据结构施工图纸直接按尺寸列出模板规格和数量进行配制。模板厚度、横挡及楞木的断面和间距,以及支撑系统的配置,都可按支承要求通过计算选用。

(2) 采用放大样方法配制模板。对于形体复杂的结构构件,如楼梯、圆形水池等,可在平整的地坪上,按结构图的尺寸画出结构构件的实样,量出各部分模板的准确尺寸或套制样板,同时确定模板及其安装的节点构造,进行模板的制作。

(3) 用计算方法配制模板。对于形体复杂不易采用放大样方法,但有一定几何形体规律的构件,可用计算方法结合放大样的方法,进行模板的配制。

(4) 采用结构表面展开法配制模板。对于一些形体复杂且由各种不同形体组成的复杂体型结构构件,如设备基础,其模板的配制,可采用先画出模板平面图和展开图,再进行配模设计和模板制作。

4) 胶合板模板的配制要求

应整张直接使用,尽量减少随意锯截,造成胶合板的浪费。木胶合板常用的厚度一般为 12mm 或 18mm,竹胶合板常用厚度一般为 12mm,内、外楞的间距,可随胶合板的厚度,通过设计计算进行调整。

支撑系统可以选用钢管脚手,也可采用木材。采用木支撑时,不得选用脆性、严重扭曲和受潮容易变形的木材。

钉子长度应为胶合板厚度的 1.5~2.5 倍,每块胶合板与木楞相叠处至少钉两个钉子。第二块板的钉子要转向第一块模板方向斜钉,使拼缝严密。配制好的模板应在反面编号,并写明规格,分别堆放保管,以免错用。

3. 其他形式的模板

1) 台模

台模是一种大型工具模板,用于浇筑楼板,是由面板、纵梁、横梁和台架等组成的空间组合体。台架下装有轮子,以便移动。有的台模没有轮子,使用专用运模车移动。台模尺寸应与房间单位相适应,一般是一个房间一个台模。施工时,先施工内墙墙体,然后吊入台模,浇筑楼板混凝土。脱模时只要将台架下降,将台模推出墙面放在临时挑台上,用起重机吊至下一单元使用,楼板施工后再安装预制外墙板。

利用台模浇筑楼板可以省去模板的装拆时间,能节约模板材料,降低劳动力消耗,但一次性投入较大,需大型起重机配合施工。

2) 隧道模

隧道模采用墙面模板和楼板模板的组合,可以同时浇筑墙体和楼板混凝土的大型工具式模板,能将各开间沿水平方向逐间整体浇筑,因此建筑物整体性好、抗震性好、节约模板材料、施工方便。但模板用钢量大、笨重、一次性投资大,故较少采用。

3) 永久性模板

永久性模板在钢筋混凝土结构施工时起模板作用,当浇筑的混凝土凝结后,模板不再取出而成为结构本身的组成部分。各种形式的压型钢板、预应力钢筋混凝土薄板作为永久性模板,已在一些高层建筑楼板施工中推广应用。薄板铺设后稍加支撑,然后在其上铺放钢筋,浇筑混凝土形成楼板,施工简便,效果较好。

4) 滑升模板

滑升模板是一种工具式模板,适用于现场浇筑高耸的圆形、矩形、筒壁结构、剪力墙,也可用于变截面结构。

滑升模板的施工特点是在建筑物或构筑物底部,沿其墙、柱、梁等构件的周边组装高 1.2m 左右的模板,随着模板内浇筑混凝土和绑扎钢筋不断向上,利用一套提升设备,将模板装置不断向上提升,使混凝土连续成型,直到需要高度为止。

用滑升模板可以节约大量的模板和脚手架,节省劳动力,施工速度快,工程费用低,结构整体性好。但模板一次投资大,耗钢量大,对建筑的立面和造型都有一定的限制。

4.1.4 模板的拆除

1. 现浇结构模板的拆除

1) 拆除时间

模板的拆除日期取决于现浇结构的性质、混凝土的强度、模板的用途、混凝土硬化时的气温等。及时拆模可以提高模板的周转率,为后续工作创造条件。但过早拆模,混凝土会因强度不足难而以承担自身重力,或受到外力作用而变形甚至断裂,造成重大的质量事故。

侧模板应在混凝土强度能保证其表面及棱角不因拆除模板而受到损坏时,方可拆除。具体拆除时间可参照表 4-1。

表 4-1 侧模板的拆除时间

水泥品种	混凝土强度等级	混凝土凝固的平均温度/℃					
		5	10	15	20	25	30
		混凝土强度达到 2.5MPa 所需天数/d					
普通水泥	C10	5.0	4.0	3.0	2.0	1.5	1.0
	C15	4.5	3.0	2.5	2.0	1.5	1.0
	≥C20	3.0	2.5	2.0	1.5	1.0	1.0
矿渣及火山灰质水泥	C10	8.0	6.0	4.5	3.5	2.5	2.0
	C15	6.0	4.5	3.5	2.5	2.0	1.5

2) 拆模时所需的混凝土强度

拆除底模板及支架时的混凝土强度应符合设计要求,当设计无具体要求时,混凝土强度应符合表 4-2 所示的规定。达到规定强度标准值所需时间可参考表 4-3。

表 4-2 整体式结构拆模时所需的混凝土强度

项次	结构类型	结构跨度/m	按设计混凝土强度的标准值百分率计/%
1	板	≤2	50
		>2,≤8	75
		>8	100
2	梁、拱、壳	≤8	75
		>8	100
3	悬臂梁构件	—	100

知识扩展:

《建筑施工模板安全技术规范》(JGJ 162—2008)

7.1 模板拆除要求

7.1.1 模板的拆除措施应经技术主管部门或负责人批准,拆除模板的时间可按现行国家标准《混凝土结构工程施工及验收规范》(GB 50204—2015)的有关规定执行。冬期施工的拆模,应遵守专门规定。

7.1.2 当混凝土未达到规定强度或已达到设计规定强度时,如需提前拆模或承受部分超设计荷载时,必须经过计算和技术主管确认其强度能足够承受此荷载后,方可拆除。

7.1.3 在承重焊接钢筋骨架作配筋的结构中,承受混凝土重力的模板,应在混凝土达到设计强度的 25% 后方可拆除承重模板。如在已拆除模板的结构上加置荷载时,应另行核算。

7.1.4 大体积混凝土的拆模时间除应满足混凝土强度要求外,还应使混凝土内外温差降低到 25°以下时方可拆模。否则,应采取有效措施防止产生温度裂缝。

知识扩展:

《建筑施工模板安全技术规范》(JGJ 162—2008)

7.1.5 后张预应力混凝土结构的侧模宜在施加预应力前拆除,底模应在施加预应力后拆除。设计有规定时,应按规定执行。

7.1.6 拆模前应检查所使用的工具,保证其有效和可靠,扳手等工具必须装入工具袋或系挂在身上,并应检查拆模场所范围内的安全措施。

7.1.7 模板的拆除工作应设专人指挥。作业区应设围栏,其内不得有其他工种作业,并应设专人负责监护。拆下的模板、零配件严禁抛掷。

7.1.8 拆模的顺序和方法应按模板的设计规定进行。当设计无规定时,可采取先支的后拆、后支的先拆、先拆非承重模板、后拆承重模板,并应从上而下进行拆除。拆下的模板不得抛扔,应按指定地点堆放。

表 4-3　拆除底模板的时间参考表　　　　　　　　　　d

水泥的强度等级及品种	混凝土达到设计强度标准值的百分率/%	硬化时昼夜平均温度/℃					
		5	10	15	20	25	30
32.5MPa 普通水泥	50	12	8	6	4	3	2
	75	26	18	14	9	7	6
	100	55	45	35	28	21	18
42.5MPa 普通水泥	50	10	7	6	5	4	3
	75	50	14	11	9	8	6
	100	50	40	30	28	20	18
32.5MPa 矿渣或火山灰质水泥	50	18	12	10	8	7	6
	75	32	25	17	14	12	10
	100	60	50	40	28	24	20
42.5MPa 矿渣或火山灰质水泥	50	16	11	9	8	7	6
	75	30	20	15	13	12	10
	100	60	50	40	28	24	20

对于模板,一般是先支后拆,后支先拆,先拆除侧模板,后拆除底模板。对于肋形楼板的拆模顺序,首先拆除柱模板,然后拆除楼板底模板、梁侧模板,最后拆除梁底模板。

多层楼板模板支架的拆除,应按下列要求进行:正在浇筑上层楼板混凝土时,不得拆除下一层楼板的模板支架,再下一层楼板模板的支架,仅可拆除一部分;跨度不小于4m的梁下均应保留支架,其间距不得大于3m。

3) 拆模时的注意事项

(1) 模板拆除时,不应对楼层形成冲击荷载。

(2) 拆除的模板和支架宜分散堆放,并及时清运。

(3) 拆模时,应尽量避免混凝土表面或模板受到损坏。

(4) 拆下的模板,应及时加以清理、修理,按尺寸和种类分别堆放,以便下次使用。

(5) 若定型组合钢模板面层油漆脱落,应及时补刷防锈漆。

(6) 对于已拆除模板及支架的结构,应在混凝土达到设计的混凝土强度标准后,才可以承受全部使用荷载。

(7) 当承受施工荷载产生的效应比使用荷载更为不利时,必须经过核算,并加设临时支撑。

2. 早拆模板体系

早拆模板是利用柱头、立柱和可调支座组成竖向支撑,支撑在上、下层楼板之间,使原设计的楼板跨度处于短跨(立柱间距小于2m)受力状态,混凝土楼板的强度达到规定标准强度的50%(常温下3~4d),即可拆除梁、板模板及部分支撑。柱头、立柱及可调支座仍保持支撑状态。当混凝土强度增大到足以在全跨条件下承受自重和施工荷载时，再拆除全部竖向支撑。

1) 早拆模板体系构件

早拆模板体系柱头为铸钢件，如图4-2(a)所示，柱头顶板(50mm×150mm)可直接与混凝土接触，两侧梁托可挂住梁头，梁托附着在方形管上，方形管可上下移动115mm，方形管在上方时可通过支承板锁住，用锤敲击支承板则梁托随方形管下落。

模板主梁是薄壁空腹结构，上端带有70mm的凸起，与混凝土直接接触，如图4-2(b)所示。当梁的两端梁头挂在柱头的梁托上时，将梁支起，即可自锁而不脱落。模板梁的悬臂部分，如图4-2(c)所示，挂在柱头的梁托上支起后，能自锁而不脱落。

可调支座插入立柱的下端，与地面(楼面)接触，用于调节立柱的高度，可调范围为0~50mm，如图4-2(d)所示。支撑可采用碗扣式或扣件式脚手支撑，模板可用胶合板模板或其他模板。

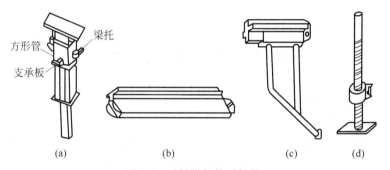

方形管　梁托　支承板

(a)　　　　(b)　　　　(c)　　(d)

图4-2 早拆模板体系构件

(a) 早拆柱头；(b) 模板主梁；(c) 模板悬臂梁；(d) 可调支座

2) 早拆模板体系的安装与拆除

先立两根立柱，套上早拆柱头和可调支座，加上一根主梁架起一拱，再架起另一拱，用横撑临时固定，依次把周围的梁和立柱架起来，再调整立柱高度和垂直度，并锁紧碗扣接头，最后在模板主梁间铺放模板即可，如图4-3所示。

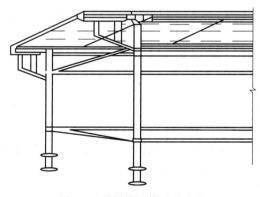

图4-3 早拆模板体系示意图

模板拆除时,只需用锤子敲击早拆柱头上的支撑板,则模板和模板梁将随同方形管下落115mm,模板和模板梁便可卸下来,保留立柱支撑梁板结构,如图4-4所示。当达到混凝土强度后,调低可调支座,解开碗扣接头,即可拆除立柱和柱头。

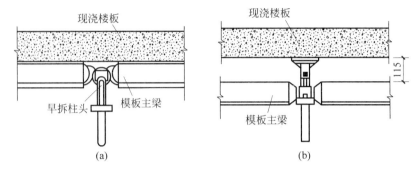

图 4-4 早期拆模方法(单位：mm)

(a) 支模状态；(b) 拆模状态

4.1.5 现浇混凝土结构模板的设计

1. 模板设计内容与原则

1) 设计内容

模板设计内容主要包括选型、选材、配板、荷载计算、结构设计和绘制模板施工图等。各项设计的内容和详尽程度,可根据工程的具体情况和施工条件确定。

2) 设计原则

实用性：主要应确保混凝土结构的质量。其具体要求是接缝严密,不漏浆;保证构件的形状尺寸和相互位置的正确;模板的构造简单,支拆方便。

安全性：保证在施工过程中不变形,不破坏,不倒塌。

经济性：针对工程结构的具体情况,因地制宜,就地取材,在确保工期、质量的前提下,尽量减少一次性投入,增加模板周转,减少支拆用工,实现文明施工。

2. 模板设计的基本内容

1) 荷载

模板及其支架的荷载分为荷载标准值和荷载设计值,后者应以荷载标准值乘以相应的荷载分项系数。

模板及支架自重标准值应根据设计图纸确定。肋形楼板及无梁楼板模板的自重标准值如表4-4所示。

表 4-4　模板及支架自重标准值　　　　　　　　　kg

模板构件的名称	木模板	组合钢模板	钢框胶合板模板
平板的模板及小楞	0.30	0.50	0.40
楼板模板(其中包括梁的模板)	0.50	0.75	0.60
楼板模板及其支架(楼层高度为4m以下)	0.75	1.10	0.95

对于普通混凝土,新浇混凝土自重标准值可采用 25kN/m³;对其他混凝土,可根据实际重力密度确定。

钢筋自重标准值应按设计图纸计算确定。一般可按每立方米混凝土含量计算,框架梁为 1.5kN/m³,楼板为 1.1kN/m³。

对于施工人员及设备荷载标准值,在计算模板及直接支承模板的小楞时,对均布活荷载取 2.5kN/m²,另应以集中荷载 2.5kN 再行验算,比较两者所得的弯矩值,按其中较大者采用;计算直接支承小楞结构构件时,均布活荷载取 1.5kN/m²;计算支架立柱及其他支承结构构件时,均布活荷载取 1.0kN/m²。

对于振捣混凝土时产生的荷载标准值,对水平面模板可采用 2.0kN/m²;对垂直面模板可采用 4.0kN/m²(作用范围在新浇筑混凝土侧压力的有效压头高度以内)。

对于新浇筑混凝土对模板侧面的压力标准值,在采用内部振捣器时,可按以下两式计算,并取其较小值。

$$F = 0.22\gamma_c t_0 \beta_1 \beta_2 V^{1/2} \tag{4-1}$$

$$F = \gamma_c H \tag{4-2}$$

式中　F——新浇筑混凝土对模板的最大侧压力,kN/m²;

　　　γ_c——混凝土的重力密度,kN/m³;

　　　t_0——新浇筑混凝土的初凝时间,可按实测确定,h,当缺乏试验资料时,可采用 $t_0 = 200/(T+15)$ 计算(T 为混凝土的温度,℃);

　　　V——混凝土的浇筑速度,m/h;

　　　H——混凝土侧压力计算位置处至新浇筑混凝土顶面的总高度,m;

　　　β_1——外加剂影响修正系数,不掺外加剂时取 1.0,掺具有缓凝作用的外加剂时取 1.2;

　　　β_2——混凝土坍落度影响修正系数,当坍落度小于 30mm 时,取 0.85,坍落度为 50～90mm 时,取 1.00,坍落度为 110～150mm 时,取 1.15。

倾倒混凝土时产生的荷载标准值是指倾倒混凝土时对垂直面模板产生的水平荷载标准值,可按表 4-5 取值。

除上述七项荷载外,当水平模板支撑结构的上部继续浇筑混凝土时,还应考虑由上部传递下来的荷载。

7.3.3 拆除墙模应遵守下列规定：

1 墙模分散拆除顺序如下：

拆除斜撑或斜拉杆、自上而下拆除外楞及对拉螺栓、分层自上而下拆除木楞或钢楞及零配件和模板、运走分类堆放、拔钉清理或清理检修后刷防锈油或脱模剂、入库备用。

2 预组拼大块墙模拆除顺序如下：

拆除全部支撑系统、拆卸大块墙模接缝处的连接型钢及零配件、拧去固定埋设件的螺栓及大部分对拉螺栓、挂上吊装绳扣并略拉紧吊绳后，拧下剩余对拉螺栓，用方木均匀敲击大块墙模立楞及钢模板，使其脱离墙体用撬棍轻轻外撬大块墙模板使全部脱离，指挥起吊、运走、清理、刷防锈油或脱模剂备用。

3 略。

4 大块模板起吊时，速度要慢，应保持垂直，严禁模板碰撞墙体。

表 4-5 倾倒混凝土时产生的水平荷载标准值　　kN/m²

向模板内供料方法	水平荷载
溜槽、串筒或导管	2
容积小于 0.2m³ 的运输器具	2
容积为 0.2～0.8m³ 的运输器具	4
容积为大于 0.8m³ 的运输器具	6

注：作用范围在有效压头高度以内。

计算模板及其支架的荷载设计值，应为荷载标准值乘以相应的荷载分项系数。分项系数如表 4-6 所示，荷载组合如表 4-7 和表 4-8 所示。

表 4-6 模板及支架荷载分项系数

项次	荷 载 类 别	γ_1
1	模板及支架自重	
2	新浇筑混凝土自重	1.35
3	钢筋自重	
4	施工人员及施工设备荷载	
5	振捣混凝土时产生的荷载	1.40
6	新浇筑混凝土对模板侧面的压力	1.35
7	倾倒混凝土时产生的荷载	1.40

表 4-7 荷载类别及编号

名 称	类 别	编 号
模板结构自重	恒载	①
新浇筑混凝土自重	恒载	②
钢筋自重	恒载	③
施工人员及施工设备荷载	活载	④
振捣混凝土时产生的荷载	活载	⑤
新浇筑混凝土对模板侧面的压力	恒载	⑥
倾倒混凝土时产生的荷载	活载	⑦

表 4-8 荷载组合

项次	项 目	荷 载 组 合	
		计算承载能力	验算刚度
1	平板及薄壳的模板及支架	①+②+③+④	①+②+③
2	梁和拱模板的底板及支架	①+②+③+⑤	①+②+③
3	梁、拱、柱（边长≤300mm）、墙（厚≤100mm）的侧面模板	⑤+⑥	⑥
4	大体积结构、柱（边长＞300mm）、墙（厚＞100mm）的侧面模板	⑥+⑦	⑥

2）模板结构的挠度要求

模板结构除了必须保证足够的承载能力，还应保证有足够的刚度。因此，应验算模板及其支架的挠度，其最大变形值不得超过下列允许值。

对结构表面外露（不做装修）的模板，最大变形值为模板构件计算跨度的1/400。对结构表面隐蔽（做装修）的模板，最大变形值为模板构件计算跨度的1/250。支架的压缩变形值或弹性挠度，最大变形值为相应的结构计算跨度的1/1000。

根据《组合钢模板技术规范》（GB 50214—2013），模板结构的允许挠度按表4-9执行；当验算模板及支架在自重和风荷载作用下的抗倾覆稳定性时，其抗倾倒系数不应小于1.15。

表 4-9　模板结构允许挠度

名　　称	允许挠度/mm
钢模板的面板	1.5
单块钢模板	1.5
钢楞	$L/500$
柱箍	$B/500$
桁架	$L/1000$
支承系统累计	4.0

注：L 为计算跨度，B 为柱宽。

根据《钢框胶合板模板技术规程》（JGJ 96—2011），模板面板各跨的挠度计算值不宜大于面板相应跨度的1/300，且不宜大于1mm。钢楞各跨的挠度计算值，不宜大于钢楞相应跨度的1/1000，且不宜大于1mm。

4.1.6　模板工程施工质量检查验收方法

在浇筑混凝土之前，应对模板工程进行验收。模板及其支架应具有足够的承载能力、刚度和稳定性，能可靠地承受浇筑混凝土的重力、侧压力以及施工荷载。模板安装和浇筑混凝土时，应对模板及其支架进行观察和维护。当发生异常情况时，应按施工技术方案及时进行处理。模板工程的施工质量检验应按主控项目、一般项目按规定的检验方法进行检验。检验批合格质量应符合下列规定：主控项目的质量经抽样检验合格；一般项目的质量经抽样检验合格；当采用计数检验时，除有专门要求外，一般项目的合格点率应达到80%及以上，且不得有严重的缺陷；应具有完整的施工操作依据和质量验收记录。

知识扩展：

《建筑施工模板安全技术规范》（JGJ 162—2008）

7.3.4　拆除梁、板模板应遵守下列规定：

1　梁、板模板应先拆梁侧模，再拆板底模，最后拆除梁底模，并应分段分片进行，严禁成片撬落或成片拉拆。

2　拆除时，作业人员应站在安全的地方进行操作，严禁站在已拆或松动的模板上进行拆除作业。

3　拆除模板时，严禁用铁棍或铁锤乱砸，已拆下的模板应妥善传递或用绳钩放至地面。

4　严禁作业人员站在悬臂结构边缘敲拆下面的底模。

5　待分片、分段的模板全部拆除后，方允许将模板、支架、零配件等按指定地点运出堆放，并进行拔钉、清理、整修、刷防锈油或脱模剂，入库备用。

1. 主控项目

(1) 安装现浇结构的上层模板及其支架时，下层楼板应具有承受上层荷载的承载能力，或加设支架；上、下层支架的立柱应对准，并铺设垫板。

检查数量：全数检查。

检验方法：对照模板设计文件和施工技术方案观察。

(2) 在涂刷模板隔离剂时，不得沾污钢筋和混凝土的接槎处。

检查数量：全数检查。

检验方法：观察。

(3) 底模及其支架拆除时混凝土强度应符合规范的要求。

检查数量：全数检查。

检验方法：检查同条件养护试件强度试验报告。

(4) 后浇带模板的拆除和支顶应按施工技术方案执行。

检查数量：全数检查。

检验方法：观察。

2. 一般项目

(1) 模板安装应满足下列要求：模板的接缝不应漏浆；在浇筑混凝土前，木模板应浇水湿润，但模板内不应有积水；模板与混凝土的接触面应清理干净并涂刷隔离剂，但不得采用影响结构性能或妨碍装饰工程施工的隔离剂；浇筑混凝土前，模板内的杂物应清理干净；对于清水混凝土工程及装饰混凝土工程，应使用能达到设计效果的模板。

检查数量：全数检查。

检验方法：观察。

(2) 用作模板的地坪、胎模等应平整光洁，不得产生影响构件质量的下沉、裂缝、起砂或起鼓。

检查数量：全数检查。

检验方法：观察。

(3) 对跨度不小于4m的现浇钢筋混凝土梁、板，其模板应按设计要求起拱；当设计无具体要求时，起拱高度宜为跨度的 $1/1000 \sim 3/1000$。

检查数量：在同一检验批内，梁应抽查构件数量的10%，且不少于3件；板应按有代表性的自然间抽查10%，且不少于3间；对于大空间结构，板可按纵、横轴线划分检查面，抽查10%，且不少于3面。

检验方法：水准仪或拉线、钢尺检查。

(4) 固定在模板上的预埋件、预留孔和预留洞均不得遗漏，且应安装牢固，其偏差应符合表4-10所示的规定。现浇结构模板安装的偏差及检查方法应符合表4-11所示的规定。

检查数量：在同一检验批内，对梁、柱和独立基础，应抽查构件数

量 10%,且不少于 3 件;对墙和板,应按有代表性的自然间抽查 10%,
且不少于 3 间;对大空间结构,墙可按相邻轴线间高度 5m 左右划分检
查面,板可按纵横轴线划分检查面,抽查 10%,且均不少于 3 面。

检验方法:钢尺检查。

表 4-10　预埋件和预留孔洞的允许偏差　　　mm

项目		允许偏差
预埋钢板中心线位置		3.0
预埋管、预留孔中心线位置		3.0
插筋	中心线位置	5.0
	外露长度	+10.0
预埋螺栓	中心线位置	2.0
	外露长度	+10.0
预留孔	中心线位置	10.0
	尺寸	+10.0

注:检查中心线位置时,应沿纵、横两个方向量测,并取其中的较大值。

表 4-11　现浇结构模板安装的允许偏差及检验方法

项目		允许偏差/mm	检查方法
轴线位移		5	钢尺检查
底模上表面标高		±5	水准仪或拉线、钢尺检查
截面内部尺寸	基础	±10	钢尺检查
	柱、墙、梁	+4,−5	钢尺检查
层高垂直度	≤5m	6	经纬仪或吊线、钢尺检查
	>5m	8	
相邻两板表面高低差		2	钢尺检查
表面平整度		5	2m 靠尺和塞尺检查

注:检查轴线位置时,应沿纵、横两个方向量测,并取其中的较大值。

(5)预制构件模板安装的偏差应符合表 4-12 所示的规定。

表 4-12　预制构件模板安装的允许偏差及检验方法

项　目		允许偏差/mm	检验方法
长度	板、梁	±5	钢尺量两角边,取其中较大值
	薄腹梁、桁架	±10	
	柱	0,−10	
	墙板	0,−5	
宽度	板、墙板	0,−5	钢尺量一端及中部,取其中较大值
	梁、薄腹梁、桁架、柱	+2,−5	
高(厚)度	板	+2,−3	钢尺量一端及中部,取其中较大值
	墙板	0,−5	
	梁、薄腹梁、桁架、柱	+2,−5	
侧向弯曲	梁、板、柱	$l/1000$ 且≤15	拉线、钢尺量最大弯曲处
	墙板、薄腹梁、桁架	$l/1500$ 且≤15	

项　目		允许偏差/mm	检 验 方 法
板的表面平整度		3	2m 靠尺和塞尺检查
相邻两板表面高低差		1	钢尺检查
对角线	板	7	钢尺量两个对角线
	墙板	5	
翘曲	板、墙板	$l/1500$	调平尺在两端量测
设计起拱	梁、薄腹梁、桁架、柱	±3	拉线、钢尺量跨中

注：l 为构件长度，mm。

检查数量：首次使用及大修后的模板应全数检查；使用中的模板应定期检查，并根据使用情况不定期抽查。

（6）侧模拆除时的混凝土强度应能保证其表面及棱角不受损伤。模板拆除时，不应对楼层形成冲击荷载。拆除的模板和支架宜分散堆放，并及时清运。

检查数量：全数检查。

检验方法：观察。

4.2　钢筋工程

4.2.1　钢筋的分类、验收和存放

1. 钢筋的分类

钢筋混凝土结构所用钢筋的种类很多，按不同的方式可以进行不同的分类。钢筋按化学成分分为碳素钢钢筋和普通低合金钢钢筋等；按生产工艺分为热轧钢筋、冷拉钢筋、冷拔钢丝、热处理钢筋、碳素钢丝、刻痕钢丝和钢绞线等；按力学性能分为 HPB300 级（相当原Ⅰ级）、HRB335（HRBF335）级（相当原Ⅱ级）、HRB400（HRBF400、RRB400）级（相当原Ⅲ级）、HRB500（HRBF500）级（相当原Ⅳ级）；按轧制外形分为光圆钢筋和变形钢筋（月牙形、螺纹形、人字纹形）；按钢筋直径大小分为钢丝（直径<6mm）、细钢筋（直径 6～10mm）、中粗钢筋（直径 12～20mm）、粗钢筋（直径>20mm）。一般直径 10mm 以下的钢筋卷成圆盘，直径大于 12mm 的钢筋则轧成 6～12m 长的直条。

2. 钢筋的验收

钢筋的质量合格与否，直接影响混凝土结构的使用安全，故应重视钢筋进厂验收和质量检查工作。

进场钢筋应有出厂质量证明书或试验报告单(合格证)。每捆(盘)钢筋均应有标牌,并按品种、批号与直径分批检查和验收。钢筋进场验收的内容有查对标牌、外观检查以及按有关规定抽取试样进行机械性能试验,合格后方可使用。

热轧钢筋进场时每批由同一牌号、同一炉罐号、同一规格的钢筋组成,质量不大于60t。允许由同一牌号、同一冶炼方法、同一浇筑方法的不同炉罐号组成混合批,但各炉罐号含碳量之差不得大于0.02%,含锰量之差不大于0.15%。

3. 钢筋的存放

运入施工现场的钢筋,必须严格按批分等级、牌号、直径、长度挂牌存放,并注明数量,不得混淆。钢筋应尽量堆入仓库或料棚内;不具备条件时,应选择地势较高、土质坚实、平坦的露天场地存放。在仓库或场地周围挖排水沟,以利于泄水。堆放时钢筋下面要加垫木,距离地面不宜少于200mm,以防钢筋锈蚀和污染。

钢筋成品要分工程名称和构件名称,按号码顺序存放。同一项工程与同一构件的钢筋要存放在一起,按号挂牌排列,牌上注明构件名称、部位、钢筋类型、尺寸、钢号、直径、根数,不能将几项工程的钢筋混放在一起,同时不要和产生有害气体的车间靠近,以免污染和腐蚀钢筋。

4.2.2　钢筋的冷加工

钢筋的冷加工有冷拉和冷拔,用以提高钢筋强度设计值,节约钢材,满足预应力钢筋的需要。

1. 钢筋的冷拉

1) 冷拉的定义及原理

钢筋冷拉即在常温下对钢筋进行强力拉伸,拉应力超过钢筋的屈服强度,使钢筋产生塑性变形,以达到调直钢筋、提高强度的目的。

钢筋的冷拉原理如图4-5所示。在图4-5中,$Oabcde$为钢筋的拉伸特性曲线。冷拉时,拉应力超过屈服点b达到c点,然后卸荷。由于钢筋已产生塑性变形,卸荷过程中应力-应变曲线将沿O_1cde变化,并在c点附近出现新的屈服点,该屈服点明显高于冷拉前的屈服点b,这种现象称为变形硬化。冷拉后的新屈服点并非保持不变,而是随时间延长提高至c'点,这种现象称为时效硬化。由于变形硬化和时效硬化的结果,其新的应力-应变曲线则为$O_1c'd'e'$,此时,钢筋的强度提高,但脆性增加,这是因为在冷拉过程中,钢筋内部的晶体沿着结合力最差的结晶面产生相对滑移,使滑移面上的晶格歪扭变形,晶格遭到破碎,导致滑移面不平,阻碍晶体的继续滑移,使钢筋内部组织发生变化。由于设计中不利用时效后提高的屈服强度,因此施工中一般不做时效处理。图 4-5 中 c 点对应的应力即为冷拉钢筋的控制应力,OO_2 即为相应的冷拉率。钢筋的冷拉应力(控制应力)和冷拉率是钢筋冷拉的两个主要参数。

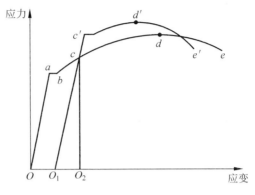

图 4-5　钢筋拉冷原理

可以用控制冷拉应力或冷拉率的方法对钢筋进行冷拉控制。冷拉控制的应力值如表 4-13 所示。

知识扩展:

《混凝土结构设计规范》(GB 50010—2010)

8.4　钢筋的连接

8.4.1　钢筋连接可采用绑扎搭接、机械连接或焊接。机械连接接头及焊接接头的类型及质量应符合国家现行有关标准的规定。

混凝土结构中受力钢筋的连接接头宜设置在受力较小处。在同一根受力钢筋上宜少设接头。在结构的重要构件和关键传力部位,纵向受力钢筋不宜设置连接接头。

8.4.2　轴心受拉及小偏心受拉杆件的纵向受力钢筋不得采用绑扎搭接;其他构件中的钢筋采用绑扎搭接时,受拉钢筋直径不宜大于 25mm,受压钢筋直径不宜大于 28mm。

表 4-13　冷拉控制应力及最大冷拉率

钢 筋 级 别		冷拉控制应力/(N/mm²)	最大冷拉率/%
HPB300 级 d≤12		280	10.0
HRB335 级	d≤12	450	5.5
	d=28~40	430	
HRB400 级 d=8~40		500	5.0

如果冷拉后检查钢筋的冷拉率超过表中规定的数值,则应进行钢筋力学性能试验。用做预应力混凝土结构的预应力钢筋,宜采用冷拉应力来控制。

对同炉批钢筋,试件不宜少于 4 个,每个试件都按表 4-14 规定的冷拉应力值在万能试验机上测定相应的冷拉率,取平均值作为该炉批钢筋的实际冷拉率。

表 4-14　测定冷拉率时钢筋的冷拉应力

钢筋级别		冷拉控制应力/(N/mm²)
HPB300 级 d≤12		320
HRB335 级	d≤12	480
	d=28~40	460
HRB400 级 d=8~40		530

对于不同炉批的钢筋,不宜用控制冷拉率的方法进行钢筋冷拉。

2) 冷拉设备

冷拉设备由拉力设备、承力结构、测量设备和钢筋夹具等部分组成,如图 4-6 所示。拉力设备可采用卷扬机或长行程液压千斤顶;承力结构可采用地锚;测力装置可采用弹簧测力计、电子秤或附带油表的液压千斤顶。

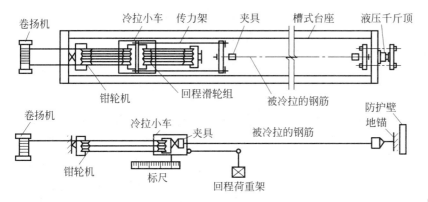

图 4-6 冷拉设备

3) 冷拉计算

钢筋的冷拉计算包括冷拉力、拉长值、弹性回缩值和冷拉设备选择计算。

(1) 冷拉力计算的作用如下:一是确定按控制应力冷拉时的油压表读数;二是作为选择卷扬机的依据。冷拉力应等于钢筋冷拉前截面积 A_s 乘以冷拉时的控制应力 σ_{con},即

$$N_{con} = A_s \cdot \sigma_{con} \tag{4-3}$$

(2) 钢筋的拉长值应等于冷拉前钢筋的长度 L 与钢筋冷拉率 δ 的乘积,即

$$\Delta L = L \cdot \delta \tag{4-4}$$

(3) 钢筋的弹性回缩值 ΔL_1,根据钢筋的弹性回缩率 δ_1(一般为 0.3% 左右)计算,即

$$\Delta L_1 = (L + \Delta L) \times \delta_1 \tag{4-5}$$

则钢筋冷拉完毕后的实际长度为

$$L' = L + \Delta L - \Delta L_1 \tag{4-6}$$

(4) 冷拉设备主要选择卷扬机,计算确定冷拉时油压表的读数。冷拉时油压表读数为

$$P = N_{con}/F \tag{4-7}$$

式中 N_{con}——钢筋按控制应力计算求得的冷拉力,N;

F——千斤顶的活塞缸面积,mm^2;

P——油压表的读数,N/mm^2。

冷拉钢筋应分批进行验收,每批由不大于 20t 的同级别、同直径冷拉钢筋组成,验收方法与热轧钢筋相同。

2. 钢筋的冷拔

钢筋冷拔是用强力将直径为 6~10mm 的 HPB300 级钢筋在常温

知识扩展:

《混凝土结构设计规范》(GB 50010—2010) 8.4.3 同一构件中相邻纵向受力钢筋的绑扎搭接接头宜互相错开。钢筋绑扎搭接接头连接区段的长度为 1.3 倍搭接长度,凡搭接接头中点位于该连接区段长度内的搭接接头均属于同一连接区段。同一连接区段内纵向受力钢筋搭接接头面积百分率为该区段内有搭接接头的纵向受力钢筋与全部纵向受力钢筋截面面积的比值。当直径不同的钢筋搭接时,按直径较小的钢筋计算。

位于同一连接区段内的受拉钢筋搭接接头面积百分率:对梁类、板类及墙类构件,不宜大于 25%;对柱类构件,不宜大于 50%。当工程中确有必要增大受拉钢筋搭接接头面积百分率时,对梁类构件,不宜大于 50%;对板、墙、柱及预制构件的拼接处,可根据实际情况放宽。

下通过特制的钨合金拔丝模,多次强力拉拔成比原钢筋直径小的钢丝(图 4-7),使钢筋产生塑性变形。

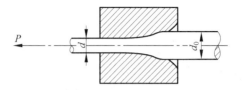

图 4-7　钢筋冷拔示意图

钢筋经过冷拔后,横向压缩、纵向拉伸,钢筋内部晶格产生滑移,抗拉强度标准值可提高 50%～90%。但塑性降低,硬度提高。这种经冷拔加工的钢筋称为冷拔低碳钢丝。冷拔低碳钢丝分为甲、乙级,甲级钢丝主要用于预应力混凝土构件的预应力筋,乙级钢丝用于焊接网片和焊接骨架、架立筋、箍筋和构造钢筋。钢筋冷拔的工艺过程如下:轧头→剥皮→通过润滑剂→进入拔丝模。

冷拔设备由拔丝机、拔丝模、剥皮装置、轧头机等组成。常用拔丝机有立式和卧式两种。

冷拔低碳钢丝的质量要求如下:表面不得有裂纹和机械损伤,并应按施工规范要求进行拉力试验和反复弯曲试验,甲级钢丝应逐盘取样检查,乙级钢丝可按批抽样检查,其力学性能应符合《混凝土结构工程施工质量验收规范》(GB 50204—2015)的规定。

4.2.3　钢筋的连接

知识扩展:

《混凝土结构设计规范》(GB 50010—2010)
8.4.5　构件中的纵向受压钢筋当采用搭接连接时,其受压搭接长度不应小于本规范第 8.4.4 条纵向受拉钢筋搭接长度的 70%,且不应小于200mm。
8.4.6　在梁、柱类构件的纵向受力钢筋搭接长度范围内的横向构造钢筋应符合本规范第 8.3.1条的要求;当受压钢筋直径大于 25mm 时,尚应在搭接接头两个端面外100mm 的范围内各设置两道箍筋。

钢筋连接方法有焊接连接、机械连接和绑扎连接。焊接连接的方法较多,成本较低,质量可靠,宜优先选用。机械连接无明火作业,设备简单,节约能源,不受气候条件影响,可全天候施工,连接可靠,技术易于掌握,适用范围广,尤其适用于现场焊接有困难的场合。绑扎连接需要较长的搭接长度,浪费钢筋,连接不可靠,宜限制使用。

1. 钢筋焊接连接

钢筋常用的焊接方法有闪光对焊、电弧焊、电渣压力焊、电阻点焊、埋弧压力焊和气压焊等。

1)闪光对焊

钢筋闪光对焊的原理(图 4-8)是利用对焊机使两段钢筋接触,通过低电压的强电流,待钢筋被加热到一定温度变软后,进行轴向加压顶锻,形成对焊接头。

闪光对焊应用于钢筋接长及预应力钢筋与螺丝端杆的焊接。热轧钢筋的接长宜优先选用闪光对焊,不可能时才用电弧焊。

根据钢筋级别、直径和所用焊机的功率,闪光对焊工艺可分为连续

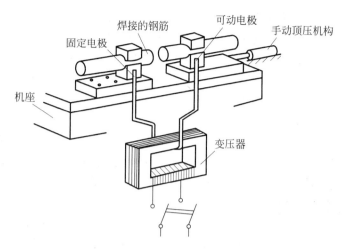

图 4-8 钢筋闪光对焊的原理

闪光焊、预热闪光焊、闪光-预热-闪光焊三种。

(1) 连续闪光焊。

连续闪光焊的工艺过程是待钢筋夹紧在电极钳口上后,闭合电源使两钢筋端面轻微接触,此时端面接触点很快熔化,并产生金属蒸汽飞溅,形成闪光现象;接着徐徐移动钢筋,形成连续闪光过程,同时接头被加热;待接头烧平、筛去杂质和氧化膜、白热熔化时,立即施加轴向压力迅速进行顶锻,使两根钢筋焊牢。

连续闪光焊宜用于焊接直径为 25mm 以内的 HPB300、HRB335和 HRB400 级钢筋。最适宜焊接直径较小的钢筋。

(2) 预热闪光焊。

预热闪光焊与连续闪光焊不同之处,在于前面增加一个预热时间,先使大直径钢筋预热后,再连续闪光烧化进行加压顶锻。钢筋直径较大、端面较平整时,宜用预热闪光焊。

(3) 闪光-预热-闪光焊。

闪光-预热-闪光焊即在预热闪光焊前面增加了一次闪光过程,使不平整的钢筋端面烧化平整,预热均匀,最后进行加压顶锻。它适宜焊接直径大于 25mm 且端部不平整的钢筋。

闪光对焊接头的质量检验方法如下。

在同一台班内,由同一焊工,按同一焊接参数完成的 300 个同级别、同直径钢筋焊接接头应作为一批。当同一台班内焊接的接头数量较少,可在一周之内累计计算;如果累计仍不足 300 个接头,应按一批计算。外观检查的接头数量,应从每批中抽查 10%,且不得少于 10 个。在进行力学性能试验时,应从每批接头中随机切取 6 个试件,其中 3 个做拉伸试验,3 个做弯曲试验。

接头处不得有横向裂纹;与电极接触处的钢筋表面不得有明显烧伤;接头处的弯折角不得大于 4°;接头处的轴线偏移,不得大于钢筋直径的 0.1 倍,且不得大于 2mm。

　　3 个试件的抗拉强度均不得小于该级别钢筋规定的抗拉强度;应至少有 2 个试件断于焊缝之外,并呈塑性断裂。

　　在做闪光对焊接头弯曲试验时,应将受压面的金属毛刺和镦粗变形部分消除,且与母材的外表齐平。

　　2) 电弧焊

　　电弧焊是利用弧焊机使焊条与焊件之间产生高温电弧,焊条和电弧燃烧范围内的焊件熔化,待其凝固后便形成焊缝或接头。电弧焊广泛应用于钢筋接头与钢筋骨架焊接、装配式结构接头焊接、钢筋与钢板焊接及各种钢结构焊接等。

　　钢筋电弧焊的接头形式(图 4-9)有三种:搭接接头(单面焊缝或双面焊缝)、帮条接头(单面焊缝或双面焊缝)及坡口接头(平焊或立焊)。

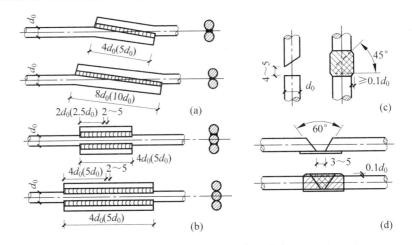

图 4-9　钢筋电弧焊的接头形式

(a) 搭接焊接头;(b) 帮条焊接头;(c) 立焊的坡口焊接头;(d) 平焊的坡口焊接头

　　搭接接头的长度、帮条的长度、焊缝的宽度和高度,均应符合规范的规定。在进行电弧焊接头外观检查时,应在清渣后逐个进行目测或量测。焊缝表面应平整,不得有凹陷或焊瘤;焊接接头区域不得有裂纹;咬边深度、气孔、夹渣等缺陷允许值及接头尺寸的允许偏差,应符合相关的规定;坡口焊、熔槽帮条焊和窄间隙焊接头的焊缝余高不得大于 3mm。钢筋电弧焊 3 个接头试件的拉伸试验抗拉强度均不得小于该级别钢筋规定的抗拉强度;3 个接头试件均应断于焊缝之外,并应至少有 2 个试件呈延性断裂。

　　3) 电渣压力焊

　　电渣压力焊是利用电流通过渣池产生的电阻热将钢筋端部熔化,然后施加压力使钢筋焊合。在施工中,多应用于现浇钢筋混凝土结构构件竖向或倾斜(倾斜度在 4:1 范围内)钢筋的焊接接长。电渣压力焊有自动和手动电渣压力焊,它功效高、成本低,在工程中应用较普遍,如图 4-10 所示。

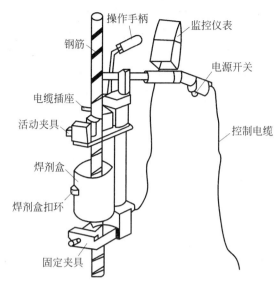

图 4-10 电渣压力焊构造原理图

电渣压力焊的接头应按规范规定的方法检查外观质量,并进行试样拉伸试验。应逐个检查电渣压力焊接头的外观。电渣压力焊接头的外观检查结果应符合下列要求:四周焊包凸出钢筋表面的高度应大于或等于 4mm;钢筋与电极接触处应无烧伤缺陷;接头处的弯折角不得大于 4°;接头处的轴线偏移不得大于钢筋直径的 0.1 倍,且不得大于 2mm。

电渣压力焊接头的拉伸试验结果,3 个试件的抗拉强度均不得小于该级别钢筋规定的抗拉强度值。

4)埋弧压力焊

埋弧压力焊是利用通过的焊接电流,在焊剂层下产生电弧形成熔池,将两焊件相邻部位熔化,然后加压顶锻使两焊件焊牢,如图 4-11 所示。它具有工艺简单、工效高、成本低、质量好、焊后钢板变形小、抗拉强度高等特点。

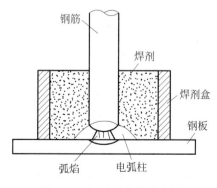

图 4-11 埋弧压力焊示意图

知识扩展:

《混凝土结构设计规范》(GB 50010—2010)

8.4.8 细晶粒热轧带肋钢筋以及直径大于 28mm 的带肋钢筋,其焊接应经试验确定;余热处理钢筋不宜焊接。

纵向受力钢筋的焊接接头应相互错开。钢筋焊接接头连接区段的长度为 35d 且不小于 500mm,d 为连接钢筋的较小直径,凡接头中点位于该连接区段长度内的焊接接头均属于同一连接区段。

纵向受拉钢筋的接头面积百分率不宜大于 50%,但对预制构件的拼接处,可根据实际情况放宽。纵向受压钢筋的接头百分率可不受限制。

8.4.9 需进行疲劳验算的构件,其纵向受拉钢筋不得采用绑扎搭接接头,也不宜采用焊接接头,除端部锚固外不得在钢筋上焊有附件。

当直接承受吊车荷载的钢筋混凝土吊车梁、屋面梁及屋架下弦的纵向受拉钢筋采用焊接接头时,应符合下列规定:

1 应采用闪光接触对焊,并去掉接头的毛刺及卷边;

2 同一连接区段内纵向受拉钢筋焊接接头面积百分率不应大于 25%,焊接接头连接区段的长度应取为 45d,d 为纵向受力钢筋的较大直径;

3 疲劳验算时,焊接接头应符合本规范第 4.2.6 条疲劳应力幅限值的规定。

施焊前,应清洁钢筋、钢板,必要时应除锈。当采用手工埋弧压力焊时,接通焊接电源后,立即将钢筋上提 2.5～4.0mm 引燃电弧,根据钢筋直径大小,适当延时或继续缓慢提升 3～4mm,再渐渐下送,使钢筋端部和钢板熔化,待达到一定时间后迅速顶压。当采用自动埋弧压力焊时,在引弧之后,根据钢筋直径大小,延续一定时间进行熔化,随后及时顶压。

5) 钢筋气压焊

钢筋气压焊是利用乙炔、氧气混合气体燃烧的高温火焰,加热钢筋结合端部,不待钢筋熔融就使其在高温下加压接合。钢筋气压焊设备轻巧,操作简便,施工效率高,耗费材料少,价格便宜。压接后的接头可以达到与母材相同甚至更高的强度。钢筋气压焊的设备包括供气装置、加热器、加压器和压接器等,如图 4-12 所示。

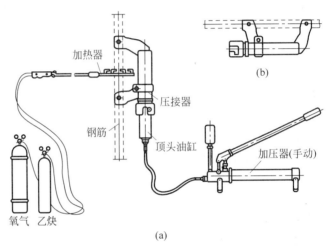

图 4-12 气压焊装置系统图
(a) 竖向焊接;(b) 横向焊接

气压焊的操作工艺是在施焊前,钢筋端头用切割机切齐,压接面应与钢筋轴线垂直,如稍有偏斜,两钢筋的间距不得大于 3mm;钢筋切平后,端头周边用砂轮磨成小"八"字角,并将端头附近 50～100mm 范围内钢筋表面上的铁锈、油渍和水泥清除干净;施焊时,先将钢筋固定于压接器上,并加以适当的压力使钢筋接触,然后将火钳火口对准钢筋接缝处,加热钢筋端部至 1100～1300℃,当表面呈深红色时,当即加压油泵,对钢筋施以 40MPa 以上的压力;压接部分的膨鼓直径为钢筋直径的 1.4 倍以上,其形状呈平滑的圆球形;待钢筋加热部分火色退消后,即可拆除压接器。

6) 电阻点焊

电阻点焊是当钢筋交叉点焊时,接触点只有一点,接触处接触电阻较大,在接触的瞬间电流产生的全部热量都集中在一点上,使金属受热而熔化,同时在电极加压下使焊点金属得到焊合。

电阻点焊主要用于钢筋的交叉连接,用来焊接钢筋网片、钢筋骨架等。其生产效率高,节约材料,应用广泛。

应对焊点进行外观检查和强度试验。对于热轧钢筋的焊点,应进行抗剪试验。对于冷处理钢筋的焊点,除应进行抗剪试验外,还应进行拉伸试验。

2. 钢筋机械连接

钢筋机械连接的种类很多,如钢筋套筒挤压连接、锥螺纹套筒连接等。大部分机械连接是利用钢筋表面特制的螺纹或横肋和连接套筒之间的机械咬合作用来传递钢筋中的拉力或压力。它不受钢筋化学成分、可焊性及气候条件等影响,具有质量稳定、操作简便、施工速度快、无明火作业等特点。

1) 钢筋套筒挤压连接

钢筋套筒挤压连接是把两根待接钢筋的端头先插入一个优质的钢套筒中,然后用挤压机在侧向挤压钢套筒,使套筒产生塑性变形后,即与带肋钢筋紧密咬合,达到连接的目的。它适用于竖向、横向及其他方向较大直径钢筋的连接,如图 4-13 所示。

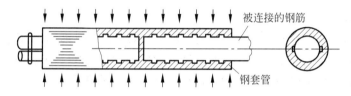

图 4-13 钢筋套筒挤压连接原理图

钢筋挤压连接的工艺参数主要有压接顺序、压接力和压接道数。压接顺序应从中间逐道向两端压接。压接力要能保证套筒与钢筋紧密咬合,压接力和压接道数取决于钢筋直径、套筒型号和挤压机型号。

钢筋套筒挤压连接接头应按验收批进行外观质量和单向拉伸试验检验。

2) 钢筋锥螺纹套筒连接

钢筋锥螺纹套筒连接是用锥形螺纹套筒将两根钢筋端头对接在一起,利用螺纹的机械咬合力传递拉力或压力。用于这种连接的钢套筒内壁在工厂用机床加工成锥螺纹,钢筋的对接端头在施工现场用套丝机加工成与套筒匹配的锥螺纹。

连接时,在对螺纹检查无油污和损伤后,先用手旋入钢筋,然后用扭矩扳手紧固至规定的扭矩即完成连接,如图 4-14 所示。它不受气候影响、施工速度快、质量稳定、对中性好等。

用钢筋直螺纹套筒接头加工的钢筋,具有直螺纹质量好、强度高、连接方便、速度快、应用范围广、经济、便于管理等特点。在施工时,连接钢筋不用电、不用气、无明火作业、可全天候施工;套丝可在钢筋加

知识扩展:

《钢筋焊接及验收规程》(JGJ 18—2012)

4.1.5 带肋钢筋进行闪光对焊、电弧焊、电渣压力焊和气压焊时,应将纵肋对纵肋安放和焊接。

4.1.6 焊剂应存放在干燥的库房内,若受潮时,在使用前应经 250～350℃烘焙 2h。使用中回收的焊剂应清除熔渣和杂物,并应与新焊剂混合均匀后使用。

4.1.7 两根同牌号、不同直径的钢筋可进行闪光对焊、电渣压力焊或气压焊。闪光对焊时钢筋径差不得超过 4mm,电渣压力焊或气压焊时,钢筋径差不得超过 7mm。焊接工艺参数可在大、小直径钢筋焊接工艺参数之间偏大选用,两根钢筋的轴线应在同一直线上,轴线偏移的允许值应按较小直径钢筋计算;对接头强度的要求,应按较小直径钢筋计算。

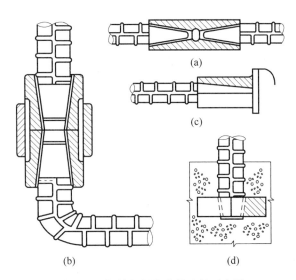

图 4-14   钢筋锥螺纹套管连接示意图

(a) 两根直钢筋连接；(b) 一根直钢筋与一根弯钢筋连接；

(c) 在金属结构上接装钢筋；(d) 在混凝土构件中插接钢筋

工场地预制、不占工期；可用于水平、竖向等各种不同位置的钢筋连接。

钢筋直螺纹套筒连接的工艺如下：钢筋平头→钢筋滚压或挤压(剥肋)→螺纹成型→丝头检验→套筒检验→钢筋就位→拧下钢筋保护帽和套筒保护帽→接头拧紧→做标记→施工质量检验。

3. 钢筋绑扎连接

钢筋绑扎安装前，应先熟悉施工图纸，核对钢筋配料单和料牌，研究钢筋安装和与有关工种配合的顺序，准备绑扎用的铁丝(18～22号)、绑扎工具、绑扎架等。

绑扎钢筋时，应用铁丝将钢筋交叉点扎牢；板和墙的钢筋网，除外围两行钢筋的相交点全部扎牢外，中间部分交叉点可相隔交错扎牢，保证受力钢筋位置不产生偏移；柱、梁的箍筋，除设计有特殊要求外，应与受力钢筋垂直，箍筋弯钩叠合处应沿钢筋方向错开设置；钢筋绑扎搭接接头的末端与钢筋弯起点的距离不得小于钢筋直径的10倍，接头宜设在构件受力较小处；钢筋搭接处应在中部和两端用铁丝扎牢；受拉钢筋和受压钢筋的搭接长度及接头位置应符合《混凝土结构工程施工质量验收标准》(GB 50204—2015)的规定。

4.2.4   钢筋的配料计算

钢筋配料是根据结构施工图，先绘出各种形状和规格的单根钢筋简图，并加以编号，然后分别计算钢筋的下料长度、根数及质量，填写配料单，申请加工。

知识扩展：

《钢筋焊接及验收规程》(JGJ 18—2012)

4.1.8   两根同直径、不同牌号的钢筋可进行闪光对焊、电弧焊、电渣压力焊或气压焊，其钢筋牌号应在本规程表 4.1.1 规定的范围内。焊条、焊丝和焊接工艺参数应按较高牌号钢筋选用，对接头强度的要求应按较低牌号钢筋强度计算。

4.1.9   进行电阻点焊、闪光对焊、埋弧压力焊、埋弧螺柱焊时，应随时观察电源电压的波动情况；当电源电压下降大于5%、小于8%时，应采取提高焊接变压器级数等措施；当大于或等于8%时，不得进行焊接。

1. 钢筋下料长度的计算

结构施工图中所指的钢筋长度是钢筋外缘至外缘之间的长度,即外包尺寸,这是施工中量度钢筋长度的基本依据。

混凝土结构的耐久性,应依据表4-15所列的环境类别和设计使用年限进行设计。混凝土保护层厚度是指钢筋外缘至混凝土构件表面的距离,其作用是保护钢筋在混凝土结构中不受锈蚀,当无设计要求时,应符合表4-16所示的规定。

表 4-15 混凝土结构的环境类别

环境类别		条 件
一		室内正常环境
二	a	室内潮湿环境;非严寒和非寒冷地区的露天环境,与无侵蚀性的水或土壤直接接触的环境
	b	严寒和寒冷地区的露天环境,与无侵蚀性的水或土壤直接接触的环境
三		使用除冰盐的环境;严寒和寒冷地区冬季水位变动的环境;滨海室外环境
四		海水环境
五		受人为或自然的侵蚀性物质影响的环境

表 4-16 纵向受力钢筋的混凝土保护层最小厚度 mm

环境类别		板、墙、壳			梁			柱		
		≤C20	C20~C45	≥C50	≤C20	C20~C45	≥C50	≤C20	C20~C45	≥C50
一		20	15	15	30	25	25	30	30	30
二	a	—	20	20	—	30	30	—	30	30
	b	—	25	20	—	35	30	—	35	30
三		—	30	25	—	40	35	—	40	35

说明:基础中纵向受力钢筋的混凝土保护层厚度不应小于40mm;当无垫层时,不应小于70mm。

混凝土的保护层厚度,一般用水泥砂浆垫块或塑料卡垫在钢筋与模板之间来控制。塑料卡的形状有塑料垫块和塑料环圈两种。塑料垫块用于水平构件,塑料环圈用于垂直构件。

钢筋弯曲后外边缘伸长,内边缘缩短,而中心线没有变化。但钢筋长度的度量方法是指外包尺寸,因此钢筋弯曲以后存在量度差值,在计算下料长度时必须加以扣除。否则形成下料太长,造成浪费,或弯曲成型后钢筋尺寸大于要求,造成保护层不够,甚至钢筋尺寸大于模板尺寸而造成返工。根据理论和实践经验,弯曲量度差值如表4-17所示。

知识扩展:

《钢筋焊接及验收规程》(JGJ 18—2012)

4.1.10 在环境温度低于−5℃条件下施焊时,焊接工艺应符合下列要求:

1 闪光对焊时,宜采用预热闪光焊或闪光—预热闪光焊;可增加调伸长度,采用较低变压器级数,增加预热次数和间歇时间。

2 电弧焊时,宜增大焊接电流,降低焊接速度。电弧帮条焊或搭接焊时,第一层焊缝应从中间引弧,向两端施焊;以后各层控温施焊,层间温度应控制在150~350℃之间。多层施焊时,可采用回火焊道施焊。

4.1.11 当环境温度低于−20℃时,不应进行各种焊接。

4.1.12 雨天、雪天进行施焊时,应采取有效遮蔽措施。焊后未冷却接头不得碰到雨和冰雪,并应采取有效的防滑、防触电措施,确保人身安全。

表 4-17　钢筋弯曲量度差值

钢筋弯起角度	30°	45°	60°	90°	135°
钢筋弯曲量度差值	0.35d	0.5d	0.85d	2d	2.5d

注：d 为钢筋直径。

对于 HPB300 钢筋，为了增加与混凝土锚固的能力，一般在其两端应做 180°弯钩，其弯弧内直径不应小于钢筋直径的 2.5 倍，弯钩弯后平直部分的长度不应小于钢筋直径的 3 倍；用于轻骨料混凝土结构时，其弯曲直径不应小于钢筋直径的 3.5 倍。经计算，每一个 180°弯钩的增长值为 6.25d。

HRB335、HRB400 钢筋是变形钢筋，与混凝土粘结性较好，一般不在两端设 180°弯钩；但由于锚固长度而需在钢筋末端做 90°或 135°弯钩时，HRB335 钢筋的弯弧内直径不应小于钢筋直径的 4 倍，HRB400 钢筋不宜小于钢筋直径的 5 倍，弯钩弯后平直部分的长度应符合设计要求。

除焊接封闭环式箍筋外，箍筋的末端应做弯钩，其弯曲直径不应小于箍筋直径的 2.5 倍。箍筋弯后平直部分的长度规定如下：对一般结构，不宜小于箍筋直径的 5 倍；对于有抗震要求的结构，不应小于箍筋直径的 10 倍。箍筋弯钩形式如图 4-15 所示。

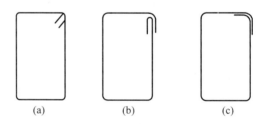

图 4-15　箍筋示意图
(a) 135°/135°；(b) 90°/180°；(c) 90°/90°

知识扩展：

《钢筋焊接及验收规程》(JGJ 18—2012)
4.1.13　当焊接区风速超过 8m/s 在现场进行闪光对焊或焊条电弧焊时，当风速超过 5m/s 进行气压焊时，当风速超过 2m/s 进行二氧化碳气体保护电弧焊时，均应采取挡风措施。
4.1.14　焊机应经常维护保养和定期检修，确保正常使用。

为了箍筋计算方便，一般将箍筋弯钩的增长值和度量差值两项合并成一项为箍筋调整值，如表 4-18 所示。在计算时，将箍筋外包尺寸或内包尺寸加上箍筋调整值即为箍筋的下料长度。

表 4-18　箍筋的调整值　　　　mm

箍筋量度方法	箍筋 直径			
	4～5	6	8	10～12
量外包尺寸	40	50	60	70
量内包尺寸	80	100	120	150～170

直钢筋下料长度＝构件长度－保护层厚度＋弯钩增加长度
弯起钢筋下料长度＝直段长度＋斜段长度－弯折量度差值＋
弯钩增加长度

> 箍筋下料长度＝直段长度＋弯钩增加长度－弯折量度差值（或箍
> 筋下料长度＝箍筋周长＋箍筋调整值）。

上述钢筋采用绑扎接头搭接时，还应增加钢筋的搭接长度，受拉钢筋绑扎接头的搭接长度应符合表 4-19 所示的要求，受压钢筋的绑扎接头搭接长度为表 4-19 中数值的 0.7 倍。

表 4-19　受拉钢筋绑扎接头的搭接长度

项次	钢筋类型	混凝土强度等级		
		C20	C25	≥C30
1	HPB300 级钢筋	35d	30d	25d
2	HRB335 级钢筋	45d	40d	35d
3	HPB400 级钢筋	55d	50d	45d
4	低碳冷拔钢丝	300mm		

注：1. 当 HRB335、HRB400 级钢筋直径 $d>25$mm 时，其受拉钢筋的搭接长度应按表中数值增加 $5d$ 采用。

2. 当螺纹钢筋直径 $d\leqslant25$mm 时，其受拉钢筋的搭接长度应按表中数值减少 $5d$ 采用。

3. 当混凝土在凝固过程中易受扰动时（如滑模施工），宜适当增加受力钢筋的搭接长度。

4. 在任何情况下，纵向受拉钢筋的搭接长度不应小于 300mm，受拉钢筋的搭接长度不应小于 200mm。

5. 轻骨料混凝土的钢筋绑扎接头搭接长度应按普通混凝土搭接长度增加 $5d$（低碳冷拔钢丝增加 50mm）。

6. 当混凝土强度等级低于 C20 时，对 HRB335、HRB400 级钢筋，最小搭接长度应取表中 C20 的相应数值。

2. 钢筋下料计算的注意事项

在设计图纸中，当没有注明钢筋配置的细节问题时，一般可按构造要求处理。

进行配料计算时，在满足设计要求的前提下，钢筋的形状和尺寸应有利于加工和安装。

配料时，还要考虑施工需要的附加钢筋，如后张预应力构件预留孔道定位用的钢筋井字架，基础双层钢筋网中保证上层钢筋网位置用的钢筋撑脚，墙板双层钢筋网中固定钢筋间距用的钢筋撑铁，柱钢筋骨架增加四面斜筋撑等。

3. 钢筋配料单的编制

各钢筋下料长度计算完成后，应汇总起来编制出钢筋配料单。在配料单中必须反映出工程名称、构件名称、钢筋编号、钢筋简图及尺寸、钢筋直径、数量、级别、下料长度及钢筋质量，以便进行备料加工。

根据配料单，每一编号的钢筋都要做一块料牌，牌中注明工程名称、构件名称等，钢筋加工完毕后，应将料牌绑扎在钢筋上，以便识别。

知识扩展：

《钢筋机械连接技术规程》（JGJ 107—2016）

4　接头应用

4.0.1 接头等级的选用应符合下列规定：

1 混凝土结构中要求充分发挥钢筋强度或对延性要求高的部位应选用Ⅱ级或Ⅰ级接头；当在同一连接区段内钢筋接头面积百分率为 100％ 时，应选用Ⅰ级接头。

2 混凝土结构中钢筋应力较高但对延性要求不高的部位可选用Ⅲ级接头。

4.0.2 连接件的混凝土保护层厚度宜符合现行国家标准《混凝土结构设计规范》（GB 50010—2010）中的规定，且不应小于 0.75 倍钢筋最小保护层厚度和 15mm 的较大值。必要时可对连接件采取防锈措施。

4.2.5 钢筋的代换

1. 钢筋代换原则及方法

当施工中遇到钢筋品种或规格与设计要求不符时，可参照以下原则进行钢筋代换。

1）等强度代换方法

当构件配筋受强度控制时，可按代换前后强度相等的原则代换，称为等强度代换。如果设计图中所用的钢筋设计强度为 f_{y1}，钢筋总面积为 A_{s1}，代换后的钢筋设计强度为 f_{y2}，钢筋总面积为 A_{s2}，则

$$f_{y1} \times A_{s1} \leqslant f_{y2} \times A_{s2} \qquad (4\text{-}8)$$

即

$$n_2 = \frac{n_1 d_1^2 f_{y1}}{d_2^2 f_{y2}} \qquad (4\text{-}9)$$

2）等面积代换方法

当构件按最小配筋率配筋时，可按代换前后面积相等的原则进行代换，称为等面积代换。代换时应满足下列要求：

$$A_{s1} \leqslant A_{s2} \qquad (4\text{-}10)$$

则

$$n_2 \geqslant n_1 \times \frac{d_1^2}{d_2^2} \qquad (4\text{-}11)$$

3）裂缝宽度或挠度验算方法

当构件配筋受裂缝宽度或挠度控制时，代换后应进行裂缝宽度或挠度验算。代换后，还应满足构造方面的要求（如钢筋间距、最小直径、最少根数、锚固长度、对称性等）及设计中提出的其他要求。

2. 代换注意事项

钢筋代换时应办理设计变更文件，并符合下列规定。

重要受力构件（如吊车梁、薄腹梁、桁架下弦等）不宜用 HPB300 钢筋代换变形钢筋，以免裂缝开展过大。

钢筋代换后，应满足混凝土结构设计规范中所规定的钢筋间距、锚固长度、最小钢筋直径、根数等配筋构造要求。

梁的纵向受力钢筋与弯起钢筋分别代换，以保证正截面与斜截面强度。偏心受压构件或偏心受拉构件做钢筋代换时，不取整个截面配筋量计算，应按受力面（受拉或受压）分别代换。

有抗震要求的梁、柱和框架，不宜以强度等级较高的钢筋代换原设计中的钢筋；如果必须代换，那么其代换的钢筋检验所得的实际强度，尚应符合抗震钢筋的要求。

预制构件的吊环，必须采用未经冷拉的 HPB300 钢筋制作，严禁以其他钢筋代换。

知识扩展：

《钢筋机械连接技术规程》(JGJ 107—2016)

4.0.3 结构构件中纵向受力钢筋的接头宜相互错开。钢筋机械连接的连接区段长度应按 35d 计算，当直径不同的钢筋连接时，按直径较小的钢筋计算。位于同一连接区段内的钢筋机械连接接头的面积百分率应符合下列规定：

1 接头宜设置在结构构件受拉钢筋应力较小部位，高应力部位设置接头时，同一连接区段内Ⅲ级接头的接头面积百分率不应大于 25%，Ⅱ级接头的接头面积百分率不应大于 50%。Ⅰ级接头的接头面积百分率除本条第 2 款和第 4 款所列情况外可不受限制。

2 接头宜避开有抗震设防要求的框架的梁端、柱端箍筋加密区；当无法避开时，应采用Ⅱ级接头或Ⅰ级接头，且接头面积百分率不应大于 50%。

3 受拉钢筋应力较小部位或纵向受压钢筋，接头面积百分率可不受限制。

当构件受裂缝宽度或挠度控制时,钢筋代换后,应进行刚度、裂缝验算。

4.2.6 钢筋的加工与安装

1. 钢筋的加工

钢筋的加工有调直、除锈、下料剪切、接长及弯曲成型。钢筋加工的形状、尺寸应符合设计要求,其允许偏差应符合规范的规定。

钢筋调直宜采用机械方法,也可以采用冷拉的方法。冷拉调直时,HPB300 钢筋冷拉率不应大于 4‰,HRB335、HRB400 钢筋的冷拉率不应大于 1‰;直径为 4~14mm 的钢筋还可以用调直机进行调直;粗钢筋可以采用锤直和拔直的方法。冷拔低碳钢丝在调直机上调直后,其表面不得有明显的擦伤,抗拉强度不得低于设计要求。对局部曲折、弯曲或成盘的钢筋,在使用前,应加以调直,常用的方法是使用卷扬机拉直和用调直机调直。调直机具有使钢筋调直、除锈和切断的功能。

钢筋的表面应洁净,应在使用前清除干净油渍、漆污、浮皮、铁锈等。在焊接前,应清除干净焊点的水锈。大量钢筋除锈可以通过钢筋冷拉或钢筋调直机的调直过程来完成;少量的钢筋局部除锈可采用电动除锈机或人工用钢丝刷、砂盘以及喷砂和酸洗等方法进行。

下料剪切前,应将同规格的钢筋长短搭配,统筹安排,一般先断长料、后断短料,以减少短头和损耗。钢筋下料剪切可用钢筋切断机或手动剪切器。手动剪切器一般只用于直径小于 12mm 的钢筋;钢筋切断机可用于切断直径小于 40mm 的钢筋;直径大于 40mm 的钢筋需用氧-乙炔焰或电弧切割。

在钢筋加工中,由于长度不够,或为了合理用料,长短搭配,需对钢筋进行接长。其方法有搭接绑扎、焊接、机械连接等。

钢筋弯曲的顺序是画线、试弯、弯曲成型。画线主要根据不同的弯曲角在钢筋上标出弯折的部位,以外包尺寸为依据,扣除弯曲量度差值。钢筋弯曲成型一般用钢筋弯曲机(直径 6~40mm 的钢筋)或板钩弯曲(直径小于 25mm 的钢筋)。为了提高工效,工地也常自制多头弯曲机以弯曲细钢筋。

钢筋加工允许的偏差:受力钢筋顺长度方向全长的净尺寸偏差不应超过 ±10mm;弯起筋的弯折位置偏差不应超过 ±20mm;箍筋内净尺寸偏差不应超过 ±5mm。

2. 钢筋的安装

钢筋安装或现场绑扎应与模板安装相配合。柱钢筋现场绑扎时,一般在模板安装前进行,柱钢筋采用预制安装时,可先安装钢筋骨架,

知识扩展:

《钢筋机械连接技术规程》(JGJ 107—2016)

5 接头型式检验

5.0.1 下列情况应进行型式检验:

1 确定接头性能等级时;

2 套筒材料、规格、接头加工工艺改动时;

3 型式检验报告超过 4 年时。

5.0.2 接头型式检验试件应符合下列规定:

1 对每种类型、级别、规格、材料、工艺的钢筋机械连接接头,型式检验试件不应少于 12 个;其中钢筋母材拉伸强度试件不应少于 3 个,单向拉伸试件不应少于 3 个,高应力反复拉压试件不应少于 3 个,大变形反复拉压试件不应少于 3 个;

2 全部试件的钢筋均应在同一根钢筋上截取;

3 接头试件应按本规程 6.3 节的要求进行安装;

4 型式检验试件不得采用经过预拉的试件。

然后安装柱模板,或先安装三面模板,待钢筋骨架安装后,再安装第四面模板。一般在梁模板安装后,再安装或绑扎梁的钢筋;对于断面高度较大(>600mm)或跨度较大、钢筋较密的大梁,可留一面侧模,待钢筋安装或绑扎完后,再钉侧模。楼板钢筋绑扎应在楼板模板安装后进行,并应按设计先画线,然后摆料、绑扎。

钢筋保护层应按设计或规范要求确定,工地常用预制水泥垫块垫在钢筋与模板之间,以控制保护层厚度。垫块应布置成梅花形,其间距不大于1m,上、下层钢筋之间的尺寸可通过绑扎短钢筋或设置撑脚来控制。

4.2.7 钢筋工程的施工质量检验与验收方法

钢筋工程属于隐蔽工程,在浇筑混凝土前,应对钢筋及预埋件进行隐蔽工程验收,并按规定记好隐蔽工程记录,以便检查。其内容包括纵向受力钢筋的品种、规格、数量、位置是否正确,特别是要注意检查负筋的位置;钢筋的连接方式、接头位置、接头数量、接头面积百分率是否符合规定;箍筋、横向钢筋的品种、规格、数量、间距等是否符合规定;预埋件的规格、数量、位置等是否符合规定。检查钢筋绑扎是否牢固,有无变形、松脱和开焊。

钢筋工程的施工质量检验应按主控项目、一般项目按规定的检验方法进行检验。检验批合格质量应符合下列规定:主控项目的质量经抽样检验合格;一般项目的质量经抽样检验合格;当采用计数检验时,除有专门要求外,一般项目的合格点率应达到80%及以上,且不得有严重缺陷;应具有完整的施工操作依据和质量验收记录。

1. 主控项目

(1) 进场的钢筋应按规定抽取试件做力学性能检验,其质量必须符合相关标准的规定。

检查数量:按进场的批次和产品的抽样检验方案确定。

检查方法:检查产品合格证、出厂检验报告和进场复检报告。

(2) 对有抗震设防要求的框架结构,其纵向受力钢筋的强度应满足设计要求;当设计无具体要求时,对一、二级抗震等级,检验所得的强度实测值应符合下列规定。钢筋的抗拉强度实测值与屈服强度实测值的比值不应小于1.25。钢筋的屈服强度实测值与强度标准值的比值不应大于1.3。

检查数量:按进场的批次和产品的抽样检验方案确定。

检查方法:检查进场复验报告。

(3) 受力钢筋的弯钩与弯折应符合下列规定:HPB300级钢筋末端应做180°弯钩,其弯弧内直径不应小于钢筋直径的2.5倍,弯钩的平直部分长度不应小于钢筋直径的3倍;当设计要求钢筋末端做135°弯钩时,HRB335级、HRB400级钢筋的弯弧内直径不应小于钢筋直径4倍,弯钩的平直部分长度应符合设计要求;钢筋做不大于90°的弯折时,弯折处的弯弧内直径不应小于钢筋直径的5倍。

除焊接封闭环式箍筋外,箍筋的末端应做弯钩。弯钩形式应符合设计要求,当设计无具体要求时,应符合下列规定:箍筋弯钩的弯弧内直径除应满足本条前述的规定外,尚不应小于受力钢筋的直径。箍筋弯钩的弯折角度规定如下:对一般结构,不应小于90°;对有抗震等要求的结构,应为135°。箍筋弯后平直部分长度规定如下:对一般结构,不宜小于箍筋直径的5倍;对有抗震等要求的结构,不应小于箍筋直径的10倍。

检查数量:每工作班同一类型钢筋、同一加工设备抽查不应少于3件。

检验方法:金属直尺检查。

(4)纵向受力钢筋的连接方式应符合设计要求。

检查数量:全数检查。

检查方法:观察。

(5)钢筋机械连接接头、焊接接头应按国家现行标准的规定抽取试件做力学性能检验,其质量应符合有关规范的规定。

检查数量:按有关规范确定。

检查方法:检查产品合格证、接头力学性能试验报告。

(6)钢筋安装时,受力钢筋的品种、级别、规格、数量必须符合设计要求。

检查数量:全数检查。

检查方法:观察,金属钢尺检查。

2. 一般项目

(1)钢筋应平直、无损伤,表面不得有裂纹、油污、颗粒状或片状老锈。

检查数量:进场时和使用前全数检查。

检查方法:观察。

(2)钢筋调直宜采用机械方法,当采用冷拉方法调直钢筋时,钢筋的冷拉率应符合规范的要求。

检查数量:按每工作班同一类型钢筋、同一加工设备抽查不应少于3件。

检查方法:观察,金属直尺检查。

(3)钢筋加工的形状、尺寸应符合设计要求,其偏差应符合表4-20所示的规定。

检查数量:按每工作班同一类型钢筋、同一加工设备抽查不应少于3件。

检查方法:金属直尺检查。

知识扩展:

《钢筋机械连接技术规程》(JGJ 107—2016)

7 接头的现场检验与验收

7.0.1 工程应用接头时,应对接头技术提供单位提交的接头相关技术资料进行审查与验收,并应包括下列内容:

1 工程所用接头的有效型式检验报告;

2 连接件产品设计、接头加工安装要求的相关技术文件;

3 连接件产品合格证和连接件原材料质量证明书。

7.0.2 接头工艺检验应针对不同钢筋生产厂的钢筋进行,施工过程中更换钢筋生产厂或接头技术提供单位时,应补充进行工艺检验。工艺检验应符合下列规定:

1 各种类型和型式接头都应进行工艺检验,检验项目包括单向拉伸极限抗拉强度和残余变形;

2 每种规格钢筋接头试件不应少于3根;

表 4-20　钢筋加工的允许偏差　　　　　　　　　　　mm

项目	允许偏差
受力钢筋顺长度方向全长的净尺寸	±10
弯起钢筋的弯折位置	±20
箍筋内净尺寸	±5

（4）钢筋的接头宜设置在受力较小处,同一纵向受力钢筋不宜设置两个或两个以上接头。接头末端至钢筋弯起点的距离不应小于钢筋直径的 10 倍。

检查数量:全数检查。

检查方法:观察,金属直尺检查。

（5）施工现场应按国家标准《钢筋机械连接通用技术规程》(JGJ 107—2003)、《钢筋焊接及验收规程》(JGJ 18—2012)的规定对钢筋机械连接接头、焊接接头的外观进行检查,其质量应符合有关规范的规定。

检查数量:全数检查。

检查方法:观察。

（6）当受力钢筋采用机械连接接头或焊接接头时,设置在同一构件内的接头宜相互错开。纵向受力钢筋机械连接接头及焊接接头连接区段的长度为 $35d$(d 为纵向受力钢筋的较大直径)且不小于 500mm,凡接头中点位于该连接区段长度内的接头均属于同一连接区段。在同一连接区段内,纵向受力钢筋的接头面积百分率应符合设计要求;当设计无具体要求时,在受拉区不宜大于 50%;接头不宜设置在有抗震设防要求的框架梁端、柱端的箍筋加密区;当无法避开时,对等强度高质量机械连接接头不应大于 50%;直接承受动力荷载的结构构件中,不宜采用焊接接头;当采用机械连接接头时不应大于 50%。

同一构件中相邻纵向受力钢筋的绑扎搭接接头宜相互错开,绑扎搭接接头中钢筋的横向净距不应小于钢筋直径,且不应小于 25mm。钢筋绑扎搭接接头连接区段的长度为 $1.3l_l$;凡搭接接头中点位于该连接区段长度内的搭接接头均属于同一连接区段。在同一连接区段内,纵向钢筋搭接接头面积百分率应符合设计要求;当设计无具体要求时,对梁、板、墙类构件,不宜大于 25%;对柱类构件不宜大于 50%;当工程中确有必要增大接头面积百分率时,对梁类构件不应大于 50%;对其他构件,可根据实际情况放宽。

检查数量:在同一检验批内,对梁、柱和独立基础,应抽查构件数量的 10%,且不少于 3 件;对墙和板,应按有代表性的自然间抽查 10%,且不少于 3 间;对大空间结构,墙可按相邻轴线间高度 5m 左右划分检查面,板可按纵横轴线划分检查面,抽查 10%,且均不少于 3 面。

检查方法:观察,金属直尺检查。

（7）在梁、柱类构件的纵向受力钢筋搭接长度范围内，应按设计要求配置箍筋。当设计无具体要求时，箍筋直径不应小于搭接钢筋较大直径的 25%；受拉搭接区段的箍筋间距不应大于搭接钢筋较小直径的 5 倍，且不应大于 100mm；受压搭接区段的箍筋间距不应大于搭接钢筋较小直径的 10 倍，且不应大于 200mm；当柱中纵向受力钢筋直径大于 25mm 时，应在搭接接头两个端面外 100mm 范围内各设置两个箍筋，其间距宜为 50mm。

检查数量：在同一检验批内，对梁、柱、独立基础，应抽查构件数量的 10%，且不少于 3 件；对墙和板，应按有代表性的自然间抽查 10%，且不少于 3 间；对大空间结构，墙可按相邻轴线间高度 5m 左右划分检查面，板可按纵横轴线划分检查面，抽查 10%，且均不少于 3 面。

检查方法：金属直尺检查。

（8）钢筋安装位置的偏差应符合表 4-21 所示的规定。

表 4-21　钢筋安装位置的允许偏差和检验方法　　　　mm

项　　目			允许偏差	检验方法
绑扎钢筋网	长、宽		±10	金属直尺检查
	网眼尺寸		±20	金属直尺量连续三挡，取其最大值
绑扎钢筋骨架	长		±10	金属直尺检查
	宽、高		±5	金属直尺检查
受力钢筋	间距		±10	金属直尺量两端、中间各一点取其最大值
	排距		±5	
	保护层厚度	基础	±10	金属直尺检查
		梁柱	±5	金属直尺检查
		墙、板、壳	±3	金属直尺检查
绑扎钢筋、横向钢筋间距			±20	金属直尺量连续三挡，取其最大值
钢筋弯起点位置			±20	金属直尺检查
预埋件	中心线位置		5	金属直尺检查
	水平高差		±3.0	金属直尺和塞尺检查

注：1. 检查中心线位置时，应沿纵、横两个方向测量，并取其中的较大值。

2. 表中梁、板类构件上部纵向受力钢筋保护层厚度的合格点率应达到 90% 及以上，且不得超过表中尺寸偏差数值的 1.5 倍。

检查数量：在同一检验批内，对梁、柱、独立基础，应抽查构件数量的 10%，且不少于 3 件；对墙和板，应按有代表性的自然间抽查 10%，且不少于 3 间；对大空间结构，墙可按相邻轴线间高度 5m 左右划分检查面，板可按纵横轴线划分检查面，抽查 10%，且均不少于 3 面。

检查方法：如表 4-21 所示。

知识扩展：

《钢筋机械连接技术规程》(JGJ 107—2016)

7.0.5　接头现场抽检项目应包括极限抗拉强度试验、加工和安装质量检验。抽检应按验收批进行，同钢筋生产厂、同强度等级、同规格、同类型和同型式接头应以 500 个为一个验收批进行检验与验收，不足 500 个也应作为一个验收批。

7.0.6　接头安装检验应符合下列规定：

1　螺纹接头安装后应按本规程第 7.0.5 条的验收批，抽取其中 10% 的接头进行拧紧扭矩校核，拧紧扭矩值不合格数超过被校核接头数的 5% 时，应重新拧紧全部接头，直到合格为止。

2　套筒挤压接头应按验收批抽取 10% 接头，压痕直径或挤压后套筒长度应满足本规程第 6.3.3 条第 3 款的要求；钢筋插入套筒深度应满足产品设计要求，检查不合格数超过 10% 时，可在本批外观检验不合格的接头中抽取 3 个试件做极限抗拉强度试验，按本规程第 7.0.7 条进行评定。

4.3　混凝土工程

混凝土工程施工包括配料、搅拌、运输、浇筑、振捣、养护等施工过程。各个施工过程紧密联系而又相互影响,任一施工过程处理不当,都会影响混凝土的最终质量。而混凝土工程一般是建筑物的承重结构,因此,确保混凝土工程的质量非常重要。因此,混凝土构件不但要有正确的外形,而且要获得良好的强度、密实度和整体性。

4.3.1　混凝土工程施工前的准备工作

检查模板,主要是检查模板的位置、标高、截面尺寸、垂直度是否正确,接缝是否严密,预埋件位置和数量是否符合设计图纸要求,支撑是否牢固。此外,还要清除模板内的木屑、垃圾等杂物。混凝土浇筑前,木模板需浇水湿润;在混凝土浇筑过程中,要安排专人配合进行模板的检查和修整工作。

检查钢筋,主要是对钢筋的规格、数量、位置、接头是否正确,是否沾有油污等进行检查,并填写隐蔽工程验收单,要安排专人配合混凝土浇筑过程中的钢筋修整工作。

检查材料、机具、道路。对于材料,主要检查其品种、规格、数量与质量;对于机具,主要检查其数量、运转是否正常;对于地面与楼面运输道路,主要检查其是否平坦,运输工具能否直接到达各个浇筑部位。

与水电供应部门联系,防止水电供应中断;了解天气预报,准备好防雨、防冻等措施;对机械故障做好修理和更换的准备;夜间施工准备好照明设施。

做好安全设施检查,安全与技术交底,劳动力的分工以及其他组织工作。

4.3.2　混凝土的配料

混凝土由水泥、粗、细骨料和水组成,有时根据需要掺入外加剂、矿物掺合料。保证原材料的质量是保证混凝土质量的前提。

1. 混凝土施工配置强度的确定

混凝土配合比应根据混凝土强度等级、耐久性和工作性能等执行现行国家标准《普通混凝土配合比设计规程》(JGJ 55—2011),必要时,还需满足抗渗性、抗冻性、水化热低等要求。

混凝土的强度等级分为 C15、C20、C25、C30、C35、C40、C45、C50、C55、C60、C65、C70、C75、C80。C50 及其以下为普通混凝土;C55～C80 为高强混凝土。混凝土制备前应按下式确定混凝土的施工配制强

知识扩展:

《混凝土结构设计规范》(GB 50010—2010)

3.1　一般规定

3.1.1　混凝土结构设计应包括下列内容:

1　结构方案设计,包括结构选型、构件布置及传力途径;

2　作用及作用效应分析;

3　结构的极限状态设计;

4　结构及构件的构造、连接措施;

5　耐久性及施工的要求;

6　满足特殊要求结构的专门性能设计。

3.1.2　本规范采用以概率理论为基础的极限状态设计方法,以可靠指标度量结构构件的可靠度,采用分项系数的设计表达式进行设计。

度,以达到 95% 的保证率。

$$f_{cu,o} = f_{cu,k} + 1.645\sigma \qquad (4\text{-}12)$$

式中 $f_{cu,o}$——混凝土的施工配置强度,N/mm²;

    $f_{cu,k}$——设计的混凝土强度标准值,N/mm²;

    σ——施工单位的混凝土强度标准差,N/mm²。

当施工单位具有同一品种混凝土强度近期的统计资料时,σ 可按下式计算:

$$\sigma = \sqrt{\dfrac{\sum\limits_{i=1}^{n} f_{cu,i}^2 - n f_{cu,m}^2}{n-1}} \qquad (4\text{-}13)$$

式中 $f_{cu,i}$——第 i 组混凝土试件强度,N/mm²;

    $f_{cu,m}$——m 组混凝土试件强度的平均值,N/mm²;

    σ——统计周期内相同混凝土强度等级的试件组数,$n \geq 25$。

当混凝土强度等级为 C20 或 C25 时,如计算得到的 $\sigma < 2.5\text{N/mm}^2$ 时,取 $\sigma = 2.5\text{N/mm}^2$;当混凝土强度高于 C25 时,如计算得到的 $\sigma < 3.0\text{N/mm}^2$ 时,取 $\sigma = 3.0\text{N/mm}^2$。

对预拌混凝土厂和预制混凝土的构件厂,其统计周期可取一个月;对现场拌制混凝土的施工单位,其统计周期可根据实际情况确定,但不宜超过三个月。

施工单位如无近期同一品种混凝土强度统计资料时,σ 可按表 4-22 所示取值。

表 4-22 混凝土强度标准差   N/mm²

混凝土强度等级	<C20	C20～C35	>C35
σ	4.0	5.0	6.0

注:表中数值反映我国施工单位的混凝土施工技术和管理的平均水平,采用时可根据本单位情况做适当调整。

2. 混凝土的施工配料

施工配料是保证混凝土质量的重要环节之一,必须严格控制。施工配料时影响混凝土质量的因素主要有两方面:一是称量不准;二是未按砂石骨料实际含水率的变化进行施工配合比的换算。这样必然会改变原理论配合比的水灰比、砂石比(含砂率)和浆骨比。当水灰比增大时,混凝土黏聚性、保水性差,而且硬化后多余的水分残留在混凝土中形成水泡,或水分蒸发留下气孔,使混凝土密实性差,强度低。若水灰比减小时,混凝土流动性差,甚至影响成型后的密实,造成混凝土结构内部松散,表面产生蜂窝、麻面等现象。同样,含砂率减小时,砂浆量不足,不仅会降低混凝土的流动性,更严重的是将影响其黏聚性及保水性,产生粗骨料离析,水泥浆流失,甚至溃散等不良现象。而浆骨比可反映混凝土中水

知识扩展:

《混凝土结构设计规范》(GB 50010—2010)

3.1.3 混凝土结构的极限状态设计应包括:

1 承载能力极限状态:结构或结构构件达到最大承载力、出现疲劳破坏、发生不适于继续承载的变形或因结构局部破坏而引发的连续倒塌;

2 正常使用极限状态:结构或结构构件达到正常使用的某项规定限值或耐久性能的某种规定状态。

3.1.4 结构上的直接作用(荷载)应根据现行国家标准《建筑结构荷载规范》(GB 50009—2012)及相关标准确定;地震作用应根据现行国家标准《建筑抗震设计规范》(GB 50011—2010)确定。

间接作用和偶然作用应根据有关的标准或具体情况确定。

直接承受吊车荷载的结构构件应考虑吊车荷载的动力系数。预制构件制作、运输及安装时应考虑相应的动力系数。对现浇结构,必要时应考虑施工阶段的荷载。

泥浆的用量多少(即每立方米混凝土的用水量和水泥用量),如控制不准,也直接影响混凝土的水灰比和流动性。所以,为了确保混凝土的质量,施工中必须及时进行施工配合比的换算和严格控制称量。

1)施工配合比换算

混凝土实验室配合比是根据完全干燥的砂、石骨料配置的,但实际使用的砂、石骨料一般都含有一些水分,而且含水量又会随气候条件发生变化。所以,施工时应及时测定砂、石骨料的含水量,并将混凝土实验室配合比换算成在实际含水量情况下的施工配合比。

设实验室配合比为水泥:砂子:石子$=1:x:y$,并测得砂子的含水量为w_x,石子的含水量为w_y,则施工配合比为$1:x(1+w_x):y(1+w_y)$。

按实验室配合比$1m^3$混凝土水泥用量为$C(kg)$,计算时确保混凝土水灰比W/C不变,则换算后材料用量为

水泥:$C'=C$

砂子:$G砂=C \cdot x \cdot (1+w_x)$

石子:$G石=C \cdot x \cdot (1+w_y)$

水:$W'=W-C \cdot x \cdot w_x-C \cdot y \cdot w_y$

设混凝土实验室配合比$1:2.56:5.5$,水灰比为0.64,每立方米混凝土的水泥用量为$251kg$,测得砂子含水量为4%,石子含水量为2%,则施工配合比为

$$1:2.56(1+4\%):5.5(1+2\%)=1:2.66:5.61$$

每$1m^3$混凝土材料用量为

水泥:$251kg$

砂子:$251kg \times 2.66=667.66kg$

石子:$251kg \times 5.61=1408.11kg$

水:$251kg \times 0.64-251kg \times 2.56 \times 4\%-251kg \times 5.5 \times 2\%=107.33kg$

2)施工配料

求出每立方米混凝土材料用量后,还必须根据工地现有的搅拌机出料容量确定每次需用水泥用量,然后按水泥用量来计算砂石的每次搅拌用量。如采用JZ250型搅拌机,出料容量为$0.25m^3$,则每搅拌一次的装料数量为

水泥:$251kg \times 0.25=62.75kg$(取一袋水泥,即$50kg$)

砂子:$50kg \times 2.66=133kg$

石子:$50kg \times 5.61=280.5kg$

水:$50kg \times 0.64-50kg \times 2.56 \times 4\%-50kg \times 5.5 \times 2\%=21.38kg$

为严格控制混凝土的配合比,应采用质量计量原材料的数量,必须准确。其质量偏差不得超过以下规定:水泥、混合材料为$\pm2\%$;细骨料为$\pm3\%$;水、外加剂溶液为$\pm2\%$。各种衡量器应定期校验,保持其

知识扩展:

《混凝土结构设计规范》(GB 50010—2010)

3.1.5　混凝土结构的安全等级和设计使用年限应符合现行国家标准《工程结构可靠性设计统一标准》(GB 50153—2008)的规定。

混凝土结构中各类结构构件的安全等级,宜与整个结构的安全等级相同。对其中部分结构构件的安全等级,可根据其重要程度适当调整。对于结构中重要构件和关键传力部位,宜适当提高其安全等级。

3.1.6　混凝土结构设计应考虑施工技术水平以及实际工程条件的可行性。有特殊要求的混凝土结构,应提出相应的施工要求。

3.1.7　设计应明确结构的用途;在设计使用年限内未经技术鉴定或设计许可,不得改变结构的用途和使用环境。

准确性。应经常测定骨料含水量,雨天施工时,应增加测定次数。

3. 掺合外加剂及混合料

1)种类

在混凝土施工过程中,经常掺入一定数量的外加剂或混合料,以改善混凝土某些方面的性能。混凝土外加剂有如下类型。

改善新拌混凝土流变性能的外加剂,包括减水剂(如木质素类、萘类、糖蜜类、水溶性树脂类)和引气剂(如松香热聚物、松香皂)。

调节混凝土凝结硬化性能的外加剂,包括早强剂(如氯盐类、硫酸盐类、三乙醇胺)、缓凝剂和促凝剂等。

改善混凝土耐久性的外加剂,包括引气剂、防水剂和阻锈剂等。

为混凝土提供其他特殊性能的外加剂,包括加气剂、发泡剂、膨胀剂、胶粘剂、抗冻剂和着色剂等。

常用的混凝土混合料有粉煤灰、炉渣等。

2)使用方法

由于外加剂或混合料的形态不同,使用方法也不相同,因此,在混凝土配料中,要采用合理的掺合方法,保证掺合均匀,掺量准确,才能达到预期的效果。

外加剂或混合料的掺合方法如下:

(1)外加剂直接掺入水泥中,如塑化水泥、加气水泥等,施工中采用这种水泥拌制混凝土或砂浆,就可以达到预定的目的。该法目前使用较少。

(2)把外加剂先用水配制成一定浓度的水溶液,搅拌混凝土时取规定的掺量,直接加入搅拌机中进行拌和。该法目前使用较多。

(3)把外加剂直接投入搅拌机内的混凝土拌和料中,通过混凝土搅拌机拌和均匀。

(4)以外加剂为基料,以粉煤灰、石粉为载体,经过烘干、配料、研磨、计量、装袋等工序生产形成干掺料。搅拌混凝土时,用干掺料按规定数量掺入混凝土干料中,一块投料搅拌均匀。

3)相关规定

混凝土中掺入的外加剂应符合下列规定。

外加剂的质量应符合国家现行标准的要求。

外加剂的品种及掺量必须根据对混凝土性能的要求、施工及气候条件、混凝土所采用的原材料及配合比等因素经试验确定。

在蒸汽养护的混凝土和预应力混凝土中,不宜掺用引气剂或引气减水剂。

掺用含氯盐的外加剂时,对素混凝土,氯盐掺量不得大于水泥质量的3%;在钢筋混凝土中做防冻剂时,氯盐掺量应按无水状态计算,不得超过水泥质量的1%,且应用范围应符合规范的规定。

在硅酸盐水泥或普通硅酸盐水泥拌制的混凝土中,可掺用混合料,混合料的质量应符合国家现行标准的规定,其掺量应通过试验确定。

知识扩展:

《混凝土结构设计规范》(GB 50010—2010)

2.1 术语

2.1.1 混凝土结构 concrete structure

以混凝土为主制成的结构,包括素混凝土结构、钢筋混凝土结构和预应力混凝土结构等。

2.1.2 素混凝土结构 plain concrete str-ucture

无筋或不配置受力钢筋的混凝土结构。

2.1.3 普通钢筋 steel bar

用于混凝土结构构件中的各种非预应力筋的总称。

2.1.4 预应力筋 prestressing tendon and/or bar

用于混凝土结构构件中施加预应力的钢丝、钢绞线和预应力螺纹钢筋等的总称。

2.1.5 筋混凝土结构 einforced concrete structure

配置受力普通钢筋的混凝土结构。

4.3.3　混凝土的运输

1. 混凝土运输的要求

混凝土自搅拌机中卸出后,应及时运至浇筑地点,为保证混凝土的质量,对混凝土运输的要求如下:

(1)运输中应保持匀质性,不应产生分层、离析现象。

(2)保证设计所规定的流动性。

(3)应使混凝土在初凝前浇筑并振捣完毕。

(4)运输工作应保证混凝土的浇筑工作连续进行。

(5)混凝土的运输应以最少的运转次数、最短的时间从搅拌地点运至浇筑地点。

(6)运输工具应严密,不吸水,不漏浆。

2. 混凝土的运输工具

混凝土运输分为地面水平运输、楼面水平运输和垂直运输三种。

(1)地面运输时,短距离多用双轮手推车、机动翻斗车;长距离宜采用自卸汽车、搅拌运输车,如图 4-16 所示。

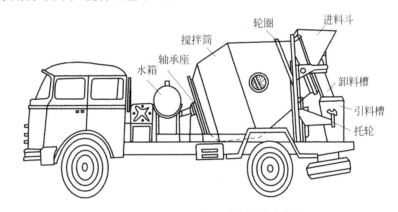

图 4-16　混凝土搅拌运输车外形示意图

(2)楼面运输可用双轮手推车、皮带运输机,也可用塔式起重机、混凝土泵等。楼面运输应采取措施保证模板和钢筋位置,防止混凝土离析等。

(3)垂直运输可采用各种井架、龙门架和塔式起重机加料斗(图 4-17)。对于浇筑量大、浇筑速度比较稳定的大型设备基础和高层建筑,宜采用混凝土泵,也可采用自升式塔式起重机或爬升式塔式起重机运输。

混凝土用混凝土泵运输,通常称为泵送混凝土。常用的混凝土泵有液压柱塞泵和挤压泵两种。

①泵送混凝土对原材料的要求如下。

粗骨料:碎石最大粒径与输送管内径之比不宜大于 1∶3;卵石不

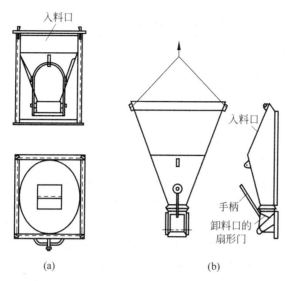

图 4-17　混凝土浇筑料斗

（a）立式料斗；（b）卧式料斗

宜大于 1：2.5。

砂：以天然砂为宜，砂率宜控制在 40％～50％，通过 0.315mm 筛孔的砂不少于 15％。

水泥：最少水泥用量为 300kg/m³，水灰比宜为 0.4～0.6。坍落度宜为 100～200mm，混凝土内宜掺入适量外加剂。泵送轻骨料混凝土的原材料选用及配合比，应通过试验确定。

② 泵送混凝土施工中应注意的问题如下。

输送管的布置宜短直，尽量减少弯管数，转弯宜缓，管段接头要严密，少用锥形管。

混凝土的供料应保证混凝土泵能连续工作，不间断；正确选择骨料级配，严格控制配合比。

泵送前，为减少泵送阻力，应先用适量与混凝土内成分相同的水泥浆或水泥砂浆润滑输送管内壁。

在泵送过程中，泵的上料斗内应充满混凝土，防止吸入空气形成阻塞。

防止停歇时间过长，若停歇时间超过 45min，应立即用压力或其他方法冲洗管内残留的混凝土。

泵送结束后，要及时清洗泵体和管道。

用混凝土泵浇筑的建筑物，要加强养护，防止龟裂。

3. 混凝土的运输时间

混凝土的运输时间有一定的限制，混凝土应以最少的转运次数和最短的时间，从搅拌地点运至浇筑地点，并在初凝之前浇筑完毕。普通混凝土从搅拌机中卸出后到浇筑完毕的延续时间不宜超过表 4-23 所示的规定。

知识扩展：

《混凝土结构设计规范》(GB 50010—2010)

2.1.10　叠合构件 composite member

由预制混凝土构件（或既有混凝土结构构件）和后浇混凝土组成，以两阶段成型的整体受力结构构件。

2.1.11　深受弯构件 deep flexural mem-ber

跨高比小于 5 的受弯构件。

2.1.12　深梁 deep beam

跨高比小于 2 的简支单跨梁或跨高比小于 2.5 的多跨连续梁。

2.1.13　先张法预应力混凝土结构 pretensioned prestressed concrete structure

在台座上张拉预应力筋后浇筑混凝土，并通过放张预应力筋由粘结传递而建立预应力的混凝土结构。

二维码链接：

4-1　柱、梁、板混凝土浇筑
与养护施工工艺流程

表 4-23　混凝土从搅拌机中卸出到浇筑完毕的延续时间　　min

混凝土强度等级	气　温	
	≤25°	>25°
≤C30	120	90
>C30	90	60

4. 混凝土对运输道路的要求

运输道路要求平坦,使车辆行驶平稳,尽量避免或减少震动混凝土,以免产生离析现象。运输线路要短、直,以减少运输距离。工地运输道路应与浇筑地点形成回路,避免交通堵塞。楼层上的运输道路应用跳板铺垫,当有钢筋时,可用马凳垫起。跳板布置应与混凝土浇筑方向配合,一面浇筑一面拆迁,直到整个楼面浇筑完为止。

运输容器应不吸水、不漏浆,以防止和易性改变。气温炎热时,容器宜用不吸水的材料遮盖,防止阳光直射引起水分蒸发。

4.3.4　混凝土的浇筑与振捣

混凝土的浇筑与振捣工作包括布料摊平、捣实和抹面修整等工序。它对混凝土的密实性和耐久性、结构的整体性和外形正确性等都有重要影响。

1. 混凝土浇筑前的准备工作

混凝土浇筑前,应对模板、钢筋、支架及预埋件进行检查;检查模板的位置、标高、尺寸、强度和刚度是否符合要求,接缝是否严密,预埋件位置和数量是否符合设计图纸要求;检查钢筋的规格、数量、位置、接头和保护层厚度是否正确;清理模板上的垃圾和钢筋上的油污,浇水湿润木模板;填写隐蔽工程记录。

2. 混凝土的浇筑

1) 混凝土和易性的控制

混凝土浇筑的一般规定如下:混凝土浇筑前,不应发生离析或初凝现象;如果已发生,必须重新搅拌。混凝土运至现场后,其坍落度应满足表 4-24 所示的要求。混凝土坍落度试验如图 4-18 所示。

表 4-24　混凝土浇筑时的坍落度　　mm

结 构 种 类	坍落度
基础或地面的垫层、无配筋的厚大结构(挡土墙、基础)或配筋稀疏的结构	10～30
板、梁和大型及中型截面的柱子等	30～50
配筋密集的结构(薄壁、斗仓、筒仓、细柱等)	50～70
配筋特密的结构	70～90

注:1. 本表是指采用机械振捣的坍落度,采用人工振捣时,可作适当增大。

　　2. 需要配置大坍落度混凝土时,应掺用外加剂。

　　3. 曲面或斜面结构混凝土,其坍落度值应根据实际需要另行选定。

　　4. 轻骨料混凝土的坍落度宜比表中数值减少 10～20mm。

知识扩展:

《混凝土结构设计规范》(GB 50010—2010)

2.1.14　后张法预应力混凝土结构

post-tensioned prestressed concrete structure

浇筑混凝土并达到规定强度后,通过张拉预应力筋并在结构上锚固而建立预应力的混凝土结构。

2.1.15　无粘结预应力混凝土结构

unbonded prestressed concrete structure

配置与混凝土之间可保持相对滑动的无粘结预应力筋的后张法预应力混凝土结构。

2.1.16　有粘结预应力混凝土结构

bonded prestressed concrete structure

通过灌浆或与混凝土直接接触使预应力筋与混凝土之间相互粘结而建立预应力的混凝土结构。

2.1.17　结构缝

structural joint

根据结构设计需求而采取的分割混凝土结构间隔的总称。

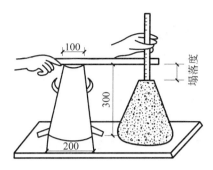

图 4-18 混凝土坍落度试验（单位：mm）

混凝土自高处倾落时，其自由倾落高度不宜超过 2m；若混凝土的自由下落高度超过 2m（竖向结构 3m），应设串筒、斜槽、溜管或振动溜管等，如图 4-19 所示。

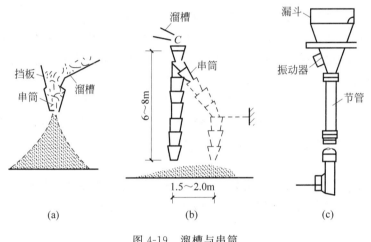

图 4-19 溜槽与串筒

（a）溜槽；（b）串筒；（c）振动串筒

2）施工缝的留置方法

混凝土的浇筑应分段、分层连续进行，随浇随捣。混凝土浇筑层厚度应符合表 4-25 所示的规定。

表 4-25 混凝土浇筑层厚度   mm

项次		捣实混凝土的方法	浇筑层厚度
1		插入式振捣	振捣器作用部分长度的 1.25 倍
2		表面振动	200
3	人工捣固	在基础、无筋混凝土或配筋稀疏的结构中	250
		在梁、墙板、柱结构中	200
		在配筋密列的结构中	150
4	轻骨料混凝土	插入式振捣器	300
		表面振动（振动时须加荷）	200

知识扩展：

《混凝土结构设计规范》（GB 50010—2010）

2.1.18 混凝土保护层 concrete cover

结构构件中钢筋外边缘至构件表面范围用于保护钢筋的混凝土，简称保护层。

2.1.19 锚固长度 anchorage length

受力钢筋依靠其表面与混凝土的粘结作用或端部构造的挤压作用而达到设计承受应力所需的长度。

2.1.20 钢筋连接 splice of reinforcement

通过绑扎搭接、机械连接、焊接等方法实现钢筋之间内力传递的构造形式。

2.1.21 配筋率 ratio of reinforcement

混凝土构件中配置的钢筋面积（或体积）与规定的混凝土截面面积（或体积）的比值。

2.1.22 剪跨比 ratio of shear span to effective depth

截面弯矩与剪力和有效高度乘积的比值。

混凝土的浇筑工作应尽可能连续进行。如必须间歇,应尽量缩短其间歇时间,并要在前层混凝土凝结前将后一层混凝土浇筑完毕。间歇的最长时间应按所用水泥品种及混凝土凝结条件确定。即混凝土从搅拌机中卸出,经运输、浇筑及间歇的全部延续时间不得超过表 4-26 所示的规定,当超过表中规定时,应留置施工缝。

表 4-26　混凝土浇筑中最大间歇时间　　　　　　　min

混凝土强度等级	气　　温	
	低于 25℃	高于 25℃
≤30	210	180
>30	180	150

知识扩展:

《混凝土结构工程施工质量验收规范》(GB 50204—2015)

7.1　一般规定

7.1.1　混凝土强度应按现行国家标准《混凝土强度检验评定标准》(GB/T 50107—2010)的规定分批检验评定。划入同一检验批的混凝土,其施工持续时间不宜超过 3 个月。

检验评定混凝土强度时,应采用 28d 或设计规定龄期的标准养护试件。

试件成型方法及标准养护条件应符合现行国家标准《普通混凝土力学性能试验方法标准》(GB/T 50081—2002)的规定。采用蒸汽养护的构件,其试件应先随构件同条件养护,然后再置入标准养护条件下继续养护至 28d 或设计规定龄期。

7.1.2　当采用非标准尺寸试件时,应将其抗压强度乘以尺寸折算系数,折算成边长为 150mm 的标准尺寸试件抗压强度。尺寸折算系数应按现行国家标准《混凝土强度检验评定标准》(GB/T 50107—2010)采用。

施工缝的留设与处理方法如下:如果由于技术或施工组织上的原因,不能对混凝土结构一次连续浇筑完毕,而必须停歇较长的时间,其停歇时间已超过混凝土的初凝时间,致使混凝土已初凝,当继续浇筑混凝土时,就会形成接缝,即为施工缝。应事先确定留置施工缝的位置。由于新、旧混凝土的结合力较差,施工缝是构件中的薄弱环节,如果位置不当或处理不好,就会引起质量事故,轻则开裂、漏水,影响使用寿命;重则危及安全,不能使用,故施工缝一般宜留在结构受力(剪力)较小且便于施工的部位。

施工缝留设位置规定如下:柱子的施工缝宜留在基础与柱子交接处的水平面上面,或吊车梁牛腿的下面、吊车梁的上面、无梁楼盖柱帽的下面,如图 4-20 所示。

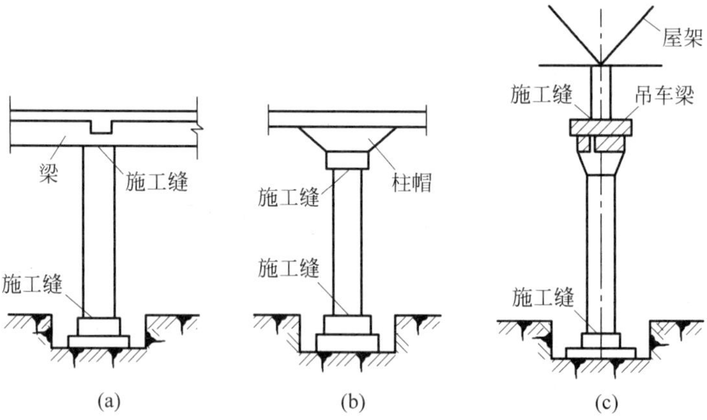

图 4-20　柱子施工缝的位置
(a) 肋形楼板柱;(b) 无梁楼板柱;(c) 吊车梁柱

高度大于 1m 的钢筋混凝土梁的水平施工缝,应留在楼板底面下 20~30mm 处,当板下有梁托时,应留在梁托下部;单向平板的施工缝,可留在平行于短边的任何位置处;对于有主、次梁的楼板结构,宜顺着次梁方向浇筑,施工缝应留在次梁跨度中间的1/3范围内,如图4-21所示。楼梯施工缝应在梯段长度中间的1/3范围内。栏板施工缝应与梯段施工缝相对应,栏板混凝土与踏步板一起浇筑。墙的施工缝应留置在门窗洞口过梁跨中的1/3范围内,也可留在纵横墙交接处。

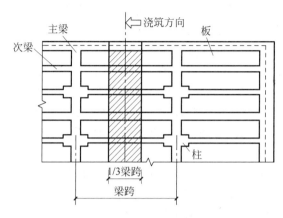

图4-21 有梁板的施工缝位置

施工缝的表面应与构件的纵向轴线垂直,即柱与梁的施工缝表面垂直其轴线,板和墙的施工缝应与其表面垂直。

在施工缝处继续浇筑混凝土时,应待混凝土的抗压强度不小于1.2MPa时方可进行。混凝土达到这一强度的时间取决于水泥的标号、混凝土强度等级、气温等。

在施工缝处浇筑混凝土之前,应除去施工缝表面的水泥薄膜、松动石子和软弱的混凝土层,并加以充分湿润和冲洗干净,不得有积水。

在浇筑混凝土前,施工缝处宜先铺水泥浆(水泥∶水＝1∶0.4)或与混凝土成分相同的水泥砂浆一层,厚度为10～15mm,以保证接缝的质量。

在浇筑混凝土的过程中,施工缝处的混凝土应细致捣实,使其紧密结合。

3) 混凝土的浇筑方法

浇筑框架结构首先要划分施工层和施工段,施工层一般按结构层划分,而每一施工层的施工段划分,则要考虑工序数量、技术要求、结构特点等。要做到木工在第一施工层安装完模板,准备转移到第二施工层的第一施工段上时,该施工段所浇筑的混凝土强度应达到允许工人在上面操作的强度。

在浇筑柱子混凝土时,施工段内的每排柱子应由外向内对称的顺序浇筑,不要由一端向另一端推进,预防柱子模板因湿涨造成受推倾斜而误差积累难以纠正。截面在400mm×400mm以内或有交叉箍筋的柱子,应在柱子模板侧面开孔用溜槽分段浇筑,每段高度不超过2m;截面在400mm×400mm以上或无交叉箍筋的柱子,如柱高不超过4m,

可从柱顶浇筑；如用轻骨料混凝土从柱顶浇筑，则柱高不得超过 3.5m。柱子开始浇筑时，底部应先浇筑一层厚 50～100mm、与所浇筑混凝土成分相同的水泥砂浆。浇筑完毕，如柱顶处有较大厚度的砂浆层，则应加以处理。柱子浇筑后，应间隔 1.0～1.5h，待所浇筑混凝土拌和物初步沉实，再浇捣上面的梁板结构。

梁和板一般应同时浇筑，从一端开始向前推进。只有当梁高大于 1m 时，才允许将梁单独浇筑，此时应将施工缝留在楼板板面下 20～30mm 处。梁底与梁侧面注意振实，振动器不要直接触动钢筋和预埋件。楼板混凝土的虚铺厚度应略大于板厚，用表面振动器或内部振动器振实，用铁插尺检查混凝土厚度，振捣完毕后用长的木抹子抹平。

浇筑叠合式受弯构件时，应按设计要求确定是否设置支撑，且叠合面应根据设计要求预留凸凹差（当无要求时，凸凹差为 6mm），形成自然粗糙面。

大体积钢筋混凝土结构多为工业建筑中的设备基础及高层建筑中厚大的桩基承台或基础底板等。它的特点是混凝土浇筑面和浇筑量大，整体性要求高，不能留施工缝，要求一次连续浇筑完毕；浇筑后水泥的水化热量大且聚集在构件内部，形成较大的内、外温差，易造成混凝土表面产生收缩裂缝等。

为保证结构的整体性，混凝土应连续浇筑，要求每一处混凝土在初凝前就被后一部分的混凝土覆盖并捣实成整体。根据结构特点的不同，大体积混凝土结构浇筑方案可分为全面分层、分段分层、斜面分层等，如图 4-22 所示。

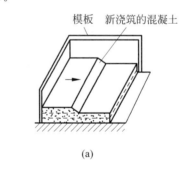

(a)

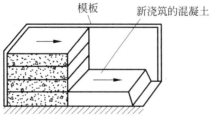

(b)

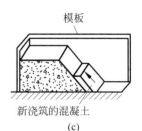

(c)

图 4-22 大体积混凝土浇筑方案图

(a) 全面分层；(b) 分段分层；(c) 斜面分层

知识扩展：

《混凝土结构工程施工质量验收规范》(GB 50204—2015)

7.2 原材料

主控项目

7.2.1 水泥进场时，应对其品种、代号、强度等级、包装或散装仓号、出厂日期等进行检查，并应对水泥的强度、安定性和凝结时间进行检验，检验结果应符合现行国家标准《通用硅酸盐水泥》(GB 175—2007) 的相关规定。

检查数量：按同一厂家、同一品种、同一代号、同一强度等级、同一批号且连续进场的水泥，袋装不超过 200t 为一批，散装不超过 500t 为一批，每批抽样数量不应少于一次。

检验方法：检查质量证明文件和抽样检验报告。

3. 混凝土的振捣

混凝土浇入模板后,由于内部骨料之间的摩擦力、水泥净浆的粘结力、拌和物与模板之间的摩擦力,混凝土处于不稳定的平衡状态。其内部是疏松的,空洞与气泡含量占混凝土体积的5%～20%。而混凝土的强度、抗冻性、抗渗性、耐久性等都与混凝土的密实度有关。因此必须采取适当的方法在混凝土初凝之前对其进行振捣,以保证其密实度。

振捣方法分为人工振捣和机械振捣两种。人工振捣是利用捣锤或插钎等工具的冲击力来使混凝土密实成型,其效率低、效果差。机械振捣是将振动器的振动力传给混凝土,使之发生强迫振动而密实成型,其效率高、质量好。

混凝土的振动机械按其工作方式分为内部振动器、表面振动器、外部振动器和振动台,如图4-23所示。这些振动机械主要是利用偏心轴或偏心块的高速旋转,使振动器因离心力的作用而振动。

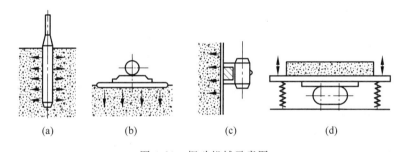

(a) (b) (c) (d)

图 4-23 振动机械示意图

(a) 内部振动器;(b) 表面振动器;(c) 外部振动器;(d) 振动台

4.3.5 混凝土的质量检查与缺陷

1. 混凝土的质量检查

混凝土的质量检查包括施工过程中的质量检查和养护后的质量检查。施工过程中的质量检查,即在混凝土制备和浇筑过程中对原材料的质量、配合比、坍落度等的检查,每一工作班至少检查两次,如果遇特殊情况还应及时进行抽查。应随时检查混凝土的搅拌时间。

混凝土养护后的质量检查,主要包括混凝土的强度、表面外观质量和结构构件的轴线、标高、截面尺寸和垂直度的偏差,如设计有特殊要求时,还需对其抗冻性、抗渗性等进行检查。

混凝土强度的检查主要是指抗压强度的检查。混凝土的抗压强度应以标准立方体试件(边长150mm),在标准条件下(温度为20℃±3℃和相对湿度90%以上的温润环境或水中)养护28d后测得的具有95%保证率的抗压强度。

对于混凝土的表面外观,不应有蜂窝、麻面、孔洞、露筋、缝隙、夹

知识扩展:

《混凝土结构工程施工质量验收规范》(GB 50204—2015)

7.2.2 混凝土外加剂进场时,应对其品种、性能、出厂日期等进行检查,并应对外加剂的相关性能指标进行检验,检验结果应符合现行国家标准《混凝土外加剂》(GB 8076—2008)和《混凝土外加剂应用技术规范》(GB 50119—2013)等的规定。

检查数量:按同一厂家、同一品种、同一性能、同一批号且连续进场的混凝土外加剂,不超过50t为一批,每批抽样数最不应少于一次。

检验方法:检查质量证明文件和抽样检验报告。

层、缺棱掉角和裂缝等。混凝土的强度等级必须符合设计要求。现浇混凝土结构的允许偏差应符合表4-27所示的规定；当有专门的规定时，也应符合相应的规定。

表 4-27　现浇结构尺寸的允许偏差和检验方法　　　　mm

项　　目			允许偏差	检 查 方 法
轴线位移	基础		15	尺量检查
	独立基础		10	
	柱、墙、梁		8	
	剪力墙		5	
标高	层高		±10	用水准仪或拉线，金属直尺检查
	全高		±30	
截面尺寸			±8，-5	金属直尺检查
垂直度	层高	≤5mm	8	用经线仪或吊线，金属直尺检查
		>5mm	10	
	全高(H)		H/1000，且≤30	用经纬仪或吊线和尺量检查
表面平整度			8	用2m靠尺和塞尺检查
预埋设施中心线位置	预埋件		10	金属直尺检查
	预埋螺栓		5	
	预埋管		5	
预留洞中心线位置			15	金属直尺检查
电梯井	井筒长、宽对定位中心线		±25，0	金属直尺检查
	井筒全高(H)垂直线		H/1000，且≤30	经纬仪，金属直尺检查

注：检查轴线、中心线位置时，应沿纵、横两个方向量测，并取其中的较大值。

知识扩展：

《混凝土结构工程施工质量验收规范》(GB 50204—2015)

一般项目

7.2.3　混凝土用矿物掺合料进场时，应对其品种、技术指标、出厂日期等进行检查，并应对矿物掺合料的相关技术指标进行检验，检验结果应符合国家现行有关标准的规定。

检查数量：按同一厂家、同一品种、同一技术指标、同一批号且连续进场的矿物掺合料，粉煤灰、石灰石粉、磷渣粉和钢铁渣粉不超过200t为一批，粒化高炉矿渣粉和复合矿物掺合料不超过500t为一批，沸石粉不超过120t为一批，硅灰不超过30t为一批，每批抽样数量不应少于一次。

检验方法：检查质量证明文件和抽样检验报告。

2. 现浇混凝土结构质量缺陷产生的原因

蜂窝是结构构件中形成有蜂窝状的窟窿，骨料间有空隙存在。这种现象主要是由于混凝土配合比不准确，浆少而石子多，或搅拌不均造成砂浆与石子分离，或浇筑方法不当，或振捣不足，以及模板严重漏浆等造成的。

麻面是结构构件表面上呈现无数小凹点，而无钢筋暴露的现象。它一般是由于模板表面粗糙不平滑，模板湿润不够，接缝不严密，振捣时发生漏浆，或振捣不足，气泡没排出，以及捣实后没有很好养护而生成的。

露筋是指钢筋暴露在混凝土外面。它产生的原因是浇筑时垫块移位，甚至漏放，钢筋紧贴模板，或者因混凝土保护层厚度不够，或因保护层的混凝土漏振或振捣不密实，或模板湿润不够，吸水过多造成掉角而露筋。

孔洞是指混凝土结构内存在空隙，局部或全部没有混凝土。它主要是由于混凝土捣空，砂浆严重分离，石子成堆，砂子和水泥分离形成的。另外,混凝土受冻、有泥块等杂物掺入时,也会形成孔洞。

　　缝隙及夹层是将结构分隔成几个不相连接的部分。它主要是混凝土内部处理不当的施工缝、温度缝和收缩缝,以及混凝土内有外来杂物而造成的夹层。

　　构件制作时受到剧烈振动,混凝土浇筑后模板变形或沉陷,混凝土表面水分蒸发过快,养护不及时,以及构件堆放、运输、吊装时位置不当,或受到碰撞等,均会导致产生裂缝。

　　缺棱掉角是指梁柱墙板和孔洞处直角边上的混凝土局部掉落。其原因主要是混凝土浇筑前模板未充分湿润,造成棱角处混凝土中水分被模板吸取,水化不充分,强度降低,拆模时棱角损坏;拆模过早或拆模后保护不好也会造成棱角损坏。

　　产生混凝土强度不足主要是由于混凝土配合比设计、搅拌、现场浇筑和养护等四个方面的原因造成的。

　　在配合比设计方面,有时不能及时测定水泥的实际活性,影响了混凝土配合比设计的正确性;另外,套用混凝土配合比时选用不当及外加剂用量控制不准等,都有可能导致混凝土强度不足。砂浆石子分离,或浇筑方法不当,或振捣不足,以及模板严重漏浆等,也会导致混凝土强度不足。

　　搅拌方面任意增加用水量,配合比称料不准,搅拌时颠倒加料顺序及搅拌时间过短等,会造成搅拌不均匀,导致混凝土强度降低。

　　现场浇捣方面主要是施工中振捣不实,以及发现混凝土有离析现象时,未能及时采取有效措施来纠正。

　　养护方面主要是不按规定的方法、时间对混凝土进行妥善养护,导致混凝土强度降低。

3. 混凝土质量缺陷的防治与处理

　　对数量不多的小蜂窝、麻面、露筋、露石的混凝土表面,主要是保护钢筋和混凝土不受侵蚀,可用1:2～1:2.5的水泥砂浆抹面修整。在抹砂浆前,需用钢丝刷或加压力的水清洗湿润,抹浆初凝后要加强养护。

　　对结构构件承载能力无影响的细小裂缝,可将裂缝处加以冲洗,用水泥浆抹补。如裂缝较大较深时,应将裂缝处附近的混凝土表面凿毛,或沿裂缝方向凿成深15～20mm、宽100～200mm的V形凹槽,扫净并洒水湿润,先刷水泥浆一遍,然后用1:2～1:2.5水泥砂浆分2～3层涂抹,总厚度控制在10～20mm,并压实抹光。

　　对细石混凝土的填补,当蜂窝比较严重或露筋较深时,应去掉不密实的混凝土和突出的骨料颗粒,用清水洗净并充分湿润后,再用比原强度等级高一级的细石混凝土填补,并仔细捣实。

　　对孔洞的补强,可在旧混凝土表面采用处理施工缝的方法处理,将孔洞处疏松的混凝土和突出的石子凿掉,孔洞顶部要凿成斜面,避免形

知识扩展:

　　《混凝土结构工程施工质量验收规范》(GB 50204—2015)

7.2.4　混凝土原材料中的粗骨料、细骨料质量应符合现行行业标准《普通混凝土用砂、石质量及检验方法标准》(JGJ 52—2006)的规定,使用经过净化处理的海砂应符合现行行业标准《海砂混凝土应用技术规范》(JGJ 206—2010)的规定,再生混凝土骨料应符合现行国家标准《混凝土用再生粗骨料》(GB/T 25177—2010)和《混凝土和砂浆用再生细骨料》(GB/T 25176—2010)的规定。

　　检查数量:按现行行业标准《普通混凝土用砂、石质量及检验方法标准》(JGJ 52—2006)的规定确定。

　　检验方法:检查抽样检验报告。

成死角,用水冲洗干净,保持湿润 72h 后,用比原来混凝土强度等级高一级的细石混凝土捣实。水灰比宜控制在 0.5 以内,并掺入水泥用量万分之一的铝粉,分层捣实,以免新、旧混凝土接触面上出现裂缝。

对于影响结构承载力,或防水、防渗性能的裂缝,为恢复结构整体性和抗渗性,应根据裂缝宽度、性质和施工条件等,采用水泥灌浆或化学灌浆予以修补。对于宽度大于 0.5mm 的裂缝,宜采用水泥灌浆;对于宽度小于 0.5mm 的裂缝,宜采用化学灌浆。化学灌浆所用的材料,应根据裂缝性质、缝宽和干燥情况选用。作为补强用的灌浆材料,常用的有环氧树脂浆液(修补缝宽为 0.2mm 以上的干燥裂缝)和甲凝(修补缝宽为 0.05mm 以上的干燥细微裂缝)。作为防渗堵漏用的灌浆材料,常用的有丙凝(能灌入缝宽为 0.01mm 以上的裂缝)和聚氨酯(能灌入缝宽为 0.015mm 以上的裂缝)。

第 5 章

钢筋混凝土主体结构工程施工

本章学习要求：

➢ 掌握混凝土柱整体施工流程

➢ 掌握混凝土剪力墙整体施工流程

➢ 掌握混凝土梁板整体施工流程

➢ 掌握混凝土楼梯整体施工流程

5.1 柱施工

混凝土柱整体施工工艺流程：柱子边线放线→剔柱子接头及清理→钢筋搭接→安装模板→柱子混凝土浇注→拆模、养护→成品保护；

混凝土柱施工前，需要提前放好轴线、模板控制线、定位线以及垂直度控制线，如图 5-1、图 5-2 所示。

➢ 专业人员提供楼面轴线控制线；

➢ 班组人员弹出 200mm（距离柱边线）模板控制线；

➢ 班组人员弹出模板定位线；

➢ 离转角 100mm 弹大角垂直度控制线。

> 知识扩展：
>
> 《工程测量规范》（GB 50026—2007）
>
> 8.1.6 建筑物施工控制网，应根据场区控制网进行定位、定向和起算；控制网的坐标轴，应与工程设计所采用的主副轴线一致；建筑物的±0 高程面，应根据场区水准点测设。
>
> 8.1.7 控制网点，应根据设计总平面图和施工总布置图布设，并满足建筑物施工测设的需要。

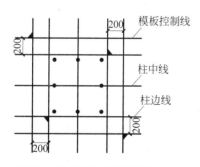

图 5-1 柱放线示意图（单位：mm）

图 5-2 柱放线实景图

> 二维码链接：
>
> 5-1 框架柱钢筋、模板施工工艺流程

5.1.1 柱钢筋

柱钢筋搭接施工流程：套柱箍筋→搭接竖向受力筋→画箍筋间距

线→绑箍筋。

1. 套柱箍筋

按图纸要求间距，计算好每根柱的箍筋数量，先将制作好的箍筋套在下层伸出的搭接筋上。

2. 柱纵筋搭接

（1）柱的纵筋可以采用绑扎、焊接、机械连接方式，钢筋直径超过 25mm 的钢筋宜采用焊接或者机械连接。

（2）采用焊接或者机械连接时，接头间距为 35d。使用绑扎搭接时，搭接距离不小于 L_{lE}（L_{lE} 为纵向受拉钢筋抗震搭接长度）。

（3）采用焊接时，焊接突出的钢筋包，钢筋直径小于 25mm 时不得小于 4mm，钢筋直径不小于 28mm 时不得小于 6mm，如图 5-3 所示。

（4）钢筋的连接位置依据国家《混凝土结构施工图平面整体表示方法制图规则和构造详图》（16G101—1）设定接头位置。

图 5-3　柱纵筋焊接图

3. 画箍筋间距线

在立好的柱子竖向钢筋上，按图纸要求用粉笔划箍筋间距线。

4. 柱箍筋绑扎

（1）按已划好的箍筋位置线，将已套好的箍筋往上移动，由上往下绑扎，采用缠扣绑扎；

（2）箍筋与主筋要垂直，箍筋转角处与主筋交点均要绑扎，主筋与箍筋非转角部分的相交点呈梅花交错绑扎；

（3）箍筋的弯钩叠合处应沿柱子竖筋交错布置，并绑扎牢固；

（4）柱上、下两端箍筋应加密，加密区长度及加密区内箍筋间距应符合设计图纸要求，如图 5-4 所示。

图 5-4　柱箍筋绑扎图

5.1.2　柱模板

1. 柱模板制作

柱模板一般采用 15～20mm 长的竹胶合板,模板在木工车间制作,施工现场组拼。与混凝土接触面,板面加工尺寸要大于柱截面 2mm,高度要大于梁底标高 30mm。竖向内楞木方间隔 250mm 左右。柱箍采用圆钢管 48mm×3.5mm,柱截面 B 方向或柱截面 H 方向间距 200～350mm。用可回收的 M12 或 M14 普通穿墙螺栓加固,四周加钢管抛撑。

2. 柱模板安装

(1) 放置保护层垫块,间距不大于 600mm,每排不少于 2 个,如图 5-5 所示。安装模板之前给模板涂刷脱模剂。

图 5-5　柱混凝土保护层卡具

(2) 吊装第一片模板,并临时支撑或用铅丝与柱子主筋临时绑扎固定。随即吊装第二、三、四片模板,做好临时支撑或固定。

(3) 先安装上、下两个柱箍,并用脚手管和架子临时固定。逐步安

知识扩展:

《建筑施工模板安全技术规范》(JGJ 162—2008)

6.3.2　柱模板应符合下列规定:

1　现场拼装柱模时,应适时地安设临时支撑进行固定,斜撑与地面的倾角宜为 60°,严禁将大片模板系于柱子钢筋上。

2　待四片柱模就位组拼经对角线校正无误后,应立即自下而上安装柱箍。

3　若为整体预组合柱模,吊装时应采用卡环和柱模连接,不得用钢筋钩代替。

4　柱模校正(用四根斜支撑或用连接在柱模顶四角带花篮螺丝的揽风绳,底端与楼板钢筋拉环固定进行校正)后,应采用斜撑或水平撑进行四周支撑,以确保整体稳定。当高度超过 4m 时,应群体或成列同时支模,并应将支撑连成一体,形成整体框架体系。当需单根支模时,柱宽大于 500mm 应每边在同一标高上设不得少于两根斜撑或水平撑。斜撑与地面的夹角宜为 45°～60°,下端尚应有防滑移的措施。

5　角柱模板的支撑,除满足上款要求外,还应在里侧设置能承受拉、压力的斜撑。

装其余的柱箍,柱箍间距 300～450mm,离下端 200mm 设置第一道柱箍,离顶部 200mm 设置一道柱箍,如图 5-6、图 5-7 所示。

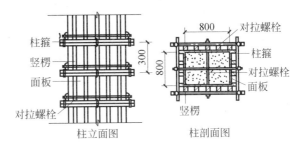

图 5-6 柱模板示意图(单位:mm)

图 5-7 柱模板实景图

知识扩展:

《混凝土结构工程施工规范》(GB 50666—2011)

8.3.6 柱、墙模板内的混凝土浇筑倾落高度应符合表 8.3.6 的规定;当不能满足表 8.3.6 的要求时,应加设串筒、溜管、溜槽等装置。

表 8.3.6

条 件	浇筑倾落高度限值
粗骨料粒径大于 25mm	≤3
粗骨料粒径小于等于 25mm	≤6

注:当有可靠措施能保证混凝土不产生离析时,混凝土倾落高度可不受本表限制。

(4) 当柱子宽度大于 600mm 时,设置对拉螺栓。校正柱模板的轴线位移、垂直偏差、截面、对角线,并做支撑。

(5) 柱边角处采用木板条找补海棉条封堵,保证楞角方直、美观。斜向支撑,起步为 150mm,每隔 1500mm 一道。采用双向钢管对称斜向加固(尽量取 45°),柱与柱之间采用拉通线检查验收,柱模木楞盖住板缝。

5.1.3 柱混凝土浇筑

模板安装完成,清扫模板内杂物后,开始浇筑混凝土。

(1) 浇筑混凝土之前,先浇筑 50～100mm 厚、与混凝土配合比相同的砂浆,然后浇筑混凝土,每层浇筑柱混凝土的厚度为 400mm,然后开始振捣。振捣棒不得触动钢筋和预埋件，振捣棒插入点要均匀，振捣顺序为先四角后中间振捣，做到均匀振实，防止多振或漏振。

（2）如柱高在 2m 之内，可在柱顶直接下灰浇筑；超过 2m 时，应在布料管上接一软管，伸到柱内，保证混凝土自由落体高度不得超过 2m。下料时，应使软管在柱上口来回挪动，使之均匀下料，防止骨浆分离。

（3）柱混凝土一次浇筑到梁底或板底，且高出梁底或板底 30mm（待拆模后，剔凿掉 20mm，使之漏出石子为止），如图 5-8、图 5-9 所示。

（4）浇筑完成后，应随时将伸出的搭接钢筋整理到位。

图 5-8　柱子凿毛

图 5-9　混凝土柱

5.1.4　柱拆模及养护

独立柱模板冬季施工时，至少 24h 后拆模，其他季节应在 14h 后拆模。拆模流程如下：拆除拉杆或斜撑→自上而下拆除柱箍→拆除部分竖肋→拆除模板及配件运输维护。拆除柱模板时，要从上口向外侧轻击和轻撬，使模板松动，要适当加设临时支撑，以防柱子模板倾倒伤人。

柱子采用不透水、不透气的薄膜养护。用薄膜把混凝土柱表面敞露的部分全部严密地覆盖起来，保证混凝土在不失水的情况下得到充足的养护，但应该保持薄膜布内有凝结水（图 5-10）。混凝土柱也可以采用涂刷养护液进行养护，具体做法见剪力墙养护。

知识扩展：

《混凝土结构工程施工规范》（GB 50666—2011）

8.5.4　覆盖养护应符合下列规定：

1　覆盖养护宜在混凝土裸露表面覆盖塑料薄膜、塑料薄膜加麻袋、塑料薄膜加草帘进行；

2　塑料薄膜应紧贴混凝土裸露表面，塑料薄膜内应保持有凝结水；

3　覆盖物应严密，覆盖物的层数应按施工方案确定。

图 5-10　混凝土柱养护

5.2　剪力墙施工

混凝土剪力墙整体施工工艺流程如下：剪力墙边线放线→剔剪力墙接头及清理→钢筋搭接→安装模板→剪力墙混凝土浇筑→拆模、养护→成品保护。

混凝土剪力墙施工前，需要提前放好轴线、模板控制线、定位线以及垂直度控制线，如图 5-11 所示。

（1）专业人员提供楼面轴线控制线；

（2）班组人员弹出 200mm（距离柱边线）模板控制线；

（3）班组人员弹出模板定位线；

（4）离转角 100mm 弹大角垂直度控制线。

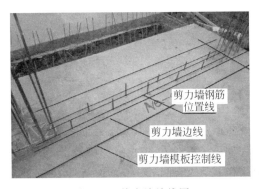

图 5-11　剪力墙放线图

剪力墙钢筋位置线

剪力墙边线

剪力墙模板控制线

5.2.1　剪力墙钢筋

剪力墙的钢筋绑扎顺序如下：绑扎纵向钢筋→绑扎暗柱钢筋→绑扎暗梁钢筋→绑扎横筋。

（1）将预留钢筋调直理顺，并将表面砂浆等杂物清理干净。先立

2～4 根纵向筋,并划好横筋分档标志,竖向钢筋直径不小于 16mm 时,采用滚轧直螺纹机械连接,按规范要求错开 50％接头位置,上、下层接头间距大于 35d,当钢筋直径小于 16mm 时,采用绑扎搭接,搭接长度为 $1.2L_{aE}$,剪力墙竖向分布钢筋可在同一高度搭接,搭接长度不应小于 $1.2L_{aE}$(L_{aE} 为受拉钢筋抗震锚固长度)。

(2)在暗柱的纵筋上画好箍筋的绑扎位置线,并将暗柱的箍筋套在暗柱的相关位置并固定。

(3)然后于下部及齐胸处绑两根定位水平筋,并在横筋上划好分档标志。

(4)绑扎连梁钢筋,先穿梁的下部纵向受力钢筋,预先套好箍筋,将箍筋按已画好的间距逐个分开。

(5)放连梁架力筋,将架力筋与箍筋绑扎牢固,调整箍筋间距使间距符合设计要求。

(6)注意每道墙放置梯形支撑筋,间距 1.2m。最后绑其余水平筋,墙体第一根水平筋起步从板顶以上 5cm 处开始,最上一根钢筋要高出板顶以上 5cm。注意厚度大于 160mm 的剪力墙应配置双排分布钢筋网;结构中重要部位的剪力墙,当其厚度不大于 160mm 时,也宜配置双排分布钢筋网。

(7)墙体顶端加水平定位筋,一般布置在模板上口以上 30cm 处。剪力墙水平分布钢筋的搭接长度不应小于 L_{lE}。同排水平分布钢筋的搭接接头之间以及上、下相邻水平分布钢筋的搭接接头之间沿水平方向的净间距不宜小于 500mm。

(8)剪力墙横钢筋应伸至墙端,并向内水平弯折 10d 后截断,其中 d 为水平分布钢筋的直径。当剪力墙端部有翼墙或转角墙时,内墙两侧和外墙内侧的水平分布钢筋应伸至翼墙或转角外边,并分别向两侧水平弯折后截断,其水平弯折长度不宜小于 15d。在转角墙处,外墙外侧的水平分布钢筋应在墙端外角处弯入翼墙,并与翼墙外侧水平分布钢筋搭接,搭接长度为 $1.2l_a$。其中,l_a 为受拉钢筋锚固长度。

(9)最后设置拉筋,拉筋直径不宜小于 6mm,间距不宜大于 600mm。按照图纸要求布置,如图 5-12 所示。

图 5-12 剪力墙钢筋

知识扩展:

《建筑施工模板安全技术规范》(JGJ 162—2008)

6.3.3 墙模板应符合下列规定:

1 当用散拼定型模板支模时,应自下而上进行,必须在下一层模板全部紧固后,方可进行上一层安装。当下层不能独立安设支撑件时,应采取临时固定措施。

2 当采用预拼装的大块墙模板进行支模安装时,严禁同时起吊两块模板,并应边就位、边校正、边连接,固定后方可摘钩。

3 安装电梯井内墙模前,必须于板底下 200mm 处牢固地满铺一层脚手板。

4 模板未安装对拉螺栓前,板面应向后倾一定角度。安装过程应随时拆换支撑或增加支撑。

5 当钢楞长度需接长时,接头处应增加相同数量和不小于原规格的钢楞,其搭接长度不得小于墙模板宽或高的 15％～20％。

5.2.2　剪力墙模板

1. 剪力墙模板制作

剪力墙模板一般采用胶合板,模板内楞采用设计好的方木侧立竖向排列,间距不大于300mm。外楞采用双根ϕ48×3.5钢管,设置间距与拉螺杆竖向间距相同,最底部的横档中心离地面高度约为300mm,即墙底的第一块模板在300mm高度上钻孔设横档,以上以915mm为模数进行安装,墙顶模板利用梁板搁栅做相当于横档的约束。对拉螺杆,采用ϕ12或者ϕ14圆钢。对拉螺杆,水平间距不大于600mm,竖向间距下部为450mm,中间为500mm,上部为600mm,其中底道螺杆离地200mm,最上道螺杆离上层板底200mm。对拉螺杆穿过扣压钢管的山形蝴蝶卡,拧紧螺帽将墙两侧模板固定。

2. 剪力墙模板安装

(1) 检查调整钢筋,放置混凝土保护层垫块,先按位置线安装洞口模板,下预埋件;

(2) 把预先拼装好的一侧模板按位置线就位,然后安装拉杆或斜撑;

(3) 插入穿墙螺栓规格和间距应按模板设计规定,一般取40～60cm之间的距离,清除墙内杂物;

(4) 再同法安装另一侧模板,调整斜撑或拉杆,使目标垂直度符合要求;

(5) 固定穿墙螺栓,模板安装校正完毕,应检查一遍扣件、对拉螺栓是否紧固,模板拼缝及底边是否严密,洞口支撑是否牢靠,模板垂直度是否达标等,如图5-13、图5-14所示。

<table>
<tr><td>

知识扩展：

《建筑施工模板安全技术规范》(JGJ 162—2008)

6 拼接时的U型卡应正反交替安装,间距不得大于300mm;两块模板对接接缝处的U型卡应满装。

7 对拉螺栓与墙模板应垂直,松紧应一致,墙厚尺寸应正确。

8 墙模板内外支撑必须坚固、可靠,应确保模板的整体稳定。当墙模板外面无法设置支撑时,应于里面设置能承受拉和压的支撑。多排并列且间距不大的墙模板,当其支撑互成一体时,应有防止灌筑混凝土时引起临近模板变形的措施。

</td></tr>
</table>

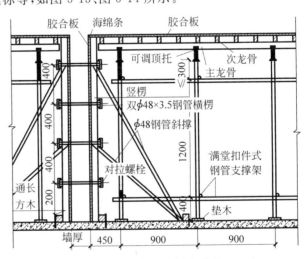

图5-13　剪力墙模板示意图(单位:mm)

图 5-14　剪力墙模板

5.2.3　剪力墙混凝土

剪力墙浇筑应采取长条流水作业,分段浇筑,均匀上升。

(1) 先根据浇筑段墙体轴线长度和墙厚计算出方量,搅拌与混凝土同配比的无石子砂浆。然后浇筑在底部接槎处约 10cm 厚,用铁锹均匀入模,不得用泵管直接灌入模内,入模应根据墙体混凝土浇筑顺序进行(应根据现场情况确定混凝土浇筑顺序),随浇筑砂浆随浇筑混凝土,禁止一次将一段全部浇筑,以免砂浆凝结。

(2) 浇筑混凝土时,要将泵管中混凝土喷射在溜槽内,由溜槽入模。注意随时用布料尺杆丈量混凝土浇筑厚度,分层厚度为振捣棒作用有效高度的 1.25 倍(一般 $\phi50$ 振捣棒作用有效高度为 470mm),墙体要连续浇筑,严格按照墙体混凝土浇筑顺序图的要求按顺序分层浇筑、振捣。混凝土下料点应分三点布置。在混凝土接槎处应振捣密实,浇筑时应随时清理落地灰。

(3) 振捣点要求均匀分布,一般不应大于 50cm,同时根据钢筋的密集程度,应配备少量的 $\phi30$ 振捣棒。

(4) 洞口进行浇筑时,洞口两侧浇筑高度应均匀对称,振捣棒距洞边不小于 30cm,从两侧同时振捣,以防洞口变形。在钢筋密集处或墙体交叉节点处,要加强振捣,保证密实。在振捣时,要派专人看模,发现有涨模、移位等情况时,应及时处理,以实现混凝土的结构尺寸及外观要求,如图 5-15 所示。

(5) 混凝土振捣完毕,将上口甩出的钢筋加以整理,木抹子按标高线控制(比顶板底高 2~3cm),将表面找平。注意将施工缝的部位密实成型。

图 5-15 剪力墙模板

5.2.4 拆模及养护

剪力墙一般在上层梁板混凝土全部浇注完毕后 24h 后方可拆除本层剪力墙模板。墙模板拆卸顺序如下:拆斜支撑→水平围梁,连接管卡,螺栓→用钢钎轻轻撬动模板,使模板脱离墙体→吊运模板。

混凝土墙体模板拆除顺序一般是先拆内后拆外,先拆上后拆下,先拆大面后拆角模,也可根据实际施工要求进行拆卸。拆模时,必须搭设好操作台,操作人员站在安全地方。不得硬撬硬砸,以防模板及混凝土表面破损。吊运时,模板不得碰撞墙体,以防造成墙体裂缝。对拆下的模板,要及时进行清理;如发现变形,应及时维修,以备后用。

剪力墙表面应采用涂刷养护液进行养护。竖向构件模板拆除后,应立即涂刷养护剂,用量为每千克养护剂涂刷 8~15m²。涂刷分两遍,纵、横各一遍。竖向构件拆模后,应立即纵向涂刷养护液,待第一遍干燥成型(约 1~2h)后进行第二遍横向涂刷,第一遍与第二遍涂刷方向必须垂直,涂刷必须均匀。

5.3 梁板施工

梁板整体施工工艺流程如下:弹线(轴线标高线及梁线)→搭设满堂脚手架→安装梁底模板并起拱→安装梁侧模→安装锁口立管,加固横杆及对拉螺栓→安装斜撑→复核梁模尺寸位置及垂直度→安装主龙骨→安装次龙骨→调整模板下皮标高→铺设面板→检验板面标高、平整度与梁侧模板连接的密实牢固和平整度→绑扎梁钢筋并设置垫块→绑扎板钢筋→清理→浇筑混凝土→养护。

5.3.1 梁板支撑及模板

1. 满堂脚手架搭设

1) 脚手架材料要求

（1）脚手架各种杆件采用外径 48mm、壁厚 3.5mm 的 3 号钢焊接钢管，使用生产厂家合格的产品并持有合格证，其力学性能应符合现行国家标准《碳素结构钢》（GB/T 700—2006）中 Q235A 钢的规定，用于立杆、大横杆、斜杆的钢管长度为 4~6m，小横杆、拉结杆 2.1~2.3m，使用的钢管不得有弯曲、变形、开焊、裂纹等缺陷，并涂防锈漆作防腐处理，决不允许使用不合格的钢管；

（2）扣件使用生产厂家合格的产品，并持有产品合格证，扣件锻铸铁的技术性能应符合《建筑施工扣件式钢管脚手架安全技术规范》（JGJ 130—2011）的规定，对使用的扣件，要全数进行检查，不得有气孔、砂眼、裂纹、滑丝等缺陷。扣件与钢管的贴合面要严格整形，保证与钢管扣紧的接触良好，扣件夹紧钢管时，开口处的最小距离不小于 5mm，扣件的活动部位转动灵活，旋转扣件的两旋转面间隙要小于 1mm，扣件螺栓的拧紧力矩达 60N·m 时扣件不得破坏；

（3）脚手板采用 50mm 厚落叶松，宽度为 300mm，凡是腐朽、扭曲、斜纹、破裂和大横透节者不得使用，使用的脚手板两端 8cm 用 8 号铅丝箍绕 3 圈。

2) 脚手架搭设顺序

脚手架搭设顺序如下：测量放线→安放垫板→安放底座→竖立管并同时安扫地杆→搭设水平杆→搭设剪刀撑→铺脚手板→搭挡脚板和栏杆。

（1）根据梁的线以及板缝的线的位置，提前设计好满堂脚手架应力的计算及安装位置。

（2）每根立杆底部设置底座或垫板。

（3）按照位置脚手架设计书，先制作脚手架横纵扫地杆；纵向扫地杆应采用直角扣件固定在距底座上皮不大于 200mm 处的立杆上。横向扫地杆亦应采用直角扣件固定在紧靠纵向扫地杆下方的立杆上。

（4）安装脚手架立杆。脚手架底层步距不应大于 2m。根据脚手架设计书，在梁底位置的脚手架立管采用提前设计好的较短立管。

（5）搭设水平杆，纵向水平杆宜设置在立杆内侧，其长度不宜小于 3 跨。纵向水平杆接长宜采用对接扣件连接，也可采用搭接。搭接应符合下列规定：搭接长度不应小于 1m，应等间距设置 3 个旋转扣件，端部扣件盖板边缘至搭接纵向水平杆杆端的距离不应小于 100mm。纵向水平杆的对接扣件应交错布置，两根相邻纵向水平杆的接头不宜设置在同步或同跨内。不同步或不同跨两个相邻接头在水平方向错开

二维码链接：

5-3 肋梁楼盖钢筋、模板施工工艺流程

的距离不应小于 500mm；各接头中心与最近主节点的距离不宜大于纵距的 1/3。

（6）主节点处必须设置一根横向水平杆，用直角扣件扣接，且严禁拆除；非主节点处的横向水平杆最大间距不应大于纵距的 1/2。

（7）满堂模板支架四边与中间每隔四排支架立杆应设置一道纵向剪刀撑，由底至顶连续设置。在架体外侧周边及内部纵、横向每 5～8m，应由底至顶设置连续竖向剪刀撑，剪刀撑宽度应为 5～8m，每道剪刀撑宽度不应小于 4 跨。斜杆与地面的倾角宜在 45°～60°之间。剪刀撑斜杆的接长宜采用搭接，应用旋转靠肩固定在与之相交的横向水平杆的伸出端或立杆上，旋转扣件中心线至主节点的距离不宜大于 150mm。

（8）一般梁支柱采用单排，当梁截面较大时，可采用双排或多排。支柱的间距由模板设计规定，一般情况下，间距以 60～100cm 为宜。支柱上面应垫 10cm×10cm 方木，如图 5-16 所示。

图 5-16　梁板满堂脚手架支撑

2. 梁模板安装

梁模板由底模、侧模、锁口方子组成，侧模和底模采用 15～20mm 厚竹胶合板，为保证梁底、梁帮板面方正顺直，有足够刚度，梁底设 5×10cm 通长木方，梁侧模板，横木采用 100mm×100mm，间距 900mm，长度不小于梁高的 2 倍＋梁宽，横楞的自由端不得小于 30cm。

（1）主、次梁同时支模时，一般先支好主梁模板。按设计标高调整支柱的标高，然后安装梁底板，并拉线找直。当梁跨度等于或大于 4m 时，梁底板按设计要求起拱。如设计无要求时，起拱高度宜为全跨长度的 1/1000～3/1000。

（2）对有柱的地方，应先安装柱头模，然后再支梁侧模。柱头模板安放一定要与先浇好的柱子连接紧密，防止接缝部位穿裙子、漏浆。柱头模板支设方法如下：柱头模板应分成四片加工，每片模板必须在后场加工好后现场使用，加固时柱子的每面至少加设 4 个可调螺丝进行加固，柱上贴好海绵条后，框架梁的底模、侧模都要顶在柱截面上，如图 5-17 所示。

知识扩展：

《建筑施工模板安全技术规范》(JGJ 162—2008)

6.1.9　支撑梁、板的支架立柱安装构造应符合下列规定：

3　在立柱底距地面 200mm 高处，沿纵横水平方向应按纵下横上的程序设扫地杆。可调支托底部的立柱顶端应沿纵横向设置一道水平拉杆。扫地杆与顶部水平拉杆之间的间距，在满足模板设计所确定的水平拉杆步距要求条件下，进行平均分配确定步距后，在每一步距处纵横向应各设一道水平拉杆。当层高在 8～20m 时，在最顶步距两水平拉杆中间应加设一道水平拉杆；当层高大于 20m 时，在最顶两步距水平拉杆中间应分别增加一道水平拉杆。所有水平拉杆的端部均应与四周建筑物顶紧顶牢。无处可顶时，应于水平拉杆端部和中部沿竖向设置连续式剪刀撑。

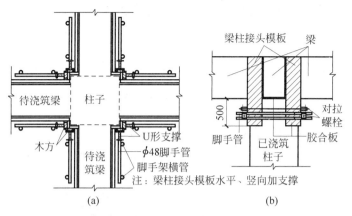

图 5-17　柱头模板(单位：mm)

(a)俯视图；(b)立面图

（3）安装梁侧面模板，梁侧模一定要根据现场的尺寸进行切割支设，在最后固定时，要与板底模相结合，以保证梁上口截面的尺寸及梁截面的方正。拼缝应设置在次楞上，所以拼装梁模板，次楞的间距应考虑拼缝的要求，拼缝小于 1mm。

（4）底板与侧面接缝处粘贴泡沫塑料条挤严，在主、次梁交接处，应在主梁侧板上留缺口，尺寸与次梁截面相同，缺口底部加钉衬口档木，以便与次梁模板相接，并钉上次梁的侧板，锁口方子将梁侧板与底板夹紧。

（5）梁模板安装后，要拉中线检查，复核各梁模板中心线位置是否正确，将木楔钉牢在垫板上，钢管支承架要设斜撑，以免发生失稳事故，如图 5-18 所示。

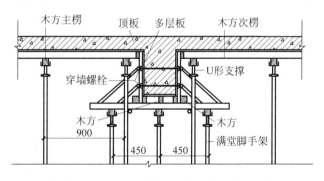

图 5-18　梁模板及支撑示意图(单位：mm)

3. 板模板安装

梁模板安装完成后，安装板模板。板模板的材料一般采用 10～15mm 的竹胶板。主、次楞截面尺寸根据模板设计书选用，主楞间距不大于 1200mm，次楞间距不大于 300mm。主楞、次楞、面板间的接缝应设置在次龙骨中。

主次龙骨应尽量通长,检校次龙骨的跨度,竹胶合板的面板应沿板长跨方向铺设,并沿板的长向两侧钉上次龙骨,次龙骨长度与面板等长。

(1)按水平先调整柱头 U 形托的支撑高度,安放主龙骨、次龙骨,最后在次龙骨上铺钉平板模板。大龙骨间距为 60~120cm,小龙骨间距为 40~60cm。

(2)铺面板,用圆钉固定在小龙骨上,板拼接时,拼缝必须在小龙骨上,并用圆钉固定,在与梁侧模连接时,用圆钉将侧板固定在小龙骨上。

(3)平板模板铺好后,应进行模板面标高的检查工作,如有不符,应进行调整检验板面标高和平整度,并将梁内及板面清扫干净,然后报验。板跨度(双向板指板短跨)等于或大于 4m 时,模板按跨度的 0.3% 起拱。

(4)对于平面模板板与板之间及与剪力墙连接处,应事先在板端次楞上粘贴海绵条,以防止接缝处漏浆,如图 5-19 所示。

知识扩展:

《混凝土结构工程施工规范》(GB 50666—2011)

5.4.9 钢筋绑扎的细部构造应符合下列规定:

1 钢筋的绑扎搭接接头应在接头中心和两端用铁丝扎牢;

2 墙、柱、梁钢筋骨架中各垂直面钢筋网交叉点应全部扎牢;板上部钢筋网的交叉点应全部扎牢,底部钢筋网除边缘部分外可间隔交错扎牢;

3 梁、柱的箍筋弯钩及焊接封闭箍筋的对焊点应沿纵向受力钢筋方向错开设置。构件同一表面,焊接封闭箍筋的对焊接头面积百分率不宜超过 50%;

4 填充墙构造柱纵向钢筋宜与框架梁钢筋共同绑扎;

5 梁及柱中箍筋、墙中水平分布钢筋及暗柱箍筋、板中钢筋距构件边缘的距离宜为 50mm。

图 5-19 梁板模板图

5.3.2 梁板钢筋绑扎

1. 梁钢筋绑扎

梁绑扎流程如下:画主、次梁箍筋间距→放主梁、次梁箍筋→穿主梁底层纵筋及弯起筋→穿次梁底层纵筋,并与箍筋固定→穿主梁上层纵向架立筋→按箍筋间距绑扎→穿次梁上层纵向钢筋→按箍筋间距绑扎。

(1)在梁侧模板上画出箍筋间距,摆放箍筋。

(2)在主、次梁受力筋下均应垫块,用水泥砂浆制成 50mm 见方,厚度同保(或塑料卡),保证保护层的厚度。受力筋为双排时,可用短钢筋垫在两层钢筋之间,钢筋排距应符合上述要求。

(3)先穿主梁的下部纵向受力钢筋及弯起钢筋,将箍筋按已画好的间距逐个分开。

(4)穿次梁的下部纵向受力钢筋及弯起钢筋,并套好箍筋。梁的下部钢筋不得跨中 1/3 范围内连接。

(5) 放主次梁的架立筋;隔一定间距将架立筋与箍筋绑扎牢固;调整箍筋间距使其符合设计要求,绑架立筋,再绑主筋,主次梁同时配合进行;次梁的钢筋在主梁的钢筋上。上部钢筋不得在支座 1/3 范围连接。

(6) 梁上筋净距不小于 30mm 或 $1.5d$(d 为钢筋中最大直径),下筋净距不小于 25mm 或 d;下部纵向钢筋配置不小于两层时,钢筋水平方向中距比下面两层中距增大一倍。

(7) 绑梁上部纵向筋的箍筋,宜用套扣法绑扎。箍筋在叠合处的弯钩在梁中应交错绑扎,箍筋弯钩为 135° 平直部分长度为 $10d$,如做成封闭箍时,单面焊缝长度为 $5d$。

(8) 梁端第一个箍筋应加密,其间距与加密区长度均应符合设计要求。

(9) 梁筋的搭接:梁的受力钢筋直径等于或大于 22mm 时,宜采用焊接接头;小于 22mm 时,可采用绑扎接头,搭接长度要符合规范的规定。搭接长度末端与钢筋弯折处的距离不得小于钢筋直径的 10 倍。接头位置应相互错开,当采用绑扎搭接接头时,在规定搭接长度的任一区段内,有接头的受力钢筋截面面积占受力钢筋总截面面积百分率,受拉区不大于 50%。

2. 板钢筋绑扎

梁钢筋绑扎完成以后开始绑扎板钢筋。板钢筋绑扎流程如下:清理模板→模板上画钢筋位置线→绑板下受力筋及其分布筋→水电配合→垫混凝土马凳→绑负弯矩钢筋及其分布筋。

(1) 先在板底弄好垫好砂浆垫块,垫块的间距在 1000mm 以内;垫块的厚度等于保护层厚度。

(2) 按图纸标明的钢筋间距算出板实际需用的钢筋根数(查钢筋料单),在模板上弹出钢筋位置线(包括墙钢筋位置线),钢筋就位时,按照钢筋位置线摆放钢筋。

(3) 先摆放受力主筋,后放分布筋。预埋件、电线管、预留孔等应及时配合安装。再放置板的负筋和分布筋。

(4) 在现浇板中有板带梁时,应先绑板带梁钢筋,再摆放板钢筋。双层双向板先铺垂直次梁底筋,后铺垂直主梁底筋。

(5) 绑扎板筋时,一般用顺扣或"八"字扣,除外围两根筋的相交点应全部绑扎外,其余各点可交错绑扎(双向板相交点须全部绑扎)。

(6) 板为双层钢筋,两层筋之间须加钢筋马凳,以确保上部钢筋的位置。负弯矩钢筋每个相交点均要绑扎。对于双向板的底部钢筋,短跨钢筋置于下排,长跨钢筋置于上排。

(7) 绑扎板上部钢筋;绑扎方法与底筋相同;现浇钢筋混凝土楼

知识扩展:

《混凝土结构工程施工规范》(GB 50666—2011)

8.3.1 浇筑混凝土前,应清除模板内或垫层上的杂物。表面干燥的地基、垫层、模板上应洒水湿润;现场环境温度高于 35℃ 时宜对金属模板进行洒水降温;洒水后不得留有积水。

8.3.2 混凝土浇筑应保证混凝土的均匀性和密实性。混凝土宜一次连续浇筑;当不能一次连续浇筑时,可留设施工缝或后浇带分块浇筑。

8.3.3 混凝土浇筑过程应分层进行,分层浇筑应符合本规范第 8.4.6 条规定的分层振捣厚度要求,上层混凝土应在下层混凝土初凝之前浇筑完毕。

板下部钢筋不得在跨中搭接,板上部钢筋不得在支座搭接,如图 5-20、图 5-21 所示。

图 5-20　梁、板钢筋绑扎图

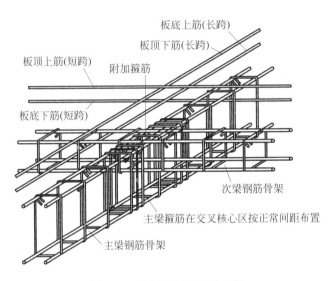

图 5-21　主梁、次梁、板配筋图

（8）板钢筋锚入梁内,板的底部钢筋伸入梁支座不小于 $5d$,且不小于 100,也不应小于 1/2 梁宽度。当为 HPB300 级钢筋时,端部另设 $180°$ 弯钩,当为 HRB335、HRB400 级钢筋时,端部不加 $180°$ 弯钩。楼梯梯段板的上、下部纵筋锚入支座长度不应小于 L_{aE}。

（9）板的中间支座上部钢筋(负筋)两端设直钩,直钩长度应比板厚短 30mm,此时 HPB300 级钢筋可不加弯钩。板的边支座负筋一般应伸至梁外侧纵筋内侧,当水平直锚长度不小于 L_a(L_a 为受拉钢筋锚固长度)时,直钩长度同另一端。如不满足时,此端加垂直段 $15d$ 长度。当采用 HPB300 级钢筋时,端部另设弯钩。

5.3.3　梁板混凝土浇筑

绑扎钢筋完成后,将模板内的垃圾、泥土等杂物及钢筋上的油污清除干净,然后开始浇筑混凝土。

（1）应同时浇筑梁、板混凝土,浇筑方法由一端开始用赶浆法,即先浇筑梁,根据梁高分层浇筑成阶梯形,当达到板底位置时再与板的混凝土一起浇筑,随着阶梯形不断延伸,梁板混凝土浇筑连续向前进行;

（2）浇筑与振捣必须紧密配合,第一层下料慢些,梁底充分振实后再下第二层料,保持水泥浆沿梁底包裹石子向前推进,每层均应振实后再下料,梁底及梁帮部位要注意振实,振捣时不得触动钢筋及预埋件;

（3）梁、柱节点钢筋较密时,用小直径30振捣棒振捣;

（4）浇筑混凝土的满铺厚度应略大于板厚,用平板振捣器垂直浇筑方向来回振捣,厚板可用插入式振捣器,顺着浇筑方向拖拉振捣,并用标尺检查混凝土的厚度,振捣完毕后用长木杠刮平,用小白线拴在墙、柱的钢筋的50cm高的水平线上,进行校核板面的高度,核实水平面的标高无误时,再用抹子搓平;

（5）待混凝土表面达到初凝时,再用木抹子搓压一边,收面次数不应小于3遍。

5.3.4　拆模及养护

1. 混凝土养护

混凝土浇注后12h内,应及时对梁、板混凝土进行湿润养护,用塑料薄膜覆盖,冬季施工期间应覆盖塑料布和草帘被进行养护,养护时间不得少于14d,如图5-22所示。

图 5-22　梁板薄膜养护

知识扩展：

《散支散拆胶合板模板施工工艺说明（三）》

楼板、楼梯板模板施工构造应符合下列要求：

（1）楼板底模应设有主、次楞，次楞木应采用 100mm×100mm、50mm×100mm 方木或 50mm×50mm 壁厚 3.5 的方钢管，主楞木应采用 100mm×100mm 方木，其间距应符合设计计算要求。

（2）除跨度不大于 1200mm 的楼板外，楼板模板竖向支撑应独立。

（3）楼板与墙等构件交接处应设置通长封口托木。

（4）与楼梯踏步相连的墙体模板，应在踏步槽口上方增设一道斜楞木，并用穿墙对拉螺栓固定。

（5）踏步板接缝处需设置后插板。

知识扩展：

《混凝土结构工程施工规范》（GB 50666—2011）

4.3.3　模板及支架设计应包括下列内容：

1　模板及支架的选型及构造设计；

2　模板及支架上的荷载及其效应计算；

3　模板及支架的承载力、刚度和稳定性验算；

4　绘制模板及支架施工图。

4.3.4　模板及支架的设计应计算不同工况下的各项荷载。常遇的荷载应包括模板及支架自重（G1）、新浇筑混凝土自重（G2）、钢筋自重（G3）、新浇筑混凝土对模板侧面的压力（G4）、施工人员及施工设备荷载（Q1）、泵送混凝土及倾倒混凝土等因素产生的荷载（Q2）、风荷载（Q3）等，各项荷载的标准值可按本规范附录 A 确定。

2. 模板及支撑拆除

对于梁、楼板模板，应先拆梁侧模，再拆楼板底模，最后拆除梁底模。

（1）拆除部分水平拉杆、剪刀撑。拆除碗口件部分水平拉杆，以便作业，而后拆除梁侧模板上的水平钢管及斜支撑，轻撬梁侧模板，使之与混凝土表面脱离。

（2）下调支柱上的油托螺杆后，使模板下降 2～3cm，轻撬模板下的龙骨，使龙骨与模板分离，拆下第一块，然后逐块逐段拆除，切不可用钢棍或铁锤猛击乱撬。每块模板拆除后，或用人托扶放在地上，或下调油托到一定高度后，托住模板。严禁模板自由落地。

（3）拆除梁底模板的方法与楼板大致相同。但拆除跨度较大的梁底模板时，应从跨中开始下调支柱油托螺杆，然后向两端逐根下调，拆除梁底模板支柱时，宜从跨中向两端作业。

（4）拆下模板等配件，严禁抛掷，要有人接应传递，指定地点堆放。

5.4　楼梯施工

5.4.1　楼梯支撑及模板

工艺流程如下：定位放线→模板加工→搭设支架→楼梯梁、平台板模板→楼梯段底板模板→楼梯段侧板模板→梯段板钢筋安装→楼梯踏步侧模板→校正、加固。

1. 定位放线

（1）以结构图纸为依据，以楼层＋0.500 线及楼层平面轴线为基准，确定出楼梯梁、平台、斜跑的位置及标高；

（2）在周边没有墙的情况下，可将楼梯梁位置线弹在下层楼面上，支梁底时挂线坠对准即可。

2. 模板加工

1）楼梯梁靠楼梯段侧模的加工（图 5-23(a)）

楼梯梁靠楼梯段侧模高度 FE 主要通过相似三角形原理计算得来，由三角形 AFD 和三角形 CAB 相似，求出梁侧板高度 FE：$FE=AE-AF$，由 $AF=AD/BC×AC$、$AC^2=AB^2+BC^2$ 可得 $FE=AE-AD/BC×\sqrt{AB^2+BC^2}$。其中，$AD$ 为楼梯斜板厚度；AE 为楼梯梁高度；AB 为踏步高度；BC 为踏步宽度。同理，由三角形 HJK 和三角形 CAB 相似，可求出梁侧板高度 HG。

2）楼梯段底模的加工（图 5-23(b)）

由直角三角形 ABC 与直角三角形 HGF 相似，求出底模的长

度 FH。

$FH/CA = FG/CB$，由 $FH = FG/CB \times CA$、$CA^2 = AB^2 + BC^2$ 可得

$$FH = FG/CB \times \sqrt{AB^2 + BC^2}$$

其中，FG 为楼梯段水平长度；AB 为踏步高度；CB 为踏步宽度。

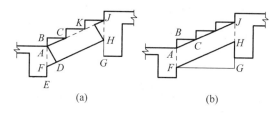

图 5-23　楼梯模板示意图

3）楼梯段侧模高度的确定（图 5-24(a)）

由直角三角形 BAC 与 IAB 相似，求出梁侧板高度 BI；再由 $BD = BI + ID$，求出梯板侧模高度 BD。其中，AB 为踏步高、BC 为踏步宽，ID 为梯板厚度。

4）楼梯段侧模长度的确定（图 5-24(b)）

由直角三角形 CBA 与 ADF 相似，求出 FD 距离，再由 $NJ = 2FD + AJ$ 得出侧模长度。其中，AB 为踏步高，BC 为踏步宽，EF 为梯板厚度，AJ 为楼梯段底模。

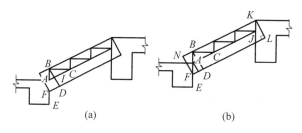

图 5-24　楼梯示意图

5）楼梯踏步板的加工（图 5-25）

踏步板采用不小于 15mm 厚的覆膜木模板和 50mm×100mm 方木加工制作，应根据图纸设计尺寸同时结合踏步板的安装加固方法制作，为增加踏步板的强度，采用两侧模和底模三面覆模的方式。

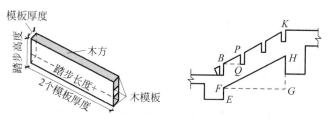

图 5-25　楼梯侧面模板示意图

知识扩展：

《混凝土结构工程施工规范》（GB 50666—2011）

4.4.7　采用扣件式钢管作高大模板支架的立杆时，支架搭设应完整，并应符合下列规定：

1　钢管规格、间距和扣件应符合设计要求；

2　立杆上应每步设置双向水平杆，水平杆应与立杆扣接；

3　立杆底部应设置垫板。

6) 楼梯段侧模加工(图 5-25)

在楼梯侧模板上按踏步尺寸划线,根据三角形 BQP 和 FGH 相似可得,$\angle BPQ = 90° - \arccos FG/FH$,结合踏步板的高度和厚度沿竖向锯成凹槽型。

3. 楼梯段斜板底部支撑体系搭设

应采用扣件式钢管支撑架进行搭设。以楼梯间设计层高 3000mm 为例,如图 5-26 所示。

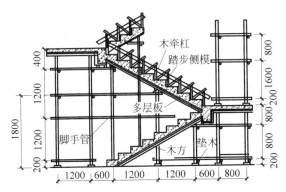

图 5-26　梯板底部支撑搭设示意图(单位:mm)

1) 竖立杆

以楼梯间斜板设计净宽度 1200mm 为例,立杆横向间距为 800mm(考虑留出梯段中间的人行通道),每侧距墙 200mm,纵向间距为 1200mm,在楼梯梁处间距 600mm。

2) 布设水平杆

以楼梯间设计层高 3000mm 为例,纵向水平杆离地 200mm 设第一道扫地杆,以上分别在距地面高度 1400mm、1800mm、2600mm 各设一道,最上部留 300mm 高操作部位。离地 1800mm 高度范围内不设横向水平杆(考虑通道的通行畅通),其余主节点处均设置横向水平杆。

3) 铺设主龙骨

主龙骨根据选择好规格的方木,水平放置在立杆顶部的可调托撑上。

4) 铺设次龙骨

次龙骨根据选择好规格的方木,垂直铺设在主龙骨上面,方木净间距为小于 300mm,与主龙骨之间的夹角采用直角木楔可靠固定,使主次龙骨连接成可靠整体。

4. 铺楼梯段底模板

底模板铺设应在平台段底模板和楼梯梁靠楼梯段侧模板铺设完毕后进行,首先在两端拉线将次龙骨面整平顺后,再钉楼梯段底模板。

5. 楼梯段侧模板安装

楼梯段侧模板采用底模包侧模的方法安装,并在侧模与底模交界处外侧钉设方木,方木应与侧模及底模用圆钉同时固定进行限位加固。

6. 楼梯段踏步模板安装

梯段踏步模板安装前,应按图纸设计及规范要求绑扎完斜板钢筋,踏步模板安装时,要紧靠楼梯段侧模板所锯出的凹槽里。全部安装完后,用方木将两侧上口固定,并用镰刀钩进行横向拉结,每跑梯段不少于3道,如图5-27所示。

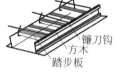

图 5-27 踏步板安装示意图

7. 楼梯侧模支设

楼梯侧模支设时,要考虑到装修厚度的要求,使上、下跑之间的梯阶线在装修后对齐,确保梯阶尺寸一致,如图5-28、图5-29所示。

图 5-28 楼梯支撑及模板图

图 5-29 楼梯踏步模板图

二维码链接:

5-4 楼梯钢筋、模板施工工艺流程

5.4.2　楼梯钢筋

楼梯钢筋绑扎工艺流程如下：画位置线→绑主筋→绑分部筋→绑踏步筋。

（1）在楼梯段底模上画主筋和分布筋的位置线；

（2）根据设计图纸主筋、分布筋的方向，先绑扎主筋，后绑扎分布筋，每个交点均应进行绑扎；

（3）如果有楼梯梁，先绑梁后绑板筋，板筋要锚固到梁内，注意梯梁筋接头数量、位置均要符合在板跨边 1/3 处搭接，接头按 50% 错开；

（4）绑扎休息平台筋时，将凿出的预埋筋与平台筋搭接绑扎完毕后，再用电焊将平台筋上、下网片隔根将进行搭接单面焊，焊接长度不小于 $10d$；

（5）底板筋绑完，待踏步模板吊帮支好后，再绑扎踏步钢筋。主筋接头数量和位置均应符合施工及验收规范要求，如图 5-30 所示。

知识扩展：

《混凝土结构工程施工规范》（GB 50666—2011）

8.5.3　洒水养护应符合下列规定：

1　洒水养护宜在混凝土裸露表面覆盖麻袋或草帘后进行，也可采用直接洒水、蓄水等养护方式；洒水养护应保证混凝土处于湿润状态；

2　洒水养护用水应符合本规范第 7.2.8 条的规定；

3　当日最低温度低于 5℃ 时，不应采用洒水养护。

图 5-30　楼梯钢筋图

5.4.3　楼梯混凝土浇筑

楼梯混凝土应自上而下浇筑，先振实底板混凝土，达到踏步位置时再与踏步混凝土一起浇筑，不断连续向上推进，并随时用木抹子（或塑料抹子）将踏步抹平。

楼梯混凝土宜连续浇筑完，多层楼梯的施工缝应留在楼梯段的 1/3 的部位。在底部或施工缝处，浇筑前，应先铺 5cm 厚、与混凝土配合比相同的水泥砂浆或减石子混凝土。

浇筑混凝土时，应分层浇筑、振捣。混凝土浇筑振捣时，应根据结构情况选用振捣棒型号。并要有专人检查模板、钢筋是否变形、位移。混凝土表面应压实、抹平。

5.4.4　楼梯拆模及养护

楼梯模板的拆除顺序是楼级板→楼级侧板→楼板侧板→楼板底板。

混凝土浇筑完毕后,应在 12h 以内加以覆盖和浇水,浇水次数应能保持混凝土有足够的湿润状态,养护期不少于 7d。混凝土强度达到 1.2MPa 以上时,方可上人作业。

第6章

预应力混凝土施工

知识扩展：

《预应力混凝土结构设计规范》(JGJ 369—2016)

2.1 术语

2.1.1 预应力混凝土结构

prestressed concrete structure

配置受力的预应力筋，通过张拉或其他方法建立预加应力的混凝土结构。

2.1.2 先张法预应力混凝土结构

pretensioned prestressed concrete structure

在台座上张拉预应力筋后浇筑混凝土，并通过放张预应力筋由粘结传递而建立预应力的混凝土结构。

2.1.3 后张法预应力混凝土结构

posttensioned prestressed concrete structure

在混凝土达到规定强度后，通过张拉预应力筋并在结构上锚固而建立预应力的混凝土结构。

本章学习要求：

➢ 掌握先张法的施工设备与施工工艺

➢ 掌握后张法的设备与工艺

➢ 了解无粘结预应力筋的制作与施工工艺

6.1 先张法

先张法是在浇筑混凝土构件之前张拉预应力筋，将其临时锚固在台座或钢模上，然后浇筑混凝土构件，待混凝土达到一定的强度（一般不低于混凝土强度标准值的 75%），并使预应力筋与混凝土之间有足够的粘结力时，放松预应力筋，预应力筋弹性回缩，借助混凝土与预应力筋之间的粘结力对混凝土产生预压应力。先张法多用于预制构件厂生产定型的中、小型构件，如图 6-1 所示。

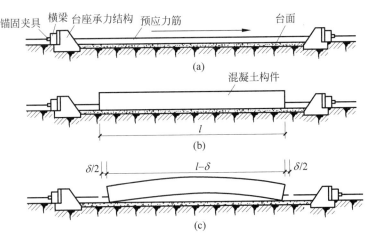

图 6-1 先张法台座示意图

（a）预应力筋张拉；（b）混凝土灌注与养护；（c）放松预应力筋

6.1.1 先张法施工设备

1. 台座

台座是先张法生产的主要设备之一,它承受预应力筋的全部拉力。因此,台座应有足够的强度、刚度和稳定性。

台座的长度以 100～150m 为宜,一般应每隔 10～15m 设置一道伸缩缝,最好按几种主要产品宽度组合模数考虑,缝宽为 30～50mm;宽度主要取决于构件的布筋宽度、张拉与浇筑混凝土是否方便,一般为 2～4m。这样既可以利用钢丝较长的特点,张拉一次可以生产多根(块)构件,又可以减少因钢丝滑动或台座横梁变形引起的预应力损失。

台座按构造形式可分为墩式台座、槽式台座和钢模台座。

1) 墩式台座

墩式台座是由承力台墩、台面与横梁组成,如图 6-2 所示。目前,常用的是承力台墩与台面共同受力的墩式台座。

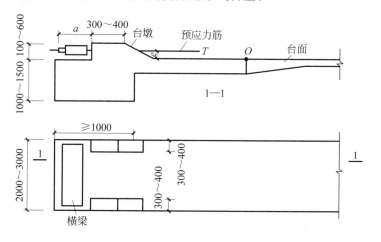

图 6-2 墩式台座(单位:mm)

设计墩式台座时,应进行台座的稳定性和强度验算。稳定性验算包括台座的抗倾覆验算和抗滑移验算。

抗倾覆的验算简图如图 6-3 所示。

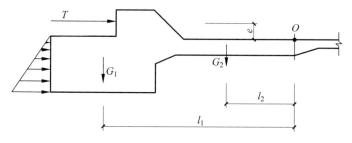

图 6-3 墩式台座抗倾覆验算简图

知识扩展:

《预应力混凝土结构设计规范》(JGJ 369—2016)

2.1.4 无粘结预应力混凝土结构
unbonded prestressed concrete structure

配置与混凝土之间可保持相对滑动的无粘结预应力筋的后张法预应力混凝土结构。

2.1.5 体外预应力混凝土结构
externally prestressed structure

混凝土构件截面之外配置后张预应力筋的结构。

2.1.6 预应力型钢混凝土结构
prestressed steel reinforced concrete structure

预应力混凝土结构内配置轧制或焊接成型型钢的结构。

2.1.7 预应力筋
tendon

用于混凝土结构构件中施加预应力的钢丝、钢绞线和预应力螺纹钢筋和纤维增强复合塑料筋的总称。

知识扩展：

《预应力混凝土结构
设计规范》(JGJ 369—
2016)

2.1.8 填充型环氧涂层
钢绞线
epoxy-coated prestressing
steel strand

外层由熔融结合环
氧涂层涂覆，钢丝间的空
隙由熔融结合环氧涂层
完全填充，防止腐蚀介质
通过毛细作用力或其他
流体静力侵入的预应力
钢绞线。

2.1.9 纤维增强复合材
料预应力筋
FRP tendon

由多股连续芳纶纤
维复合材料或碳纤维复
合材料采用聚酰胺树脂、
聚乙烯树脂或环氧树脂
等基底材料胶合后，经过
特制的模具挤压、拉拔成
形的纤维增强复合塑料
预应力筋，简称 FRP 预
应力筋。

2.1.10 无粘结预应力筋
unbonded tendon

表面涂防腐油脂并
包护套后，与周围混凝土
不粘结，靠锚具传递压力
给构件或结构的一种预
应力筋。

钢筋混凝土台墩绕台面 O 点倾覆，其埋深较小，当气温变化和土质干缩时，土与台墩分离，土压力小而不稳定，故可忽略土压力对 O 点产生的平衡力矩。台座的抗倾覆按下式验算：

$$K_1 = \frac{M'}{M} = \frac{G_1\,l_1 + G_2\,l_2}{Te} \geqslant 1.50 \tag{6-1}$$

式中 K_1——台座的抗倾覆安全系数；

M——由张拉力产生的倾覆力矩；

M'——抗倾覆力矩；

T——预应力筋张拉力；

e——张拉力合力 T 的作用点到倾覆点的力臂；

G_1——承力台墩的自重；

l_1——台墩中心至倾覆点的力臂；

G_2——承力台墩外伸台面局部加厚部分的自重；

L_2——承力台墩外伸台面局部加厚部分的重心至倾覆转动点的力臂。

台墩倾覆点的位置如下：对与台面共同工作的台墩，按理论计算，倾覆点应在混凝土台面的表面处。但考虑到台墩的倾覆趋势，使得台面端部顶点出现局部应力集中和混凝土抹面层的施工质量，因此倾覆点的位置宜取在混凝土台面往下 $40\sim50\mathrm{mm}$ 处。

应按下式进行抗滑移验算：

$$K_2 = \frac{T_1}{T} \geqslant 1.3 \tag{6-2}$$

式中 K_2——抗滑移安全系数；

T——张拉力合力；

T_1——抗滑移的力，对独立的台墩，该力由侧壁上压力和底部摩阻力等产生；对与台面共同工作的台墩，其水平推力几乎全部传给台面，不存在滑移问题，可不做抗滑移计算，此时应验算台面的强度。

为了增加台墩的稳定性，减少台墩的自重，可采用锚杆式台墩。

台墩的牛腿和延伸部分，分别按钢筋混凝土结构的牛腿和偏心受压构件计算。

台墩横梁的挠度不应大于 $2\mathrm{mm}$，并不得产生翘曲。预应力筋的定位板必须安装准确，其挠度不应大于 $1\mathrm{mm}$。

台面一般是在夯实的碎石垫层上浇筑一层厚度为 $60\sim100\mathrm{mm}$ 的混凝土而成。其水平承载力 P 可按下式计算：

$$P = \frac{\psi A f_c}{\gamma_0\,\gamma_Q K'} \tag{6-3}$$

式中 ψ——轴心受压纵向弯曲系数，取 $\psi=1$；

A——台面截面面积；

f_c——混凝土轴心抗压强度设计值；

γ_0——构件重要性系数,按二级考虑,取 $\gamma_0=1.0$;

γ_Q——荷载分项系数,取 $\gamma_Q=1.4$;

K'——考虑台面面积不均匀和其他影响因素的附加安全系数,取 $K'=1.5$。

台面伸缩缝可根据当地温差和经验设置,一般约 10m 设置一条,也可采用预应力混凝土滑动台面,不留施工缝。

2)槽式台座

槽式台座由端柱、传力柱、柱垫、横梁和台面等组成,如图 6-4 所示,既可承受张拉力,又可作为蒸汽养护槽,适用于张拉吨位较高的大型构件,如吊车梁、屋架、薄腹梁等。

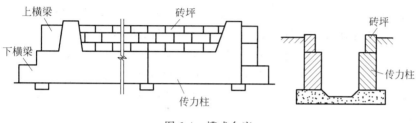

图 6-4　槽式台座

槽式台座的长度一般为 45~76m,45m 长可生产 6 根 6m 吊车梁,76m 长可生产 10 根 6m 吊车梁,或 3 榀 24m 屋架,或 4 榀 18m 屋架,宽度随构件外形及制作方法而定,一般不小于 1m。槽式台座一般与地面相平,以便运送混凝土和蒸汽养护,但需考虑地下水位和排水等问题;端柱、传力柱的端面必须平整,对接接头必须紧密,柱与柱垫连接必须牢靠。

槽式台座亦应进行强度和稳定性验算。端柱和传力柱的强度按钢筋混凝土结构偏心受压构件计算。槽式台座端柱抗倾覆力矩由端柱、横梁自重力及部分张拉力组成。

3)钢模台座

钢模台座是将制作构件的模板作为预应力筋的锚固支座的一种台座,如图 6-5 所示。这类台座是将钢模板做成具有相当刚度的结构,将钢筋直接放置在模板上进行张拉,主要用在流水线构件生产中。

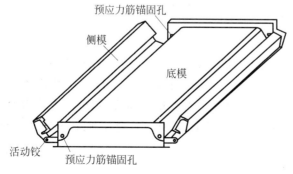

图 6-5　钢模台座

知识扩展：

《预应力混凝土结构设计规范》(JGJ 369—2016)

2.1.15 连接器
coupler
连接预应力筋的装置。

2.1.16 锚固区
anchorage zone
在后张预应力混凝土结构构件中，承受锚具传来的预加力并使混凝土截面应力趋于均匀的部分构件区段。

2.1.17 转向块
deviator
在腹板、翼缘或腹板翼缘交接处设置的混凝土或钢支承块。

2.1.18 张拉控制应力
control stress for tensioning
预应力筋张拉时在张拉端所施加的应力值。

2.1.19 预应力损失
prestressing loss
预应力筋张拉过程中和张拉后，由于材料特性、结构状态和张拉工艺等因素引起的预应力筋应力降低。

2. 夹具

夹具是用于临时锚固预应力筋，待混凝土构件制作完毕，可以取下重复使用的工具。按其作用可分为锚固夹具和张拉夹具。夹具必须安全可靠，加工尺寸准确；使用中不应发生变形和滑移，且预应力损失要小，构件要简单，节约材料，成本低，拆卸方便，张拉迅速，适应性、通用性强。

1）钢丝夹具

钢丝夹具分为锚固夹具和张拉夹具。

常见的锚固夹具有圆形齿板式、圆锥形槽式和楔形三种。

圆形齿板式夹具和圆锥形槽式是常用的两种单根钢丝夹具，适用于锚固直径 3～5mm 的冷拔低碳钢丝，也可用于锚固直径 5mm 的碳素刻痕钢丝，这两种夹具均由套筒与销子组成，如图 6-6 所示。

套筒为圆形，中间开圆锥形孔。销子有两种形式：一种是在圆锥形销上切去一块，在切削面上刻有细齿，即为圆形齿板式夹具；另一种是在圆锥形上留有 1～3 个凹槽，在凹槽内刻有细齿，即为圆锥形槽式夹具。

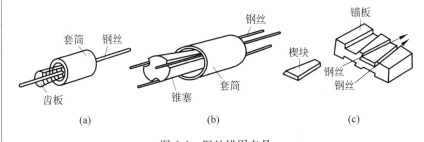

图 6-6　钢丝锚固夹具
(a) 圆形齿板式；(b) 圆锥形槽式；(c) 楔形

楔形夹具由锚板与楔块两部分组成，楔块的坡度为 1/15～1/20，两侧面刻倒齿，每个楔块可锚固 1 或 2 根钢丝，适用于锚固直径为 3～5mm 的冷拔低碳钢丝及碳素钢丝。另外，钢丝的锚固除可采用锚固夹具外，还可以采用镦头锚具。

钢丝的张拉夹具主要有钳式夹具、偏心式夹具、楔块夹具等，如图 6-7 所示。

2）钢筋夹具

张拉钢筋时，其临时锚固可采用穿心式夹具或镦头夹具等。

圆锥形二片式夹具由圆形套筒与圆锥形夹片组成，如图 6-8 所示。圆形套筒内壁呈圆锥形，与夹片锥度吻合，圆锥形夹片为两个半圆片，半圆片的圆心部分开成半圆形凹槽，并刻有细齿，钢筋就夹紧在夹片中的凹槽内。

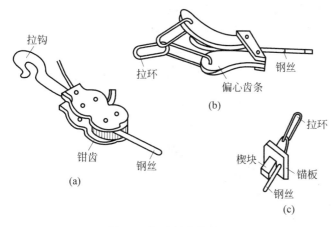

图 6-7 钢丝的张拉夹具

(a) 钳式；(b) 偏心式；(c) 楔块

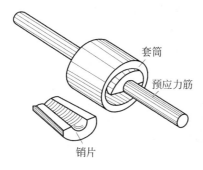

图 6-8 圆锥形二片式夹具

知识扩展：

《预应力混凝土结构设计规范》(JGJ 369—2016)

2.1.20 有效预应力 effective prestress

预应力损失完成后，在预应力筋中保持的应力值。

2.1.21 主内力 primary internal force

预加力对去除约束的预应力构件截面形心产生的内力。

2.1.22 综合内力 resultant internal force

预加力在后张法超静定预应力结构的构件截面上产生的内力。

2.1.23 次内力 secondary internal force

预加力对后张法超静定预应力结构在多余约束处引起的附加内力。

这种夹具适用于锚固直径为 12～16mm 的单根冷拉钢筋。两夹片要同时打入，为了拆卸方便，可在套筒内壁及夹片外壁涂以润滑油。

镦头固定端用冷镦机将钢筋镦头，镦头固定端可以利用边角余料加工成槽口或钻孔，穿筋后卡住镦头。这种夹具成本低，拆装方便，省工省料，如图 6-9 所示。

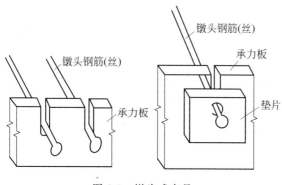

图 6-9 镦头式夹具

知识扩展：

《预应力混凝土结构设计规范》(JGJ 369—2016)

3.3 预应力筋用锚具和连接器

3.3.1 预应力结构设计中，应根据工程环境条件、结构特点、预应力筋品种和张拉施工方法，选择锚具和连接器。

3.3.2 金属预应力筋用锚具和连接器的性能应符合现行国家标准《预应力筋用锚具、夹具和连接器》(GB/T 14370—2015)、《预应力筋用锚具、夹具和连接器应用技术规程》(JGJ 85—2010) 和《无粘结预应力混凝土结构技术规程》(JGJ 92—2016)的规定。

3.3.3 承受低应力或动荷载的夹片式锚具应采取防松措施。

钢筋的张拉夹具主要有压销式张拉夹具(图 6-10)，还有钳式、偏心式、楔形夹具(图 6-7)，以及单根镦头钢筋夹具(图 6-11)等。

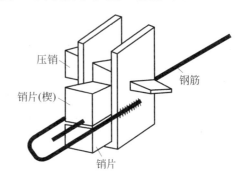

图 6-10　压销式张拉夹具

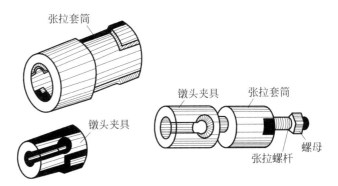

图 6-11　单根镦头钢筋夹具

3. 张拉设备

1) 钢丝的张拉机具

用钢台模以机组流水法或传送带法生产构件时，一般进行多根张拉，如图 6-12 所示，用油压千斤顶进行张拉，要求钢丝的长度相等，事先需调整初应力。

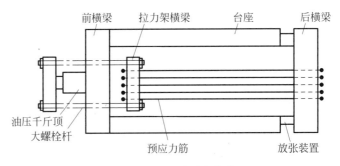

图 6-12　油压千斤顶张拉装置

在台座上生产构件时进行单根张拉，由于张拉力小，一般用小型卷扬机张拉，以弹簧、杠杆等简易设备测力。用弹簧测力时，宜设置行程开关,以便拉到规定的拉力时能自行停车。如图 6-13 所示为电动卷扬机张拉长线台座上的钢丝。

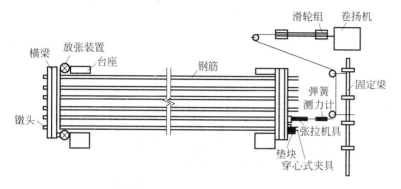

图 6-13 用卷扬机张拉的设备布置

选择张拉机具时,为了保证设备和人身安全以及张拉力准确,张拉机具的张拉力不应小于预应力筋张拉力的 1.5 倍,张拉机具的行程不应小于预应力筋张拉伸长值的 1.1~1.3 倍。

2) 钢筋的张拉机具

先张法钢筋的张拉,分单根钢筋和多根钢筋成组张拉。由于在长线台座上预应力筋张拉的伸长值较大,一般千斤顶行程多不能满足要求,故可用卷扬机张拉较小直径的钢筋。测力计采用行程开关控制,当张拉力达到设计要求的拉力值时,卷扬机可自动断电停车。

张拉直径为 12~20mm 的单根钢筋、钢绞线或小型钢丝束时,可用 YC-20 型穿心式千斤顶,如图 6-14 所示。张拉时,前油嘴回油、后油嘴进油,被偏心夹具夹紧的钢筋随着油缸的伸出而被拉长。如果油缸已接近最大行程而钢筋尚未达到控制应力时,可使千斤顶卸载、油缸复位,然后继续张拉。

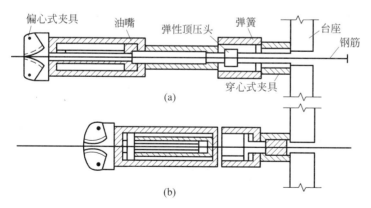

图 6-14 YC-20 型穿心式千斤顶张拉过程示意图
(a) 张拉;(b) 暂时锚固及回油

另外,还可以采用电动螺杆张拉机进行张拉。如图 6-15 所示,该类张拉机是工具螺旋推动原理制成的,即将螺母的位置固定,由电动机通过变速箱变速后,使设置在大齿轮或涡轮内的螺母旋转,迫使螺杆在水平方向产生移动,因而使与螺杆相连的预应力筋受到张拉。拉力控制一般采用弹簧测力计,上面设有行程开关,当张拉到规定的拉力时,能自行停车。

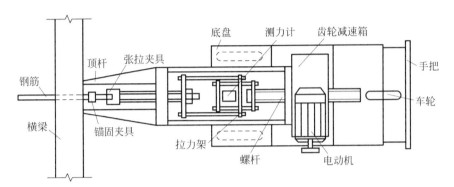

图 6-15 电动螺杆张拉机

6.1.2 先张法施工工艺

先张法预应力混凝土构件在台座上生产时,其工艺流程如图 6-16 所示,施工中可按具体情况适当调整,这里主要阐述几个预应力混凝土的施工问题。

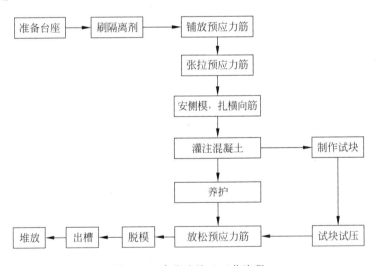

图 6-16 先张法施工工艺流程

1. 预应力筋的铺设

铺设预应力筋前,先做好台面的隔离层,应选用非油类模板隔离剂,隔离剂不得污染预应力筋,以免影响预应力筋与混凝土的粘结。碳素钢丝强度高,表面光滑,与混凝土粘结力较差,因此必要时可采取表面刻痕和压波措施,以提高钢丝与混凝土的粘结力。钢丝接长可借助钢丝拼接器用20~22号铁丝密排绑扎,如图6-17所示。铺设钢筋时,钢筋之间,或钢筋与螺杆之间,应采用连接器进行连接。

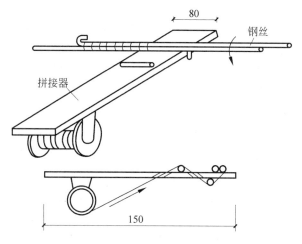

图6-17 钢丝拼接器(单位:mm)

2. 预应力筋的张拉

1) 预应力筋张拉应力的确定

预应力筋的张拉控制应力应符合设计要求。施工中如采用超张拉,可比设计要求提高5%,但其最大张拉控制应力不得超过表6-1所示的规定。

表6-1 最大张拉控制应力值

钢　种	张 拉 方 法	
	先张法	后张法
消除应力钢丝、钢绞线	$0.80f_{ptk}$	$0.80f_{ptk}$
热处理钢筋	$0.75f_{ptk}$	$0.70f_{ptk}$

注:f_{ptk}为预应力筋极限抗拉强度标准值。

2) 预应力筋张拉力的计算

预应力筋张拉力按下式计算:

$$P = (1+m)\sigma_{con} \times A_p \tag{6-4}$$

式中　m——超张拉百分率;

　　　σ_{con}——张拉控制应力;

　　　A_p——预应力筋截面面积。

3) 张拉程序

预应力筋张拉可按下列程序之一进行:$0 \rightarrow 1.05\sigma_{con}$(持荷2min)$\rightarrow$ σ_{con},或$0 \rightarrow 1.03\sigma_{con}$。其中,$\sigma_{con}$为预应力筋的张拉控制应力。

在第一种张拉程序中，超张拉5%，并持荷2min，其目的是为了在高应力状态下加速预应力松弛早期发展，以减少应力松弛引起的预应力损失。应力松弛是指钢筋或钢丝在常温和高应力状态下，虽然长度没有变化，而变形不断增加，使得钢筋的应力降低的现象。在第二种张拉程序中，超张拉3%，是为了弥补设计中遇不到或考虑不够的某些因素所造成的预应力损失，这种张拉程序施工简单，应用较为广泛。以上两种张拉程序是等效的，可根据构件类型、预应力筋与锚具种类、张拉方法、施工速度等选用。当采用第一种张拉程序时，千斤顶回油至稍低于 σ_{con}，再进油至 σ_{con}，以建立准确的预应力值。

张拉应力应在稳定的速率下逐渐加大拉力，并保证使拉力传到台座或钢横梁上，而不应使钢丝夹具产生次应力。锚固时，应均匀用力敲击锚塞，防止由于用力大小不同而使各钢丝应力不同。张拉完毕用夹具锚固后，张拉设备应逐步放松，以免冲击张拉设备或夹具。

另外，施工中应注意安全。张拉时，正对钢筋两端禁止站人，防止钢筋(钢丝)被拉断后从两端冲出伤人。敲击锚塞时，也不应用力过猛，当气温低于2℃时，应考虑钢丝易脆断的危险。

4) 预应力筋的检验

张拉预应力筋可以单根进行，也可以多根成组同时进行。当同时张拉多根预应力筋时，应预先调整初应力，使各根预应力筋张拉完毕后应力一致。先张法预应力筋张拉后与设计位置的偏差不得大于5mm，且不得大于构件截面最短边长的4%。

当采用应力控制方法张拉时，应校核预应力筋的伸长值。实际伸长值与设计理论伸长值的相对允许偏差为±6%。预应力筋的实际伸长值受许多因素的影响，如钢材弹性模量变异、量测误差、千斤顶张拉力误差、孔道摩阻力等。

同时对多根预应力钢丝进行张拉时，应进行预应力值的抽查，其偏差不得超过规定预应力值的±5%；断丝和滑脱钢丝的数量不得大于钢丝总数的3%，一束钢丝中只允许有一根断丝。对于构件在浇筑混凝土前发生断丝或滑脱的预应力钢丝，必须予以更换。

3. 混凝土的浇筑与养护

预应力筋张拉完毕后，即应浇筑混凝土。混凝土的浇筑应一次完成，不允许留设施工缝。

必须严格控制混凝土的用水量和水泥用量，以减少混凝土由于收缩和徐变而引起的预应力损失。在浇筑预应力混凝土构件时，必须振捣密实(特别是在构件的端部)，以保证预应力筋和混凝土之间的粘结力。预应力混凝土的强度等级一般不低于C30；当采用碳素钢丝、钢绞线、热处理钢筋做预应力筋时，混凝土的强度等级不宜低于C40。

构件应避开台面的温度缝，当不可能避开时，可先在温度缝上铺薄钢板或垫油毡，再浇筑混凝土，在浇筑时，振捣器不应碰撞预应力筋，混凝土未达到一定强度前,不允许碰撞或踩动钢筋。

在采用平卧叠浇法制作预应力混凝土构件时,当其下层构件混凝土的强度达到 5MPa 后,方可浇筑上层构件混凝土,并应有隔离措施。

混凝土可采用自然养护或蒸汽养护。但应注意,在台座上用蒸汽养护时,温度升高后,预应力筋膨胀,而台座的长度并无变化,因而引起预应力筋应力减小,这就是温差引起的预应力损失。为减少这种温差应力损失,应保证混凝土在达到一定强度之前,温差不能太大(一般不超过200℃)。因此,在台座上采用蒸汽养护时,其最高允许温度应根据设计要求的允许温差(张拉钢筋时的温度与台座温度的差)经计算确定。当混凝土强度养护至 7.5MPa(配粗钢筋)或 10MPa(钢丝、钢绞线配筋)以上时,则可不受设计要求的温差限制,按一般构件的蒸汽养护规定进行即可。这种养护方法又称为二次升温养护法。在采用机组流水法用钢模制作和蒸汽养护时,由于钢模和预应力筋同样伸缩,所以不存在因温差而引起的预应力损失,可采用一般的加热养护制度。

4. 预应力筋的放张

预应力筋的放张过程是预应力的传递过程,是先张法构件能否获得良好质量的重要生产过程。应根据放张要求确定合理的放张顺序、放张方法及相应的技术措施。

1)放张要求

在放张预应力筋时,混凝土强度必须符合设计要求。当设计无要求时,不得低于设计混凝土强度标准值的75%。对于重叠生产的构件,要求最上一层构件的混凝土强度不低于设计强度标准值的75%时,方可进行预应力筋的放张。过早放张预应力筋会引起较大的预应力损失,或产生预应力筋滑动。预应力混凝土构件在预应力筋放张前,应对混凝土试块进行试压,以确定混凝土的实际强度。

2)放张顺序

预应力筋的放张顺序应符合设计要求。当设计无要求时,应符合下列规定。

(1)对承受轴心预压应力的构件(如压杆、桩等),所有预应力筋应同时放张。

(2)对承受偏心预压应力的构件(如梁),应先同时放张预压应力较小区域的预应力筋,再同时放张预压应力较大区域的预应力筋。

(3)当不能满足上述放张要求时,应分阶段、对称、相互交错地放张,以防止放张过程中构件发生翘曲、裂纹及预应力筋断裂等现象。

3)放张方法

对于配筋不多的中、小型钢筋混凝土构件,预应力钢丝可采用剪切、割断和熔断的方法自中间向两侧逐根进行放张,以减少回弹量,利于脱模;对于配筋较多的钢筋混凝土构件,应采用同时放张的方法进行预应力钢丝放张,如逐根放张,最后几根预应力钢丝会因应力突然增

知识扩展:

《预应力混凝土结构设计规范》(JGJ 369—2016)

4.1.8 预应力构件截面尺寸的确定,应考虑结构荷载,建筑净高,预应力束及锚具的布置及张拉施工操作距离等影响因素。

11.1 一般规定

11.1.1 主要承重构件和有抗震要求的构件宜采用有粘结预应力,板类构件宜采用无粘结预应力。大偏心受压的框架顶层边柱可采用有粘结预应力。

11.1.2 预应力柱应符合下列规定:

1 柱的预应力筋宜采用直线或局部曲线过渡的折线布置。

2 预应力束长度不宜小于顶层层高,并宜延伸至下层柱柱中,延伸长度范围为 $h_1/3\sim h_1/2$。

大而断裂,或使构件端部开裂。放张后预应力筋的切断顺序,一般由放张端开始,逐次切向另一端。

对于预应力钢筋混凝土构件,应缓慢进行放张。对于配筋不多的预应力钢筋,可采用剪切、割断或加热熔断逐根放张。对于配筋较多的预应力钢筋,所有钢筋应同时放张,可采用千斤顶、砂箱和楔块等装置进行缓慢放张,如图 6-18 所示。

知识扩展:

《预应力混凝土结构设计规范》(JGJ 369—2016)

3 柱受拉边采用普通钢筋和预应力筋混合配筋,受压边只配普通钢筋,柱箍筋宜全高加密。

4 折线配筋的构件,预应力筋弯折处的曲率半径 r_p 不宜小于 4m。

5 柱顶预应力筋矢高 e_1、柱底预应力筋束距柱同侧边缘的距离 e_2 均不宜小于 100mm,并应满足锚固体系所要求的最小尺寸;预应力张拉端节点宜避让框架梁柱节点核心区。

6 当柱中预应力筋采用局部曲线过渡的折线布置时,中间直线段预应力筋的起、止点距最近梁表面的距离宜为 500mm。

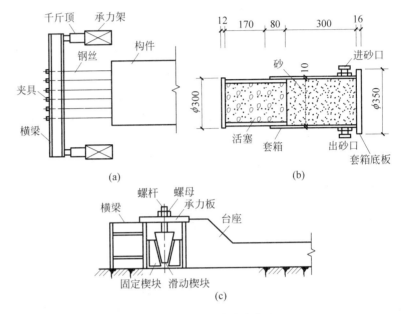

图 6-18 预应力筋放张装置

(a) 千斤顶放张装置;(b) 砂箱放张装置;(c) 楔块放张装置

6.1.3 先张法预应力混凝土施工中常见的质量事故及处理

在先张法施工中,常发生预应力钢丝滑动(钢丝向构件内收缩)、构件翘曲、刚度差及脆性破坏等质量事故。

1. 钢丝滑动

1)原因分析

(1)钢丝表面被油污污染。

(2)钢丝与混凝土之间的粘结力遭到破坏。

(3)放松钢丝的速度过快。

(4)超张拉值过大。

2)防治方法

(1)保持钢丝表面洁净。

(2)振捣混凝土一定要密实。

（3）待混凝土的强度达到 75% 以上才放松钢丝。

2. 构件刚度差

1）原因分析

（1）构件混凝土强度低于设计强度。

（2）台座或钢模板受张拉力变形大，导致预应力损失过大。

（3）张拉力不足，使构件建立的预应力较低。

（4）台座过长，预应力筋的摩阻损失大。

2）防治方法

（1）放张预应力筋时，混凝土强度必须达到设计规定的数值。

（2）保证台座有足够强度、刚度、稳定性，以防止产生倾覆、滑移、变形过大等情况。

（3）减少摩阻力损失值。

（4）蒸汽养护应分两阶段进行。

（5）测力装置要经常检查和维护，以保证计量准确。

（6）经常测定预应力损失值。

（7）检查张拉设备，油压表读数是否正常，指针是否弯曲变形，无压时不能归零。

3. 构件脆断

1）原因分析

（1）钢丝应力、应变能力差。

（2）配筋率低，张拉控制应力过高。

2）防治方法

（1）严格控制冷拔钢丝截面的总压缩率，以改善冷拔钢丝应力、应变性能。

（2）必须满足截面最小配筋率的要求。

（3）适当地提高设计强度安全系数，使构件有较大的安全储备。

（4）降低张拉控制应力。

4. 构件翘曲

1）原因分析

（1）台座或钢模板不平，预应力筋位置不准，保护层不一致。

（2）张拉应力不一致，放张后对构件产生偏心荷载。

2）防治方法

（1）保证台面平整，钢模板要有足够的刚度。

（2）确保预应力筋的保护层均匀一致。

（3）成组张拉时，要确保预应力筋的长度一致。

（4）放张预应力筋时，要对称进行，避免构件受偏心荷载冲击。

知识扩展：

《预应力混凝土结构设计规范》（JGJ 369—2016）

11.3 后张构件

11.3.1 T形或I形截面的受弯构件，上下腹脚之间的腹板高度，当腹板内有竖向预应力筋时，不宜大于腹板厚度20倍；当无竖向预应力筋时，不宜大于腹板厚度的15倍；腹板厚度不应小于140mm。

11.3.2 预应力钢丝束、钢绞线束的预留孔道应符合下列规定：

1 预制构件中孔道之间的水平净距不宜小于1倍孔道直径，粗骨料粒径的1.25倍，和50mm中的较大值，一排孔道难以布下全部预应力筋时可布置多排孔道；孔道至构件边缘的净间距不宜小于30mm，且不宜小于孔道直径的50%。

6.2 后张法

后张法是在构件制作成型时，在设计放置预应力筋的部位预留孔道，待混凝土达到规定强度后，在孔道内穿入预应力筋，并进行张拉，然后借助锚具将预应力筋锚固在预制构件的端部，最后进行孔道灌浆，这种施工方法称为后张法。

后张法的特点是直接在构件上张拉预应力筋，不需要专门的台座和大型场地；适于现场生产大型构件（如薄腹梁、吊车梁、屋架等）；构件在张拉过程中完成混凝土的弹性压缩，因此不直接影响预应力筋有效预应力值的建立；靠构件两端的工作锚具建立和传递预应力。锚具是预应力构件的一个组成部分，永久留在构件上，不能重复使用，如图6-19所示。

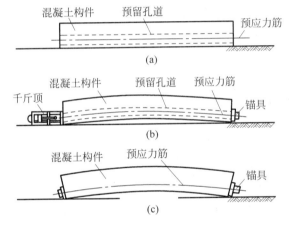

图 6-19 后张法施工顺序

（a）制作构件，预留孔道；（b）穿入预应力筋，进行张拉，并锚固；（c）孔道灌浆

后张法施工分为有粘结预应力施工和无粘结预应力施工。

6.2.1 锚具与张拉设备

1. 锚具

在后张法中，预应力筋、锚具和张拉机具是配套的。在后张法预应力混凝土结构中，张拉钢筋（或钢丝）后，需采取一定的措施将其锚固在构件两端，以维持其预加应力。用于锚固预应力筋的工具称为锚具。它与先张法中使用的夹具不同，使用时将永远保留在构件上而不再取下，故而后张法构件上使用的锚具又称为工作锚。锚具按工作特点可分为张拉锚具和固定锚具。

后张法构件中所使用的预应力筋,可分为单根粗钢筋、钢筋束(或钢绞线束)和钢丝束三类。

1) 单根粗钢筋的锚具

根据构件的长度和张拉工艺的要求,单根预应力钢筋可在一端或两端张拉。一般张拉端均采用螺丝端杆锚具;而固定端除了使用螺丝端杆锚具,还可以采用帮条锚具或镦头锚具。

螺丝端杆锚具由螺丝端杆、螺母和垫板三部分组成,适用于直径为18～36mm 的 HRB335、HRB400 级预应力钢筋,如图6-20 所示。使用时,将螺丝端杆与预应力筋对焊连接成一体,用张拉设备张拉螺丝端杆,用螺母锚固预应力筋,预应力筋的对焊长度以及其与螺丝端杆的对焊,均应在冷拉前进行完毕。经冷拉后,螺丝端杆不得发生塑性变形。

知识扩展:

《预应力混凝土结构设计规范》(JGJ 369—2016)

5　当有可靠经验并能保证混凝土浇筑质量时,预留孔道可水平并列贴紧布置,但并排的数量不应超过2束。

6　梁端预应力筋孔道的间距应根据锚具尺寸,千斤顶尺寸,预应力筋布置及局部承压等因素确定。锚具下的承压垫板净距应不小于20mm;锚具下承压钢板边缘至构件边缘距离应不小于40mm。

7　在现浇楼板中采用扁形锚具体系时,穿过每个预留孔道的预应力筋数量宜为3～5根;在常用荷载情况下,孔道在水平方向的净间距不应超过8倍板厚及1.5m中的较大值。

8　凡制作时需要预先起拱的构件,预留孔道宜随构件同时起拱。

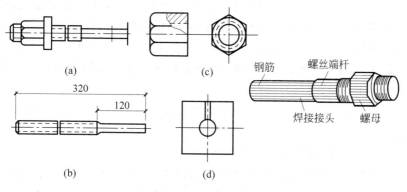

图 6-20　螺丝端杆锚具

(a) 螺丝端杆锚具;(b) 螺母;(c) 螺丝端杆;(d) 垫板

锚具的长度一般为320mm,当为一端张拉或预应力筋较长时,螺杆的长度应增加 30～50mm。

帮条锚具由帮条和衬板组成。帮条采用与预应力筋同级别的钢筋,衬板采用普通低碳钢的钢板。帮条锚具的 3 根帮条应成120°均匀布置,并垂直于衬板与预应力筋焊接牢固,如图6-21 所示。

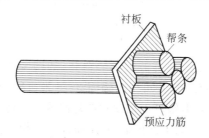

图 6-21　帮条锚具大样图

用于单根粗钢筋的镦头锚具一般直接在预应力筋端部热镦、冷镦或锻打成型,用于非张拉端,如图6-22 所示。镦头锚具也适用于锚固多根钢丝束。

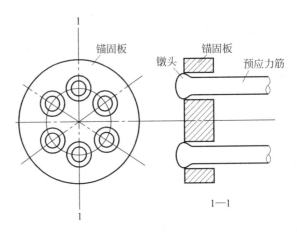

图 6-22　固定端用镦头锚具

镦头锚具的工作原理如下：将预应力筋穿过锚环的蜂窝眼后，用专门的镦头机将钢筋或钢丝的端头镦粗，将镦粗头的预应力束直接锚固在锚环上，待千斤顶拉杆旋入锚环内螺纹后即可进行张拉，锚环带动钢筋或螺纹旋紧顶在构件表面，于是锚环通过支承垫板将预压应力传到混凝土上。

镦头锚具用 YC-60 千斤顶（穿心式千斤顶）或拉杆式千斤顶进行张拉。

2）钢筋束和钢绞线束锚具

钢筋束和钢绞线束具有强度高、柔性好的优点，目前常用的锚具有 JM 型、KT-Z 型、XM 型、握裹式锚具、QM 型和镦头锚具等。

JM 型锚具由锚环和夹片组成，如图 6-23 所示。JM 型锚具性能好，锚固时钢筋束或钢绞线被单根夹紧，不受直径误差的影响，且预应力筋是在呈直线状态下被张拉和锚固，受力性能好。因此，近年来为适应小吨位高强钢丝束的锚固，还发展了锚固 6 根或 7 根直径 5mm 碳素钢丝的锚具，其原理完全相同。JM 型锚具用于锚固钢筋束时，滑移值不应大 3mm；用于锚固钢绞线时，滑移值不应大于 5mm。

JM 型锚具是一种利用楔块原理锚固多根预应力筋的锚具，它既可作为张拉端的锚具，亦可作为固定端的锚具，或作为重复使用的工具锚。

KT-Z 型锚具是一种可锻铸锥形锚具，如图 6-24 所示。它可用于锚固钢筋束和钢绞线束，并可用于锚固 3～6 根直径为 12mm 的钢筋束和钢绞线束。KT-Z 型锚具由锚塞和锚环组成。该锚具为半埋式，使用时先将锚环小头潜入承压钢板中，并用断续焊缝焊牢，然后共同预埋在构件端部。预应力筋的锚固需借千斤顶将锚塞顶入锚环，其顶压力为预应力筋张拉力的 50%～60%。

知识扩展：

《预应力混凝土结构设计规范》（JGJ 369—2016）

11.3.4　后张有粘结预应力筋孔道两端应设排气孔。单跨梁的灌浆孔宜设置在跨中处，也可设置在梁端，多跨连续梁宜在中支座处增设。灌浆孔间距对抽拔管不宜大于 12m，对波纹管不宜大于 30m。曲线孔道高差大于 0.5m 时，应在孔道的每个峰顶处设置泌水管，泌水管伸出梁面高度不宜小于 0.5m。泌水管可兼作灌浆管使用。

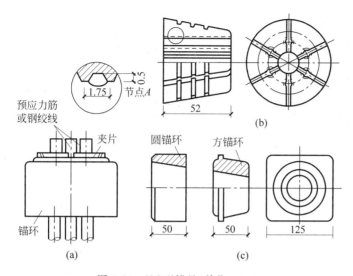

图 6-23　JM 型锚具(单位:mm)

(a) JM 型锚具;(b) JM 型锚具的夹片;(c) JM 型锚具的锚环

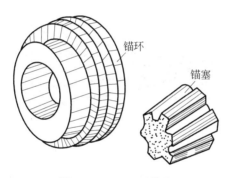

图 6-24　KT-Z 型锚具

使用该锚具时,预应力筋在锚环小口处形成弯折,因而产生摩擦损失,该损失值,对钢筋束约为控制应力 σ_{con} 的 4%;对钢绞线束,则约为控制应力 σ_{con} 的 2%。

XM 型锚具是一种新型锚具,由锚板与散片夹片组成,如图 6-25 所示。它既适用于锚固钢绞线束,又适用于锚固钢丝束;既可锚固单根预应力筋,又可锚固多根预应力筋。近年来,随着预应力混凝土结构和无粘结预应力结构的发展,XM 型锚具已得到广泛应用。实践证明,XM 型锚具具有通用性强、性能可靠、施工方便、便于高空作业等特点。

XM 型锚具锚板上的锚孔沿圆周排列,间距不小于 36mm,锚孔中心线的倾角为 1:20。锚板顶面应垂直于锚孔中心线,以利夹片均匀塞入。夹片采用三片式,按 120° 均分开缝,沿轴向有倾斜偏转角,倾斜偏转角的方向与钢绞线的扭角相反,以确保夹片能夹紧钢绞线或钢丝束的每一根外围钢丝,形成可靠的锚固。

钢绞线束固定端的锚具除了可以采用与张拉端相同的锚具,还可

知识扩展:

《预应力混凝土结构设计规范》(JGJ 369—2016)

11.3.5　连续多跨预应力混凝土梁在选用预应力体系和布置预应力筋时,可采用下列措施减小摩擦损失:

1　在整根梁上布置通长曲线形预应力筋时,可结合梁的受力情况变化梁高,使预应力筋尽量平缓;

2　可在预应力筋反弯段处设置较长的钢筋重叠段,避免一根预应力筋形成多个 S 形曲线。

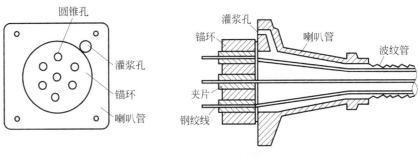

图 6-25   XM 型锚具

以采用握裹式锚具。握裹式锚具有挤压锚具和压花锚具两类。

挤压锚具是利用液压压头机将套筒挤紧在钢绞线端头的锚具,如图 6-26 所示。套筒内衬有硬钢丝螺旋圈,在挤压后硬钢丝全部脆断,一半嵌入外钢套,一半压入钢绞线,从而增加了钢套筒与钢绞线间的摩擦阻力。锚具下设钢垫板和螺旋筋。这种锚具适用于构件端部的设计力大,或端部尺寸受到限制的情况。

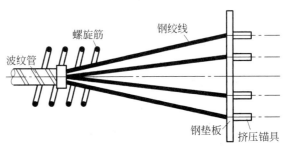

图 6-26   挤压锚具的构造

知识扩展:

《预应力混凝土结构设计规范》(JGJ 369—2016)

11.1.3   预应力混凝土单向板应符合下列规定:

1   预应力筋沿连续平板受力方向宜采用多波连续抛物线布置;

2   预应力筋沿板宽单根或并筋均匀布置,每束预应力筋不宜超过 4 根,间距不宜大于 1200mm;

3   预应力筋垂直方向需配置非预应力筋,配筋率不宜小于 0.2%。

压花锚具是利用液压压花机将钢绞线端头压成梨形散花状的一种锚具,如图 6-27 所示。对于 $\phi 15mm$ 的钢绞线,梨形头的尺寸不小于 $\phi 95mm \times 150mm$。多根钢绞线梨形头应分排埋置在混凝土内。为提高压花锚具四周混凝土散花根部混凝土抗裂强度,应在散花头的头部配置构造筋,在散花头的根部配置旋筋,压花锚跨构件截面边缘不小于 30cm。第一排压花锚的锚固长度,对直径 15mm 钢绞线不小于 95cm,每排相隔至少 30cm。

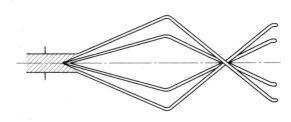

图 6-27   压花锚具

QM 型锚具由锚板与夹片组成,如图 6-28 所示。锚孔是直的,锚板顶面是平的,夹片是垂直开缝。它适用于锚固 4～31 根直径为

12mm 和 3～19 根直径为 15mm 钢绞线束。QM 型锚具锚固体系配有专门的工具锚,以保证每次张拉后退楔方便,减少安装工具锚所花费的时间。

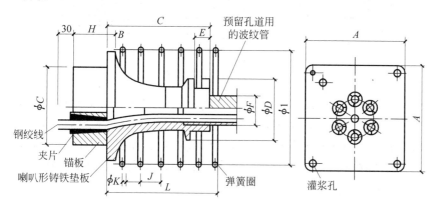

图 6-28 QM 型锚具(单位:mm)

3) 钢丝束锚具

钢丝束一般由几根到几十根直径为 3～5mm 且平行的碳素钢丝组成。目前常用的锚具有钢质锥形锚具、锥形螺杆锚具、钢丝束镦头锚具、XM 型锚具和 QM 型锚具。

钢质锥形锚具由锚环和锚塞组成,如图 6-29 所示,用于锚固以锥锚式双作用千斤顶张拉的钢丝束。钢丝分布在锚环锥孔内侧,由锚塞塞紧锚固。锚环内孔的锥度与锚塞的锥度一致。锚塞上刻有细齿槽,以夹紧钢丝防止其滑落。

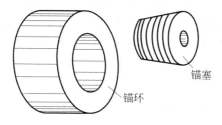

图 6-29 钢质锥形锚具

钢质锥形锚具的主要缺点是当钢丝直径误差较大时,易产生单根滑丝现象,并且滑丝后很难补救,如用加大顶锚力的办法来防止滑丝,过大的顶锚力易使钢丝咬伤。另外,当钢丝锚固时,呈辐射状态,弯折处受力较大,目前已很少使用钢质锥形锚具。

锥形螺杆锚具适用于锚固 14～28 根直径为 5mm 的钢丝束。它由螺杆、套筒、螺母、垫板等组成,如图 6-30 所示。锥形螺杆锚具与 YL-60、YL-90 拉杆式千斤顶配套使用,亦可使用 YC-60、YC-90 穿心式千斤顶。

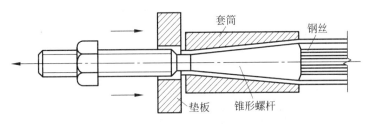

图 6-30　锥形螺杆锚具

知识扩展：

《预应力混凝土结构设计规范》（JGJ 369—2016）

11.2　先张构件

11.2.2　先张预应力筋的净间距应根据浇筑混凝土、施加预应力及钢筋锚固等要求确定。预应力筋之间的净间距不应小于其公称直径的 2.50 倍和混凝土粗骨料的 1.25 倍，且应符合下列规定：

1　热处理钢筋及钢丝，不应小于 15mm；

2　三股钢绞线，不应小于 20mm；

3　七股钢绞线，不应小于 25mm；

4　当混凝土振捣密实性具有可靠保证时，净间距可放宽为最大粗骨料粒径的 1.0 倍。

钢丝束镦头锚具适用于锚固 12～54 根直径为 5mm 碳素钢丝的钢丝束，分为 DM5A 型和 DM5B 型两种，DM5A 型用于张拉端，由锚环和螺母组成；DM5B 型用于固定端，仅有一块锚板，如图 6-31 所示。镦头锚具的滑移值不应大于 1mm。镦头锚具的镦头强度不得低于钢丝规定抗拉强度的 98%。

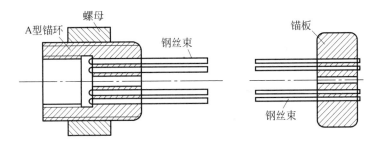

图 6-31　钢丝束镦头锚具

锚环的内外壁均有螺纹，内螺纹用于连接张拉螺丝端杆，外螺纹用于拧紧螺母锚固钢丝束。锚环和锚板四周钻孔，以固定镦头的钢丝，孔数和间距由钢丝根数而定。钢丝用 LD-10 型液压冷镦器进行镦头。钢丝束一端可在制束时将头镦好，另一端则穿束后镦头，故应在构件孔道端部设置扩孔。

张拉时，张拉螺丝端杆一端与锚环内螺纹连接，另一端与拉杆式千斤顶的拉头连接，当张拉到控制应力时，锚环被拉出，则拧紧锚环外螺纹上的螺母加以锚固。

4）锚具的性能与要求

锚具是进行张拉预应力筋和永久固定在预应力混凝土构件上传递预应力的工具。锚具工作可靠，构造简单，施工方便，预应力损失小，成本低，它按锚固性能不同可分为以下两类。第一类适用于承受动载、静载的预应力混凝土结构。第二类仅适用于有粘结预应力混凝土结构，且锚具只能处于预应力筋应力变化不大的部位。

锚具还应满足下列要求。

（1）当预应力筋锚具组装件达到实测极限拉力时，除锚具设计允许的现象外，全部零件不得出现肉眼可见的裂缝或破坏。

（2）除能满足分级张拉及补张拉工艺外，锚具应具有能放松预应力筋的性能。锚具或其附件宜设灌浆孔和排气孔。锚具应具有自锁、自锚的性能。

5）锚具检查

锚具进场时，除应按出场证明文件核对其锚固性能类别、型号、规格及数量外，还应进行下列检查。

（1）进行外观检查，应从每批中抽取 10% 试件，且不少于 10 套，检查外观尺寸。如果有一套不合格，则双倍取样；如果仍有不合格，则应逐套检查。

（2）进行硬度检验，每批中抽取 5% 试件，且不少于 5 套，对其中有硬度要求的零件做硬度测试，每个零件测三遍。如果有一个不合格，则双倍取样；如果仍有不合格，则逐个检查。

（3）静载锚固性能试验经上述两项试验后，从同批中取 6 套组装成 3 个预应力筋锚具组装件进行试验。如果不合格，则双倍取样；如果仍有不合格，则该批不合格。

2. 张拉设备

1）拉杆式千斤顶（YL 型）

拉杆式千斤顶用于螺丝端杆锚具、锥形螺杆锚具、钢丝镦头锚具等。它由主油缸、主缸活塞、回油缸、回油活塞、连接器、传力架、活塞拉杆等组成，如图 6-32 所示。张拉前，先将连接器旋在预应力筋的螺丝端杆上，相互连接牢固，千斤顶由传力架支撑在构件端部的钢板上。张拉时，高压油进入主油缸，推动主缸活塞及拉杆，通过连接器和螺丝端杆，预应力筋被拉伸。千斤顶拉力的大小可由油泵压力表的读数直接显示。当张拉力达到规定值时，拧紧螺丝端杆上的螺母，此时张拉完成的预应力筋被锚固在构件的端部。锚固后，回油缸进油，推动回油活塞工作，千斤顶脱离构件，主缸活塞、拉杆和连接器回到原始位置。最后将连接器从螺丝端杆上卸掉，卸下千斤顶，张拉结束。

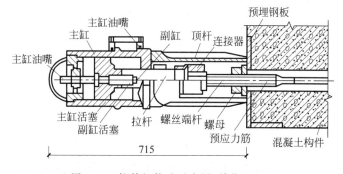

图 6-32　拉伸机构造示意图（单位：mm）

2）穿心式千斤顶（YC 型）

穿心式千斤顶适用于张拉各种形式的预应力筋，是目前我国预应力混凝土构件施工中应用最为广泛的张拉机械，如图 6-33 所示。穿心

知识扩展：

《预应力混凝土结构设计规范》（JGJ 369—2016）

11.2.3　先张预应力混凝土构件端部宜采用下列加强措施：

1　单根配置的预应力筋，其端部宜设置长度不小于 150mm 且不小于 4 圈的螺旋筋；当有可靠经验时，也可利用支座垫板上的插筋代替螺旋筋，插筋数量不应小于 4 根，其长度不宜小于 120mm。

2　分散布置的多根预应力筋，在构件端部 10d，且不小于 100mm 范围内应设置 3～5 片与预应力筋垂直的钢筋网。

3　采用预应力钢丝配筋的薄板，在板端 100mm 范围内适当加密横向钢筋网。

4　槽形板类构件，应在构件端部 100mm 范围内沿构件板面设置附加横向钢筋，其数量不应少于 2 根。

式千斤顶加装撑脚、张拉杆和连接器后,就可以张拉以螺丝端杆锚具为张拉锚具的单根粗钢筋,张拉以锥形螺杆锚具和 DM5A 型镦头锚具为张拉锚具的钢丝束。

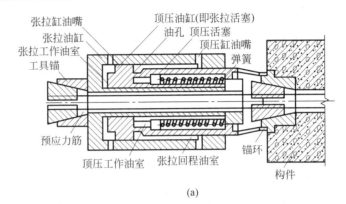

(a)

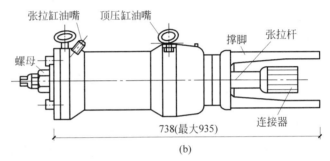

738(最大935)

(b)

图 6-33 YC-60 型千斤顶(单位:mm)
(a) 构造与工作原理;(b) 加撑脚后的外貌图

穿心式千斤顶沿千斤顶的轴线有一直通的中心孔道,供穿过预应力筋之用。沿千斤顶的径向,分内、外两层工作油缸。外层为张拉油缸,工作时张拉预应力筋;内层为顶压油缸,工作时进行锚具的顶压锚固。该千斤顶既能张拉预应力筋,又能锚固预应力筋,故又称为穿心式双作用千斤顶。

张拉过程:首先将安装好锚具的预应力筋穿过千斤顶的中心孔道,利用工具式锚具将预应力筋锚固在张拉油缸的端部。高压油进入张拉油室,张拉活塞顶住构件端部的垫板,使张拉油缸向左移动,从而对预应力筋进行张拉。

顶压过程:当预应力筋张拉到规定的张拉力时,关闭张拉油缸油嘴,高压油由顶压油缸油嘴经油孔进入顶压工作油室,由于张拉活塞即顶压油缸顶住构件端部的垫板,使顶压活塞向左移动,顶住锚具的夹片或锚塞端面,将其压入锚环内锚固预应力筋。

张拉回程:该工作在完成张拉和顶压工作后进行,开启张拉油缸油嘴,继续向顶压油缸油嘴进油,使张拉工作油室回油。由于顶压活塞仍然顶压着夹片或锚塞,顶压工作油室容积不变,这样,张拉回程油室容积逐渐增大,使张拉油缸在液压回程力的作用下,向右移动恢复到初始位置。张拉回程完成后即开始顶压回程,停止高压油泵工作,开启顶压油缸油嘴,在弹簧力的作用下,顶压活塞回程,并使顶压工作油缸回油卸荷。

　　3) 锥锚式千斤顶(YZ 型)

　　锥锚式千斤顶适用于张拉以 KT-Z 型锚具为张拉锚具的钢筋束和钢绞线束,张拉以钢质锥形锚具为张拉锚具的钢丝束,如图 6-34 所示。

知识扩展:

　　《混凝土结构设计规范》(GB 50010—2010)

10.3　预应力混凝土构造规定

10.3.1　先张法预应力筋之间的净间距不宜小于其公称直径的 2.5 倍和混凝土粗骨料最大粒径的 1.25 倍,且应符合下列规定:预应力钢丝,不应小于 15mm;三股钢绞线,不应小于 20mm;七股钢绞线,不应小于 25mm。当混凝土振捣密实性具有可靠保证时,净间距可放宽为最大粗骨料粒径的 1.0 倍。

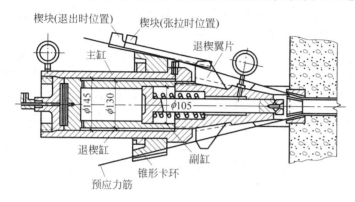

图 6-34　锥锚式千斤顶构造图

　　锥锚式千斤顶的主缸及主缸活塞用于张拉预应力筋,主缸前端缸体上有卡环和销片,用于锚固预应力筋,主缸活塞为一中空筒状活塞,中空部分设有拉力弹簧。副缸和副缸活塞用于顶压锚塞,将预应力筋锚固在构件的端部,设有复位弹簧。

　　张拉过程:将预应力筋用楔块锚固在锥形卡环上,使高压油经主缸油嘴进入主缸,主缸带动锚固在锥形卡环上的预应力筋向左移动,进行预应力筋的张拉。

　　顶压过程:张拉工作完成后,关闭主缸油嘴,开启副缸油嘴使高压油进入副缸,由于主缸仍保持一定的油压,故副缸活塞和顶压头向右移动,顶压锚塞锚固预应力筋。

　　张拉回程:预应力筋张拉锚固后,主、副缸回油,主缸通过本身拉力弹簧的回缩,副缸通过其本身压力弹簧的伸长将主缸和副缸恢复到初始位置。放松楔块,即可拆移千斤顶。

　　4) 千斤顶的校正

　　采用千斤顶张拉预应力筋,预应力的大小通过油压表的读数表达,油压表读数表示千斤顶活塞单位面积的油压力。如张拉力为 N,活塞面积为 F,则油压表的相应读数为 P,即

$$P = \frac{N}{F} \tag{6-5}$$

　　由于千斤顶活塞与油缸之间存在一定的摩阻力,所以实际张拉力往往比用式(6-5)计算的结果小。为保证预应力筋张拉应力的准确性,

应定期校验千斤顶与油压表读数的关系,制成表格,或绘制 P 与 N 的关系曲线,供施工中直接查用。校验时,千斤顶活塞方向应与实际张拉时的活塞运行方向一致,校验期不应超过半年。如在使用过程中,张拉设备出现反常现象,应重新进行校验。

校正千斤顶有标准测力计校正、压力机校正及用两台千斤顶互相校正等方法。

5）高压油泵

高压油泵与千斤顶配套使用,其作用是向千斤顶各个油缸供油,使其活塞按照一定的速度伸出或回缩。

高压油泵按驱动方式分为手动和电动两种,一般采用电动高压油泵。油泵型号有 $ZB_{0.8}/500$、$ZB_{0.6}/630$、$ZB_4/500$、$ZB_{10}/500$(分数线上数字表示每分钟的流量,分数线下数字表示工作油压 kg/cm^2)等。选用时,应使油泵的额定压力不小于千斤顶的额定压力。

6.2.2　预应力筋的制作

1. 单根预应力筋的制作

单根预应力钢筋一般采用热处理钢筋,其制作包括配料、对焊、冷拉等工序。为了保证质量,宜采用控制应力的方法进行冷拉,钢筋配料时,应根据钢筋的品种测定冷拉率。如果在一批钢筋中冷拉率变化较大时,应尽可能把冷拉率相近的钢筋对焊在一起进行冷拉,以保证钢筋冷拉力的均匀性。钢筋对焊接长应在钢筋冷拉前进行。钢筋的下料长度由计算确定。

当构件两端均采用螺丝端杆锚具时,如图 6-35 所示,预应力筋下料长度为

$$L = \frac{l + 2\,l_2 - 2\,l_1}{1 + \gamma - \delta} + n\Delta \tag{6-6}$$

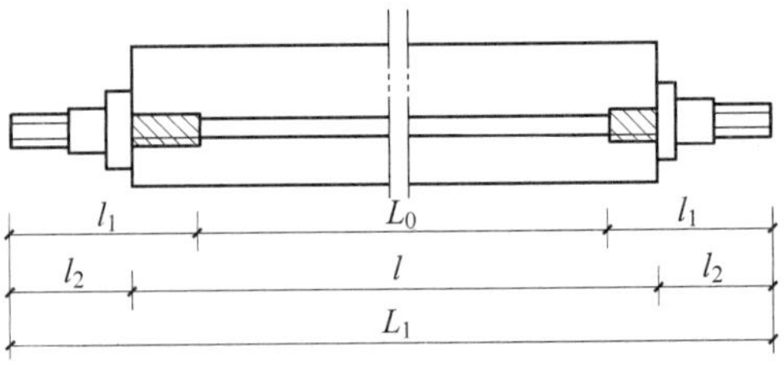

图 6-35　预应力筋下料长度计算图

当一端采用螺丝端杆锚具,另一端采用帮条锚具或镦头锚具时,预应力筋下料长度为

$$L = \frac{l + l_2 + l_3 - l_1}{1 + \gamma - \delta} + n\Delta \tag{6-7}$$

知识扩展:

《混凝土结构设计规范》(GB 50010—2010)10.3.2　先张法预应力混凝土构件端部宜采取下列构造措施:

1　单根配置的预应力筋,其端部宜设置螺旋筋;

2　分散布置的多根预应力筋,在构件端部 $10d$ 且不小于 100mm 长度范围内,宜设置 $3\sim5$ 片与预应力筋垂直的钢筋网片,此处 d 为预应力筋的公称直径;

3　采用预应力钢丝配筋的薄板,在板端 100mm 长度范围内宜适当加密横向钢筋;

4　槽形板类构件,应在构件端部 100mm 长度范围内沿构件板面设置附加横向钢筋,其数量不应少于 2 根。

式中 l——构件的孔道长度；

l_1——螺丝端杆长度，一般为 320mm；

l_2——螺丝端杆伸出构件外的长度，一般为 $120\sim150$mm，或按下式计算，对于张拉端，$l_2=2H+h+5$mm；对于固定端，$l_2=H+h+10$mm；

l_3——帮条或镦头锚具所需钢筋长度；

γ——预应力筋的冷拉率；

δ——预应力筋的冷拉回弹率，一般为 $0.4\%\sim0.6\%$；

n——对焊接头数量；

$\triangle$——每个对焊接头的压缩量，取一根钢筋直径；

H——螺母高度；

h——垫板厚度。

2. 钢筋束和钢绞线束的制作

钢筋束由直径为 10mm 的热处理钢筋编束而成，钢绞线束由直径为 12mm 或 15mm 的钢绞线编束而成。钢筋束和钢绞线束呈盘状供应，长度较长，不需要对焊接长。其制作工序如下：开盘→下料→编束等。

下料时，宜采用切断机或砂轮切割机，不得采用电弧切割。钢绞线在切断前，在切口两侧各 50mm 处，应用铅丝绑扎，以免钢绞线松散。编束是将预应力筋理顺后，用铅丝每隔 1.0m 左右绑扎成束。穿筋时，应注意防止扭结。

预应力筋的下料长度可按下式计算：

一端张拉时：

$$L=l+a+b \tag{6-8}$$

两端张拉时：

$$L=l+2a \tag{6-9}$$

式中 l——构件孔道长度；

a——张拉端留量，与锚具和张拉千斤顶尺寸有关；

b——固定端留量，一般为 80mm。

3. 钢丝束的制作

根据锚具形式的不同，钢丝束的制作方法也有差异，一般包括调直、下料、编束和安装锚具等工序。

当采用钢质锥形锚具、XM 型锚具、QM 型锚具时，预应力钢丝束的制作和下料长度计算与钢筋束和钢绞线束基本相同。

如图 6-36 所示，当采用镦头锚具时，钢丝束下料长度可按下式计算：

$$L=L_0+2a+2b-0.5(H-H_1)-\Delta L-C \tag{6-10}$$

知识扩展:

《混凝土结构设计规范》(GB 50010—2010) 10.3.7 后张法预应力筋及预留孔道布置应符合下列构造规定:

1 预制构件中预留孔道之间的水平净间距不宜小于50mm,且不宜小于粗骨料粒径的1.25倍;孔道至构件边缘的净间距不宜小于30mm,且不宜小于孔道直径的50%。

2 现浇混凝土梁中预留孔道在竖直方向的净间距不应小于孔道外径,水平方向的净间距不宜小于1.5倍孔道外径,且不应小于粗骨料粒径的1.25倍;从孔道外壁至构件边缘的净间距,梁底不宜小于50mm,梁侧不宜小于40mm,裂缝控制等级为三级的梁,梁底、梁侧分别不宜小于60mm和50mm。

3 预留孔道的内径宜比预应力束外径及需穿过孔道的连接器外径大6~15mm,且孔道的截面积宜为穿入预应力束截面积的3~4倍。

式中　L_0——孔道长度;

a——锚板厚度;

b——钢丝镦头留量,取钢丝直径的2倍;

H——锚环高度;

H_1——螺母高度;

ΔL——张拉时钢丝伸长值;

C——混凝土弹性压缩量(若很小可忽略不计)。

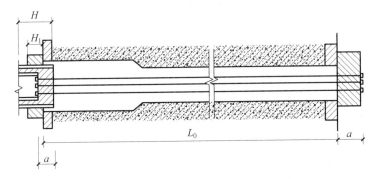

图 6-36　用镦头锚具时钢丝下料长度计算简图

锚固的钢丝束,其下料长度应力求精确,对于直的或一般曲率的钢丝束,下料长度的相对误差要控制在 $L/5000$ 以内,并且不大于5mm。为此,要求钢丝在应力状态下切断下料,下料的控制应力为300MPa。用锥形螺杆锚固的钢丝束,经过调直的钢丝可以在非应力状态下下料。

为防止钢丝扭结,必须进行编束。先在平整场地把钢丝理顺平放,然后在其全长中每隔1m左右用18~22号铅丝编成帘子状,再每隔1m放一个螺纹衬圈,并将编好的钢丝帘绕衬圈围成束绑扎牢固,如图6-37所示。

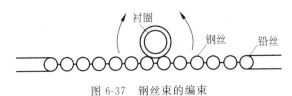

图 6-37　钢丝束的编束

6.2.3　后张法施工工艺

后张法是先制作混凝土构件,预留孔道;待混凝土达到规定强度后,在孔道内穿放预应力筋,预应力筋张拉和锚固后进行孔道灌浆。其制作工艺流程如图6-38所示。

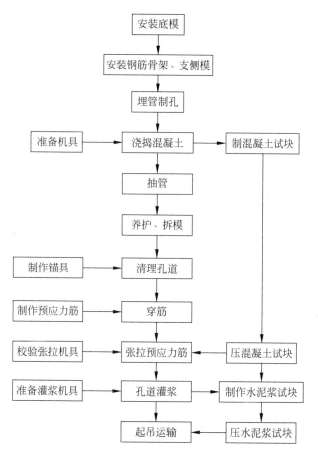

图 6-38 后张法施工工艺流程图

1. 孔道留设

孔道留设是后张法构件制作中的关键工作。所留孔道的尺寸与位置应正确,孔道要平顺,端部的预埋钢板应垂直于孔道中心线。预应力筋的孔道形状有直线、曲线和折线三种。孔道直径一般应比预应力筋或锚具的外径大 10~15mm,以利于穿入预应力筋。孔道留设方法有钢管抽芯法、胶管抽芯法和预埋波纹管法。

1）钢管抽芯法

钢管抽芯法是用后张法制作预应力混凝土构件时,在预应力筋位置预先埋设钢管,待混凝土初凝后,再将钢管旋转抽出的留设方法。钢管接头处可用长度为 30~40cm 的铁皮套管连接,如图 6-39 所示。在混凝土浇筑后,每隔一定时间慢慢转动钢管,使之不与混凝土粘结;待混凝土初凝后、终凝前抽出钢管,即形成孔道。钢管抽芯法仅适用于留设直线孔道。

知识扩展:

《混凝土结构设计规范》(GB 50010—2010)

4 当有可靠经验并能保证混凝土浇筑质量时,预留孔道可水平并列贴紧布置,但并排的数量不应超过 2 束。

5 在现浇楼板中采用扁形锚固体系时,穿过每个预留孔道的预应力筋数量宜为 3~5 根;在常用荷载情况下,孔道在水平方向的净间距不应超过 8 倍板厚及 1.5m 中的较大值。

6 板中单根无粘结预应力筋的间距不宜大于板厚的 6 倍,且不宜大于 1m;带状束的无粘结预应力筋根数不宜多于 5 根,带状束间距不宜大于板厚的 12 倍,且不宜大于 2.4m。

7 梁中集束布置的无粘结预应力筋,集束的水平净间距不宜小于 50mm,束至构件边缘的净距不宜小于 40mm。

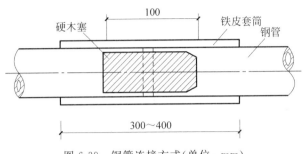

图 6-39　钢管连接方式(单位:mm)

预埋的钢管要求平直,表面要光滑,安放位置要准确,一般用间距不大于 1m 的钢筋井字架固定钢管位置。每根钢管长度最好不超过 15m,以便旋转和抽管,钢管两端应伸出构件 500mm 左右,较长构件则用两根钢管,中间用套筒连接。恰当地掌握抽管时间很重要,过早会造成塌孔,太晚则抽管困难。一般在初凝后、终凝前,施工现场一般以手指按压混凝土不粘浆又无明显印痕时即可抽管。抽管时间一般在混凝土浇筑后 3～6h,为保证顺利抽管,抽管的顺序宜先上后下,抽管可用人工或卷扬机,抽管要边抽边转,速度均匀,与孔道成一直线。

在留设孔道的同时,还要在设计规定的位置留设灌浆孔。一般在构件的两端和中间每隔 12m 留设一个直径为 20mm 的灌浆孔,并在构件两端各设一个排气孔,可用木塞或白铁皮管成孔。

2)胶管抽芯法

胶管抽芯法是用后张法制作预应力混凝土构件时,在预应力筋的位置处预先埋设胶管,待混凝土结硬后再将胶管抽出的留孔方法。胶管有五层或七层夹布胶管和钢丝网胶管两种。夹布胶管质软,施工时,为防止在浇筑混凝土时胶管产生位移,直线段每隔 0.5m 左右用钢筋井字架固定牢靠,曲线段应适当加密。胶管两端应有密封装置,如图 6-40 和图 6-41 所示。在浇筑混凝土前,胶管内充入压力为 0.6～0.8MPa 的压缩空气或压力水,管径增大约 3mm。待浇筑的混凝土初凝后,放出压缩空气或压缩水,管径缩小,胶管与混凝土脱离,随即拔出胶管。钢丝网胶管质地硬,具有一定的弹性,留孔方法与钢管一样,只是浇筑混凝土后不需要转动,由于具有一定的弹性,抽管时在拉力的作用下断面缩小易拔出。胶管抽芯法适用于留设直线与曲线孔道。抽管时间一般可参照气温和浇筑后小时数乘积达 200℃·h 左右后,进行抽管。抽管顺序一般为先上后下,先曲后直。

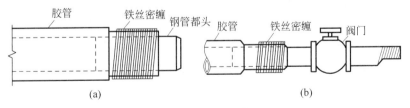

图 6-40　胶管密封装置
(a)胶管封头;(b)胶管与阀门连接

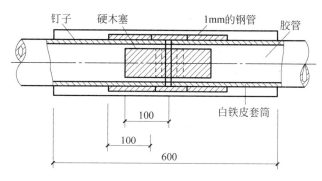

图 6-41　胶管接头(单位：mm)

3) 预埋波纹管法

预埋波纹管法是利用与预留孔道直径相同的波纹管埋在构件中，无须抽出，一般采用的波纹管有金属管和塑料管。预埋波纹管法因省去抽管工作，且易保证孔道留设的位置、尺寸，故目前应用较为普遍。金属波纹管质量轻、刚度好、弯折方便，且与混凝土粘结好。

金属波纹管每根长 4～6m，也可根据需要现场制作，其长度不限。波纹管在 1kN 径向力的作用下不变形，使用前应灌水试验，检查有无渗漏现象。金属波纹管的连接，应采用大一号同型波纹管，接头管的长度为 200～300mm，其两端用密封胶带或塑料热缩管封裹，如图 6-42 所示。金属波纹管的固定，应采用钢筋支架，间距不大于 0.8m，曲线孔应加密，并用铁线绑牢。

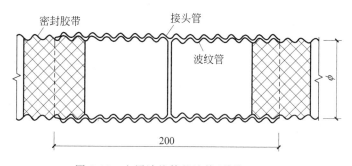

图 6-42　金属波纹管的连接(单位：mm)

2. 预应力筋张拉

张拉预应力筋时，构件混凝土强度应达到设计规定的数值，如设计无规定，则不宜低于混凝土标准强度的 75%。因此，一般情况下，在浇筑混凝土时，除了按常规留置试块，还应该留置同条件养护试块和用于判定混凝土是否可以张拉的试块。如设计无规定，用块体拼装的预应力构件，其拼装立缝处混凝土或砂浆的强度不宜低于混凝土标准强度的 40%，且不低于 15MPa。

1) 张拉顺序

预应力筋的张拉顺序，应使混凝土不产生超应力、构件不扭转与侧

知识扩展：

《混凝土结构设计规范》(GB 50010—2010)

10.3.12　构件端部尺寸应考虑锚具的布置、张拉设备的尺寸和局部受压的要求，必要时应适当加大。

10.3.13　后张预应力混凝土外露金属锚具，应采取可靠的防腐及防火措施，并应符合下列规定：

1　无粘结预应力筋外露锚具应采用注有足量防腐油脂的塑料帽封闭锚具端头，并应采用无收缩砂浆或细石混凝土封闭；

2　对处于二 b、三 a、三 b 类环境条件下的无粘结预应力锚固系统，应采用全封闭的防腐蚀体系，其封锚端及各连接部位应能承受 10kPa 的静水压力而不得透水；

3　采用混凝土封闭时，其强度等级宜与构件混凝土强度等级一致，且不应低于 C30。封锚混凝土与构件混凝土应可靠粘结，如锚具在封闭前应将周围混凝土界面凿毛并冲洗干净，且宜配置 1～2 片钢筋网，钢筋网应与构件混凝土拉结；

4　采用无收缩砂浆或混凝土封闭保护时，其锚具及预应力筋端部的保护层厚度不应小于：一类环境时 20mm，二 a、二 b 类环境时 50mm，三 a、三 b 类环境时 80mm。

弯、结构不变位等，对配有多根预应力筋的预应力混凝土构件，由于不可能同时一次张拉完所有预应力筋，应分批、分阶段、对称地张拉，张拉顺序应符合设计要求。如图 6-43 所示为预应力混凝土屋架下弦杆与吊车梁的预应力筋张拉顺序。

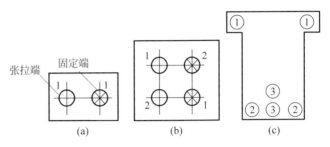

图 6-43　预应力筋的张拉顺序

(a)、(b) 屋架下弦杆；(c) 吊车梁

采用分批张拉时，要考虑后批预应力筋张拉时对混凝土产生的弹性压缩，从而引起前批张拉的预应力筋应力值降低。所以，对前批张拉的预应力筋的张拉应力，应增加弹性压缩造成的预应力损失值，或采用同一张拉值逐根复位补足。

2）张拉方法

为了减少预应力筋与预留孔道摩擦引起的损失，对于抽芯成形孔道曲线形预应力筋和长度大于 24m 的直线形预应力筋，应采取两端同时张拉的方法。长度小于或等于 24m 的直线形预应力筋，可一端张拉。对预埋波纹管孔道，曲线形预应力筋和长度大于 30m 的直线形预应力筋，宜采用两端同时张拉的方法；对于长度小于或等于 30m 的直线形预应力筋，可一端张拉。在同一截面中有多根一端张拉的预应力筋时，张拉端宜分别设置在构件的两端，当两端同时张拉一根（束）预应力筋时，为减少预应力损失，施工时宜采用张拉一端锚固后，再在另一端补足张拉力后进行锚固。

对于平卧叠浇的预应力混凝土构件，宜先上后下逐层进行张拉。由于上层构件的重力产生的摩阻力，会阻止下层构件在预应力筋张拉时混凝土压缩的自由变形，从而引起预应力损失。该损失值随构件形式、隔离层和张拉方式的不同而不同。为减少上、下层之间因摩阻力引起的预应力损失，可逐层加大张拉力，但底层张拉力不宜比顶层张拉力大 5%，并且要保证加大张拉控制应力后不要超过最大超张拉力。

3）张拉程序

预应力筋的张拉程序主要根据构件类型、张锚体系、松弛损失值等因素确定。用超张拉方法减少预应力筋的松弛损失时，预应力筋的张拉程序如下：

$$0 \rightarrow 1.05\sigma_{con}（持荷 2min）\rightarrow \sigma_{con}。$$

如果预应力筋的张拉吨位不大、根数很多，而设计中又要求采取超

知识扩展：

《混凝土结构设计规范》(GB 50010—2010)

11.8　预应力混凝土结构构件

11.8.1　预应力混凝土结构可用于抗震设防烈度 6 度、7 度、8 度区，当 9 度区需采用预应力混凝土结构时，应有充分依据，并采取可靠措施。

无粘结预应力混凝土结构的抗震设计，应符合专门规定。

11.8.2　抗震设计时，后张预应力框架、门架、转换层的转换大梁，宜采用有粘结预应力筋；承重结构的预应力受拉杆件和抗震等级为一级的预应力框架，应采用有粘结预应力筋。

张拉以减少应力松弛损失,则其张拉程序如下:

$$0 \rightarrow 1.03\sigma_{con}.$$

克服叠层摩阻力损失的超张拉值与减少松弛损失的超张拉值可以结合起来,不必叠加。在张拉过程中,预应力筋断裂或滑脱的数量,对后张法构件,严禁超过结构同一截面预应力筋总根数的3%,且一束钢丝只允许一根预应力筋断裂或滑脱。在锚固阶段,张拉端预应力筋的内缩量不宜大于规范的规定。

4) 预应力值的校核和伸长值的测定

预应力筋在张拉之前,应按设计张拉控制应力和施工所需的超张拉要求计算总张拉力,即

$$F_P = (1 + P)(\sigma_{con} + \sigma_P)A_P \qquad (6-11)$$

式中 F_P——预应力筋的总张拉力;

P——超张拉百分率;

σ_{con}——张拉控制应力;

σ_P——分批张拉时,考虑后批张拉对先批张拉的混凝土产生弹性回缩影响所增加的应力值;

A_P——同一批张拉的预应力筋面积。

预应力筋张拉时,应尽量减少张拉机具的摩阻力,摩阻力的数值应由试验确定,将其加在预应力筋的总张拉力中去,然后折算成油压表读数,作为施工时的控制数值。

为了解决预应力值建立的可靠性,需对预应力筋的应力及损失进行检验和测定,以便在张拉时补足和调整预应力值。检验应力损失的方法是在后张法中将钢筋张拉24h后,未进行孔道灌浆之前,重复拉一次,前、后两次应力值之差即为钢筋预应力损失。预应力筋张拉锚固后,实际预应力值与工程设计规定检验值的相对允许偏差为±5%。

用应力控制方法张拉时,还应测定预应力筋的实际伸长值,以对预应力筋的预应力值进行校核。

3. 孔道灌浆

预应力筋张拉锚固后,孔道应及时灌浆以防止预应力筋锈蚀,增加结构的整体性和耐久性。但采用电热法时,孔道灌浆应在钢筋冷却后进行。

孔道灌浆应采用标号不低于32.5号普通硅酸盐水泥或矿渣硅酸盐水泥配置的水泥浆;对孔隙大的孔道,水泥浆可掺适量的细砂,但水泥浆和水泥砂浆强度均不应低于20MPa,且应有较大的流动性和较小的干缩性、泌水性,搅拌后3h泌水率宜控制在2%,最大不超过3%,纯水泥浆的收缩性较大,为了增加孔道灌浆的密实性,可在水泥砂浆中掺入水泥用量0.25%的木质素磺酸钙或占水泥质量0.05%的铝粉,但不得掺入氯化物或其他对预应力筋有腐蚀作用的外加剂,灌浆用水泥浆的水灰比宜为0.40~0.45。

灌浆前,应用压力水冲刷干净混凝土孔道,并湿润孔壁。灌浆顺序

知识扩展:

《混凝土结构设计规范》(GB 50010—2010) 11.8.3 预应力混凝土结构的抗震计算,应符合下列规定:

1 预应力混凝土框架结构的阻尼比宜取0.03;在框架-剪力墙结构、框架-核心筒结构及板柱-剪力墙结构中,当仅采用预应力混凝土梁或板时,阻尼比应取用0.05;

2 预应力混凝土结构构件截面抗震验算时,在地震组合中,预应力作用分项系数,当预应力作用效应对构件承载力有利时应取用1.0,不利时应取用1.2;

3 预应力筋穿过框架节点核心区时,节点核心区的截面抗震受剪承载力应按本规范11.6节的有关规定进行验算,并可考虑有效预加力的有利影响。

为先下后上,以避免上层孔道漏浆而把下层孔道堵塞。孔道灌浆可采用电动灰浆泵,灌浆应缓慢均匀地进行,不得中断,灌满孔道并封闭排气孔后,宜再继续加压至 0.5～0.6MPa,并稳压一定时间,以确保孔道灌浆的密实性。对于不掺外加剂的水泥浆,可采用二次灌浆法,以提高孔道灌浆的密实性。

灌浆后,孔道内水泥浆或水泥砂浆强度达到 15N/mm² 时,预应力混凝土构件才可以进行移动,达到 100% 设计强度时才允许安装。最后用封端混凝土把露在构件端部外面的预应力筋及锚具保护起来。

6.2.4 后张法预应力混凝土施工中常见的质量事故及处理

在后张法施工中,常发生的质量事故有孔道位置不正确(孔道位置偏斜,引起构件在施加应力时,发生侧弯或开裂),孔道塌陷、堵塞(后张法构件的预留孔道坍塌或堵塞,使预应力筋不能顺利穿过,不能保证灌浆质量),预应力值不足(重叠生产构件,如屋架等张拉后,常出现应力值不足的情况,对 Ⅱ 级冷拉钢丝的应力损失,最大可达 10% 以上),孔道灌浆不通畅、不密实(孔道灌浆不饱满,强度低),孔道裂缝(冬期灰浆受冻、抽管误操作)无粘结预应力混凝土的摩阻力损失大,张拉后,构件产生弯曲变形等。

1. 孔道位置不正确

1) 原因分析

(1) 芯管未与钢筋固定牢,井字架间距过大。

(2) 浇筑混凝土时振动棒碰撞芯管偏移。

2) 防治方法

(1) 在浇筑混凝土前,应检查预埋件及芯管位置是否正确。

(2) 芯管应用钢筋井字架支垫,井字架尺寸应正确,并应绑扎在钢筋骨架上,其间距不得大于 1.0m。

(3) 在灌注混凝土时,防止振动棒碰撞芯管偏移。

(4) 对于需要起拱的构件,芯管应同时起拱,以保证保护层厚度。

2. 孔道塌陷、堵塞

1) 原因分析

(1) 抽管过早,混凝土尚未凝固。

(2) 孔壁受外力和振动影响,如抽管时,因方向不正而产生挤压或附加振动等。

(3) 抽管速度过快或过晚。

(4) 芯管表面不平整光洁。

2) 防治方法

(1) 钢管抽芯宜在混凝土初凝后、终凝前进行。

（2）浇筑混凝土后，钢管每隔 10～15min 转动一次，应始终顺同一个方向转动。

（3）用两根钢管对接的管子，两根管子的旋转方向应相反。

（4）抽管程序宜先上后下，先曲后直。

（5）抽管速度要均匀，其方向应与孔道方向保持一致。

（6）抽出芯管后，应及时检查孔道的成型质量，局部塌陷处可用特制长杆及时加以疏通。

3. 预应力值不足

1）原因分析

后张法构件在施加预应力时，混凝土弹性压缩损失值在张拉过程中同时完成，在结构设计时，可不必考虑该损失；在采用重叠方法生产构件时，由于上层构件的重力和层间粘结力，将阻止下层构件张拉时的混凝土弹性压缩，当构件起吊后，层间摩阻力消除，从而产生附加预应力损失。

2）防治方法

（1）采取自上而下分层进行张拉，并逐层加大张拉力。

（2）底层张拉力不宜超过顶层张拉力的 5%。

（3）做好隔离层（用石灰膏加废机油或铺油毡、塑料薄膜等）。

（4）浇捣上层混凝土时，应防止振动棒触及下层构件，以免增加层间摩阻力。

4. 孔道灌浆不密实

1）原因分析

（1）灌浆的水泥强度过低，或过期、受潮、失效。

（2）灌浆顺序不当，宜先灌下层后灌上层，避免将下层孔道堵住。

（3）灌浆压力过小。

（4）未设排气孔，部分孔道被空气堵塞。

（5）灌浆应连续进行，部分孔道被堵。

2）防治方法

（1）灌浆水泥强度采用 32.5MPa 以上的普通水泥或矿渣水泥。

（2）灰浆水灰比宜控制在 0.40～0.45，为减少收缩，可掺入水泥质量 0.05% 的铝粉或 0.25% 的减水剂。

（3）铝粉应先和水泥拌匀使用。

（4）灌浆前用压力水冲洗孔道，灌浆顺序应先下后上。

（5）直线孔道灌浆，可从构件一端到另一端，曲线孔道应从最低点开始向两端进行。

（6）孔道末端应设排气孔，灌浆压力以 0.3～0.5MPa 为宜，每个孔道一次灌成，中途不应停顿。

（7）对于重要预应力构件，可进行二次灌浆，并在第一次灌浆初凝后进行。

5．孔道裂缝

1）原因分析

（1）抽管、灌浆操作不当，产生裂缝。

（2）冬季施工灰浆受冻膨胀，将孔道胀裂。

2）防治方法

（1）混凝土应振捣密实，特别应保证孔道下部的混凝土密实。

（2）尽量避免在冬季进行孔道灌浆，如果必须在冬季施工，则应在孔道中通入蒸汽或热水预热，灌浆后做好构件的养护和保温工作。

（3）防止抽管、灌浆操作不当产生裂缝的措施参见"孔道塌陷、堵塞"的部分。

6.3　无粘结预应力混凝土施工

无粘结预应力筋由单根钢绞线涂抹建筑油脂外包塑料套管组成，它可以像普通钢筋一样配置在混凝土结构内，待混凝土硬化达到一定强度后，通过张拉预应力筋并采用专业锚具将预应力筋永久锚固在结构中。其技术内容主要包括材料及设计技术、预应力筋安装及单根钢绞线张拉锚固技术、锚头保护技术等。

这种预应力工艺的优点是不需要预留孔道和灌浆，施工简单，张拉时摩阻力小，预应力筋易弯曲呈曲线形状，适用于曲线钢筋的结构。在双向连续平板和密肋板中应用无粘结预应力比较经济合理，在多跨连续梁中也有很好的发展前途。

6.3.1　无粘结预应力筋的制作

无粘结预应力筋由预应力钢材、防腐涂料层、外包层以及锚具组成，如图 6-44 所示。

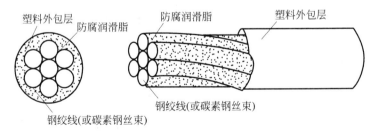

图 6-44　无粘结预应力筋

1．原材料的准备

无粘结预应力筋是一种在施加预应力后沿全长与周围混凝土不粘

结的预应力筋。它由预应力钢材、涂料层和包裹层组成。无粘结预应力筋的高强度钢材与有粘结的要求完全相同，常用的钢材为 7 根直径为 5mm 的碳素钢丝束，或由 7 根直径为 5mm 或 4mm 的钢丝绞合而成的钢绞线。

无粘结预应力筋涂料层的作用是使预应力筋与混凝土隔离，减少张拉时的摩擦损失，防止预应力筋腐蚀等，应采用专用防腐油脂或防腐沥青，其性能应符合在 $-20℃ \sim 70℃$ 温度范围内，不流淌、不裂缝、不变脆，并有一定的韧性；在使用期内，其化学稳定性好；对周围材料无侵蚀作用；不透水、不吸湿、防水性好、防腐蚀性能好、润滑性能好、摩擦阻力小等。

无粘结预应力筋外包层材料可用高压聚乙烯塑料或塑料布制作。外包层的作用是使无粘结预应力筋在运输、储存、铺设和浇筑混凝土等过程中不会发生不可修复的破坏，因此要求外包层应符合在 $-20℃ \sim 70℃$ 温度范围内，低温不脆化，高温化学稳定性好；必须具有足够的韧性，抗破损性强；对周围材料无侵蚀作用；防水性强。

在制作单根无粘结预应力筋时，宜优先选用防腐油脂做涂料层，其塑料外包层应用塑料注塑机注塑而成，防腐油脂应填充饱满，外包层应松紧适度。成束无粘结预应力筋可用防腐沥青或防腐蚀油脂做涂料，当使用防腐沥青时，应用密缠塑料带做外包层，塑料带各圈之间的搭接宽度应不小于带宽的 $1/2$，缠绕层数不小于 4 层。要求防腐油脂涂料层无粘结预应力筋的张拉摩擦因数不应大于 0.12；防腐沥青涂料层无粘结预应力筋的张拉摩擦因数不应大于 0.25。

2. 无粘结预应力筋的制作

无粘结预应力筋一般采用缠纸工艺和挤压涂层工艺两种制作方法。

1）缠纸工艺

制作无粘结预应力筋的缠纸工艺是在缠纸机上连续作业，完成编束、涂油、镦头、缠塑料布和切断等工序，如图 6-45 所示。

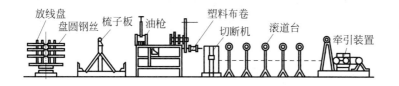

图 6-45 无粘结预应力筋缠纸工艺流程图

制作时，钢丝放在放线盘上，穿过梳子板汇集成束，成束钢丝通过油枪均匀涂油，涂油钢丝穿入锚环用冷镦机冷镦锚头，带有锚环的成束钢丝用牵引机牵引向前，与此同时开动装有塑料布条的缠纸转盘，钢丝

知识扩展：

《混凝土结构工程施工规范》（GB 50666—2011）

6.1 一般规定

6.1.1 预应力工程应编制专项施工方案。必要时，施工单位应根据设计文件进行深化设计。

6.1.2 预应力工程施工应根据环境温度采取必要的质量保证措施，并应符合下列规定：

1 当工程所处环境温度低于 $-15℃$ 时，不宜进行预应力筋张拉。

2 当工程所处环境温度高于 $35℃$ 或日平均环境温度连续 5 日低于 $5℃$ 时，不宜进行灌浆施工；当在环境温度高于 $35℃$ 或日平均环境温度连续 5 日低于 $5℃$ 条件下进行灌浆施工时，应采取专门的质量保证措施。

6.1.3 当预应力筋需要代换时，应进行专门计算，并应经原设计单位确认。

束边前进边缠绕塑料布条。塑料布条的宽度应根据钢丝束直径的大小而定,一般宽度为 50mm。当钢丝束达到需要的长度后,进行切割,进而成为完整的无粘结预应力筋。

2)挤压涂层工艺

挤压涂层工艺主要是钢丝通过涂油装置涂油,涂油钢丝束通过塑料挤压机涂刷塑料薄膜,再经冷却筒模成型塑料套管。这种无粘结筋挤压涂层工艺与电线、电缆包裹塑料套管的工艺相似,并具有效率高、质量好、设备性能稳定的特点,如图 6-46 所示。

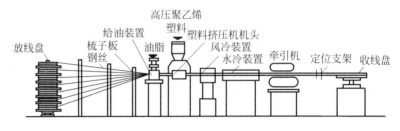

图 6-46 挤压涂层工艺流水线图

3. 锚具

在无粘结预应力构件中,锚具是把预应力筋的张拉力传递给混凝土的工具,外荷载引起预应力筋内力的变化全部由锚具承担。因此,无粘结预应力筋的锚具不仅受力比有粘结预应力筋的锚具大,而且承受的是重复荷载。因而,无粘结预应力筋的锚具应有更高的要求,必须采用 I 类锚具。一般要求无粘结预应力筋的锚具至少应能承受预应力筋最小规定极限强度的 95%,而不超过预期的滑动值。钢丝束作为无粘结预应力筋时,可使用镦头锚具,钢绞线作为无粘结预应力筋时可使用 XM 型、JM 型锚具。

6.3.2 无粘结预应力施工工艺

在对无粘结预应力混凝土结构进行施工时,主要问题是无粘结预应力筋的铺设、张拉和端部锚头处理。在使用无粘结预应力筋前,应逐根检查外包层的完好程度,对有轻微破损者,可用塑料袋包补好;对破损严重者,应予以报废。

1. 无粘结预应力筋的铺设

在单向连续板中,无粘结预应力筋的铺设比较简单,如同普通钢筋一样铺设在设计位置上。在双向连续板中,无粘结预应力筋一般为双向曲线配筋,两个方向的无粘结预应力筋互相穿插,给施工操作带来困难,因此确定铺设顺序是关键步骤。在铺设双向配筋的无粘结预应力筋时,应先铺设标高较低的无粘结预应力筋,再铺设标高较高的无粘结预应力筋,并尽量避免两个方向的无粘结预应力筋相互穿插编结。

知识扩展:

《混凝土结构工程施工规范》(GB 50666—2011)

6.2 材料

6.2.1 预应力筋的性能应符合国家现行有关标准的规定。常用预应力筋的公称直径、公称截面面积、计算截面面积及理论质量应符合本规范附录 B 的规定。

6.2.2 预应力筋用锚具、夹具和连接器的性能,应符合现行国家标准《预应力筋用锚具、夹具和连接器》(GB/T 14370—2015)的有关规定,其工程应用应符合现行行业标准《预应力筋用锚具、夹具和连接器应用技术规程》(JGJ 85—2010)的有关规定。

6.2.3 后张预应力成孔管道的性能应符合国家现行有关标准的规定。

无粘结预应力筋应严格按设计要求的曲线形状就位,并固定牢固。在铺设无粘结预应力筋时,无粘结预应力筋的曲率可通过垫铁马凳控制。铁马凳高度应根据设计要求的无粘结预应力筋曲率确定,铁马凳的间隔不宜大于 2m,并应用铁丝将其与无粘结预应力筋扎紧。也可以用铁丝将无粘结预应力筋与非预应力钢筋绑扎牢固,以防止无粘结预应力筋在浇筑混凝土过程中发生位移,绑扎点的间距为 $0.7\sim1.0m$。无粘结预应力筋控制点的安装偏差规定如下:矢高方向为 $\pm5mm$,水平方向为 $\pm30mm$。

2. 无粘结预应力筋的张拉

张拉预应力筋时,混凝土强度应符合设计要求,当设计无要求时,混凝土的强度应达到设计强度的 75% 方可开始张拉。

张拉程序一般采用 $0\sim1.03\sigma_{con}$,以减少无粘结预应力筋的松弛损失。

无粘结预应力筋的张拉顺序,应根据其铺设顺序,先铺设的先张拉,后铺设的后张拉。

当预应力筋的长度小于 25m 时,宜采用一端张拉;当长度大于 25m 时,宜采用两端张拉;当长度超过 50m 时,宜采取分段张拉。

张拉无粘结预应力筋前,应清理锚垫板表面,并检查锚垫板后面的混凝土质量。如有空鼓现象,应在张拉无粘结预应力筋前进行修补。

对于无粘结预应力混凝土楼盖结构的张拉顺序,宜先张拉楼板,后张拉楼面梁。对于板中的无粘结预应力筋,可依次张拉。梁中的无粘结预应力筋宜对称张拉。板中的无粘结预应力筋一般采用单根张拉,并用单孔夹片锚具锚固。如遇到摩擦损失较大时,应预先松动一次,再进行张拉。在梁板顶面或墙壁侧面的斜槽内张拉无粘结预应力筋时,宜采用变角张拉装置。

无粘结预应力筋张拉伸长值的校核与有粘结预应力筋相同;对于超长无粘结预应力筋,由于张拉初期阻力大,初拉力以下的伸长值比常规推算的伸长值小,应通过试验修正。张拉时,无粘结预应力筋的实际伸长值宜在初应力为张拉控制预应力 10% 左右时开始测量,测量得到的伸长值,必须加上初应力以下的推算伸长值,并扣除混凝土构件在张拉过程中的弹性压缩值。

无粘结预应力筋一般长度大,有时又呈曲线形布置,如何减少其摩阻损失值的主要因素是一个重要问题。影响摩阻损失值的主要因素是润滑介质、外包层和预应力筋截面形式。摩阻损失值可用标准测力计或传感器等测力装置进行测定。施工时,为降低摩阻损失值,宜采用多次重复张拉工艺。

无粘结预应力筋在张拉过程中,当有个别钢丝发生滑脱或断裂时,可相应地降低张拉力,但滑脱或断裂的根数不应超过结构同一截面钢丝总根数的 2%。对于多跨双向连续板,其同一截面应按每跨计算。

知识扩展:

《混凝土结构工程施工规范》(GB 50666—2011)

6.2.4 预应力筋等材料在运输、存放、加工、安装过程中,应采取防止其损伤、锈蚀或污染的措施,并应符合下列规定:

1 有粘结预应力筋展开后应平顺,不应有弯折,表面不应有裂纹、小刺、机械损伤、氧化铁皮和油污等;

2 预应力筋用锚具、夹具、连接器和锚垫板表面应无污物、锈蚀、机械损伤和裂纹;

3 无粘结预应力筋护套应光滑、无裂纹、无明显褶皱;

4 后张预应力用成孔管道内外表面应清洁、无锈蚀,不应有油污、孔洞和不规则的褶皱,咬口不应有开裂或脱落。

3. 预应力筋端部处理

对无粘结预应力筋张拉完毕后,应及时对锚固区进行保护。锚固区必须有严格的密封防护措施,严防水汽进入,锈蚀预应力筋。无粘结预应力筋锚固后的外露长度不应小于 30mm,多余部分宜用手提砂轮锯切断,在锚具与承压板表面涂以防水涂料。为了使无粘结预应力筋端头全封闭,在锚具端头涂防腐润滑油脂后,罩上封端塑料盖帽。

无粘结预应力筋束锚头的端部处理主要有凸出式和凹入式两种。

对于凸出式锚头端部处理,常采用两种方法:第一种方法是在孔道中注入油脂并加以封闭,如图 6-47 所示;第二种方法是在两端留设的孔道内注入环氧树脂水泥砂浆,其抗压强度不低于 35MPa。灌浆同时将锚头封闭,如图 6-48 所示。

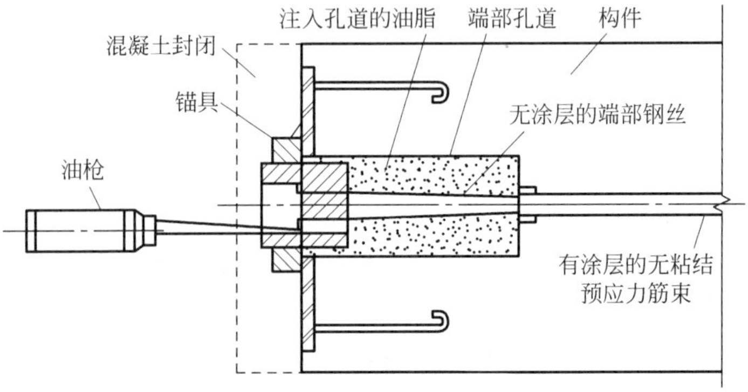

知识扩展:

《混凝土结构工程施工规范》(GB 50666—2011)

6.3 制作与安装

6.3.1 预应力筋的下料长度应经计算确定,并应采用砂轮锯或切断机等机械方法切断。预应力筋制作或安装时,不应用作接地线,并应避免焊渣或接地电火花的损伤。

6.3.2 无粘结预应力筋在现场搬运和铺设过程中,不应损伤其塑料护套。当出现轻微破损时,应及时采用防水胶带封闭;严重破损的不得使用。

6.3.3 钢绞线挤压锚具应采用配套的挤压机制作,挤压操作的油压最大值应符合使用说明书的规定。采用的摩擦衬套应沿挤压套筒全长均匀分布;挤压完成后,预应力筋外端露出挤压套筒不应少于 1mm。

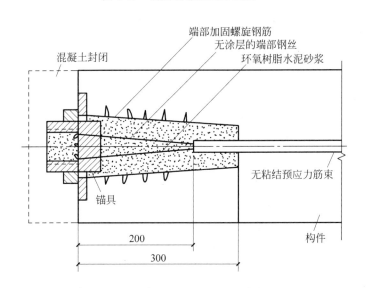

图 6-47 锚头端部处理方法之一

图 6-48 锚头端部处理方法之二(单位:mm)

对于凹入式锚头端部,锚具表面经涂防腐润滑油脂处理,再用微胀混凝土或低收缩防水砂浆密封,如图 6-49 所示。

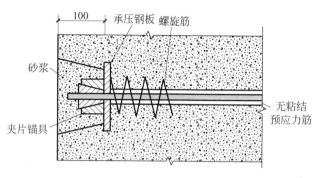

图 6-49 张拉端凹入式构造(单位：mm)

无粘结预应力筋的固定端也可利用镦头锚板或挤压锚具采取内埋式做法,如图 6-50 所示。

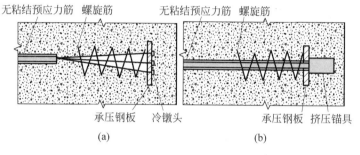

图 6-50 无粘结预应力筋固定端内埋式构造

(a) 钢丝束镦头锚板；(b) 钢绞线挤压锚具

第 7 章

砌 筑 工 程

知识扩展：

《建筑施工扣件式钢管脚手架安全技术规范》(JGJ 130—2011)

2.1 术语

2.1.1 扣件式钢管脚手架

steel tubular scaffold with couplers

为建筑施工而搭设的、承受荷载的由扣件和钢管等构成的脚手架与支撑架，包含本规范各类脚手架与支撑架，统称脚手架。

2.1.2 支撑架

formwork support

为钢结构安装或浇筑混凝土构件等搭设的承力支架。

2.1.3 单排扣件式钢管脚手架

single pole steel tubular scaffold with couplers

只有一排立杆，横向水平杆的一端搁置固定在墙体上的脚手架，简称单排架。

本章学习要求：

➢ 了解各种脚手架工程

➢ 掌握砖砌体工程

➢ 掌握填充墙砌体工程

7.1 脚手架工程

脚手架是建筑工程施工中堆放材料和工人进行操作的临时设施。当砌体砌筑到一定高度，砌筑质量和效率受到影响时，就需要搭设脚手架。每步架高度一般为 1.2~1.5m。对脚手架的基本要求如下：脚手架结构要有足够的强度、刚度、稳定性；脚手架的宽度应满足工人操作、堆放材料和运输的要求，一般为 1.0~2.0m；脚手架构造简单、装拆方便，并能多次周转使用。

脚手架的种类很多，按其搭设位置可分为外脚手架和里脚手架；按其所用材料可分为木脚手架、竹脚手架和钢管脚手架；按其构造形式可分为多立杆式、门式、悬挑式、吊式、爬升式和桥式等。多立杆式脚手架的应用最广。

7.1.1 外脚手架

外脚手架是在建筑物外侧进行搭设的一种脚手架，既可用于外墙砌筑，又可用于外装饰施工。外脚手架有很多形式，常用的有多立杆式脚手架和门式脚手架等。多立杆式脚手架可用木、竹和钢管搭设，目前主要采用钢管脚手架，其一次性投入较大，但可重复使用，装拆方便，搭设高度大，能适应建筑物平立面的变化。多立杆式脚手架有扣件式和碗扣式两种。

1. 多立杆式脚手架

1) 钢管扣件式脚手架

(1) 构造要求

钢管扣件式脚手架由钢管、扣件、脚手板和底座等组成，如图 7-1

所示。钢管一般用直径 48mm、壁厚 3.5mm 的焊接钢管或无缝钢管，主要用于立杆、大横杆、小横杆、剪刀撑、斜撑等。钢管之间通过扣件进行连接，其形式有三种，如图 7-2 所示：直角扣件用于两根钢管呈垂直交叉的连接；旋转扣件用于两根钢管成任意角度交叉的连接；对接扣件用于两根钢管的对接连接。立杆底端立于底座上，把荷载传递到地面上，如图 7-3 所示。脚手板可采用冲压钢脚手板、钢木脚手板、竹脚手板等，如图 7-4 所示，每块脚手板的质量不宜大于 30kg。钢管扣件式脚手架的基本形式有双排和单排两种。

知识扩展：

《建筑施工扣件式钢管脚手架安全技术规范》(JGJ 130—2011)

2.1.4 双排扣件式钢管脚手架

double pole steel tubular scaffold with couplers

由内外两排立杆和水平杆等构成的脚手架，简称双排架。

2.1.5 满堂扣件式钢管脚手架

fastener steel tube full hall scaffold

在纵、横方向，由不少于三排立杆并与水平杆、水平剪刀撑、竖向剪刀撑、扣件等构成的脚手架。该架体顶部作业层施工荷载通过水平杆传递给立杆，顶部立杆呈偏心受压状态，简称满堂脚手架。

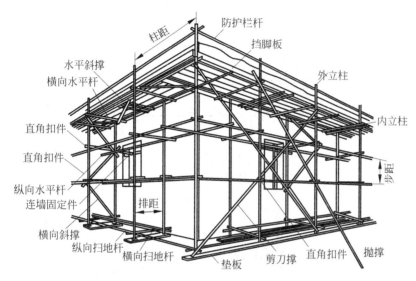

图 7-1 钢管扣件式脚手架构造

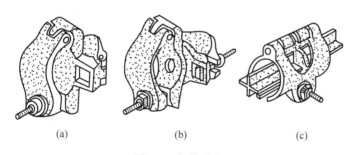

图 7-2 扣件形式

(a) 直角扣件；(b) 旋转扣件；(c) 对接扣件

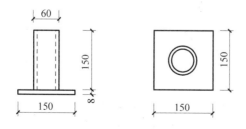

图 7-3 底座（单位：mm）

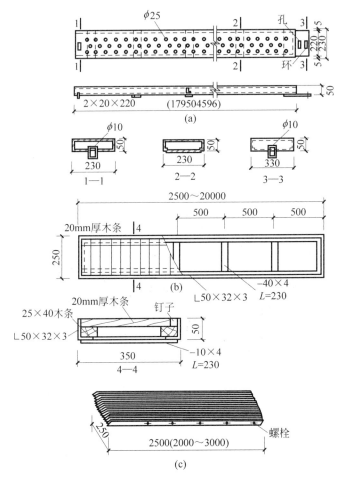

图 7-4　脚手板（单位：mm）

（a）冲压钢脚手板；（b）钢木脚手板；（c）竹脚手板

➢ 脚手板一般应采用三点支撑，当脚手板长度小于 2m 时，可采用两点支撑，但应将两端固定，以防倾覆；脚手板宜采用对接平铺，其外伸长度为 100～150mm；当采用搭接铺设时，其搭接长度应大于 200mm，如图 7-5 所示。

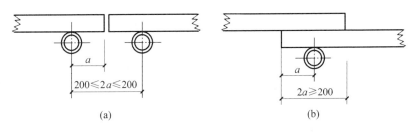

图 7-5　脚手架对接搭接尺寸（单位：mm）

（a）脚手板对接；（b）脚手板搭接

知识扩展：

《建筑施工扣件式钢管脚手架安全技术规范》（JGJ 130—2011）

2.1.6　满堂扣件式钢管支撑架

fastener steel tube full hall formwork support

在纵、横方向，由不少于三排立杆并与水平杆、水平剪刀撑、竖向剪刀撑、扣件等构成的承力支架。该架体顶部的钢结构安装等（同类工程）施工荷载通过可调托撑轴心传力给立杆，顶部立杆呈轴心受压状态，简称满堂支撑架。

2.1.7　开口型脚手架

open scaffold

沿建筑周边非交圈设置的脚手架为开口型脚手架；其中呈直线型的脚手架为一字形脚手架。

2.1.8　封圈型脚手架

loop scaffold

沿建筑周边交圈设置的脚手架。

➢ 纵向水平杆应水平设置,其长度不应小于2跨,两根杆件连接时应采用对接扣件,接头位置距立杆中心线的距离不宜大于跨度的1/3;同一步架中,内、外两根纵向水平杆的对接接头应尽量错开一跨;上、下两根相邻的纵向水平杆的对接接头也应尽量错开一跨,错开的距离不小于500mm;凡与立杆相交处,必须用直角扣件与立杆连接。

➢ 横向水平杆凡立杆与纵向水平杆相交处,必须设置一根横向水平杆,严禁任意拆除横向水平杆;横向水平杆与立杆中心线的距离不应大于150mm;跨度中间的横向水平杆宜根据支撑脚手板的需要等间距设置;双排脚手架的横向水平杆,其两端均应用直角扣件固定在纵向水平杆上;单排脚手架的横向水平杆一端应用直角扣件固定在纵向水平杆上,另一端插入墙体的长度不应小于180mm。

➢ 每根立杆均应设置标准底座。由标准底座向上200mm处,必须设置纵、横向水平扫地杆,用直角扣件与立杆固定;立杆接头除顶层可以采用搭接外,其余各层接头必须采用对接扣件连接;立杆搭接长度不应小于1m,不少于两个旋转扣件固定;立杆上的对接扣件应相互交错布置,两根相邻立杆的对接接头应错开一步架的高度,其错开的垂直距离不小于500mm;对接扣件应尽量靠近中心节点(立杆、纵向水平杆、横向水平杆三杆交点)。

➢ 立杆偏离中心节点的距离宜小于步距的1/30。

➢ 连墙杆为防止脚手架向内、外倾覆,必须设置能承受一定压力和拉力的连墙杆。脚手架的稳定性取决于连墙杆的设置,脚手架倒塌事故大多是没有设置连墙杆所引起的,所以必须按规范要求牢固设置。一般每3跨设一根,每3步架设一根,即水平距离小于4.5~6.0m,垂直距离小于4.0m。其连接形式如图7-6所示。

知识扩展:

《建筑施工扣件式钢管脚手架安全技术规范》(JGJ 130—2011)

2.1.9　扣件
coupler
采用螺栓紧固的扣接连接件为扣件;包括直角扣件、旋转扣件、对接扣件。

2.1.10　防滑扣件
skid resistant coupler
根据抗滑要求增设的非连接用途扣件。

2.1.11　底座
base plate
设于立杆底部的垫座;包括固定底座、可调底座。

2.1.12　可调托撑
adjustable forkhead
插入立杆钢管顶部,可调节高度的顶撑。

2.1.13　水平杆
horizontal tube
脚手架中的水平杆件。沿脚手架纵向设置的水平杆为纵向水平杆;沿脚手架横向设置的水平杆为横向水平杆。

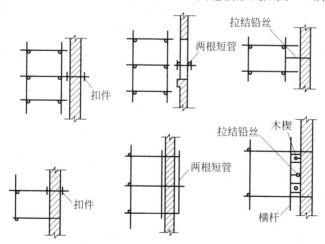

图7-6　连墙杆的做法

知识扩展：

《建筑施工扣件式钢管脚手架安全技术规范》(JGJ 130—2011)

2.1.14　扫地杆
bottom reinforcing tube

　　贴近楼（地）面设置，连接立杆根部的纵、横向水平杆件；包括纵向扫地杆、横向扫地杆。

2.1.15　连墙件
tie member

　　将脚手架架体与建筑主体结构连接，能够传递拉力和压力的构件。

2.1.16　连墙件间距
spacing of tie member

　　脚手架相邻连墙件之间的距离，包括连墙件竖距、连墙件横距。

2.1.17　横向斜撑
diagonal brace

　　与双排脚手架内、外立杆或水平杆斜交呈之字形的斜杆。

2.1.18　剪刀撑
diagonal bracing

　　在脚手架竖向或水平向成对设置的交叉斜杆。

➢ 剪刀撑脚手架高度在 24m 以下的单、双排脚手架宜每隔 6 跨设置一道剪刀撑，从两端转角处起由底至顶连续设置；脚手架高度在 24m 以上的双排脚手架应在外立面整个长度和高度内连续设置剪刀撑；每副剪刀撑跨越立杆不应超过 7 根，与地面成 45°～60°；顶层以下剪刀撑的接长应采用对接扣件连接，采用旋转扣件固定在立杆或横向水平杆的伸出端上，固定位置与中心节点的距离不大于 150mm；顶部剪刀撑可采用搭接，搭接长度不应小于 1m，且用不少于 2 个旋转扣件固定。

➢ 横向斜撑横向斜撑的每一斜杆只占一步，由底至顶呈"之"字形布置，两端用旋转扣件固定在立杆或纵向水平杆上；"一"字形、开口形双排脚手架两端头必须设置横向斜撑，中间每隔 6 跨应设置一道横向支撑；24m 以下的封闭型双排脚手架可不设置横向斜撑；24m 以上的除两端应设置横向斜撑外，中间每隔 6 跨设置一道横向支撑。

➢ 抛撑高度低于三步架的脚手架，可采用加设抛撑的方式来防止其倾覆，抛撑的间距不超过 6 倍立杆间距，抛撑与地面的夹角为 45°～60°，并应在地面支撑点处铺设垫板。

（2）搭设要求

➢ 为保证脚手架的安全使用，搭设脚手架时必须加设底座或垫板，并做好地基处理。脚手架搭设范围的地基应平整夯实，排水畅通，必要时应设排水沟，防止雨天积水浸泡地基，产生脚手架不均匀下沉，引起脚手架变形。对于高层建筑脚手架基础，应进行验算。应在底座下设垫板，不得将底座直接置于土地上，以便均匀分布由立杆传来的荷载。垫板、底座均应准确地放置在定位线上。

➢ 杆件搭设顺序如下：摆放纵向扫地杆→逐根竖立立杆，随即与纵向扫地杆扣紧→安装横向扫地杆，并与立杆或纵向扫地杆扣紧→安装第一步纵向水平杆，并与各立杆扣紧→安装第一步横向水平杆→第二步纵向水平杆→第二步横向水平杆→加设临时抛撑（上端与第二步纵向水平杆扣紧，可在装设两道连墙杆后拆除）→第三、四步纵向水平杆、横向水平杆→连墙杆→接立杆→加设剪刀撑→铺放脚手板→加设防护栏杆等。

➢ 设置连墙杆搭设时，应按要求拧紧扣件，一般扭力矩应在 40～60kN·m 之间，不得过松或过紧。在砌墙时，应随即设置连墙杆与墙锚拉牢固，并应随时校正杆件的垂直偏差与水平偏差，使其符合规范要求。

➢ 拆除脚手架注意事项如下：画出工作区标志，禁止行人进入；严格遵守拆除顺序；由上而下，后绑的先拆。一般先拆栏杆、脚手板、剪刀撑，后拆小横杆、大横杆、立杆等；统一指挥，上下呼应,动作协调;材料、工具要用滑轮或绳索运送,不得向下乱扔。分段拆除时高差不应大于2步架高度,否则应按开口脚手架进行加固。当拆至脚手架下部最后一节立杆时,应先架设临时抛撑加固,然后拆除连墙杆。

2)钢管碗扣式脚手架

钢管碗扣式脚手架又称为多功能碗扣型脚手架,脚手架的核心部件是碗扣接头,由上碗扣、下碗扣、横杆接头和上碗扣限位销等组成,如图7-7所示。它具有结构简单,杆件全部轴向连接,力学性能好,接头构造合理,工作安全可靠,拆装方便,操作容易,零部件损耗低等特点。其主要部件有立杆、顶杆、横杆、斜杆、底座等。

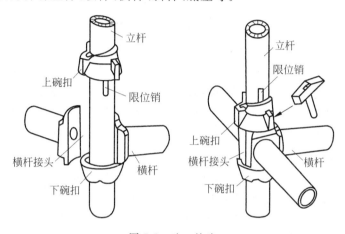

图7-7　碗口接头

钢管碗扣式接头可同时连接4根横杆,横杆可相互垂直或偏转一定角度。因此,使用该接头可搭设各种形式的脚手架,特别适合于搭设扇形表面及高层建筑施工和装修作业两用外脚手架,还可以作为模板的支撑。

钢管碗扣式脚手架立杆横距为1.2m,纵距根据脚手架荷载可分为1.2m、1.5m、1.8m、2.4m,步距为1.8m、2.4m。其搭设要求与钢管扣件式脚手架类似。

2. 门型脚手架

1)构造要求

门型脚手架又称为多功能门型脚手架,是目前国际上应用最普遍的形式之一。门型脚手架是由基本单元连接起来,再加上梯子、栏杆等构成整片脚手架。其基本单元包括门式框架、剪刀撑、水平梁架或脚手板,如图7-8所示。其搭设高度一般在45m以内,该脚手架装拆方便,构件规格统一,其宽度有1.2m、1.5m、1.6m等规格,高度有1.3m、1.7m、1.8m、2.0m等规格,施工时可根据不同要求进行组合。施工荷载限定:均布荷载为1.8kN/m²,集中荷载为2.0kN。

知识扩展:

《建筑施工扣件式钢管脚手架安全技术规范》(JGJ 130—2011)

2.1.19　抛撑
cross bracing
　　用于脚手架侧面支撑,与脚手架外侧面斜交的杆件。

2.1.20　脚手架高度
scaffold height
　　自立杆底座下皮至架顶栏杆上皮之间的垂直距离。

2.1.21　脚手架长度
scaffold length
　　脚手架纵向两端立杆外皮间的水平距离。

2.1.22　脚手架宽度
scaffold width
　　脚手架横向两端立杆外皮之间的水平距离,单排脚手架为外立杆外皮至墙面的距离。

2.1.23　步距
lift height
　　上下水平杆轴线间的距离。

2.1.24　立杆纵(跨)距
longitudinal spacing of upright tube
　　脚手架纵向相邻立杆之间的轴线距离。

2.1.25　立杆横距
transverse spacing of upright tube
　　脚手架横向相邻立杆之间的轴线距离,单排脚手架为外立杆轴线至墙面的距离。

2.1.26　主节点
main node
　　立杆、纵向水平杆、横向水平杆三杆紧靠的扣接点。

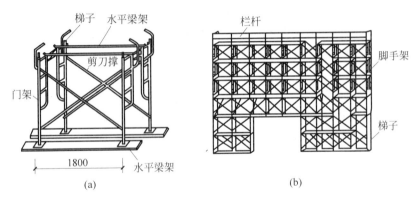

图 7-8 门型脚手架

(a) 基本单元；(b) 整片门型脚手架

2）搭设与拆除要求

➤ 搭设程序如下：门型脚手架一般按以下程序搭设：铺放垫木→拉线、放底座线→自一端起立门架，随即安装剪刀撑→安装水平梁架（或脚手板）→安装梯子→必要时安装纵向水平杆→安装连墙杆→逐层向上→安装长剪刀撑（加强整体刚度）→装设顶部栏杆。

➤ 搭设要点如下：搭设门型脚手架时，地基必须夯实抄平，铺可调底座，以免发生塌陷和不均匀沉降；首层门型脚手架垂直度（门架竖管轴线的偏移）偏差不大于 2mm，水平度（门架平面方向和水平方向）偏差不大于 5mm。门架的顶部和底部用纵向水平杆和扫地杆固定。门架之间必须设置剪刀撑和水平梁架（或脚手板），其连接应可靠，以确保脚手架的整体刚度。整片脚手架必须适当设置纵向水平杆，前三层要每层设置，三层以上则每隔三层设一道。在门架外侧设置长剪刀撑，其高度和宽度为 3 或 4 个步距和柱距，与地面夹角为 45°～60°，相邻长剪刀撑之间相隔 3～5 个柱距，沿全高设置。连墙点的最大间距，在垂直方向为 6m，在水平方向为 8m。高层脚手架应增加连墙点布设密度，脚手架在转角处必须做好连接和与墙拉结，并利用钢管和旋转扣件把处于相交方向的门架连接起来。

➤ 拆除要点如下：拆除门架时，应自上而下进行，部件拆除顺序与安装顺序相反。不允许将拆除的部件直接从高空抛下，应将拆下的部件按品种分类捆绑后，使用垂直吊运设备将其运至地面，集中堆放保管。

3. 悬吊式脚手架

悬吊式脚手架又称为吊篮，它结构轻巧、操纵简单，安装、拆除速度快，升降和移动方便，广泛应用在玻璃和金属幕墙的安装，外墙钢窗及装饰物的安装，外墙面涂料施工和外墙面的清洁、保养、修理等作业中，它也适用于外墙面的其他装饰施工。

吊篮是从结构顶层伸出挑梁,挑梁的一端与建筑结构连接固定,伸出端通过滑轮和钢丝绳悬挂吊篮。

吊篮按升降的动力可分为手动和电动两类。前者利用手扳葫芦进行升降,后者利用特制的电动卷扬机进行升降。

手动吊篮多为工地自制,由吊篮、手扳葫芦、吊篮绳、安全绳、保险绳和悬挑钢架等组成,如图7-9所示。

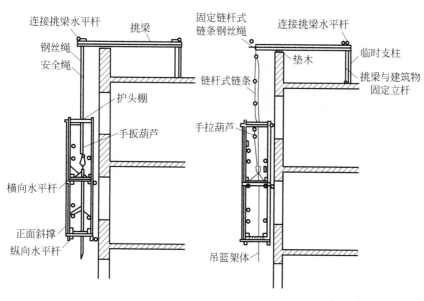

图 7-9 吊篮构造

吊篮结构可由薄壁型钢组焊而成,也可由钢管扣件组搭而成;可设单层工作平台,也可设置双层工作平台,工作平台宽度为1m,每层允许荷载为7000N;双层平台吊篮自重约600kg,可容4人同时作业。

电动吊篮多为定型产品,由吊篮结构、吊挂、电动提升机构、安全装置、控制柜、靠墙托轮系统及屋面悬挑系统等部件组成。吊篮本身采用组合结构,其标准段分为2m、2.5m及3m等长度,可根据需要拼装成4m、5m、6m、7m、7.5m、9m、10m等不同长度。吊篮脚手骨架用型钢或镀铸钢管焊成。瑞典生产的ALIMAK-BA401吊篮脚手架如图7-10所示。

电动吊篮的提升机构由电动机、制动器、减速器、压绳和绕绳机构组成。电动吊篮装有可靠的安全装置,通常称为安全锁或限速器。当吊篮下降速度超过1.6～2.5倍额定提升速度时,该安全装置便会自动地刹住吊篮,不使吊篮继续下降,从而保证施工人员的安全。

电动吊篮的屋面挑梁系统可分为简单固定式挑梁系统、移动式挑梁系统和装配式桁架台车挑梁系统三类。在构造上,各种屋面挑梁系统基本上均由挑梁、支柱、配重架、配重块、加强臂附加支杆以及脚轮或

知识扩展:

《建筑施工工具式脚手架安全技术规范》(JGJ 202—2010)

5.3 构造措施

5.3.1 高处作业吊篮应由悬挑装置、吊篮平台、提升机构、防坠落机构、电气控制系统、钢丝绳和配套附件、连接件构成。

5.3.2 吊篮平台应能通过提升机构沿钢丝绳作升降运动。

5.3.3 吊篮悬挂机构前后支架的间距,应能随建筑物外形变化进行调整。

5.4 安装

5.4.1 高处作业吊篮安装时应按照专项施工方案,在专业人员的指导下实施。

5.4.2 安装作业前,应划定安全区域,并应排除作业障碍。

5.4.3 高处作业吊篮组装前应确认结构件、紧固件已经配套且完好,其规格型号和质量应符合设计要求。

5.4.4 高处作业吊篮所用的构配件应是同一厂家的产品。

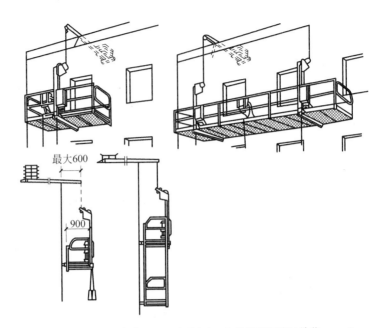

图 7-10 瑞典生产的 ALIMAK-BA401 吊篮脚手架(单位：mm)

行走台车组成。挑梁系统采用型钢焊接结构，其悬挑长度、前后支腿距离、挑梁支柱高度均是可调的，因而能灵活地适应不同屋顶结构以及不同立面造型的需要，如图 7-11 所示。

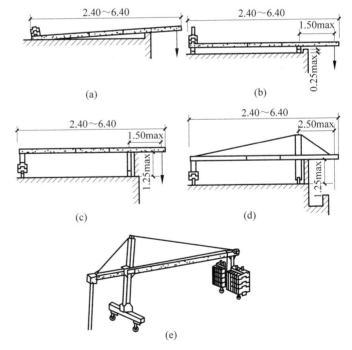

图 7-11 屋面挑梁系统构造示意(单位：mm)
(a) 简单固定式；(b) 移动式；(c)、(d) 高女儿墙适用移动式；
(e) 大悬臂桁架式

4. 悬挑式外脚手架

悬挑式外脚手架是利用建筑结构外边缘向外伸出的悬挑结构来支承外脚手架,将脚手架的荷载全部或部分传递给建筑结构。悬挑外脚手架的关键是悬挑支承结构,它必须有足够的强度、刚度和稳定性,并能将脚手架的荷载传递给建筑结构。

1) 适用范围

在高层建筑施工中,遇到以下三种情况时,可采用悬挑式外脚手架。

➤ ±0.000 以下结构工程回填土不能及时回填,而主体结构工程必须立即进行,否则将影响工期。

➤ 高层建筑主体结构四周为裙房时,脚手架不能直接支承在地面上。

➤ 在超高层建筑施工中,脚手架搭设高度超过了架子的容许搭设高度,因此将整个脚手架按容许搭设高度分成若干段,每段脚手架支承在由建筑结构向外悬挑的结构上。

2) 悬挑支承结构

悬挑支承结构主要有以下两类。

➤ 用型钢作梁挑出,端头加钢丝绳(或用钢筋花篮螺栓拉杆)斜拉,组成悬挑支承结构。由于悬出端支承杆件是斜拉索(或拉杆),又简称为斜拉式支承结构,如图 7-12(a)、(b)所示。斜拉式悬挑外脚手架悬出端支承杆件的承载能力由拉杆的强度控制,因此断面较小,能节省钢材,且自重轻。

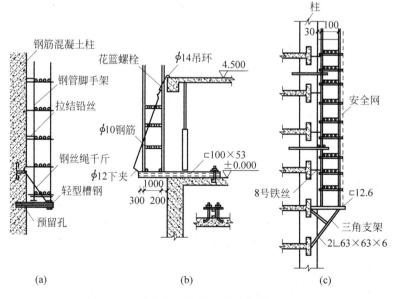

图 7-12 悬挑支撑结构的结构形式(单位:mm)

(a)、(b)斜拉式;(c)下撑式

知识扩展:

《建筑施工扣件式钢管脚手架安全技术规范》(JGJ 130—2011)

6.10 型钢悬挑脚手架

6.10.1 一次悬挑脚手架高度不宜超过 20m。

6.10.2 型钢悬挑梁宜采用双轴对称截面的型钢。悬挑钢梁型号及锚固件应按设计确定,钢梁截面高度不应小于 160mm。悬挑梁尾端应在两处及以上固定于钢筋混凝土梁板结构上。锚固型钢悬挑梁的 U 形钢筋拉环或锚固螺栓直径不宜小于 16mm(图 6.10.2)。

6.10.3 用于锚固的 U 形钢筋拉环或螺栓应采用冷弯成型。U 形钢筋拉环、锚固螺栓与型钢间隙应用钢楔或硬木楔楔紧。

> 用型钢焊接的三角桁架作为悬挑支承结构,悬出端的支承杆件是三角斜撑压杆,故又称为下撑式支撑结构,如图7-12(c)所示。下撑式悬挑外脚手架悬出端斜撑受压杆的承载能力由压杆稳定性控制,因此断面较大,钢材用量较多。

3)构造及搭设要点

斜拉式支承结构可在楼板上预埋钢筋环,将外伸钢梁(工字钢、槽钢等)插入钢筋环内固定;或将钢梁一端埋置在墙体结构的混凝土内。外伸钢梁另一端加钢丝绳斜拉,钢丝绳固定到预埋在建筑物内的吊环上。

下撑式支承结构可将钢梁一端埋置在墙体结构的混凝土内,另一端利用钢管或角钢制作的斜杆连接,斜杆下端焊接到混凝土结构中的预埋钢板上,如图7-13所示。当结构中钢筋过密,挑梁无法埋入时,可采用预埋件将挑梁与预埋件焊接。预埋件的锚固筋要采用锚塞焊,并由计算确定。

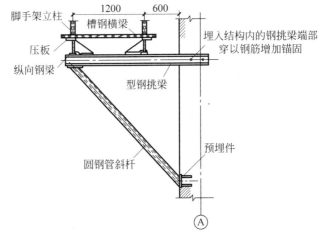

图7-13 三角桁架式挑梁(单位:mm)

根据结构情况和工地条件,可采用其他可靠的形式与结构连接。

当支承结构的纵向间距与上部脚手架立杆的纵向间距相同时,立杆可直接支承在悬挑的支承结构上;当支承结构的纵向间距大于上部脚手架立杆的纵向间距时,则立杆应支承在设置于两个支承结构之间的两根纵向钢梁上。

上部脚手架立杆与支承结构应有可靠的定位连接措施,以确保上部架体的稳定。通常在挑梁或纵向钢梁上焊接150~200mm、外径为40mm的短钢管,将立杆套在短钢管上顶紧固定,并同时在立杆下部设置扫地杆。

悬挑支承结构以上部分的脚手架搭设方法与一般外脚手架相同,并按要求设置连墙杆。悬挑脚手架的高度(或分段的高度)不得超过25m。

悬挑脚手架的外侧立面一般均应采用密目网(或其他围护材料)全封闭围护,以确保架上人员的操作安全和避免物件坠落。

对于新设计组装或加工的定型脚手架段,使用前应进行不低于1.5倍使用施工荷载的静载试验和起吊试验,试验合格(未发现焊缝开裂、结构变形等情况)后方能投入使用。

塔式起重机应具有满足整体吊升(降)悬挑脚手架段的起吊能力。

必须设置供人员上、下的可靠安全通道(出入口)。

使用中,应经常检查脚手架段和悬挑支承结构的工作情况,当发现异常时,要及时停止作业,进行检查和处理。

5. 附着式升降式脚手架

附着升降式脚手架是指脚手架仅需搭设一定高度,并附着于工程结构上,依靠自身的升降设备和装置,随工程结构施工逐层爬升,并能实现下降作业的外脚手架。这种脚手架适用于现浇钢筋混凝土结构的高层建筑。

住房和城乡建设部于2000年9月颁布了《建筑施工附着升降脚手架管理暂行规定》(建[2000]230号),对附着升降脚手架的设计计算、构造装置、加工制作、安装、使用、拆卸和管理等都做了明确规定。强调对从事附着升降式脚手架工程的施工单位实行资质管理,未取得相应资质证书的不得施工;对附着升降式脚手架实行认证制度,即所使用的附着升降脚手架必须经过国家建设行政主管部门组织鉴定,或者委托具有资格的单位进行认证。

1) 分类

附着升降脚手架按爬升构造方式分为导轨式、主套架式、悬挑式、吊拉式(互爬式)等,如图7-14所示。其中,主套架式、吊拉式采用分段升降方式;悬挑式、导轨式既可采用分段升降,亦可采用整体升降。无论采用哪种附着升降式脚手架,其技术关键如下:

- ➢ 与建筑物有牢固的固定措施;
- ➢ 升降过程均有可靠的防倾覆措施;
- ➢ 设有安全防坠落装置和措施;
- ➢ 具有升降过程中的同步控制措施。

2) 基本组成

附着升降式脚手架主要由架体结构、附着支撑、升降装置、安全装置等组成,如图7-15所示。

架体常用桁架作为底部的承力装置,桁架两端支承于横向刚架或托架上,横向刚架又通过与其连接的附墙支座固定于建筑物上。架体本身一般均采用扣件式钢管搭设,架高不应大于楼层高度的5倍,架宽不宜超过1.2m,分段单元脚手架长度不应超过8m。主要构件有立杆、纵横向水平杆、斜杆、剪刀撑、脚手板、梯子、扶手等。脚手架的外侧设密目式安全网进行全封闭,每步架设防护栏杆及挡脚板,底部满铺一层

知识扩展:

《建筑施工工具式脚手架安全技术规范》(JGJ 202—2010)

4.5　安全装置

4.5.1　附着式升降脚手架必须具有防倾覆、防坠落和同步升降控制的安全装置。

4.5.2　防倾覆装置应符合下列规定:

1　防倾覆装置中必须包括导轨和两个以上与导轨连接的可滑动的导向件;

2　在防倾导向件的范围内应设置防倾覆导轨,且应与竖向主框架可靠连接;

3　在升降和使用两种工况下,最上和最下两个导向件之间的最小间距不得小于2.8m或架体高度的1/4;

4　应具有防止竖向主框架倾斜的功能;

5　应采用螺栓与附墙支座连接,其装置与导轨之间的间隙应小于5mm。

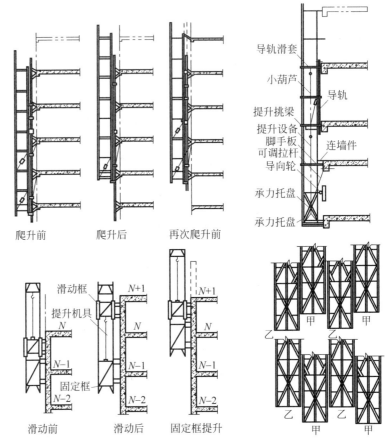

图 7-14　几种附着升降脚手架示意图

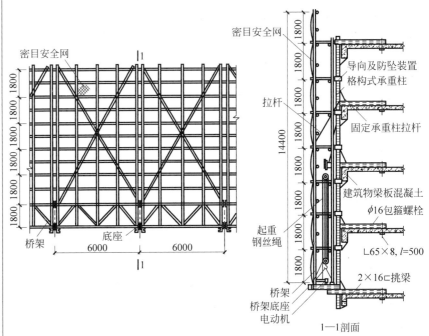

图 7-15　附着升降脚手架立面、剖面图(单位：mm)

固定脚手板。整个架体的作用是提供操作平台、物料搬运、材料堆放、操作人员通行和安全防护等。

爬升机构是实现架体升降、导向、防坠、固定提升设备、连接吊点和架体通过横向刚架与附墙支座的连接等的设备,它的作用主要是进行可靠地附墙,保证将架体上的恒载与施工活荷载安全、迅速、准确地传递到建筑结构上。

提升用的动力设备主要有手拉葫芦、环链式电动葫芦、液压千斤顶、螺杆升降机、升板机、卷扬机等。目前采用电动葫芦者居多,原因是其使用方便、省力、易控。当动力设备采用电控系统时,一般均采用电缆将动力设备与控制柜相连,并用控制柜进行动力设备控制;当动力设备采用液压系统控制时,一般则采用液压管路与动力设备和液压控制台相连,然后液压控制台再与液压源相连,并通过液压控制台对动力设备进行控制。总之,动力设备的作用是为架体实现升降提供动力。

- 导向装置的作用是约束架体前、后、左、右对水平方向的位移,限定架体只能沿垂直方向运动,并防止架体在升降过程中晃动、倾覆和向水平方向错动。
- 防坠装置的作用是在动力装置本身的制动失效、起重钢丝绳或吊链突然断裂和梯身梁掉落等情况发生时,能在瞬间准确、迅速地锁住架体,防止其下坠造成人员伤亡事故的发生。
- 同步提升控制装置的作用是在架体升降过程中使各提升点保持在同一水平位置上,防止因架体本身与附墙支座的固定螺栓产生次应力和超载而发生伤亡事故。

3) 安装要求

(1) 附着升降式脚手架的安装质量要求如下:

- 水平梁架及竖向主框架在两相邻附着支承结构处的高差不应大于 20mm。
- 竖向主框架和防倾导向装置的垂直偏差分别不应大于 5‰ 和 60mm。
- 预留穿墙螺栓孔和预埋件应垂直于工程结构外表面,其中心误差应小于 15mm。
- 建筑结构混凝土强度应达到附着支承对其附加荷载的要求。
- 全部附着支承点的安装应符合设计规定,严禁少装附着固定连接螺栓和使用不合格螺栓。
- 各项安全保险装置全部应检验合格。
- 电源、电缆及控制柜等的设置应符合用电安全的有关规定。
- 升降动力设备工作正常。
- 同步及荷载控制系统的设置和试运行效果符合设计要求。
- 架体结构中采用普通脚手架杆件搭设的部分,其搭设质量达到要求。

知识扩展:

《建筑施工工具式脚手架安全技术规范》(JGJ 202—2010)

5 防坠落装置与升降设备必须分别独立固定在建筑结构上。

4.5.4 同步控制装置应符合下列规定:

1 附着式升降脚手架升降时,必须配备有限制荷载或水平高差的同步控制系统。连续式水平支承桁架,应采用限制荷载自控系统;简支静定水平支撑桁架,应采用水平高差同步自控系统;若设备受限时,可选择限制荷载自控系统。

2 限制荷载自控系统应具有下列功能:

1) 当某一机位的荷载超过设计值的15%时,应采用声光形式自动报警和显示报警机位;当超过30%时,应能使该升降设备自动停机。

2) 应具有超载、失载、报警和停机的功能;宜增设显示记忆和储存功能。

> ➤ 各种安全防护设施齐备并符合设计要求。
> ➤ 各岗位施工人员已落实。
> ➤ 附着升降式脚手架施工区域应有防雷措施。
> ➤ 附着升降式脚手架应设置必要的消防及照明设施。
> ➤ 同时使用的升降动力设备,与荷载同步的控制系统及防坠装置等专项设备,应分别采用同一厂家、同一规格型号的产品。
> ➤ 动力设备、控制设备、防坠装置等应有防雨、防砸、防尘等措施。

(2) 附着升降式脚手架的升降操作规定如下:

> ➤ 严格执行升降作业的程序规定和技术要求。
> ➤ 严格控制并确保架体上的荷载符合设计规定。
> ➤ 必须拆除所有妨碍架体升降的障碍物。
> ➤ 必须拆开所有升降作业要求解除的约束。
> ➤ 严禁操作人员停留在架体上,因特殊情况确实需要有人在架体上作业的,必须采取有效安全防护措施,并由建筑安全监督机构审查后方可实施。
> ➤ 应设置安全警戒线,严禁有人进入正在升降的脚手架下部,并应设专人负责监护。
> ➤ 严格按设计规定控制各提升点的同步性,相邻提升点间的高差不得大于 30mm,整体架体最大升降差不得大于 80mm。
> ➤ 升降过程中应实行统一指挥、规范指令,升、降指令只能由总指挥一人下达。但当有异常情况出现时,任何人均可立即发出停止指令。
> ➤ 采用环链葫芦作升降动力的,应严密监视其运行情况,及时发现、解决可能出现的翻链、统链和其他影响正常运行的故障。
> ➤ 附着升降式脚手架升降到位后,必须及时按使用状况要求进行附着固定。在没有完成架体固定工作前,施工人员不得擅自离岗或下班。未办交付使用手续的附着升降式脚手架,不得投入使用。

7.1.2　里脚手架

里脚手架是搭设在建筑物内部的一种脚手架,它用于在楼层上砌墙、内部装饰和砌筑围墙等。一般用于墙体高度小于 4m 的房屋,每层可搭设 2 步或 3 步架。里脚手架因所用工料较少,比较经济,而被广泛采用。

里脚手架的类型很多,按其构造形式可分为折叠式、支柱式和马凳式等。

1. 折叠式里脚手架

折叠式里脚手架根据材料不同可分为角钢、钢管和钢筋折叠式里脚手架。角钢折叠式里脚手架如图 7-16(a)所示,其架设间距规定如下:砌墙时宜为 1.0～2.0m,粉刷时宜为 2.2～2.5m。可以搭设二步脚手架,第一步高约 1.0m,第二步高约 1.6m。钢管和钢筋折叠式里脚手架的架设间距,砌墙时不超过 1.8m,粉刷时不超过 2.2m。

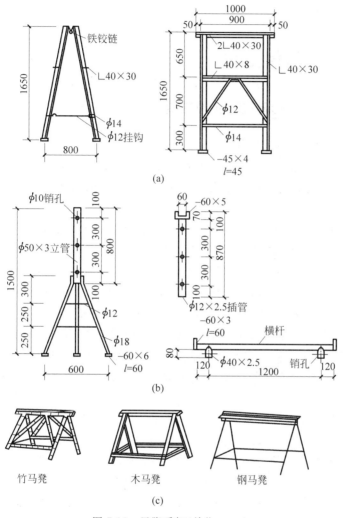

图 7-16　里脚手架(单位:mm)

(a) 角钢折叠式;(b) 支柱式;(c) 马凳式

折叠式里脚手架适用于建筑物的内墙砌筑和内墙粉刷,也可用于围墙、平房的外墙砌筑和粉刷等。

2. 支柱式里脚手架

支柱式里脚手架由支柱和横杆组成,上铺脚手板,其架设间距规定如下:砌墙时不超过 2.0m;粉刷时不超过 2.5m。支柱式里脚手架的支柱有套管式和承插式两种。如图 7-16(b)所示为套管式支柱,它是将插管插入立管中,以销孔间距来调节高度,在插管顶端的凹形支托内搁置方木横杆,横杆上铺设脚手板。

支柱式里脚手架适用于砌内墙和内粉刷，一般的架设高度为1.5～2.1m。

3. 马凳式里脚手架

竹、木、钢制马凳式里脚手架如图 7-16(c)所示，马凳间距不大于1.5m，上铺脚手板。

7.2　砖砌体工程

7.2.1　砖砌筑前的准备

砌砖前，准备工作如下：

（1）用于清水墙、清水柱表面的砖应边角整齐、色泽均匀。

（2）在冻胀环境下，地面以上或防潮层以下的砌体，不宜采用烧结多孔砖。

（3）砌筑砌体时，混凝土多孔砖、混凝土实心砖、蒸压灰砂砖、蒸压粉煤灰砖等块体的产品龄期不应小于28d。

（4）不同品种的砖不得在同一楼层混砌。

（5）砌筑烧结普通砖、烧结多孔砖、蒸压灰砂砖、蒸压粉煤灰砖砌体时，砖应提前1～2d适度湿润，严禁采用干砖或处于吸水饱和状态的砖砌筑，块体湿润程度宜符合下列规定：烧结类块体的相对含水率为60%～70%；混凝土多孔砖和实心砖不需浇水湿润，但在气候干燥炎热的情况下，宜在砌筑前对其喷水湿润。其他非烧结类块体的相对含水率为40%～50%。

（6）采用铺浆法砌筑砌体时，铺浆长度不得超过750mm；施工期间气温超过30℃时，铺浆长度不得超过500mm。

（7）多孔砖的孔洞应垂直于受压面砌筑，半盲孔多孔砖的封底面应朝上砌筑。

（8）在砖砌体施工临时间断处补砌时，必须将接槎处表面清理干净，洒水湿润，并填实砂浆，保持灰缝平直。

（9）砌筑基础前，应用钢尺校核放线尺寸，允许偏差应符合表7-1的规定。

（10）清除砌筑部位所残存的砂浆、杂物等。

表 7-1　放线尺寸允许偏差

长度 L、宽度 B/m	允许偏差/mm
L(或 B)≤30	±5
30<L(或 B)≤60	±10
60<L(或 B)≤90	±15
L(或 B)>90	±20

7.2.2 砖砌体的施工工艺

1. 砖基础的砌筑

砖基础砌筑在垫层之上,下部为大放脚,上部为基础墙,大放脚的宽度为半砖长的整数倍。混凝土垫层厚度一般为 100mm,宽度每边比大放脚最下层宽 100mm。

大放脚有等高式和间隔式。等高式大放脚是每砌两皮砖,两边各收进 1/4 砖长(60mm);间隔式大放脚是每砌两皮砖及一皮砖,轮流两边各收进 1/4 砖长(60mm)。特别要注意,等高式和间隔式大放脚(不包括基础下面的混凝土垫层)的共同特点是最下层都应为两皮砖砌筑,如图 7-17 所示。

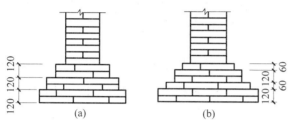

图 7-17 砖基础大放脚形式(单位:mm)

(a) 等高式;(b) 间隔式

砖基础大放脚一般采用一顺一丁砌筑形式,即一皮顺砖与一皮丁砖相间,上、下皮垂直灰缝相互错开 1/4 砖(60mm)。

砖基础的转角处、交接处为错缝需要应加砌配砖(3/4 砖、半砖或 1/4 砖)。

图 7-18 所示是底宽为 2 砖半等高式砖基础大放脚转角处分皮砌法。

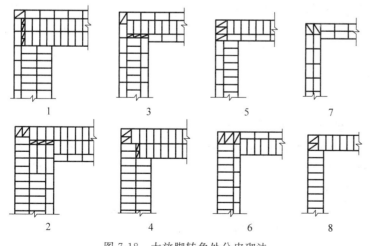

图 7-18 大放脚转角处分皮砌法

砖基础的水平灰缝厚度和垂直灰缝宽度宜为 10mm,水平灰缝的砂浆饱满度不得小于 80%。

砖基础的底标高不相同时,应从低处开始砌筑,并应由低处向高处搭砌,当设计无要求时,搭砌长度不应小于砖基础大放脚的高度,如图 7-19 所示。

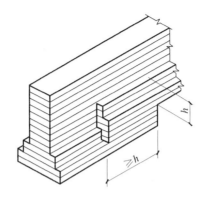

图 7-19　基底标高不同时砖基础的搭砌

砖基础的转角处和交接处应同时砌筑,当不能同时砌筑时,应留置斜槎(踏步槎)。

砌筑时,先基础盘角,每次盘角高度不应超过 5 层砖,随盘随靠平、吊直,应采用"三一"砌砖法砌筑。

砌至大放脚上部时,要拉线检查轴线及边线,保证基础墙身位置正确。同时,应对照皮数杆的砖层及标高,如有偏差时,应在基础墙水平灰缝中逐渐调整,使墙的层数与皮数杆一致。

砌基础墙应挂线,240 墙反手挂线,370 以上墙应双面挂线;竖向灰缝不得出现透明缝、瞎缝和假缝。

对于基础墙的防潮层,当设计无具体要求时,宜用 1∶2 水泥砂浆加适量防水剂铺设,其厚度宜为 20mm。防潮层宜设置在室内地面标高以下一皮砖(0.06m)处。砖基础砌筑完成后,应该养护一定的时间,再进行回填土方。砖基础的两边应该同时对称回填,以避免砖基础移位或倾覆。

2. 砖墙砌筑

1) 组砌方式及构造要求

(1) 砖墙根据其厚度不同,可采用全顺(120mm)、两平一侧(180mm 或 300mm)、全丁、一顺一丁、梅花丁或三顺一丁的砌筑形式,如图 7-20 所示。

(2) 全顺各皮砖均顺砌,上、下皮垂直灰缝相互错开半砖长(120mm),适合砌半砖厚(115mm)墙。

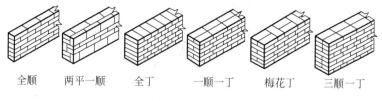

全顺　　两平一顺　　全丁　　一顺一丁　　梅花丁　　三顺一丁

图 7-20　砖端砌筑形式

（3）两平一侧两皮顺（或丁）砖与一皮侧砖相间，上、下皮垂直灰缝相互错开 1/4 砖长（60mm）以上，适合砌 3/4 砖厚（180mm 或 300mm）墙。

（4）全丁各皮砖均采用丁砌，上、下皮垂直灰缝相互错开 1/4 砖长，适合砌一砖厚（240mm）墙。

（5）一顺一丁一皮顺砖与一皮丁砖相间，上、下皮垂直灰缝相互错开 1/4 砖长，适合砌一砖及一砖以上厚墙。

（6）梅花丁同皮中顺砖与丁砖相间，丁砖的上、下均为顺砖，并位于顺砖中间，上、下皮垂直灰缝相互错开 1/4 砖长，适合砌一砖厚墙。

（7）三顺一丁三皮顺砖与一皮丁砖相间，顺砖与顺砖上、下皮垂直灰缝相互错开 1/2 砖长；顺砖与丁砖上、下皮垂直灰缝相互错开 1/4 砖长。适合砌一砖及一砖以上厚墙。

一砖厚承重墙每层墙的最上一皮砖、砖墙的阶台水平面上及挑出层，应采用整砖丁砌。

砖墙的转角和交接处，应根据错缝需要加砌配砖。

图 7-21 所示是一砖厚墙一顺一丁转角处分皮砌法，配砖为 3/4 砖（俗称七分头砖），位于墙外角。

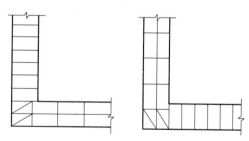

图 7-21　一砖厚墙一顺一丁转角处分皮砌法

图 7-22 所示是一砖厚墙一顺一丁交接处分皮砌法，配砖为 3/4 砖，位于墙交接处外面，该方法仅在丁砌层设置。

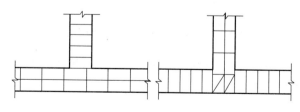

图 7-22　一砖厚墙一顺一丁交接处分皮砌法

知识扩展:

《砌体结构设计规范》(GB 50003—2011)

6.2.4 在砌体中留槽洞及埋设管道时,应遵守下列规定:

1 不应在截面长边小于 500mm 的承重墙体、独立柱内埋设管线;

2 不宜在墙体中穿行暗线或预留、开凿沟槽,当无法避免时应采取必要的措施或按削弱后的截面验算墙体的承载力。

注:对受力较小或未灌孔的砌块砌体,允许在墙体的竖向孔洞中设置管线。

6.2.5 承重的独立砖柱截面尺寸不应小于 240mm×370mm。毛石墙的厚度不宜小于 350mm,毛料石柱较小边长不宜小于 400mm。

注:当有振动荷载时,墙、柱不宜采用毛石砌体。

砖墙的水平灰缝厚度和垂直灰缝宽度宜为 10mm,但不应小于 8mm,也不应大于 12mm。

砖墙的水平灰缝砂浆饱满度不得小于 80%;垂直灰缝宜采用挤浆或加浆方法,不得出现透明缝、瞎缝和假缝。

对于多孔砖,方形多孔砖一般采用全顺砌法,手抓孔应平行于墙面,上、下皮垂直灰缝相互错开半砖长。矩形多孔砖宜采用一顺一丁或梅花丁的砌筑形式,上、下皮垂直灰缝相互错开 1/4 砖长,如图 7-23 所示。

全顺(方形砖)　　一顺一丁(矩形砖)　　梅花丁(矩形砖)

图 7-23　多孔砖墙砌筑形式

方形多孔砖的转角处应加砌配砖(半砖),配砖位于砖墙外角,如图 7-24 所示。

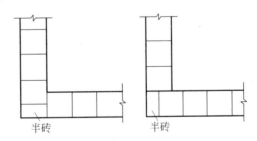

半砖　　　　　半砖

图 7-24　方形多孔砖墙转角砌法

方形多孔砖的交接处应隔皮加砌配砖(半砖),配砖位于砖墙交接处外侧,如图 7-25 所示。

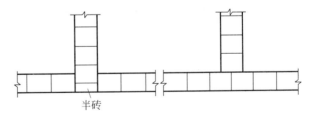

半砖

图 7-25　方形多孔砖墙交接处砌法

空心砖墙砌筑空心砖墙时,砖应提前 1～2d 浇水湿润,砌筑时砖的含水率宜为 10%～15%。

空心砖墙应侧砌,其孔洞呈水平方向,上、下皮垂直灰缝相互错开1/2砖长。空心砖墙底部宜砌3皮烧结普通砖,如图7-26所示。

空心砖墙与烧结普通砖墙交接处,应由普通砖墙引出不小于240mm的长度与空心砖墙相接,并在隔二皮空心砖高的交接处的水平灰缝中设置2φ6钢筋作为拉结筋,拉结钢筋在空心砖墙中的长度不小于空心砖长加240mm,如图7-27所示。

空心砖墙的转角处应用烧结普通砖砌筑,砌筑长度角边不小于240mm。

空心砖墙砌筑不得留置斜槎或直槎,中途停歇时,应将墙顶砌平。在转角处、交接处,空心砖应与普通砖同时砌起。

空心砖墙中不得留置脚手眼,不得对空心砖进行砍凿。

知识扩展:

《砌体结构设计规范》(GB 50003—2011)

6.2.6 支承在墙、柱上的吊车梁、屋架及跨度大于或等于下列数值的预制梁的端部,应采用锚固件与墙、柱上的垫块锚固:

1 对砖砌体为9m;

2 对砌块和料石砌体为7.2m。

6.2.7 跨度大于6m的屋架和跨度大于下列数值的梁,应在支承处砌体上设置混凝土或钢筋混凝土垫块;当墙中设有圈梁时,垫块与圈梁宜浇成整体:

1 对砖砌体为4.8m;

2 对砌块和料石砌体为4.2m;

3 对毛石砌体为3.9m。

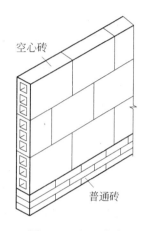 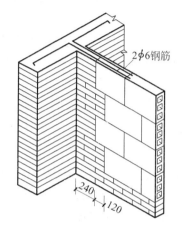

图7-26 空心砖墙　　图7-27 空心砖墙与普通砖墙交接(单位:mm)

2) 砌筑工艺流程

砖墙的砌筑工序包括抄平、放线、摆砖、立皮数杆、盘角、挂线、砌砖、清理等。

(1)抄平砖墙前,先在基础面或楼面上按标准的水准点定出各层标高,厚度不大于20mm时用1:3(体积比)水泥砂浆,厚度大于20mm时一般用C15细石混凝土找平。

(2)建筑物底层墙身可按龙门板上的定位轴线将墙身中心轴线放到基础面上,根据控制轴线,弹出纵、横墙身中心线与边线,定出门洞口位置。利用预先引测在外墙面上的复核墙身中心轴线,借助经纬仪把墙身中心轴线引测到楼层上去;或用线锤,对准外墙面上的墙身中心轴线,从而向上引测,如图7-28所示。根据标高控制点,测出水平标高,为竖向尺寸控制确定基准。

(3)摆砖样时,应按选定的组砌方法,在墙基顶面放线位置试摆砖样(生摆,即不铺灰),尽量使门窗垛符合砖的模数;偏差小时,可通过竖缝调整,以减小砍砖数量,并保证砖及砖缝排列整齐、均匀,以提高砌砖效率,如图7-29所示。

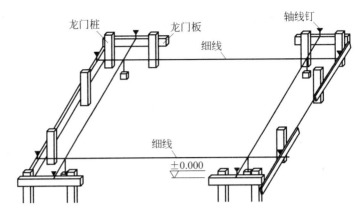

图 7-28 龙门板

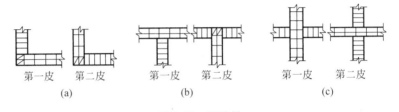

图 7-29 摆砖样

(a) 转角接头处；(b) 丁字接头处；(c) 十字接头处

(4) 立皮数杆时，砌体的灰缝大小要均匀，一般为 10mm，不大于 12mm，不小于 8mm。皮数杆上划有每皮砖和灰缝的厚度，以及门窗洞、过梁、楼板底面等的标高。它立于墙的转角处，其基准标高用水准仪校正。如墙的长度很大，可每隔 10～15m 再立一根，如图 7-30 所示。

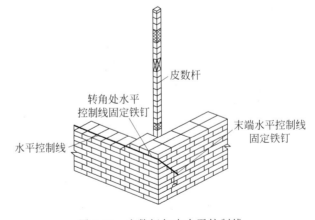

图 7-30 皮数杆与皮水平控制线

(5) 砌筑墙身前，应先在墙角砌上几皮，称为盘角；在盘角之间拉上准线，称为挂线。每次盘角不得超过 5 皮砖。在盘角过程中，应随时用托线板检查墙角是否垂直平整，砖层灰缝厚度是否符合皮数杆的要求等。在每一层砖的砌筑过程中，盘角随着砌体设计的上升反复进行，做到"三皮一吊,五皮一靠"。盘角后,应在墙侧挂上准线,作为墙身砌筑的依据。一般来说,240mm 墙采用单面挂线,370mm 及以上墙应采用双面挂线。

(6) 铺灰砌砖常用的有"三一"法和铺浆法。"三一"砌砖法的操作要点是一铲灰,一块砖,一挤揉,并随手将挤出的砂浆刮去,操作时砖块要放平、跟线。铺浆法即先用砖刀或小方铲在墙上铺 500～750mm 长的砂浆,用砖刀调整好砂浆的厚度,再将砖沿砂浆面向接口处推进并揉压,使竖向灰缝有 2/3 高的砂浆,再用砖刀将砖调平,依次操作。这也是一种较好的方法,但要求砂浆的和易性一定要好。

实心砖砌体大都采用一顺一丁、三顺一丁、梅花丁等组砌方式,不得采用五顺一丁的组砌方式。

砖柱不得采用包心砌法。每层承重墙的最上一皮砖或梁、梁垫下面,或砖砌体的台阶水平面上及挑出部分最上一皮砖均应采用丁砌方式。

当每一层砖砌体砌筑完成后,应进行墙面、柱面及落地灰的清理。对于清水砖墙,在清理前还需要进行勾缝,勾缝采用 1:1.5 或者 1:2.0(体积比)的水泥砂浆;如用里脚手架砌墙,也可以采用砌筑砂浆随砌随勾。勾缝要求横平竖直、深浅一致。缝的形式有凹缝和平缝等,其中凹缝深度一般为 4～5mm。

3) 砖砌体的砌筑要求

(1) 楼层标高的控制

在砌筑砖砌体时,楼层或楼面标高由下往上传递常用的方法有以下几种:利用皮数杆传递;用钢尺沿某一墙角的±0.000 标高起向上直接丈量传递;在楼梯间吊钢尺,用水准仪直接读取传递。

每层楼的墙体砌到一定高度后,用水准仪在各内墙面分别进行抄平,并在墙面上弹出离室内地面高 500mm 的水平线,俗称"500 线"。这条线是对该楼层进行室内装修施工时,用来控制标高的依据。

(2) 施工洞口的留设

砖砌体施工时,为了方便后续装修阶段的材料运输与人员通行,常常需要在外墙和内墙上留设临时性施工洞口。相关规范规定,洞口侧边距"丁"字相交的墙面不小于 500mm,洞口净宽度不应超过 1m,而且要在洞顶设置过梁。在抗震设防 9 度的建筑物内留设洞口时,必须与结构设计人员研究决定。

对于设计规定的设备管道、沟槽脚手架和预埋件,应在砌筑墙体时预留和预埋,不得事后随意打凿墙体。

(3) 减少不均匀沉降的砌筑要求

沉降不均匀将导致墙体开裂,对结构危害很大,砌体施工时要严加

知识扩展:

《砌体结构设计规范》(GB 50003—2011)

6.2.12 混凝土砌块房屋,宜将纵横墙交接处,距墙中心线每边不小于 300mm 范围内的孔洞,采用不低于 Cb20 混凝土沿全墙高灌实。

6.2.13 混凝土砌块墙体的下列部位,如未设圈梁或混凝土垫块,应采用不低于 Cb20 混凝土将孔洞灌实:

1 搁栅、檩条和钢筋混凝土楼板的支承面下,高度不应小于 200mm 的砌体;

2 屋架、梁等构件的支承面下,长度不应小于 600mm,高度不应小于 600mm 的砌体;

3 挑梁支承面下,距墙中心线每边不应小于 300mm,高度不应小于 600mm 的砌体。

知识扩展:

《砌体结构工程施工质量验收规范》(GB 50203—2011)

5.1.1 本章适用于烧结普通砖、烧结多孔砖、混凝土多孔砖、混凝土实心砖、蒸压灰砂砖、蒸压粉煤灰砖等砌体工程。

5.1.2 用于清水墙、柱表面的砖,应边角整齐,色泽均匀。

5.1.3 砌体砌筑时,混凝土多孔砖、混凝土实心砖、蒸压灰砂砖、蒸压粉煤灰砖等块体的产品龄期不应小于 28d。

5.1.4 有冻胀环境和条件的地区,地面以下或防潮层以下的砌体,不应采用多孔砖。

5.1.5 不同品种的砖不得在同一楼层混砌。

注意。若房屋相邻高差较大时，应先建高层部分；分段施工时，砌体相邻施工段的高差不得超过一个楼层，也不得大于 4m；柱和墙上严禁施加大的集中荷载，以避免因灰缝变形而导致砌体沉降。

现场施工时，砖墙每天砌筑的高度不宜超过 1.8m，雨天施工时，每天砌筑高度不宜超过 1.2m。

（4）保证砖砌体整体性的砌筑要求

➤ 为保证砌筑墙体的整体性，240mm 厚承重墙的每层最上一皮砖，挑出层应整砖丁砌；楼板、梁、梁垫及屋架的支撑处应整砖丁砌。

➤ 宽度小于 1m 的窗间墙，应选用整砖砌筑，半砖和破损的砖，应分散使用于墙心或受力较小部位。

➤ 墙体的下列部位不得留设脚手眼：120mm 厚墙、清水墙、料石墙、独立柱和附墙柱；过梁上与过梁成 60°的三角形范围及过梁净跨度 1/2 的高度范围内；宽度小于 1m 的窗间墙；门窗洞口两侧石砌体 300mm，其他砌体 200mm 范围内；转角处石砌体 600mm，其他砌体 450mm 范围内；梁或梁垫下及其左右 500mm 范围内；设计不允许设置脚手眼的部位；轻质墙体；夹心复合墙外叶墙。

（5）构造柱施工

钢筋混凝土构造柱是从构造角度考虑，在建筑物的四角、内外墙交接处及楼梯门与电梯间的四个角上设置的配筋柱体。构造柱的最小截面可采用 240mm×180mm，纵向钢筋采用 4φ12，箍筋采用 φ4～φ6，其间距不宜大于 250mm。构造柱与墙体应砌成马牙槎，马牙槎的高度不宜超过 300mm，沿墙高每 500mm 设置 2φ6mm 的水平拉结筋，每边伸入墙内的长度不宜小于 1000mm。

7.2.3　砖砌体的质量要求

砖砌体的质量要求如下。

（1）砖和砂浆的强度等级必须符合设计要求。

抽检数量：每一生产厂家，烧结普通砖、混凝土实心砖每 15 万块，烧结多孔砖、混凝土多孔砖、蒸压灰砂砖及蒸压粉煤灰砖每 10 万块各为一个验收批，不足上述数量时按一个批计，抽检数量为 1 组。

检验方法：查砖和砂浆试块试验报告。

（2）砖砌体的灰缝应横平竖直、厚薄均匀，水平灰缝厚度及竖向灰缝宽度宜为 10mm，但不应小于 8mm，也不应大于 12mm。

（3）砌体灰缝砂浆应密实饱满，砖墙水平灰缝的砂浆饱满度不得低于 80%；砖柱水平灰缝和竖向灰缝饱满度不得低于 90%。

抽检数量：每检验批抽查不应少于 5 处。

知识扩展：

《砌体结构工程施工质量验收规范》（GB 50203—2011）

4　砌筑砂浆

4.0.1　水泥使用应符合下列规定：

1　水泥进场时应对其品种、等级、包装或散装仓号、出厂日期等进行检查，并应对其强度、安定性进行复验，其质量必须符合现行国家标准《通用硅酸盐水泥》（GB 175—2007）的有关规定。

2　当在使用中对水泥质量有怀疑或水泥出厂超过三个月（快硬硅酸盐水泥超过一个月）时，应复查试验，并按复验结果使用。

3　不同品种的水泥，不得混合使用。

抽检数量：按同一生产厂家、同品种、同等级、同批号连续进场的水泥，袋装水泥不超过 200t 为一批，散装水泥不超过 500t 为一批，每批抽样不少于一次。

检验方法：检查产品合格证、出厂检验报告和进场复验报告。

检验方法：用百格网检查砖底面与砂浆的粘结痕迹面积，每处检测 3 块砖，取其平均值。

（4）砖砌体的转角处和交接处应同时砌筑，严禁无可靠措施的内、外墙分砌施工。在抗震设防烈度为 8 度及 8 度以上的地区，不能同时砌筑而又必须留置的临时间断处应砌成斜槎，普通砖砌体斜槎水平投影长度不应小于高度的 2/3，如图 7-31 所示。多孔砖砌体斜槎长高比不应小于 1/2，斜槎高度不得超过一步脚手架。

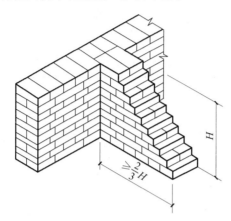

图 7-31　烧结普通砖砌体斜槎

抽检数量：每检验批抽查不应少于 5 处。

检验方法：观察检查。

（5）非抗震设防及抗震设防烈度为 6 度、7 度地区的临时间断处，当不能留斜槎时，除转角处外，可留直槎，但直槎必须做成凸槎，如图 7-32 所示，且应加设拉结钢筋，拉结钢筋应符合下列规定。

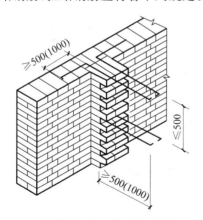

图 7-32　烧结普通砖砌体直槎（单位：mm）

➤ 每 120mm 墙厚放置 1φ6 拉结钢筋（120mm 厚墙应放置 2φ6 拉结钢筋）；

➤ 沿墙高间距不应超过 500mm，且竖向间距偏差不应超过 100mm；

知识扩展：

《砌体结构设计规范》(GB 50003—2011)

6.3 框架填充墙

6.3.1 框架填充墙墙体除应满足稳定要求外,尚应考虑水平风荷载及地震作用的影响。地震作用可按现行国家标准《建筑抗震设计规范》(GB 50011—2010)中非结构构件的规定计算。

6.3.2 在正常使用和正常维护条件下,填充墙的使用年限宜与主体结构相同,结构的安全等级可按二级考虑。

➢ 埋入长度从留槎处算起每边均不应小于 500mm,对抗震设防烈度为 6 度、7 度的地区,埋入长度不应小于 1000mm。

(6) 砖砌体组砌方法应正确,内、外搭砌,上、下错缝。清水墙、窗间墙无通缝;混水墙中不得有长度大于 300mm 的通缝,长度为 200～300mm 的通缝每间不超过 3 处,且不得位于同一面墙体上。砖柱不得采用包心砌法。

抽检数量：每检验批抽查不应少于 5 处。

检验方法：观察检查,抽检每处应为 3～5m。

砖砌体尺寸、位置的允许偏差及检验方法见表 7-2。

表 7-2　砖砌体尺寸、位置的允许偏差及检验

项次	项　目			允许偏差/mm	检验方法	抽检数量
1	轴线位移			10	用经纬仪和尺检查,或用其他测量仪器检查	承重墙、柱全数检查
2	基础、墙、柱顶面标高			±15	用水准仪和尺检查	不应少于 5 处
3	墙面垂直度	每层		5	用 2m 托线板检查	不应少于 5 处
		全高	≤10m	10	用经纬仪、吊线和尺检查,或用其他测量仪器检查	外墙全部阳角
			>10m	20		
4	表面平整度	清水墙、柱		5	用 2m 靠尺和楔形塞尺检查	不应少于 5 处
		混水墙、柱		8		
5	水平灰缝平直度	清水墙		7	拉 5m 线和尺检查	不应少于 5 处
		混水墙		10		
6	门窗洞口高、宽(后塞口)			±10	用尺检查	不应少于 5 处
7	外墙上、下窗口偏移			20	以底层窗口为准,用经纬仪或吊线检查	不应少于 5 处
8	清水墙游丁走缝			20	以每层第一皮砖为准,用吊线和尺检查	不应少于 5 处

7.3　填充墙砌体工程

7.3.1　填充墙的构造要求

填充墙应满足以下构造要求。

(1) 砌筑填充墙时,轻骨料混凝土小型空心砌块和蒸压加气混凝土砌块的产品龄期不应小于 28d,蒸压加气混凝土砌块的含水率应小于 30%。

(2) 在烧结空心砖、蒸压加气混凝土砌块、轻骨料混凝土小型空心砌块等的运输、装卸过程中,严禁抛掷和倾倒;进场后,应按品种、规格

堆放整齐,堆置高度不宜超过2m。蒸压加气混凝土砌块在运输及堆放中应防止雨淋。

（3）对于吸水率较小的轻骨料混凝土小型空心砌块及采用薄灰砌筑法施工的蒸压加气混凝土砌块,砌筑前不应对其浇（喷）水湿润；在气候干燥炎热的情况下,可在砌筑前喷水湿润。

（4）采用普通砌筑砂浆砌筑填充墙时,烧结空心砖、吸水率较大的轻骨料混凝土小型空心砌块应提前1～2d浇（喷）水湿润。蒸压加气混凝土砌块采用专用砂浆或普通砌筑砂浆砌筑时,应在砌筑当天对砌块砌筑表面喷水湿润,块体湿润程度宜符合下列规定。

烧结空心砖的相对含水率为60%～70%。

吸水率较大的轻骨料混凝土小型空心砌块、蒸压加气混凝土砌块的相对含水率为40%～50%。

（5）在厨房、卫生间、浴室等处采用轻骨料混凝土小型空心砌块、蒸压加气混凝土砌块砌筑墙体时,墙底部宜现浇混凝土坎台,其高度宜为150mm。

（6）填充墙拉结筋处的下皮小砌块宜采用半盲孔小砌块或用混凝土灌实孔洞的小砌块；对于采用薄灰砌筑法施工的蒸压加气混凝土砌块砌体,拉结筋应放置在砌块上表面设置的沟槽内。

（7）蒸压加气混凝土砌块、轻骨料混凝土小型空心砌块不应与其他块体混砌,不同强度等级的同类块体也不得混砌。

窗台处和因安装门窗需要,门窗洞口处两侧填充墙上、中、下部可采用其他块体局部嵌砌；对于不能与框架柱、梁脱开的填充墙,填充墙顶部与梁之间的缝隙可采用其他砌块填塞。

（8）填充墙砌体砌筑应待承重主体结构检验批验收合格后进行。填充墙与承重主体结构间的空（缝）隙部位施工,应在填充墙砌筑14d后进行。

7.3.2　加气混凝土小型砌块填充墙施工

1. 工艺流程

填充墙砌体施工工艺如图7-33所示。

2. 加气混凝土小型砌块填充墙施工要点

（1）在砌筑砖体前,应对墙基层进行清理,将楼层上的浮浆、灰尘清扫冲洗干净,并浇水使基层湿润。

（2）墙体放线。根据楼层中的控制轴线,测放出每一楼层墙体的轴线和门窗洞口的位置线,将窗台和窗顶标高画在框架柱上。施工放线完成后,经监理工程师验收合格,方可进行墙体砌筑。

（3）立皮数杆、排砖摆底。

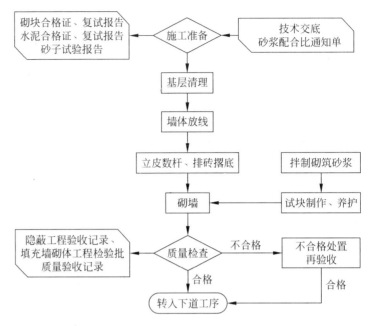

图 7-33 填充墙砌体施工工艺

（4）在皮数杆上标出砖的皮数及灰缝厚度，并标出窗台、洞口及墙梁等构造标高。

（5）根据要砌筑的墙体长度、高度试排砖，摆出门、窗及孔洞位置。

（6）砌筑前，应预先试排砌块，并优先使用整体砌块。当墙长与砌块不符合模数时，可锯裁加气混凝土砌块，长度不应小于砌块长度的 1/30。

（7）砌墙

（8）框架柱、剪力墙侧面等结构部位应预埋 $\phi6$ 的拉墙筋和圈梁的插筋，或者结构施工后植钢筋。

（9）加气混凝土砌块宜采用铺浆法砌筑，垂直灰缝宜采用内、外夹板夹紧后灌缝：水平灰缝厚度和竖向灰缝宽度宜分别为 15mm 和 20mm，灰缝应横平竖直、砂浆饱满，宜进行勾缝。水平灰缝和垂直灰缝砂浆饱满度不小于 80%。砌块上、下皮应错缝搭砌，搭砌长度为主砌块长度的 1/3，且不小于 150mm。不能满足时，应在水平灰缝设置 $20\phi6$ 的拉结筋或 $\phi4$ 的钢筋网片，拉结钢筋或网片的长度不小于 700mm。

（10）断开砌块时，应使用手锯、切割机等工具锯裁整齐，不允许用斧或瓦刀任意砍劈。蒸压加气混凝土砌块搭砌长度不应小于砌块总长的 1/3，竖向通缝不应大于两皮砌块。

（11）在砌块墙的转角处，纵、横墙砌块应相互搭砌。

（12）对于有抗震要求的填充墙砌体，在严格按设计要求留设构造柱。构造柱马牙槎应先退后进，进退尺寸大于 60mm，进退高度宜为砌块 1~2 层高度，且在 300mm 左右。填充墙与构造柱之间以 $\phi6$ 拉结筋连接,拉结筋按墙厚每 120mm 放置一根。拉结筋埋于砌体的水平灰缝中,对于抗震设防烈度 6 度、7 度的地区,不应小于 1000mm,末端应作 90°弯钩。

(13) 加气混凝土砌块不得与砖、其他砌块混砌,但因构造要求在墙底、墙顶及门窗洞口处局部采用烧结普通砖和多孔砖砌筑不视为混砌。

(14) 填充墙砌至接近梁底、板底时,应留一定的空隙,待填充墙砌筑完并至少间隔 14d 后,再将其补砌挤紧,防止上部砌体因砂浆收缩而开裂。当上部空隙小于等于 20mm 时,用 1:2 水泥砂浆嵌填密实;稍大的空隙应用细石混凝土镶填密实;大空隙应用烧结普通砖或多孔砖成 60°斜砌挤紧,且砌筑砂浆必须密实,不允许出现平砌、生摆等现象。

(15) 砌筑填充墙的收口应设置在中间部位,收口部位的竖向灰缝应按插浆法施工,宜用内、外临时夹板夹住后灌缝,其宽度不应大于 20mm。

(16) 当墙长大于 5m 时,墙顶与梁宜有拉结:墙长超过 8m 或层高的 2 倍时,宜设置钢筋混凝土构造柱;当墙高超过 4m 时,墙体半高宜设置与柱连接且沿墙全长贯通的钢筋混凝土水平系梁。

7.3.3 填充墙的质量要求

填充墙应满足以下质量要求。

(1) 填充墙砌体应与主体结构可靠连接,其连接构造应符合设计要求,未经设计同意,不得随意改变连接构造方法。每一填充墙与柱的拉结筋的位置超过 1 皮块体高度的数量不得多于 1 处。

检查数量:每检验批抽查不应少于 5 处。

检验方法:观察检查。

(2) 填充墙与承重墙、柱、梁的连接钢筋,当采用化学植筋的方式连接时,应进行实体检测。锚固钢筋拉拔试验的轴向受拉非破坏承载力检验值应为 6.0kN。抽检钢筋在检验值作用下应基材无裂缝、钢筋无滑移宏观裂损现象;持荷 2min 期间,荷载值降低不大于 5%。

(3) 填充墙留置的拉结钢筋或网片的位置应与块体皮数相符合。拉结钢筋或网片应置于灰缝中,埋置长度应符合设计要求,竖向位置偏差不应超过 1 皮高度。

抽检数量:每检验批抽查不应少于 5 处。

检验方法:观察和用尺量检查。

(4) 填充墙应错缝搭砌,蒸压加气混凝土砌块搭砌长度不应小于砌块长度的 1/3;轻骨料混凝土小型空心砌块搭砌长度不应小于

知识扩展:

《蒸压加气混凝土建筑应用技术规程》(JGJ/T 17—2008)

3.0.8 加气混凝土砌块用作多层房屋的承重墙体,当设防烈度为 6 度或 7 度时,应在内外墙交接处设置拉结钢筋,沿墙高度每 600mm 应放置 2φ6 钢筋,伸入墙内的长度不得小于 1m。每开间均应设置现浇钢筋混凝土构造柱。

当设防烈度为 8 度时,除应按上述要求设置拉结钢筋外,还应在内外纵、横墙连接处设置现浇的钢筋混凝土构造柱。构造柱的最小截面应为 180mm×200mm,最小配筋应为 4φ12,混凝土强度等级不应低于 C20。构造柱与加气混凝土砌块的相接处宜砌成马牙槎。

3.0.9 非抗震设防地区的圈梁、构造柱设置可参照地震区的要求适当放宽。但房屋顶层必须设置圈梁,房屋四角必须有构造柱,马牙槎连接可改为拉结筋连接。

90mm；竖向通缝不应大于 2 皮。

抽检数量：每检验批抽查不应少于 5 处。

检查方法：观察检查。

（5）填充墙的水平灰缝厚度和竖向灰缝宽度应正确，烧结空心砖、轻骨料混凝土小型空心砌块砌体的灰缝应为 8～12mm；当蒸压加气混凝土砌块砌体采用水泥砂浆、水泥混合砂浆或蒸压加气混凝土砌块砌筑砂浆砌筑时，水平灰缝厚度和竖向灰缝宽度不应超过 15mm；当蒸压加气混凝土砌块砌体采用蒸压加气混凝土砌块粘结砂浆时，水平灰缝厚度和竖向灰缝宽度宜为 3～4mm。

抽检数量：每检验批抽查不应少于 5 处。

检查方法：水平灰缝厚度用尺量 5 皮小砌块的高度折算；竖向灰缝宽度用尺量 2m 砌体长度折算。

第 8 章

防水工程施工

本章学习要求：
- ➤ 掌握地下防水的施工
- ➤ 掌握屋面防水的施工

8.1 地下防水工程

地下防水工程是用于防止地下水对地下构筑物或建筑物基础的长期浸透，保证地下构筑物或地下室使用功能正常发挥的一项重要工程。由于地下工程常年受到地表水、潜水、上层滞水、毛细管水等的作用，所以，对地下防水工程的处理比屋面防水工程的要求更高，防水技术难度更大。而如何正确选择合理有效的防水方案就成为地下防水工程的首要问题。

地下工程的防水等级分为四级，各级标准应符合表 8-1 的规定。

表 8-1　地下防水工程等级标准

防水等级	标　　准
1 级	不允许渗水，结构表面无湿渍
2 级	不允许漏水，结构表面可有少量湿渍； 工业与民用建筑：湿渍总面积不大于总防水面积的 1%，单个湿渍面积不大于 $0.1m^2$，任意 $100m^2$ 防水面积不超过 1 处； 其他地下工程：湿渍总面积不大于总防水面积的 6%，单个湿渍面积不大于 $0.2m^2$，任意 $100m^2$ 防水面积不超过 4 处
3 级	有少量漏水点，不得有线流和漏泥沙； 单个湿渍面积不大于 $0.3m^2$，单个漏水点的漏水量不大于 2.5L/d，任意 $100m^2$ 防水面积不超过 7 处
4 级	有漏水点，不得有线流和漏泥沙； 整个工程平均漏水量不大于 $2L/(m^2 \cdot d)$，任意 $100m^2$ 防水面积的平均漏水量不大于 $4L/(m^2 \cdot d)$

8.1.1　防水方案

地下工程的防水方案,应遵循"防、排、截、堵结合、刚柔相济、因地制宜、综合治理"的原则,根据使用要求、自然环境条件及结构形式等因素确定。地下工程的防水,应采用经过试验、检测和鉴定,并经实践检验质量可靠的新材料,以及行之有效的新技术、新工艺。常用的防水方案有以下三类。

1. 结构自防水

结构自防水是依靠防水混凝土本身的抗渗性和密实性来进行防水。结构本身既是承重维护结构,又是防水层。因此,它具有施工方便、工期较短、改善劳动条件、节省工程造价等优点,是解决地下防水的有效途径,从而被广泛采用。

2. 设置防水层

设置防水层即在结构的外侧按设计要求设置防水层,以达到防水的目的。常用的防水层有水泥砂浆、卷材、沥青胶结材料和金属防水层,可根据不同的工程对象、防水要求、设计要求及施工条件选用。

3. 渗排水防水

渗排水防水是指利用盲沟、渗排水层等措施来排除附近的水源,以达到防水的目的。它适用于形状复杂、受高温影响、地下水为上层滞水且防水要求较高的地下建筑。

8.1.2　结构自防水施工

防水混凝土结构是指因本身的密实性而具有一定防水能力的整体式混凝土或钢筋混凝土结构。它兼有承重、围护和抗渗的功能,还可满足一定的耐冻融及耐侵蚀要求。

1. 防水混凝土的种类

防水混凝土一般分为普通防水混凝土、外加剂防水混凝土和膨胀水泥防水混凝土三种。

普通防水混凝土是指用调整和控制配合比的方法,以达到提高密实度和抗渗性要求的一种混凝土。

外加剂防水混凝土是指掺入适量外加剂的方法,改善混凝土内部组织结构,以增加密实性、提高抗渗性的混凝土。按所掺外加剂种类的不同,可分为减水剂防水混凝土、加气剂防水混凝土、三乙醇胺防水混凝土、氯化铁防水混凝土等。

膨胀水泥防水混凝土是指用膨胀水泥为胶结材料配制而成的防水混凝土。

知识扩展:

《地下工程防水技术规范》(GB 50108—2008)

4.1　防水混凝土

Ⅰ　一般规定

4.1.1　防水混凝土可通过调整配合比,或掺加外加剂、掺合料等措施配制而成,其抗渗等级不得小于P6。

4.1.2　防水混凝土的施工配合比应通过试验确定,试配混凝土的抗渗等级应比设计要求提高0.2MPa。

4.1.3　防水混凝土应满足抗渗等级要求,并应根据地下工程所处的环境和工作条件,满足抗压、抗冻和抗侵蚀性等耐久性要求。

不同类型的防水混凝土具有不同的特点,应根据使用要求加以选择。

2. 防水混凝土施工

防水混凝土结构工程质量的优劣,除取决于合理的设计、材料的性质及其配合比成分以外,还取决于施工质量的好坏。因此,对于施工中的主要环节,如混凝土搅拌、运输、浇筑、振捣、养护等,均应严格遵守施工及验收规范和操作规程的各项规定进行施工。

防水混凝土所用模板,除满足一般要求外,应特别注意模板拼缝严密,支撑牢固。在浇筑防水混凝土前,应将模板内部清理干净。如两侧模板需用对拉螺栓固定时,应在螺栓或套管中间加焊止水环,螺栓加堵头,如图8-1所示。

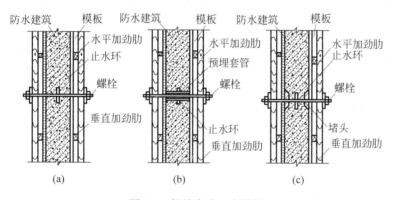

图8-1　螺栓穿墙止水措施
（a）螺栓加焊止水环；（b）套管加焊止水环；（c）螺栓加堵头

钢筋不得用钢丝或铁钉固定在模板上,必须采用相同配合比的细石混凝土或砂浆块作为垫块,并确保钢筋保护层厚度符合要求,不得有误差。如结构内设置的钢筋确需用铁丝绑扎时,均不得接触模板。

防水混凝土的配合比应通过实验选定。选定配合比时,应按设计要求的抗渗标号提高0.2MPa。防水混凝土的抗渗等级不得小于P6,所用水泥的强度等级不低于32.5级,石子的粒径宜为5～40mm,宜采用中砂,防水混凝土可根据抗裂要求掺入钢纤维或合成纤维,其掺合料、外加剂的掺和量应经试验确定,其水灰比不应大于0.50。地下防水工程所使用的防水材料应有产品合格证书和性能检测报告,材料的品种、规格、性能等应符合国家现行产品标准和设计要求,不得在工程中使用不符合要求的材料。配制防水混凝土时,要用机械搅拌,先将砂、石、水泥依次倒入搅拌筒中搅拌0.5～1.0min,再加水搅拌1.5～2.5min。如掺外加剂,应最后加入。外加剂必须先用水稀释均匀,掺外加剂防水混凝土的搅拌时间应根据外加剂的技术要求确定。对于厚度不小于250mm的结构,混凝土坍落度宜为10～30mm;对于厚度小于250mm或钢筋稠密的结构,混凝土坍落度宜为30～50mm。拌好的混

知识扩展:

《地下工程防水技术规范》(GB 50108—2008)

Ⅱ　设计

4.1.5　防水混凝土的环境温度不得高于80℃;处于侵蚀性介质中防水混凝土的耐侵蚀要求应根据介质的性质按有关标准执行。

4.1.6　防水混凝土结构底板的混凝土垫层,强度等级不应小于C15,厚度不应小于100mm,在软弱土层中不应小于150mm。

4.1.7　防水混凝土结构,应符合下列规定:

1　结构厚度不应小于250mm;

2　裂缝宽度不得大于0.2mm,并不得贯通;

3　钢筋保护层厚度应根据结构的耐久性和工程环境选用,迎水面钢筋保护层厚度不应小于50mm。

凝土应在 0.5h 内运至现场,在初凝前浇筑完毕,如运距较远或气温较高时,宜掺缓凝减水剂。防水混凝土拌和物在运输后,如出现离析现象,必须进行二次搅拌,当坍落度损失后,不能满足施工要求时,应加入原水灰比的水泥浆或二次掺减水剂进行搅拌,严禁直接加水。浇筑混凝土时,应分层连续浇筑,其自由倾落高度不得大于 1.5m,混凝土应用机械振捣密实,振捣时间为 10～30s,以混凝土开始泛浆和不冒气泡为止,并避免漏振、欠振和超振。振捣混凝土后,需用铁锹拍实,等混凝土初凝后,用铁抹子压光,以增加其表面的致密性。

防水混凝土应连续浇筑,尽量不留或少留施工缝。顶板、底板不宜留施工缝,顶拱、底拱不宜留纵向施工缝。墙体水平施工缝不应留在剪力与弯矩最大处或底板与侧墙的交接处,应留在高出底板表面不小于 300mm 的墙体上;拱(板)墙结合的水平施工缝,宜留在拱(板)墙接缝线以下 150～300mm 处;墙体有预留孔洞时,施工缝距孔洞边缘不应小于 300mm;垂直施工缝应避开地下水和裂隙水较多的地段,并宜与变形缝相结合。施工缝部位应做好防水处理,使两层之间粘结密实,延长渗水线路,阻隔地下水的渗透。施工缝的形式有凹缝、凸缝、阶梯缝、平直缝加钢板止水板等,如图 8-2 所示。

知识扩展:

《地下工程防水技术规范》(GB 50108—2008)

Ⅲ　材料

4.1.8　用于防水混凝土的水泥应符合下列规定:

1　水泥品种宜采用硅酸盐水泥、普通硅酸盐水泥,采用其他品种水泥时应经试验确定;

2　在受侵蚀性介质作用时,应按介质的性质选用相应的水泥品种;

3　不得使用过期或受潮结块的水泥,并不得将不同品种或强度等级的水泥混合使用。

4.1.9　防水混凝土选用矿物掺合料时,应符合下列规定:

1　粉煤灰的品质应符合现行国家标准《用于水泥和混凝土中的粉煤灰》(GB 1596—2005)的有关规定,粉煤灰的级别不应低于Ⅱ级,烧失量不应大于 5%,用量宜为胶凝材料总量的 20%～30%,当水胶比小于 0.45 时,粉煤灰用量可适当提高;

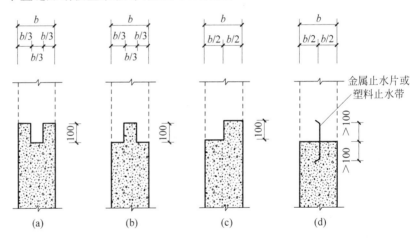

图 8-2　水平施工缝构造图(单位:mm)

(a) 凹缝;(b) 凸缝;(c) 阶梯缝;(d) 平直缝加钢板止水板

在施工缝处浇筑混凝土前,应将其表面浮浆和杂物清除干净,先刷水泥净浆或涂刷混凝土界面处理剂,再铺 30～50mm 厚的 1∶1 水泥砂浆,并及时浇筑混凝土。垂直施工缝可不铺水泥砂浆,选用的遇水膨胀止水条,应牢固地安装在缝表面或预留槽内,且该止水条应具有缓胀性能,其 7d 的膨胀率不应大于最终膨胀率的 60%,如采用中埋式止水带,应位置准确,固定牢靠。

防水混凝土终凝后(一般浇筑后 4～6h),即应开始覆盖浇水养护,养护时间应在 14d 以上,冬期施工混凝土入模温度不应低于 5℃,宜采用综合蓄热法、暖棚法等养护方法,并应保持混凝土表面湿润,防止混凝土早期脱水。如采用化学外加剂方法施工,能降低水溶液的冰点,使混凝土在低温下硬化,但要适当延长混凝土的搅拌时间,振捣要密实,还要采取保温保湿措施。不宜采用蒸汽养护和电热养护,地下构筑物应及时回填分层夯实,以避免由于干缩和温差产生裂缝。防水混凝土结构需在混凝土强度达到设计强度 40% 以上时方可在其上面继续施工,达到设计强度 70% 以上时方可拆模。拆模时,混凝土表面温度与环境温度之差不得超过 15℃,以防止混凝土表面出现裂缝。

浇筑防水混凝土后,严禁打洞,因此,所有的预留孔和预埋件在浇筑混凝土前必须埋设准确。对防水混凝土结构内的预埋铁件、穿墙管道等防水薄弱之处,应采取措施,仔细施工,如图 8-3 和图 8-4 所示。

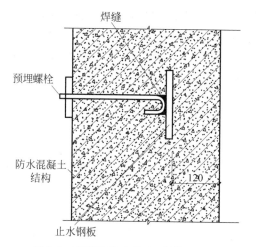

图 8-3 预埋件防水处理(单位:mm)

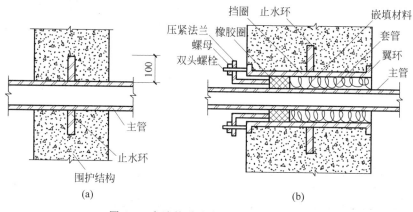

图 8-4 穿墙管道防水处理(单位:mm)

(a) 固定式穿墙管;(b) 套管式穿墙管

拌制防水混凝土所有材料的品种、规格和用量,每工作班检查不应少于两次。混凝土在浇筑地点的坍落度,每工作班至少检查两次。防水混凝土的抗渗性能,应采用标准条件下养护混凝土抗渗试件的实验结果评定,试件应在浇筑地点制作。连续浇筑每 500m³ 混凝土,应留置一组抗渗试件,一组为 6 个试件,每项工程不得少于两组。

防水混凝土的施工质量检验,应按混凝土外露面积每 100m² 抽查 1 处,每处 10m²,且不得少于 3 处,细部构造应全数检查。

防水混凝土的抗压强度和抗渗压力必须符合设计要求,其变形缝、施工缝、后浇带、穿墙管道、预埋件等的设置和构造均应符合设计要求,严禁有渗漏。防水混凝土结构表面的裂缝宽度不应大于 0.2mm,并且不得贯通,其结构厚度不应小于 250mm,迎水面钢筋保护层不应小于 50mm。

知识扩展:

《地下工程防水技术规范》(GB 50108—2008)

4.2 水泥砂浆防水层

Ⅰ 一般规定

4.2.1 防水砂浆应包括聚合物水泥防水砂浆、掺外加剂或掺合料的防水砂浆,宜采用多层抹压法施工。

4.2.2 水泥砂浆防水层可用于地下工程主体结构的迎水面或背水面,不应应用于受持续振动或温度高于 80℃ 的地下工程防水。

4.2.3 水泥砂浆防水层应在基础垫层、初期支护、围护结构及内衬结构验收合格后施工。

8.1.3　附加防水层施工

附加防水层施工有水泥砂浆防水层、卷材防水层、涂膜防水层、金属防水层等,它适用于增强其防水能力、受侵蚀性介质作用或受震动作用的地下工程。附加防水层宜设在迎水面,应在基础垫层、围护结构、初期支护验收合格后方可施工。

1. 水泥砂浆防水层的施工

1）适用范围

根据防水砂浆材料组成及防水层构造的不同,水泥砂浆防水层可分为掺外加剂的水泥砂浆防水层(常用外加剂有氯化铁防水剂、膨胀剂、减水剂等)和刚性多层抹面防水层(又称为普通水泥砂浆防水层)两种,如图 8-5 所示。掺外加剂的水泥砂浆防水层,近年来已从掺用一般无机盐类防水剂发展到用聚合物外加剂改性水泥砂浆,从而提高水泥砂浆防水层的抗拉强度及韧性,有效地增强了防水层的抗渗性,可单独用于防水工程,获得较好的防水效果。刚性多层抹面防水层主要是依靠特定的施工工艺要求来提高水泥砂浆的密实性,从而达到防水抗渗的目的,适用于埋深不大,且不会因结构沉降、温度和湿度变化及受震动等产生有害裂缝的地下防水工程。它适用于结构主体的迎水面和背水面,在混凝土或砌体结构的基层上采用多层抹压施工,但不适用环境有侵蚀性,持续振动或温度高于 80℃ 的地下工程。

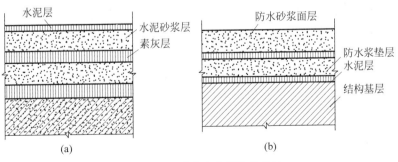

图 8-5　水泥砂浆防水层构造做法

(a) 刚性多层防水层；(b) 氯化铁防水砂浆防水层

防水层做法分为外抹面防水(指迎水面)和内抹面防水(指背水面),防水层的施工顺序如下:一般先抹顶板,再抹墙面,最后抹地面。

2)材料要求

水泥砂浆防水层所采用的水泥宜为普通硅酸盐水泥、矿渣硅酸盐水泥、火山灰质硅酸盐水泥,水泥强度等级不应低于32.5级,骨料选用颗粒坚硬、粗糙洁净的中砂,其粒径为0.5～3.0mm,外加剂的技术性能应符合国家或行业标准一等品及以上的质量要求。

3)基层处理

基层处理是保证防水层与基层表面结合牢固、不空鼓和不透水的关键。基层处理包括清理、浇水、刷洗、补平等工序,使基层表面保持潮湿、洁净、平整、坚实、粗糙。

在对混凝土基层进行处理时,拆除模板后,应用钢丝刷将混凝土表面刷毛,并在抹面前浇水冲刷干净;在对旧混凝土工程补做防水层时,需用钻子、剁斧、钢丝刷将表面凿毛,清理平整后再冲刷干净;混凝土基层表面凹凸不平、蜂窝孔洞,应根据不同情况分别进行处理;在超过1cm的棱角及凹凸不平处,蜂窝孔洞应剔凿成缓坡形,并用浇水清洗干净,用素灰和水泥砂浆分层找平;混凝土结构的施工缝要沿缝剔成"八"字形凹槽,用水冲洗后,用素灰打底,水泥砂浆压实抹平。

对砖砌体基层处理时,应将其表面残留的砂浆等清除干净,并浇水冲洗。对于旧砌体,要将其表面酥松的表皮及砂浆等清理干净,直至露出坚硬的砖面,并浇水清洗。

基层处理后,必须浇水湿润,这是保证防水层和基层结合牢固、不空鼓的重要条件。浇水后,应按次序浇透,抹上灰浆后没有吸水现象为合格。

4)水泥砂浆防水层施工

(1)刚性多层防水层施工步骤如下。

第一层(素灰层,厚2mm,水灰比为0.37～0.40):施工时,先将混凝土基层浇水湿润后,抹一层1mm厚素灰,用铁抹子往返抹压5～6遍,使素灰填实混凝土基层表面的空隙,以增加防水层与基层的粘结力。再抹1mm厚的素灰均匀找平,用毛刷横向轻轻刷一遍,以便打乱毛细通路,以利于和第二层结合。

第二层(水泥砂浆层,厚4～5mm,灰砂比为1∶25,水灰比为0.60～0.65):在初凝的第一层上轻轻抹压水泥砂浆,使砂粒能压入素灰层,但注意不能压穿素灰层,以便两层之间粘结牢固,在水泥砂浆层初凝前,用扫帚将砂浆层表面扫出横向条纹,待其终凝并具有一定强度后做第三层。

第三层(素灰层,厚2mm):该层的作用和操作方法与第一层相同,如果水泥砂浆层在硬化过程中析出有力的氢氧化钙形成白色薄膜时,需刷洗干净,以免影响粘结力。

知识扩展:

《地下工程防水技术规范》(GB 50108—2008)
Ⅱ 设计

4.2.4 水泥砂浆的品种和配合比设计应根据防水工程要求确定。

4.2.5 聚合物水泥防水砂浆厚度单层施工宜为6～8mm,双层施工宜为10～12mm;掺外加剂或掺合料的水泥防水砂浆厚度宜为18～20mm。

4.2.6 水泥砂浆防水层的基层混凝土强度或砌体用的砂浆强度均不应低于设计值的80%。

第四层(水泥砂浆层,厚4~5mm):该层的作用与第二层作用相同,按照第二层做法抹水泥砂浆。在水泥砂浆硬化过程中,用铁抹子分次抹压5~6遍,以增加密实性,最后压光。

第五层(水泥浆层,厚1mm):当防水层在迎水面时,则须在第四层水泥砂浆抹压两遍后,用毛刷均匀刷水泥浆一遍,随第四层一并压光。

防水层必须留施工缝时,平面留槎应采用阶梯坡形槎,其做法如图8-6所示。接槎层次要分明,不允许水泥砂浆之间搭接,而应先在接槎处均匀涂刷一层水泥浆,以保证接槎处不透水,然后依照层次操作顺序层层搭接。接槎位置须离开阴阳角200mm,阴阳角应做成圆弧形或钝角。

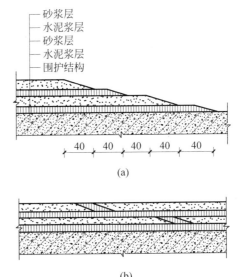

图8-6 防水层留槎与接槎方法(单位:mm)
(a)留槎方法;(b)接槎方法

水泥砂浆防水层不宜在雨天及五级以上大风中施工,冬期施工不应低于50℃,夏季施工不应在35℃以上或烈日照射下施工。铺抹的面层终凝后,应及时进行养护,且养护时间不得少于14d。

(2)氯化铁防水砂浆防水层施工步骤如下。

施工操作时,先在清理好的基层上刷一道水泥浆,接着分两遍抹垫层防水砂浆,厚度共12mm。在砖石砌体墙面上抹第一遍垫层防水砂浆时,应将砂浆压紧,挤进缝隙中,与墙砌体结合成一体。待砂浆初凝时,再用木抹子均匀揉压一遍,形成麻面。第一遍垫层砂浆阴干后,即可按同样的方法抹第二遍垫层防水砂浆。

在抹完垫层砂浆后,再刷一遍水泥浆,随刷随抹第一遍面层防水砂浆。待阴干后,再抹第二遍面层防水砂浆,面层砂浆共13mm厚。抹完面层防水砂浆后,应在终凝前反复多次抹压密实,抹面完成后,应做好养护工作。

养护温度不宜低于5℃,养护时间不得少于14d。氯化铁防水砂浆不应在 35℃ 以上或烈日照射下施工。

2. 卷材防水层施工

1）适用范围

卷材防水层是用沥青胶结材料粘贴卷材而成的一种防水层,属于柔性防水层。其特点是具有良好的韧性和延伸性,能适应一定的结构振动和微小变形,对酸、碱、盐溶液具有良好的耐腐蚀性,是地下防水工程常用的施工方法。采用改性沥青防水卷材和高分子防水卷材具有抗拉强度高,延伸率大,耐久性好,施工方便的优点。但是沥青防水卷材吸水率大,耐久性差,机械强度低,直接影响防水层的质量,而且材料成本高,施工工序多,操作条件差,工期较长,发生渗漏后修补困难等。

2）铺贴方案

地下防水工程一般把卷材防水层设置在建筑结构的外侧迎水面上,称为外防水,这种防水层的铺贴法可以借助土压力压紧,并与结构一起抵抗有压力地下水的渗透和侵蚀作用,防水效果良好,应用比较广泛。卷材防水层用于建筑物地下室,应铺设在结构主体底板垫层至墙体顶端的基面上,在外围形成封闭的防水层,卷材防水层为一至二层,防水卷材厚度应满足表 8-2 所示的规定。阴阳角处应做成圆弧或 135° 折角,其尺寸视卷材品质而定,在转角处、阴阳角等特殊部位,应增贴 1～2 层相同的卷材,宽度不宜小于 500mm。

表 8-2　防水卷材厚度

防水等级	设防道数	合成高分子卷材	高聚物改性沥青防水卷材
一级	三道或三道以上设防	单层:不应小于 1.5mm;双层:每层不应小于 1.2mm	单层:不应小于 4.0mm;双层:每层不应小于 3.0mm
二级	二道设防		
三级	一道设防	不应小于 1.5mm	不应小于 4.0mm
	复合设防	不应小于 1.2mm	不应小于 3.0mm

外防水的卷材防水层铺贴方法,按其与地下防水结构施工的先后顺序分为外贴法和内贴法两种。

外贴法是在地下建筑墙体做好后,直接将卷材防水层铺贴在墙上,然后砌筑保护墙,如图 8-7 所示。其施工程序如下:首先浇筑需做防水结构的地面混凝土垫层,并在垫层上砌筑永久性保护墙,墙下干铺一层油毡,墙高不小于结构底板厚度 B 加 200～500mm;在永久性保护墙上用石灰砂浆砌筑临时保护墙,墙高为 150mm×(油毡层数＋1);在永久性保护墙上和垫层上抹 1:3 水泥砂浆找平层,临时保护墙上用石灰砂浆找平;待找平层基本干燥后,即在其上满涂冷底子油,然后分层铺贴立面和平面卷材防水层,并将顶端临时固定。在铺贴好的卷材表面做好保护层后,再进行需防水结构的底板和墙体施工。待需防水结构施工完成后,将临时固定的接槎部位各层卷材揭开并清理干净,再在此

知识扩展:

《地下工程防水技术规范》(GB 50108—2008)

4.3　卷材防水层

Ⅰ　一般规定

4.3.1　卷材防水层宜用于经常处在地下水环境,且受侵蚀性介质作用或受振动作用的地下工程。

4.3.2　卷材防水层应铺设在混凝土结构的迎水面。

4.3.3　卷材防水层用于建筑物地下室时,应铺设在结构底板垫层至墙体防水设防高度的结构基面上;用于单建式的地下工程时,应从结构底板垫层铺设至顶板基面,并应在外围形成封闭的防水层。

Ⅱ　设计

4.3.4　防水卷材的品种规格和层数,应根据地下工程防水等级、地下水位高低及水压力作用状况、结构构造形式和施工工艺等因素确定。

4.3.7　阴阳角处应做成圆弧或 45° 坡角,其尺寸应根据卷材品种确定。在阴阳角等特殊部位,应增做卷材加强层,加强层宽度宜为 300～500mm。

区段的外墙外表面上补抹水泥砂浆找平层，找平层上满涂冷底子油，将卷材分层错槎搭接向上铺贴在结构墙上。卷材接槎的搭接长度，高聚物改性沥青卷材为150mm，合成高分子卷材为100mm，当使用两层卷材时，卷材应错槎接缝，上层卷材应盖过下层卷材，并及时做好防水层的保护结构。

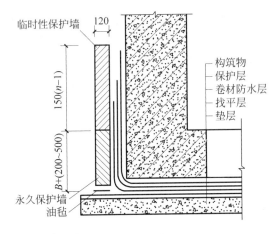

图8-7　外贴法（单位：mm）

内贴法是在地下建筑墙体施工前，先砌筑保护墙，然后将卷层防水层铺贴在保护墙上，最后施工并浇筑地下建筑墙体，如图8-8所示。其施工程序如下：先在垫层上砌筑永久性保护墙，然后在垫层及保护墙上抹1∶3水泥砂浆找平层，待其基本干燥后满涂冷底子油，沿保护墙与垫层铺贴防水层。卷材防水层铺贴完成后，在立面防水层上涂刷最后一层沥青胶时，趁热粘上干净的热砂或散麻丝，待冷却后，随即抹一层10～20mm厚1∶3水泥砂浆保护层。平面上可铺设一层30～50mm厚1∶3水泥砂浆或细石混凝土保护层。最后进行需防水结构的施工。

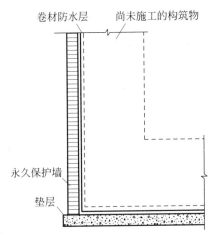

图8-8　内贴法

3）施工要点

铺贴卷材的基层必须牢固、无松动现象；基层表面应平整干净；阴阳角处均应做成圆弧形或钝角。铺贴卷材前，应在基层面上涂刷基层处理剂，当基面较潮湿时，应涂刷湿固化型胶粘剂或潮湿界面隔离剂。基层处理剂应与卷材和胶粘剂的材性相容，基层处理剂可采用喷涂法或涂刷法施工，喷涂应均匀一致，不露底，待表面干燥后，再铺贴卷材。铺贴卷材时，每层的沥青胶要求涂布均匀，其厚度一般为 1.5～2.5mm。外贴法铺贴卷材应先铺平面，后铺立面，平、立面交接处应交叉搭接；内贴法宜先铺垂直面，后铺水平面。铺贴垂直面时，应先铺转角，后铺大面。铺贴墙面时，应待冷底子油干燥后自下而上进行。卷材接槎的搭接长度，高聚物改性沥青卷材为 150mm，合成高分子卷材为 100mm，当使用两层卷材时，上、下两层和相邻两幅卷材的接缝应错开 1/3～1/2 幅宽，并不得相互垂直铺贴。在立面与平面的转角处，卷材的接缝应留在平面距立面不小于 600mm 处，所有转角处均应铺贴附加层，并仔细粘贴紧密，如图 8-9 所示。粘贴卷材时，应展平压实，卷材与基层和各层卷材之间必须粘结紧密，搭接缝必须用沥青胶仔细封严。最后一层卷材贴好后，应在其表面均匀涂刷一层 1.0～1.5mm 的热沥青胶，以保护防水层。铺贴高聚物改性沥青卷材时，应采用热熔法施工，在幅宽内卷材底表面均匀加热，不可过分加热或烧穿卷材，只使卷材的粘结面材料加热至熔融状态后，立即与基层或以粘贴好的卷材粘结牢固，但对厚度小于 3mm 的高聚物改性沥青防水卷材，不能采用热熔法施工。铺贴合成高分子防水卷材时，要采用冷粘法施工，所使用的胶粘剂必须与卷材的材性相容。

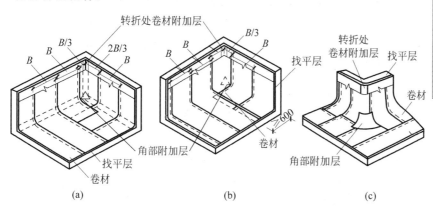

图 8-9 转角的卷材铺贴法

（a）阴角的第一层卷材铺贴法；（b）阴角的第二层卷材铺贴法；

（c）阳角的第一层卷材铺贴法

注：B 为卷材幅宽。

如用模板代替临时性保护墙时，应在其上涂刷隔离剂。从底面折向立面的卷材与永久性保护墙的接触部位，应采用空铺法施工。与临

知识扩展：

《地下工程防水技术规范》（GB 50108—2008）4.3.16 铺贴各类防水卷材应符合下列规定：

1 应铺设卷材加强层。

2 结构底板垫层混凝土部位的卷材可采用空铺法或点粘法施工，其粘结位置、点粘面积应按设计要求确定；侧墙采用外防外贴法的卷材及顶板部位的卷材应采用满粘法施工。

3 卷材与基面、卷材与卷材间的粘结应紧密、牢固；铺贴完成的卷材应平整顺直，搭接尺寸应准确，不得产生扭曲和皱折。

4 卷材搭接处和接头部位应粘贴牢固，接缝口应封严或采用材性相容的密封材料封缝。

5 铺贴立面卷材防水层时，应采取防止卷材下滑的措施。

6 铺贴双层卷材时，上下两层和相邻两幅卷材的接缝应错开 1/3～1/2 幅宽，且两层卷材不得相互垂直铺贴。

知识扩展：

《地下工程防水技术规范》(GB 50108—2008)

4.6　金属防水层

4.6.1　金属防水层可用于长期浸水、水压较大的水工及过水隧道，所用的金属板和焊条的规格及材料性能，应符合设计要求。

4.6.2　金属板的拼接应采用焊接，拼接焊缝应严密。竖向金属板的垂直接缝，应相互错开。

4.6.5　金属板防水层应用临时支撑加固。金属板防水层底板上应预留浇捣孔，并应保证混凝土浇筑密实，待底板混凝土浇筑完后应补焊严密。

4.6.6　金属板防水层如先焊成箱体，再整体吊装就位时，应在其内部加设临时支撑。

4.6.7　金属板防水层应采取防锈措施。

时性保护墙或围护结构模板接触的部位，应临时贴附在该墙上或模板上。卷材铺好后，其顶端应做临时固定。当不设保护墙时，从底面折向立面的卷材接槎部位应采取可靠的保护措施。

3. 涂膜防水层施工

涂膜防水层在潮湿基面上应选用湿固性涂料，以及含有吸水能力组分的涂料、水性涂料；对于抗震结构，应选用延伸性好的涂料；对于处于侵蚀性介质中的结构，应选用耐侵蚀涂料。

涂膜防水层的基面必须清洁、无浮浆、无水珠、不渗水，使用油溶性或非湿固性等涂料，基层应保持干燥。

涂膜防水层施工可用涂刷法或喷涂法，不得少于两遍，喷涂后一层涂料时，必须待前一层涂料结膜后方可进行，涂刷或喷涂必须均匀。第二层的涂刷方向应与第一层垂直。凡遇到平面与立面连接的阴阳角，均须铺设化纤无纺布、玻璃纤维布等胎体增强材料。大面防水层为增强防水效果，也可加胎体增强材料。当平面部位最后一层涂膜完全固化，经检查验收合格后，可虚铺一层石油沥青纸胎油毡做保护隔离层。铺设时，可用少许胶粘剂点粘固定，以防在浇筑细石混凝土时发生位移。平面部位防水层尚应在隔离层上做 40～50mm 厚细石混凝土保护层，浇筑时必须防止油毡隔离层和涂膜防水层破坏。立面部位在围护结构上涂布最后一道防水层后，随即直接粘贴 5～6mm 厚的聚乙烯泡沫塑料片材做软保护层，也可在面层涂膜固化后用点粘固定，粘贴时泡沫塑料片材应拼缝严密。

涂膜防水层施工的一般顺序如下：清理基层→平面涂布处理剂→平面防水层施工→平面部位铺贴油毡隔离层→平面部位浇筑细石混凝土保护层→钢筋混凝土地下结构施工→修补混凝土立墙外表面→立墙外侧涂布处理剂和防水层施工→立墙防水层处粘贴聚乙烯泡沫塑料保护层→基坑回填。

4. 金属防水层施工

金属防水层所用的金属板和焊条的规格及材料性能应符合设计要求。金属板的拼缝应采用焊接，拼接焊缝应严密，如发现焊缝不合格或有渗漏现象时，应修整或补焊。竖向金属板的垂直焊缝应相互错开，金属板应有防锈措施。

金属防水层可在围护结构之前施工，也可在围护结构之后施工。在围护结构之前施工时，拼接好的金属防水层应与围护结构内的钢筋焊牢，或用临时支撑加固，在金属防水层上焊接一定数量的锚固件，以便与混凝土或砌体连接牢固。在围护结构之后施工时，应在混凝土或砌体内设置预埋件，金属板则焊接在预埋件上，金属板与围护结构之间的空隙应用水泥砂浆或化学浆液灌填密实。

8.1.4　结构细部构造防水施工

1. 变形缝的处理

地下结构的变形缝是防水工程的薄弱环节,防水处理比较复杂,处理不当会引起渗漏现象,从而直接影响地下工程的正常使用寿命。为此,在选用材料、做法及结构形式时,应考虑变形缝处的沉降、伸缩的可变性,还应保证其在形态中的密闭性,即不产生渗漏水现象。用于沉降的变形缝宽度宜为 $20\sim30mm$,用于伸缩的变形缝宽度不宜大于 $20\sim30mm$,变形缝处混凝土结构的厚度不应小于 $300mm$ 。

对于变形缝的处理,主要采用的材料是止水材料。其基本要求是适应变形能力强、防水性能好、耐久性高、与混凝土粘结牢固等。常用的变形缝止水材料主要有橡胶止水带、塑料止水带、氯丁橡胶止水带和金属止水带等。其中,橡胶止水带与塑料止水带的柔性、适应变形能力与防水性能都比较好;氯丁橡胶止水带是一种新型止水材料,具有施工简便、防水效果好、造价低且易修补的特点;金属止水带一般仅用于高温环境条件下无法采用橡胶止水带或塑料止水带的时候。金属止水带的适应变形能力差,制作困难。

变形缝接缝处两侧应平整、清洁、无渗水,并涂刷与嵌缝材料相容的基层处理剂,嵌缝应先设置与嵌缝材料隔离的背衬材料,并嵌填密实,与两侧粘结牢固,在缝上粘贴卷材或涂刷涂料前,应在缝上设置隔离层后才能进行施工。

止水带的构造形式通常有埋入式(图 8-10)、可卸式(图 8-11)、粘贴式(图 8-12)等,采用较多的是埋入式。根据防水设计要求,有时在同一变形缝处,可采用数层、数种止水带的构造形式。

知识扩展:

《地下工程防水技术规范》(GB 50108—2008)

5.1　变形缝

I　一般规定

5.1.1　变形缝应满足密封防水、适应变形、施工方便、检修容易等要求。

5.1.2　用于伸缩的变形缝宜少设,可根据不同的工程结构类别、工程地质情况采用后浇带、加强带、诱导缝等替代措施。

5.1.3　变形缝处混凝土结构的厚度不应小于 $300mm$ 。

5.1.11　安设于结构内侧的可卸式止水带施工时应符合下列规定:

　1　所需配件应一次配齐;

　2　转角处应做成 $45°$ 折角,并应增加紧固件的数量。

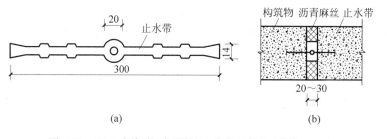

图 8-10　埋入式橡胶(或塑料)止水带的构造(单位:mm)

(a) 橡胶止水带;(b) 变形缝构造

2. 后浇带的处理

后浇带是对不允许留设变形缝的防水混凝土结构工程(如大型设备基础等)采用的一种刚性接缝。

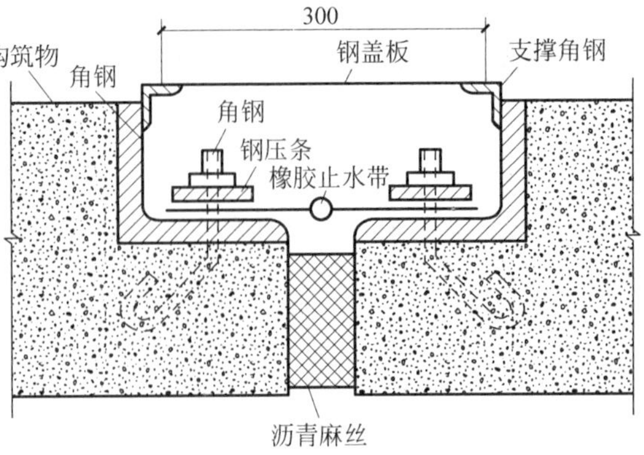

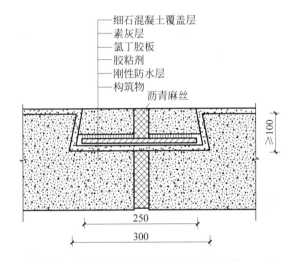

图 8-11　可卸式橡胶止水带变形构造

图 8-12　粘贴式氯丁橡胶变形缝构造(单位：mm)

防水混凝土基础后浇带的留设位置及宽度应符合设计要求。其断面形式可留成平直缝或阶梯缝，但结构钢筋不能断开。如必须断开，则主筋搭接长度应大于主筋直径的 45 倍，并应按设计要求加设附加钢筋。留缝时，应采取支模或固定钢丝网等措施，保证留缝位置准确、断口垂直、边缘混凝土密实。后浇带须超前止水时，应局部加厚后浇带部位混凝土，并增设外贴式或埋入式止水带。留缝后，要注意保护，防止边缘破坏，或缝内进入垃圾杂物。

后浇带的混凝土施工，应在其两侧混凝土浇筑完毕并养护 6 周，混凝土收缩变形基本稳定后再进行。但高层建筑的后浇带应在结构顶板浇筑混凝土 14d 后，再施工后浇带。浇筑前，应将接缝处混凝土表面凿毛并清洗干净，保持湿润。浇筑的混凝土应优先选用补偿收缩混凝土，其强度等级不得低于两侧混凝土的强度等级。施工期的温度应低于两侧混凝土施工时的温度，而且宜选择在气温较低的季节施工，浇筑后的混凝土养护时间不应少于 28d。

8.1.5　地下防水工程渗漏及防治方法

地下防水工程常常由于设计考虑不周,选材不当或施工质量差而造成渗漏,直接影响生产和使用。易发生渗、漏水的部位主要在施工缝、蜂窝麻面、裂缝、变形缝及穿墙管道等处。渗漏水的主要形式有孔洞漏水、裂缝漏水、防水面渗水或是上述几种渗漏水的综合。因此,堵漏前必须查明其原因,确定其位置,弄清水压大小,而后根据不同情况采取不同的措施。

1. 渗漏部位及原因

1)防水混凝土结构渗漏的部位及原因

模板表面粗糙或清理不干净、模板浇水湿润不够、脱模剂涂刷不均匀、接缝不严、振捣混凝土不密实等,可使混凝土出现蜂窝、孔洞、麻面而引起渗漏;墙板与地板及墙板与墙板间的施工缝处理不当,可造成地下水沿施工缝渗入;混凝土中砂石含泥量大,养护不及时等,可产生干缩和温度裂缝而造成渗漏;混凝土内的预埋件及管道穿墙处未做认真处理,也可使地下水渗入。

2)卷材防水层渗漏部位及原因

由于保护墙和地下工程主体结构沉降不同,致使粘在保护墙上的防水卷材被撕裂而造成漏水。卷材的压力和搭接接头宽度不够,搭接不严,结构转角处卷材铺贴不严实,后浇或后砌结构时卷材被破坏,或由于卷材韧度较差,结构不均匀沉降而造成卷材被破坏,也会产生渗漏。另外,如管道处的卷材与管道粘结不严,也会出现张口翘边现象而引起渗漏。

3)变形缝处渗漏原因

止水带固定方法不当,埋设位置不准确,或在浇筑混凝土时被挤动,止水带两翼的混凝土包裹不严,特别是底板止水带下面的混凝土振捣不实;钢筋过密,浇筑混凝土时下料和振捣不当,容易造成止水带周围骨料集中、混凝土离析,产生蜂窝、麻面;混凝土分层浇筑前,止水带周围的木屑杂物等未清理干净,使混凝土中形成薄弱的夹层,均会造成渗漏。

2. 堵漏技术

堵漏技术就是根据防水工程特点,针对不同程度的渗漏情况,选择相应的防水材料和堵漏方法,进行防水结构渗漏水处理。在拟定处理渗漏水措施时,应本着"将大漏变小漏,片漏变孔漏,使漏水部位汇集于一点或数点,最后进行堵塞"的方法进行。

对防水混凝土工程的修补堵漏,通常采用的方法是用促凝剂和水泥拌制而成的快凝水泥胶浆,进行快速堵漏或大面积修补。近年来常采用膨胀水泥(或掺膨胀剂)作为防水修补材料,其抗渗堵漏效果较好。对于混凝土的微小裂缝,则采用化学灌浆堵漏技术。

知识扩展:

《地下工程防水技术规范》(GB 50108—2008)

9.1.3 有降水和排水条件的地下工程,治理前应做好降水、排水工作。

9.1.4 治理过程中应选用无毒、低污染的材料。

9.1.5 治理过程中的安全措施、劳动保护应符合有关安全施工技术规定。

9.1.6 地下工程渗漏水治理,应由防水专业设计人员和有防水资质的专业施工队伍承担。

9.2 方案设计

9.2.1 渗漏水治理方案设计前应搜集下列资料:

1 原设计、施工资料,包括防水设计等级、防排水系统及使用的防水材料性能、试验数据;

1）快硬性水泥胶浆堵漏法

（1）快硬性水泥胶浆堵漏法常用以下堵漏材料。

促凝剂是以水玻璃为主，并与硫酸铜、重铬酸钾及水配制而成。配置时，应先按配合比（质量比）把定量的水加热至100℃，然后将硫酸铜和重铬酸钾倒入水中，继续加热并不断搅拌至完全溶解后，冷却至30～40℃，再将此溶液倒入称量好的水玻璃液体中，搅拌均匀，静置0.5h后即可使用。

快凝水泥胶浆的配合比是水泥：促凝剂＝1∶0.5～1∶0.6。由于这种胶浆凝固快（一般1min左右就凝固），使用时应注意随拌随用。

（2）快硬性水泥胶浆堵漏法主要包括以下内容。

地下防水工程的渗漏水情况比较复杂，堵漏的方法也比较多。因此，选用时要因地制宜。常用的堵漏方法有堵塞法和抹面法。

堵塞法适用于孔洞漏水或裂缝漏水时的修补处理。孔洞漏水时，常用直接堵塞法和下管堵漏法。直接堵塞法适用于水压不大，漏水孔洞较小的情况。操作时，先将漏水孔洞处剔槽，槽壁必须与基面垂直，并用水刷洗干净，随即将配制好的快凝水泥胶浆捻成与槽尺寸相近的锥形，在胶浆开始凝固时，迅速将其压入槽内，并挤压密实，保持30s左右即可。当水压力较大，漏水孔洞较大时，可采用下管堵漏法，如图8-13所示。孔洞堵塞好后，在胶浆表面涂抹一层素灰，一层砂浆，以做保护。待砂浆有一定强度后，将胶管拔出，按直接堵塞法将管孔堵塞。最后拆除挡水墙，再做防水层。

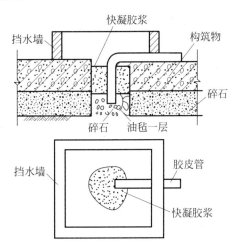

图8-13　下管堵漏法

裂缝漏水的处理方法有裂缝直接堵塞法和下绳堵漏法。裂缝直接堵塞法适用于水压较小的裂缝漏水，操作时，沿裂缝剔成"八"字形的沟槽，刷洗干净后，用快凝水泥胶浆直接堵塞，经检查无渗水，再做保护层和防水层。当水压力较大，裂缝较长时，可采用下绳堵漏法，如图8-14所示。

抹面法适用于较大面积的渗漏水面，一般先降低水压或地下水位，

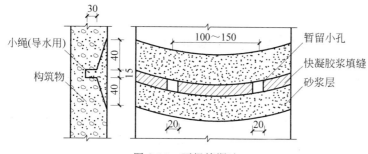

图 8-14　下绳堵漏法

将基层处理好，然后用抹面法做刚性防水层修补处理。先用凿子在漏水严重处剔出半贯穿性孔眼，插入胶管将水导出。这样可使"片渗"变为"点漏"，然后在渗水面做好刚性防水层修补处理。待修补的防水层砂浆凝固后，拔出胶管，再按"孔洞直接堵塞法"将管孔堵填好。

2）化学灌浆堵漏法

（1）灌浆材料主要有氰凝和丙凝两种。

氰凝的主要成分是以多异氰酸脂与含轻基的化合物（聚酯，聚醚）制成的预聚体。使用前，在预聚体内掺入一定量的副剂（表面活性剂、乳化剂、增塑剂、溶剂与催化剂等），搅拌均匀即可配置成氰凝浆液。氰凝浆液不遇水不发生化学反应，稳定性好。当浆液灌入漏水部位后，立即与水发生化学反应，生成不溶于水的胶凝体，同时释放出二氧化碳气体，使浆液发泡膨胀，向四周渗透扩散，直至反应结束。

丙凝由双组分（甲溶液和乙溶液）组成。甲溶液是丙烯酰胺和 N-N'-甲亚醛双丙烯酰胺及 B-二甲氨基丙腈的混合溶液。乙溶液是过硫酸铵的水溶液。两者混合后很快能形成不溶于水的高分子硬性凝胶，这种凝胶可以密封结构裂缝，从而达到堵漏的目的。

（2）灌浆施工流程如下。

灌浆堵漏施工，可分为对混凝土表面处理、布置灌浆孔、埋设灌浆嘴、封闭漏水部位、压水试验、灌浆、封孔等工序。灌浆孔的间距一般是 1m 左右，并要求交错布置；灌浆嘴的埋设如图 8-15 所示；灌浆结束，待浆液固结后，拔出灌浆嘴，并用水泥浆封固灌浆孔。

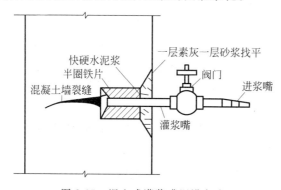

图 8-15　埋入式灌浆嘴埋设方法

知识扩展：

《地下工程防水技术规范》（GB 50108—2008）

9.2.3　大面积轻微渗漏水和漏水点，可先采用速凝材料堵水，再做防水砂浆抹面或防水涂层等永久性防水层加强处理。

9.2.4　渗漏水较大的裂缝，宜采用钻斜孔法或凿缝法注浆处理，干燥或潮湿的裂缝宜采用骑缝注浆法处理。注浆压力及浆液凝结时间应按裂缝宽度、深度进行调整。

9.2.5　结构仍在变形、未稳定的裂缝，应待结构稳定后再进行处理。

9.2.6　需要补强的渗漏水部位，应选用强度较高的注浆材料，如水泥浆、超细水泥浆、自流平水泥灌浆材料、改性环氧树脂、聚氨酯等浆液，必要时可在止水后再做混凝土衬砌。

9.2.7　锚喷支护工程渗漏水部位，可采用引水带或导管排水，也可喷涂快凝材料及化学注浆堵水。

8.2 屋面与室内防水施工

屋面防水工程是房屋建筑的一项重要工程。根据建筑物的性质、重要程度、使用功能要求及防水层耐用年限等,可将屋面防水分为四个等级,并按不同等级进行设防,如表8-3所示。防水屋面的常用种类有卷材防水屋面、涂膜防水屋面和刚性防水屋面等。

表8-3 屋面防水等级和设防要求

项目	屋面防水等级			
	I	II	III	IV
建筑物类别	特别重要或对防水有特殊要求的建筑	重要的建筑和高层建筑	一般的建筑	非永久性的建筑
防水层合理使用年限	25年	5年	10年	5年
防水层选用材料	宜选用合成高分子防水卷材、高聚物改性沥青防水卷材、金属板材、合成高分子防水涂料、细石混凝土等材料	宜选用高聚物改性沥青防水卷材、合成高分子防水卷材、金属板材、合成高分子防水涂料、高聚物改性沥青防水涂料、细石混凝土、平瓦、油毡瓦等材料	宜选用三毡四油沥青防水卷材、高聚物改性沥青防水卷材、合成高分子防水卷材、金属板材、高聚物改性沥青防水涂料、合成高分子防水涂料、细石混凝土、平瓦、油毡瓦等材料	可选用二毡三油沥青防水卷材、高聚物改性沥青防水涂料等材料
设防要求	三道或三道以上防水设防	二道防水设防	一道防水设防	一道防水设防

屋面工程所采用的防水、保温隔热材料应有产品合格证书和性能检测报告,材料的品种、规格、性能等应符合国家现行产品标准和设计要求。在屋面工程施工前,应编制施工方案,建立三检制度,并有完整的检查记录。对于伸出屋面的管道、设备或预埋件,应在防水层施工前安设好。施工时,每道工序完工后,须经监理单位检查验收,才可进行下道工序的施工。屋面防水层完工后,应避免在其上凿孔打洞。

对于屋面的保温层和防水层,严禁在雨天、雪天和五级以上大风下施工,温度过低也不宜施工。屋面工程完工后,应对屋面细部构造、接缝、保护层等进行外观检验,并用淋水或蓄水进行检验。防水层不得有渗漏或积水现象。

知识扩展:

《全国民用建筑工程设计技术措施——规划·建筑·景观》

7.1 屋面类型

7.1.1 屋面可分为平屋面和坡屋面。

7.1.2 以屋面防水材料可分为以下类型:

1 卷材或涂膜屋面:大多为平屋面,也可为坡屋面。

2 刚性防水层屋面:即以防水细石混凝土作为屋面防水层的屋面,大多为平屋面。

3 瓦屋面:均为坡屋面。其屋面坡度取决于所采用的瓦材性能和立面造型要求。

4 金属板屋面:以钢或铝的合金材料作成的金属板和夹芯板(与保温材料复合)屋面,宜在高级公共建筑中采用。金属材料可压延成较大面积的单张,还可按屋顶形状压成曲面等较复杂的形状,以应用于穹顶等曲面屋顶上。金属板还可与卷材等组合使用,如以压型钢板作基层,其上作保温层及卷材屋面等。

8.2.1　卷材防水屋面施工

1. 卷材防水屋面的构造及适用范围

用胶粘剂粘贴卷材进行防水的屋面称为卷材防水屋面,其构造如图 8-16 所示。这种屋面卷材本身具有一定的韧性,可以适应一定程度的伸缩和变形,不易开裂,属于柔性防水。它包括沥青卷材防水、高聚物改性沥青卷材防水、合成高分子卷材防水等三大系列,适用于屋面防水等级为 Ⅰ~Ⅳ 级的工业与民用建筑。

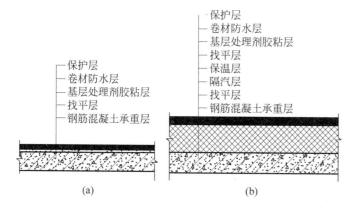

图 8-16　卷材屋面构造层次示意图
(a) 不保温卷材屋面;(b) 保温卷材屋面

2. 材料要求

1) 卷材

主要防水卷材的分类如表 8-4 所示。

表 8-4　主要防水卷材分类表

类　别		防水卷材名称
沥青基防水卷材		纸胎、玻璃胎、玻璃布、黄麻、铝箔沥青卷材
高聚物改性沥青防水卷材		SBS、APP、SBS-APP、丁苯橡胶改性沥青卷材;胶粉改性沥青卷材、再生胶卷材、PVC 改性煤焦油沥青卷材等
合成高分子防水卷材	硫化型橡胶或橡胶共混卷材	三元乙丙卷材、氯磺化聚乙烯卷材、丁基橡胶卷材、氯丁橡胶卷材、氯化聚乙烯-橡胶共混卷材等
	非硫化型橡胶或橡胶共混卷材	丁基橡胶卷材、氯丁橡胶卷材、氯化聚乙烯-橡胶共混卷材等
	合成树脂系防水卷材	氯化聚乙烯卷材、PVC 卷材等
特种卷材		热熔卷材、冷自粘卷材、带孔卷材、热反射卷材、沥青瓦等

知识扩展:

《屋面工程技术规范》(GB 50345—2012)
4.5　卷材及涂膜防水层设计
4.5.2　防水卷材的选择应符合下列规定:

1　防水卷材可按合成高分子防水卷材和高聚物改性沥青防水卷材选用,其外观质量和品种、规格应符合国家现行有关材料标准的规定;

2　应根据当地历年最高气温、最低气温、屋面坡度和使用条件等因素,选择耐热度、低温柔性相适应的卷材;

3　应根据地基变形程度、结构形式、当地年温差、日温差和振动等因素,选择拉伸性能相适应的卷材;

4　应根据屋面卷材的暴露程度,选择耐紫外线、耐老化、耐霉烂相适应的卷材;

5　种植隔热屋面的防水层应选择耐根穿刺防水卷材。

沥青防水卷材的外观质量要求如表 8-5 所示。

表 8-5　沥青防水卷材外观质量

项　　目	质 量 要 求
孔洞、硌伤	不允许
露胎、涂盖不匀	不允许
扳纹、皱纹	距卷芯 1000mm 以外,长度不大于 100mm
裂纹	距卷芯 1000mm 以外,长度不大于 10mm
裂口、缺边	边缘裂口小于 20mm,缺边长度小于 50mm,深度小于 20mm
每卷卷材的接头	不超过 1 处,较短的一段不应小于 2500mm,接头处应加长 150mm

高聚物改性沥青防水卷材的外观质量要求如表 8-6 所示。

表 8-6　高聚物改性沥青防水卷材外观质量

项　　目	质 量 要 求
孔洞、缺边、裂口	不允许
边缘不整齐	不超过 10mm
胎体露白、未浸透	不允许
撒布材料粒度、颜色	均匀
每卷卷材的接头	不超过 1 处,较短的一段不应小于 100mm,接头处应加长 150mm

合成高分子防水卷材的外观质量要求如表 8-7 所示。

表 8-7　合成高分子防水卷材外观质量

项　　目	质 量 要 求
折痕	每卷不超过 2 处,总长度不超过 20mm
杂质	不允许有大于 0.5mm 的颗粒,每 1m² 杂质不超过 9mm²
凹痕	每卷不超过 6 处,深度不超过本身厚度的 30%,树脂深度不超过 15%
胶块	每卷不超过 6 处,每处面积不大于 4mm²
每卷卷材的接头	橡胶类每 20m 不超过 1 处,较短的一段不应小于 3000mm,接头处应加长 150mm,树脂类 20m 长度内不允许有接头

知识扩展:

《屋面工程技术规范》(GB 50345—2012)4.5.3　防水涂料的选择应符合下列规定:

1　防水涂料可按合成高分子防水涂料、聚合物水泥防水涂料和高聚物改性沥青防水涂料选用,其外观质量和品种、型号应符合国家现行有关材料标准的规定;

2　应根据当地历年最高气温、最低气温、屋面坡度和使用条件等因素,选择耐热性、低温柔性相适应的涂料;

3　应根据地基变形程度、结构形式、当地年温差、日温差和振动等因素,选择拉伸性能相适应的涂料;

4　应根据屋面涂膜的暴露程度,选择耐紫外线、耐老化相适应的涂料;

5　屋面坡度大于 25% 时,应选择成膜时间较短的涂料。

卷材的储运、保管应遵守下列规定:不同品种、标号、规格、等级的产品应分别堆放;应储存在阴凉通风的室内,避免雨淋、日晒、受潮;严禁接近火源。沥青防水卷材储存环境温度不得高于 45℃;卷材宜直立堆放,其高度不超过 2 层,并不得倾斜或横压。短途运输平放不宜超过 4 层;应避免与化学介质及有机溶剂等有害物质接触。

进场卷材抽样复检时,对于同一品种、牌号、规格的卷材,抽检数量如下:大于 1000 卷抽取 5 卷;500~1000 卷抽取 4 卷;100~500 卷抽取 3 卷;小于 100 卷抽取 2 卷。将抽检的卷材开卷进行规格、外观质量检验,全部指标达到标准规定时,即为合格。如有一项指标达不到要求,应在受检产品中加倍取样复检,全部达到标准规定为合格;复检时,如有一项不合格,则判定该产品为不合格。卷材物理性能检验项目如下:对于沥青防水卷材,应检验拉力、耐热度、柔性、不透水性;对于高聚物改性沥青防水卷材,应检验拉伸性能、耐热度、柔性、不透水性;对于合成高分子防水卷材,应检验拉伸强度、断裂伸长率、低温弯折性、不透水性。

各种防水材料及制品均应符合设计要求,具有质量合格证明。进场前,应按规范的要求进行抽样复检,严禁使用不合格产品。

2) 胶粘剂

卷材防水层的胶结材料,必须选用与卷材相应的胶粘剂。沥青卷材可选用沥青胶作为胶粘剂,沥青胶的标号应根据适用条件、屋面坡度和当地历年室外极端最高气温按表 8-8 选用。沥青胶技术性能应符合表 8-9 的规定。

表 8-8　沥青胶标号选用表

屋面坡度/%	历年室外极端最高温度/℃	沥青胶结材料标号
1~3	<38	S-60
	38~41	S-65
	41~45	S-70
3~15	<38	S-65
	38~41	S-70
	41~45	S-75
15~25	<38	S-75
	38~41	S-80
	41~45	S-85

注:1. 油毡层上有板块保护层或整体保护层时,沥青胶标号可按表中降低 5 号。

2. 屋面受其他热影响(如高温车间等),或屋面坡度超过 25% 时,应考虑将其标号适当提高。

表 8-9　沥青胶的质量要求

指标名称	标 号					
	S-60	S-65	S-70	S-75	S-80	S-85
耐热度	用 2mm 厚的沥青胶粘合两张沥青纸,置于不低于下列温度(℃)中,1:1 坡度上停放 5h 的沥青胶不应流淌,油纸不应滑动					
	60	65	70	75	80	85
柔韧性	涂在沥青胶油纸上的 2mm 厚的沥青胶层,在 (18±2)℃ 时,围绕下列直径(mm)的圆棒,用 2s 的时间以均衡速度弯成半周,沥青胶不应有裂纹					
	10	15	15	20	25	30
粘结力	用于将两张粘贴在一起的油纸慢慢地一次撕开,从油纸和沥青胶的粘贴面的任何二面的撕开部分,应不大于粘贴面积的 1/2					

高聚物改性沥青防水卷材可选用橡胶或再生橡胶改性沥青的汽油溶液或水乳液作为胶粘剂,其粘结剥离强度应大于 8N/10mm,粘结剪切强度应大于 0.05MPa。

合成高分子防水卷材可选用以氯丁橡胶和丁基酚醛树脂为主要成分的胶粘剂或以氯丁橡胶乳液制成的胶粘剂,其粘结剥离强度应大于 15N/10mm,浸水 7d 后粘结剥离强度保持率不应低于 70%,其用量为 0.4～0.5kg/m²。

3）基层处理剂

基层处理剂是为了增强防水材料与基层之间的粘结力,在防水层施工前,预先涂刷在基层上的涂料。其选择应与所用卷材的材性相容。常用的基层处理剂有用于沥青防水卷材屋面的冷底子油,用于高聚物改性沥青防水卷材屋面的氧丁胶沥青乳胶、橡胶改性沥青溶液、沥青溶液（冷底子油）,用于合成高分子防水卷材屋面的聚氨酯煤焦油系的二甲苯溶液、氯丁胶乳溶液、氯丁胶沥青乳胶等。

3. 基层要求

基层施工质量的好坏,将直接影响屋面工程的质量。基层应有足够的强度和刚度,承受荷载时不产生显著变形。基层一般采用水泥砂浆、细石混凝土或沥青砂浆找平,做到平整、坚实、清洁、无凹凸变形及尖锐颗粒。其平整度规定如下:用 2m 长的直尺检查,基层与直尺之间的最大空隙不大于 5mm,空隙仅允许平缓变化,每米长度内不得多于 1 处。铺设屋面隔汽层和防水层之前,基层必须干净、干燥。

屋面及檐口、檐沟、天沟找平层的排水坡度必须符合设计要求,平屋面采用结构找坡应不小于 3%,采用材料找坡不小于 2%;天沟、檐沟纵向找坡不应小于 1%,沟底落水差不大于 200mm;在与突出屋面结构的连接处以及基层的转角处均应做成圆弧,其圆弧半径应符合设计要求:沥青防水卷材为 100～150mm,高聚物改性沥青防水卷材为 50mm,合成高分子防水卷材为 20mm。在内部排水的水落口周围,应做成略低的凹坑。

为防止温差及混凝土收缩引起防水屋面开裂,找平层应留分格缝,缝宽一般为 20mm,并嵌填密封材料。其纵、横向最大间距为,当找平层采用水泥砂浆或细石混凝土时,不宜大于 6m;当采用沥青砂浆时,不宜大于 4m。找平层的厚度及技术要求应符合表 8-10 的规定。

知识扩展:

《屋面工程技术规范》(GB 50345—2012) 4.5.8 下列情况不得作为屋面的一道防水设防:

1 混凝土结构层;

2 Ⅰ型喷涂硬泡聚氨酯保温层;

3 装饰瓦及不搭接瓦;

4 隔汽层;

5 细石混凝土层;

6 卷材或涂膜厚度不符合本规范规定的防水层。

表 8-10 找平层厚度和技术要求

类　别	基层种类	厚度/mm	技术要求
水泥砂浆找平层	整体混凝土	15～20	1：25～1：3(水泥：砂)体积比,水泥强度等级不低于 32.5
	整体或板状材料保温层	20～25	
	装配式混凝土板、松散材料保温层	20～30	

右上角：续表

类 别	基层种类	厚度/mm	技术要求
细石混凝土找平层	松散材料保温层	30～35	混凝土强度等级不低于C20
沥青砂浆找平层	整体混凝土	15～20	质量比1∶8(沥青∶砂)
	装配式混凝土板、整体或板状材料保温层	20～25	

4. 卷材施工

1) 沥青防水卷材施工

沥青防水卷材施工的一般工艺流程如下：基层表面清理和修补→涂刷基层处理剂→节点附加层处理→定位、弹线、试铺→铺贴卷材→收头处理、节点密封→清理、检查、修整→蓄水试验→保护层施工→检查验收。

（1）铺设方向

卷材的铺设方向应根据屋面坡度和屋面是否有振动来确定。当屋面坡度小于3%时，卷材宜沿平行于屋脊的方向铺贴；当屋面坡度在3%～15%时，卷材可沿平行或垂直于屋脊的方向铺贴；当屋面坡度大于15%，或屋面受震动时，卷材应垂直于屋脊方向铺贴。上、下层卷材不得相互垂直铺贴。

（2）施工顺序

屋面防水层施工时，应先做好节点、附加层和屋面排水比较集中部位的处理，然后由屋面最低标高处向上施工。铺贴天沟、檐沟卷材时，宜顺天沟、檐口方向，尽量减少搭接。铺贴多跨和有高、低跨的屋面时，应按先高后低、先远后近的顺序进行。对大面积屋面施工时，应根据屋面特征及面积大小等因素合理地划分流水施工段，施工段的界限宜设在屋脊、天沟、变形缝等处。

（3）搭接方法及宽度要求

铺贴卷材应采用搭接法，如图8-17所示，上、下层及相邻两幅卷材的搭接缝应错开。平行于屋脊的搭接应顺流水方向；垂直于屋脊的搭接应顺主导风向。叠层铺设的各层卷材，在天沟与屋面的连接处，应采用叉接法搭接，搭接缝应错开，接缝宜留在屋面或天沟侧面，不宜留在沟底。卷材搭接宽度应符合表8-11的规定。

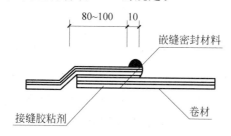

图8-17 卷材搭接缝处理(单位：mm)

知识扩展：

《屋面工程技术规范》(GB 50345—2012)

4.5.9 附加层设计应符合下列规定：

1 檐沟、天沟与屋面交接处，屋面平面与立面交接处，以及水落口、伸出屋面管道根部等部位，应设置卷材或涂膜附加层；

2 屋面找平层分格缝等部位，宜设置卷材空铺附加层，其空铺宽度不宜小于100mm。

4.5.11 胎体增强材料设计应符合下列规定：

1 胎体增强材料宜采用聚酯无纺布或化纤无纺布；

2 胎体增强材料长边搭接宽度不应小于50mm，短边搭接宽度不应小于70mm；

3 上、下层胎体增强材料的长边搭接缝应错开，且不得小于幅宽的1/3；

4 上、下层胎体增强材料不得相互垂直铺设。

表 8-11　卷材搭接宽度　　　　　mm

铺贴方法 卷材种类		短边搭接		长边搭接	
		满粘法	空铺、点粘、条粘法	满粘法	空铺、点粘、条粘法
沥青防水卷材		100	150	70	100
高聚物改性沥青防水卷材		80	100	80	100
合成高分子 防水卷材	胶粘剂	80	100	80	100
	胶粘带	50	60	50	60
	单缝焊	60,有效焊接宽度不小于 25			
	双缝焊	80,有效焊接宽度 10×2＋空腔宽			

（4）铺贴方法

沥青卷材的铺贴方法有浇油法、刷油法、刮油法、撒油法等,一般采用浇油法和刷油法。在干燥的基层上满涂沥青胶,应随涂随铺油毡。铺贴时,油毡要展平压实,使之与基层紧密粘结,卷材的接缝应用沥青胶赶平封严。对于容易渗漏水的薄弱部位,如天沟、檐口、泛水、水落口等处,均应加铺 1 或 2 层卷材附加层。

（5）屋面特殊部位的铺贴

天沟、檐沟、檐口、水落口、泛水、变形缝和伸出屋面的管道防水构造,应符合设计要求。天沟、檐沟、檐口、泛水和立面卷材收头的端部应裁齐,塞入预留凹槽内,用金属压条钉压牢固,最大钉距不大于900mm,并用密封材料嵌填密实,凹槽距屋面找平层不小于 250mm,凹槽上部墙体应做防水处理,如图 8-18 所示。

知识扩展:

《屋面工程技术规范》(GB 50345—2012)

5.4　卷材防水层施工

5.4.1　卷材防水层基层应坚实、干净、平整,应无孔隙、起砂和裂缝。基层的干燥程度应根据所选防水卷材的特性确定。

5.4.2　卷材防水层铺贴顺序和方向应符合下列规定:

1　卷材防水层施工时,应先进行细部构造处理,然后由屋面最低标高向上铺贴;

2　檐沟、天沟卷材施工时,宜顺檐沟、天沟方向铺贴,搭接缝应顺流水方向;

3　卷材宜平行屋脊铺贴,上下层卷材不得相互垂直铺贴。

5.4.3　立面或大坡面铺贴卷材时,应采用满粘法,并宜减少卷材短边搭接。

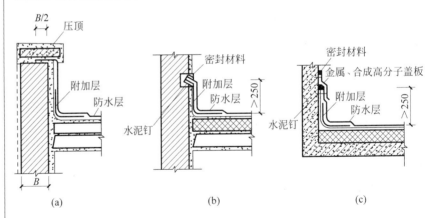

图 8-18　卷材收头处理

(a) 卷材泛水收头;(b) 砖墙卷材泛水收头;(c) 混凝土墙卷材泛水收头

水落口杯应牢固地固定在承重结构上,铸铁制品应除锈,并刷防锈漆;天沟、檐沟铺贴卷材应从沟底开始,如沟底过宽,卷材纵向搭接时,搭接缝必须用密封材料封口,密封材料必须嵌填密实、连续、饱满,粘结牢固,无气泡,不开裂脱落。沟内卷材附加层与屋面交接处宜空铺,其空铺宽度不小于200mm,卷材防水层应由沟底翻上至沟外檐顶部,卷材收头应用水泥钉固定,并用密封材料封严,铺贴檐口800mm范围内的卷材应采取满粘法。

铺贴泛水处的卷材应采用满粘法,防水层贴入水落口杯内不小于50mm,水落口周围直径500mm范围内的坡度不小于5%,并用密封材料封严。

变形缝处的泛水高度不小于250mm,伸出屋面管道的周围与找平层或细石混凝土防水层之间应预留20mm×20mm的凹槽,并用密封材料嵌填密实,在管道根部直径500mm范围内,找平层应抹出高度不小于30mm的圆台,管道根部应增设附加层,宽度和高度均不小于300mm,管道上的卷材收头应用金属箍紧固,并用密封材料封严,如图8-19所示。

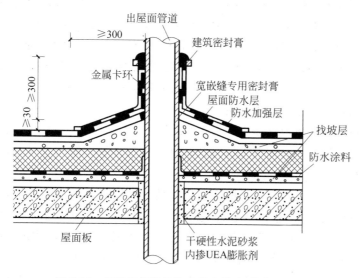

图8-19 出屋面管道的防水节点做法(单位:mm)

(6)排汽屋面的施工

卷材应铺设在干燥的基层表面上,当屋面保温层或找平层干燥有困难,又急需铺设屋面防水层时,则应采用排汽屋面。排汽屋面是整体连续的,在屋面与垂直面连接的地方,隔汽层应延伸到保温层的顶部,并高出150mm,以防止屋内的水蒸气进入保温层,造成保温层的破坏,保温层的含水率应符合设计要求。在铺贴第一层卷材时,采用条粘、点粘、空铺等方法使卷材与基层之间留有纵、横相互贯通的空隙做排气道,如图8-20所示,排汽道的宽度为30~40mm,深度一直到结构层。对于有保温层的屋面,也可在保温层上面的找平层上留设凹槽作为排汽道,并在屋面或屋脊上设置一定数量的排气孔(每36爪,左、右各一个)与大气相通,这样就能使潮湿基层中的水分蒸发排出,防止卷材起鼓。排汽屋面适用于气候潮湿,雨量充沛,夏季阵雨多,保温层或找平层含水率较大,且干燥有困难的地区。

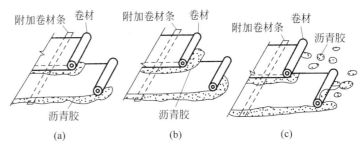

图 8-20 排汽屋面卷材铺法

(a) 卷材；(b) 沥青胶；(c) 点粘法

2) 高聚物改性沥青防水卷材施工

高聚物改性沥青防水卷材是指对石油沥青进行改性,改善防水卷材使用性能,延长防水层使用寿命而生产的一类沥青防水卷材。对沥青的改性主要是通过添加高分子聚合物来实现,其分类品种包括塑性体沥青防水卷材、弹性体沥青防水卷材、自粘结油毡、聚乙烯膜沥青防水卷材等。使用较为普遍的是 SBS 改性沥青卷材、APP 改性沥青卷材、PVC 改性沥青卷材、再生胶改性沥青卷材等。其施工工艺流程与普通沥青防水卷材防水层相同。

依据高聚物改性沥青防水卷材的特性,其施工方法有冷粘法、热熔法和自粘法。在立面或大坡面铺贴高聚物改性沥青防水卷材时,应采用满粘法,并减少短边搭接。

(1) 冷粘法施工是利用毛刷将胶粘剂涂刷在基层或卷材上,然后直接铺贴卷材,使卷材与基层、卷材与卷材粘结的方法。施工时,胶粘剂应涂刷均匀、不露底、不堆积。空铺法、条粘法、点粘法应按规定的位置与面积涂刷胶粘剂。铺贴卷材时应平整顺直,搭接尺寸准确,接缝应满涂胶粘剂,滚压粘结牢固,不得扭曲,破折溢出的胶粘剂随即刮平封口,也可用热熔法接缝。接缝口处应用密封材料封严,宽度不小于 10mm。

(2) 热熔法施工是指利用火焰加热器熔化热熔型防水卷材底层的热熔胶进行粘贴的方法。施工时,当卷材表面热熔后,应立即铺贴卷材,使之平展并粘结牢固。搭接缝处必须以溢出热熔的改性沥青胶为宜,并应随即刮封接口。加热卷材时应均匀,不得过分加热或烧穿卷材。对于厚度小于 3mm 的高聚物改性沥青防水卷材,严禁采用热熔法施工。

(3) 自粘法施工是指采用带有自粘胶的防水卷材,不用热施工,也不需要涂刷胶粘剂而进行粘结的方法。施工时,基层表面应均匀涂刷基层处理剂,待干燥后及时铺贴卷材。铺贴时,应先将自粘胶底面隔离纸完全撕净,排出卷材下面的空气,并辊压粘结牢固,不得空鼓。搭接部位必须采用热风焊枪加热,随即粘贴牢固,溢出的自粘胶随即刮平封

知识扩展：

《屋面工程技术规范》(GB 50345—2012)

5.4.6 冷粘法铺贴卷材应符合下列规定：

1 胶粘剂涂刷应均匀,不得露底、堆积；卷材空铺、点粘、条粘时,应按规定的位置及面积涂刷胶粘剂；

2 应根据胶粘剂的性能与施工环境、气温条件等,控制胶粘剂涂刷与卷材铺贴的间隔时间；

3 铺贴卷材时应排除卷材下面的空气,并应辊压粘贴牢固；

4 铺贴的卷材应平整顺直,搭接尺寸应准确,不得扭曲、皱折；搭接部位的接缝应满涂胶粘剂,辊压应粘贴牢固；

5 合成高分子卷材铺好压粘后,应将搭接部位的粘合面清理干净,并应采用与卷材配套的接缝专用胶粘剂,在搭接缝粘合面上应涂刷均匀,不得露底、堆积,应排除缝间的空气,并用辊压粘贴牢固；

口。接缝口处用不小于10mm宽的密封材料封严。

3）合成高分子防水卷材施工

合成高分子防水卷材的主要品种有三元乙丙橡胶防水卷材、氯化聚乙烯-橡胶共混防水卷材、氯化聚乙烯防水卷材、聚氯乙烯防水卷材等。其施工工艺流程与前面相同。施工方法有冷粘法、自粘法、热风焊法等。

冷粘法施工、自粘法施工与高聚物改性沥青防水卷材的施工基本相同，但冷粘法施工时，搭接部位应采用与卷材配套的接缝专用胶粘剂，在搭接缝结合面上涂刷均匀，并控制涂刷与粘合的间隔时间，排出空气，并辊压粘结牢固。

热风焊法是利用热空气焊枪进行防水卷材搭接粘合的方法。焊接前，应将卷材铺放平整顺直，搭接尺寸应正确。施工时，应将焊接缝的结合面清扫干净，不应有水、油污及附着物。先焊长边搭接缝，后焊短边搭接缝，焊接处不得有漏焊、缺焊、焊焦或焊接不牢的现象，不得损坏非焊接部位的卷材。

5. 保护层施工

卷材铺设完毕后，经检查合格，应立即进行保护层施工，及时保护防水层避免损坏，从而延长卷材防水层的使用年限。常用的保护层做法如下。

1）涂料保护层

涂料保护层涂料一般在现场配制，常用的有铝基沥青悬浮液、丙烯酸浅色涂料以及在涂料中掺入铝粉的反射涂料。施工前，防水层的表面应干净无杂物。涂刷方法与用量按涂料使用说明书操作，涂刷应均匀，不漏涂。

2）绿豆砂保护层

绿豆砂保护层在沥青卷材非上人屋面中使用较多。在卷材表面涂刷最后一道沥青胶后，趁热铺撒一层粒径为3~5mm的绿豆砂，绿豆砂应铺撒均匀，不能有重叠堆积的现象，全部嵌入沥青胶中。为了嵌入牢固，绿豆砂须经干燥并加热至100℃左右后使用。

3）细砂、云母、蛭石保护层

细砂、云母、蛭石保护层主要用于非上人屋面涂膜防水层。使用前，应先筛去粉料，当涂刷最后一道涂料时，应边涂刷边撒细砂（或云母、蛭石），同时用胶辊反复滚压，使保护层牢固地粘结在涂层上。

4）水泥砂浆保护层

水泥砂浆保护层与防水层之间应设置隔离层，水泥砂浆保护层厚度一般为15~25mm，配合比一般为1:2.5~1:3（体积比）。

由于水泥砂浆干缩较大，在保护层施工前，应根据结构情况每隔4~6m用木模设置纵、横分格缝。在铺设水泥砂浆时，应随铺随拍实，并用刮尺找平，排水坡度应符合设计要求。为保证立面水泥砂浆保护层粘结牢固,在立面防水层施工时,应预先在防水层表面粘上砂粒或小豆石,再做保护层。

5) 细石混凝土保护层

施工前,应在防水层上铺设隔离层,并按设计要求支设好分格缝木模,设计无要求时,每格面积不大于 $36m^2$,缝宽 20mm。一个分格内的混凝土应连续浇筑,不留施工缝。振捣宜采用铁辊滚压或人工拍实,以防破坏防水层。拍实后,随即用刮尺按排水坡度刮平,初凝前用木抹子提浆抹平,初凝后及时取出分格缝木模,终凝前用铁抹子压光。

浇筑细石混凝土保护层后,应及时进行养护,养护时间不少于 7d,养护期满后,将分格缝清理干净,待干燥后嵌填密封材料。

6) 块材保护层

块材保护层的结合层一般采用砂或水泥砂浆。块材铺砌应平整,并满足排水要求。在砂结合层上铺砌块材时,砂层应洒水压实、刮平。块材应对接铺砌,缝隙宽度为 10mm 左右,砌完洒水轻拍压实,以免产生翘角现象。板缝先用砂填至一半的高度,再用 1:2 水泥砂浆勾成凹缝。为防止砂子流失,应在保护层四周 500mm 范围内改用低强度等级水泥砂浆做结合层。

当采用水泥砂浆做结合层时,应先在防水层上做隔离层,隔离层可采用热砂、干铺油毡、铺纸筋灰、麻刀灰、黏土砂浆、白灰砂浆等。预制块材应先浸水湿润并阴干,摆铺完后,应立即挤压密实、平整,使之结合牢固,块体间预留 10mm 的缝隙,然后用 1:2 水泥砂浆勾成凹缝。

块体保护层每 100m² 以内应留设分格缝,以防止因热胀冷缩而造成板块起拱或板缝过大,缝宽为 20mm,缝内嵌填密封材料。

对于上人屋面的块体保护层,应按照楼地面工程质量的要求选用块体材料,结合层应选用 1:2 水泥砂浆。

8.2.2　涂膜防水施工

1. 屋面涂膜防水施工

1) 涂膜防水屋面的构造及适用范围

涂膜防水屋面是在屋面基层上涂刷防水涂料,经固化后形成一层有一定厚度和弹性的整体涂膜层,从而达到防水目的的一种防水屋面形式,如图 8-21 所示。这种防水屋面具有施工操作简便,无污染,冷操作,无接缝,能适应复杂的基层表面,防水性能好,温度适应性强,容易修补等特点。它适用于防水等级为Ⅲ、Ⅳ级的防水屋面,也可作为Ⅰ、Ⅱ级防水屋面多道设防中的一道防水层。

知识扩展:

《屋面工程技术规范》(GB 50345—2012)

5.5　涂膜防水层施工

5.5.1　涂膜防水层的基层应坚实、平整、干净,应无孔隙、起砂和裂缝。基层的干燥程度应根据所选用的防水涂料特性确定;当采用溶剂型、热熔型和反应固化型防水涂料时,基层应干燥。

5.5.2　基层处理剂的施工应符合本规范第 5.4.4 条的规定。

5.5.3　双组分或多组分防水涂料应按配合比准确计量,应采用电动机具搅拌均匀,已配制的涂料应及时使用。配料时,可加入适量的缓凝剂或促凝剂调节固化时间,但不得混合已固化的涂料。

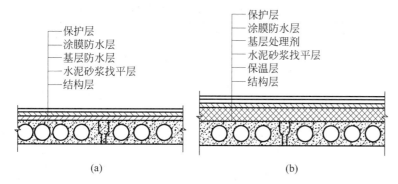

图8-21　涂膜防水屋面构造图

(a) 无保温层涂膜防水屋面；(b) 有保温层涂膜防水屋面

2）材料要求

防水涂料根据成膜物质的主要成分可分为高聚物改性沥青防水涂料和合成高分子防水涂料两种；根据防水涂料形成液态的方式，可分为溶剂型、反应型和水乳型三类。

高聚物改性沥青类防水涂料是以高聚物改性沥青为基料制成的水乳型或溶剂型防水涂料，如再生胶改性沥青防水涂料、水乳型氯丁橡胶沥青防水涂料、SBS橡胶改性沥青防水涂料等。高聚物改性沥青类防水涂料适用于民用及工业建筑防水屋面、厕浴间、厨房的防水，地下室、水池的防水、防潮工程以及旧油毡屋面工程的维修。在实践使用时，应检验涂料的固体含量、延伸性、柔韧性、不透水性、耐热性等技术指标合格后才能使用。

合成高分子类防水涂料是以合成橡胶或合成树脂为主要成膜物质，加入其他辅料而配成的单组分或双组分防水涂料，主要有聚氨酯、硅橡胶、水乳型、丙烯酸酯、聚氯乙烯、水乳型三元乙丙橡胶防水涂料等。

聚氨酯防水涂料主要用于防水等级为Ⅰ、Ⅱ、Ⅲ级的非外露屋面、墙体及卫生间的防水防潮工程，地下围护结构的迎水面防水，地下室、蓄水池、人防工程等的防水。

丙烯酸酯防水涂料具有良好的耐候性、耐热性和耐紫外线性，在−30～80℃范围内性能基本无变化，能适应基层的开裂与变形。施工中的检验项目与聚氨酯防水涂料相同。该产品是由有机液料和无机粉料复合而成的双组分防水涂料，既有有机材料弹性高的优点，又有无机材料耐久性好的优点，可在潮湿或干燥的砖石、砂浆、混凝土、金属、木材、各种保温层、防水层上直接施工，涂层坚韧高强，耐水、耐候、耐久性强，无毒、无害，且施工简单，是目前工程上应用较广的一种新型材料。常用防水涂料如表8-12所示。

知识扩展：

《屋面工程技术规范》（GB 50345—2012）

5.5.4 涂膜防水层施工应符合下列规定：

1 防水涂料应多遍均匀涂布，涂膜总厚度应符合设计要求；

2 涂膜间夹铺胎体增强材料时，宜边涂布边铺胎体；胎体应铺贴平整，应排除气泡，并应与涂料粘结牢固。在胎体上涂布涂料时，应使涂料浸透胎体，并应覆盖完全，不得有胎体外露现象。最上面的涂膜厚度不应小于1.0mm；

3 涂膜施工应先做好细部处理，再进行大面积涂布；

4 屋面转角及立面的涂膜应薄涂多遍，不得流淌和堆积。

表 8-12　常用防水涂料的性能和用途

名　　称	特　　点	适 用 范 围
乳化沥青防水涂料	成本低、施工方便、耐候性好，但延伸率低	适用于民用及工业建筑厂房的复杂屋面和青灰屋面防水，也可涂于屋顶钢筋板面及油毡屋面防水
橡胶改性沥青防水涂料	有一定的柔韧性和耐火性，常温下冷施工安全可靠	适用于工业及民用建筑的保温屋面、地下室、洞体、冷库地面等的防水
硅橡胶防水涂料	防水性、成膜性、弹性粘结性能好，安全无毒	适用于地下工程、储水池、厕浴间屋面的防水
PVC 防水涂料	具有弹塑性，能适应基层的一般开裂或变形	可用于屋面及地下工程，蓄水池、水沟、天沟的防腐和防水
三元乙丙橡胶防水涂料	具有高强度、高弹性、高伸长率，施工方便	可用于宾馆、办公楼、厂房、仓库宿舍的建筑屋面和地面的防水
氯磺化聚乙烯防水涂料	涂层附着力高，耐腐蚀、耐老化	可用于地下工程、海洋工程、石油化工、建筑屋面和地面防水
聚丙烯酸酯防水涂料	粘结性强，防水性好，伸长率高，耐老化，能适应基层的开裂变形，冷施工安全可靠	广泛应用于中、高级建筑工程的各种防水工程，平面、立面均可施工
粉状黏性防水涂料	属于刚性防水，涂层寿命长，经久耐用，不存在老化问题	适用于建筑屋面、厨房、厕浴间、坑道、隧道地理工程防水

知识扩展：

《屋面工程技术规范》(GB 50345—2012)

5.5.5　涂膜防水层施工工艺应符合下列规定：

1　水乳型及溶剂型防水涂料宜选用滚涂或喷涂施工；

2　反应固化型防水涂料宜选用刮涂或喷涂施工；

3　热熔型防水涂料宜选用刮涂施工；

4　聚合物水泥防水涂料宜选用刮涂法施工；

5　所有防水涂料用于细部构造时，宜选用刷涂或喷涂施工。

3）基层要求

涂膜防水层要求基层刚度大，找平层有一定强度，表面平整密实，不应起砂、起壳、龟裂、爆皮等现象。表面平整度用 2m 直尺检查，基层与直尺的最大间隙不超过 5mm，间隙平缓变化。基层与突出屋面结构连接处及转角处应做成圆弧形或钝角。应按设计要求做好排水坡度，不得有积水现象。施工前，应将分格缝清理干净，不得有异物或浮灰。对屋面板缝的处理，应遵守有关规定。基层干燥后，方可进行涂膜防水施工。

4）涂膜防水层施工

涂膜防水层施工工艺流程如下：基层表面清理和修整→涂刷基层处理剂→特殊部位附加层处理→涂刷防水涂料及铺贴胎体增强材料→清理与检查修理→保护层施工。

涂膜防水层必须由两层或两层以上涂层组成，每层应涂刷 2～3 遍，且应分层分遍涂布，不能一次涂成，待先涂的涂层干燥后，方可涂下一层，其厚度应符合表 8-13 的规定。

表 8-13 涂膜厚度选用表

屋面防水等级	设防道数	高聚物改性沥青防水涂料	合成高分子防水涂料
Ⅰ级	三道或三道以上设防	—	不应小于 1.5mm
Ⅱ级	二道设防	不应小于 3.0mm	不应小于 1.5mm
Ⅲ级	一道设防	不应小于 3.0mm	不应小于 2.0mm
Ⅳ级	一道设防	不应小于 3.0mm	—

涂料的涂布顺序为先高跨后低跨,先远后近,先立面后平面。在同一屋面上,应先涂布排水较集中的水落口、天沟、檐口等节点部位,再进行大面积涂布。涂层应厚薄均匀,表面平整,不得有露底、漏涂和堆积现象。两涂层施工间隔时间不宜过长,否则易形成分层现象。

涂层中加铺胎体增强材料时,宜边涂边铺。胎体增强材料长边搭接宽度不得小于 50mm,短边搭接宽度不得小于 70mm。当屋面坡度小于 15% 时,可平行于屋脊铺设;当屋面坡度大于 15% 时,可垂直于屋脊铺设。采用两层胎体增强材料时,上、下层不得相互垂直铺设,搭接缝应错开,其间距不应小于幅宽的 1/3。

找平层分格缝处应增设胎体增强材料的空铺附加层,其宽度以 200~300mm 为宜。涂膜防水层收头应用防水涂料多遍涂刷,或用密封材料封严。在涂膜未干前,不得在防水层上进行其他作业。不得直接在涂膜防水屋面上堆放物品。隔汽层的设置原则与卷材防水屋面相同。

5) 涂膜防水层的保护层

涂膜防水屋面应设置保护层,保护层材料可采用细砂、云母、蛭石、浅色涂料、水泥砂浆或块材等。当采用细砂、云母、蛭石时,应在最后一遍防水涂料涂刷后随即撒上,并用扫帚轻扫均匀、轻拍粘牢。当采用水泥砂浆或块体材料时,应在涂膜与保护层之间设置隔离层。当采用浅色涂料做保护层时,应在涂膜固化后设置保护层。

2. 卫生间涂膜防水施工

聚氨酯涂膜防水材料是双组分化学反应固化型的高弹性防水材料,当卫生间使用该材料时,多以甲、乙双组分形式使用。其主要材料有聚氨酯涂膜防水材料甲组分、聚氨酯涂膜防水材料乙组分和无机铝盐防水剂等。施工用辅助材料有二甲苯、醋酸乙酯、磷酸等。

1) 基层处理

卫生间的防水基层必须用 1∶3 的水泥砂浆找平,要求抹平、压光、无空鼓,表面要坚实,不应有起砂、掉灰现象。在抹找平层时,在管道根部的周围,应使其略高于地面;在地漏的周围,应做成略低于地面的凹坑。找平层的坡度以 1%~2% 为宜,坡向地漏。凡遇到阴阳角处,应抹

知识扩展:

《屋面工程技术规范》(GB 50345—2012)

5.5.6 防水涂料和胎体增强材料的储运、保管,应符合下列规定:

1 防水涂料包装容器应密封,容器表面应标明涂料名称、生产厂家、执行标准号、生产日期和产品有效期,并应分类存放;

2 反应型和水乳型涂料储运和保管环境温度不宜低于 5℃;

3 溶剂型涂料储运和保管环境温度不宜低于 0℃,并不得日晒、碰撞和渗漏;保管环境应干燥、通风,并应远离火源、热源;

4 胎体增强材料储运、保管环境应干燥、通风,并应远离火源、热源。

成半径不小于 10mm 的小圆弧。与找平层相连接的管件、卫生洁具、排水口等,必须安装牢固,收头圆滑,按设计要求用密封膏嵌固。基层必须干燥,一般在基层表面均匀、泛白、无明显水印时,才能进行涂膜防水层施工。施工前,应把基层表面的尘土彻底清扫干净。

2)施工工艺

清理基层时,对于需做防水处理的基层表面,必须彻底清除干净。

涂布底胶是将聚氨酯甲、乙两组分和二甲苯 1∶1.5∶2 的比例(质量比,以产品说明为准)配合搅拌均匀,再用小滚刷或油漆刷均匀涂布在基层表面上。涂刷量为 0.15～0.20kg/m²,涂刷后,应干燥固化 4h 以上,才能进行下一道工序的施工。

配制聚氨酯涂膜防水涂料是将聚氨酯甲、乙组分和二甲苯按 1∶1.5∶0.3 的比例配合,用电动搅拌器强力搅拌均匀备用,应随配随用,一般在 2h 内用完。

涂膜防水层施工是用小滚刷或油漆刷将已配好的防水涂料均匀涂布在底胶已干涸的基层表面。涂完第一层涂膜后,一般需固化 5h 以上,在基本不粘手时,再按上述方法涂布第二、三、四层涂膜,并使后一层与前一层的涂抹方向垂直。对于管子根部、地漏周围以及墙转角部位,必须认真涂刷,涂刷厚度不小于 2mm。在涂刷最后一层涂膜固化前,应及时稀撒少许干净的粒径为 2～3mm 的小豆石,使其与涂膜防水层粘结牢固,作为与水泥砂浆保护层粘结的过渡层。

当聚氨酯涂膜防水层完全固化和通过蓄水试验合格后,即可铺设一层厚度为 15～25mm 的水泥砂浆保护层,然后按设计要求铺设饰面层。

3)质量要求

聚氨酯涂膜防水材料的技术性能应符合设计要求或材料标准规定,并应附有质量证明文件、现场取样进行监测的实验报告以及其他有关质量的证明文件。聚氨酯的甲、乙料必须密封存放,甲料开盖后,吸收空气中的水分会引起反应而固化,如在施工中混有水分,则聚氨酯固化后内部会有水泡,影响防水能力。涂膜厚度应均匀一致,总厚度不应小于 1.5mm。涂膜防水层必须均匀固化,不应有明显的凹坑、气泡和渗漏水的现象。

4)卫生间涂膜防水施工注意事项

施工用材料有毒性,存放材料的仓库和施工现场必须通风良好,无通风条件的地方必须安装机械通风设备。

施工材料多属易燃物质,存放、配料以及施工现场必须严禁烟火,现场要配备足够的消防器材。

在施工过程中,严禁上人踩踏未完全干燥的涂膜防水层。操作人员应穿平底胶布鞋,以免损坏涂膜防水层。

凡需做附加补强层的部位,应先施工,然后再进行大面积防水层施工。

已完工的涂膜防水层,必须经蓄水试验无渗漏现象后,方可进行刚性保护层的施工,进行刚性保护层施工时,切勿损坏防水层,以免留下渗漏隐患。

8.2.3 刚性防水屋面施工

1. 一般构造及适用范围

刚性防水屋面是指使用刚性防水材料做防水层的屋面,主要有普通细石混凝土防水屋面、补偿收缩混凝土防水屋面、块材刚性防水屋面、预应力混凝土防水屋面等。与卷材防水屋面和涂膜防水屋面相比,刚性防水屋面所用的材料购置方便,价格便宜,耐久性好,维修方便,但刚性防水屋面材料的表观密度大,抗拉强度低,极限拉应力小,易受混凝土或砂浆的干湿变形、温度变形和结构变位而产生裂缝。它主要适用于防水等级为Ⅲ级的屋面防水,也可作为Ⅰ、Ⅱ级屋面防水多道设防中的一道防水层;不适用于设有松散材料做保温层的屋面,以及受震动较大、坡度大于15%的屋面。其构造如图8-22所示。

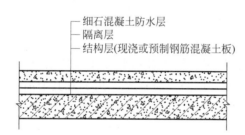

图 8-22 细石混凝土防水屋面构造

2. 材料要求

防水层的细石混凝土宜采用普通硅酸盐水泥或硅酸盐水泥,用矿渣硅酸盐水泥时,应采取减少泌水性措施。水泥强度等级不宜低于32.5级,不得使用火山灰质水泥。在防水层的细石混凝土和砂浆中,粗骨料的最大粒径不宜超过15mm,含泥量不应大于1%;细骨料应采用中砂或粗砂,含泥量不应大于2%;拌和用水应采用不含有害物质的洁净水。混凝土水灰比不应大于0.55,每立方米混凝土水泥用量不应小于330kg,含砂率宜为35%～40%,水灰比为1∶2.0～1∶2.5,并宜掺入外加剂,混凝土强度不得低于C20。普通细石混凝土、补偿收缩混凝土的自由膨胀率应为0.05%～0.10%。

块体刚性防水层使用的块体材料应无裂纹,无石灰颗粒,无灰浆泥面,无缺棱掉角,质地密实,表面平整。

知识扩展:

《全国民用建筑工程设计技术措施——规划·建筑·景观》

7.7.2 刚性防水层的基本要求:

1 细石混凝土的厚度应不小于40mm,宜为50mm;

2 应配筋φ4～φ6,间距100～200mm双向,分缝处应断开。

7.7.3 刚性防水层应设分格缝,其纵横间距不宜大于6m,缝宽宜为5～30mm;与山墙、女儿墙等交接处也应留缝,缝宽20～30mm,并用防水密封材料嵌实。

7.7.4 刚性防水层由于存在自重大,易开裂等缺点,不宜单独用于屋面防水,而宜与柔性防水材料组成两道或两道以上的复合多道设防的Ⅰ、Ⅱ级防水屋面。刚性防水层应设在柔性防水层的上面,两者之间应设隔离层。

3. 基层处理

刚性防水屋面的结构层宜为整体现浇的钢筋混凝土板,应保证屋面的洁净,清除屋面上的杂物。当屋面结构采用装配式钢筋混凝土板时,应用强度等级不小于 C20 的细石混凝土灌缝,灌缝的细石混凝土宜掺膨胀剂。当屋面板板缝宽度大于 40mm 或上窄下宽时,板缝内必须设置构造钢筋,应对板缝进行密封处理。在刚性防水层与山墙、女儿墙以及突出屋面结构的交接处,均应做柔性密封处理,刚性防水屋面的坡度宜为 2%～3%,并应采用结构找坡。天沟、檐沟应用水泥砂浆找坡,找坡厚度大于 20mm 时,宜采用细石混凝土。

4. 隔离层施工

应在结构层与防水层之间增加一层低强度等级砂浆、卷材、塑料薄膜等材料,起隔离作用,使结构层和防水层的变形相互不受约束,以减少防水混凝土产生拉应力而导致混凝土防水层开裂。

1) 乳土砂浆(石灰砂浆)隔离层施工

基层应清扫干净,洒水湿润,但不得有积水,将石灰膏:砂:黏土按 1:2.4:3.6(或石灰膏:砂=1:4)配置的材料拌和均匀,砂浆以干稠为宜,铺层的厚度为 10～20mm,要求表面平整、压实、抹光,待砂浆基本干燥后,方可进行下一道工序的施工。

2) 卷材隔离层施工

用 1:3 水泥砂浆将结构层找平,并压实抹光养护,在干燥的找平层上铺一层 3～8mm 厚的干细砂做滑动层,在其上铺一层卷材,搭接缝用热沥青胶粘结,也可以在找平层上直接铺一层塑料薄膜。

做好隔离层继续施工时,要注意对隔离层加强保护。不能直接在隔离层表面上运输混凝土,应采取垫板等措施;绑扎钢筋时,不得破坏卷材表面。浇捣混凝土时,更不能破坏隔离层。

5. 分格缝的处理

为防止大面积的刚性防水层因温差、混凝土收缩等影响而产生裂缝,应按设计要求设置分格缝。其位置一般应设在结构应力变化较突出的部位,如结构层屋面板的支承端、屋面转角处、防水层与突出屋面结构的交接处,并应与板缝对齐。分格缝的纵、横间距一般不大于 6m,或一间一分格,分格面积以不大于 36m^2 为宜,缝宽宜为 20～40mm,分格缝中应嵌填密封材料。

分格缝的做法是在施工刚性防水层前,先在隔离层上定好分格缝位置,再安放分格条,然后按分格板块浇筑混凝土,待混凝土初凝后,将分格条取出即可。分格缝处可采用嵌填密封材料并加贴防水卷材的办法进行处理,以增加防水的可靠性。

6. 铺设钢筋网

为防止刚性防水层在使用过程中产生裂缝而影响防水效果,应按设计要求设置钢筋网。当无设计要求时,可配置双向钢筋网,钢筋直径为 4~6mm,间距为 100~200mm。钢筋应采用绑扎或焊接,钢筋网片应放置在混凝土的中上部,保护层厚度不应小于 10mm,钢筋要调直,不得有弯曲、锈蚀、油污等。钢筋应在分格缝处断开,为保证钢筋网位置正确,可先在隔离层上满铺钢筋,绑扎成型后,再按照分格缝位置剪断。

7. 刚性防水层施工

1) 细石混凝土防水层施工

浇筑混凝土应按先远后近、先高后低的原则进行,一个分格缝内的混凝土必须一次连续浇筑完毕,不得留施工缝。细石混凝土防水层的厚度不应于 40mm,要严格控制混凝土的质量,加入外加剂时,应准确计量,投料顺序正确,搅拌均匀。搅拌混凝土时,宜采用机械进行搅拌,搅拌时间不少于 2min,在混凝土运输过程中,应防止漏浆和离析。浇筑混凝土时,应先用平板振动器振实,再用滚筒滚压至表面平整、泛浆,然后用铁抹子压实抹平,并确保防水层的设计厚度和排水坡度。抹压时,严禁在表面洒水、加水泥浆或撒干水泥,待混凝土初凝收水后,应进行二次表面压光,或在终凝前三次压光成活,以提高其抗渗性。混凝土浇筑 12~24h 后,应进行养护,养护时间不少于 14d。在养护初期,防水屋面不得上人,施工时的气温宜为 5~35℃,应避免在负温或烈日暴晒下施工,也不宜在雪天或六级风以上施工,以保证防水层的施工质量。

2) 补偿收缩混凝土防水层施工

补偿收缩混凝土防水层是在细石混凝土中掺入膨胀剂拌制而成的。硬化后的混凝土产生微膨胀,以补偿普通混凝土的收缩,它在配筋的情况下,由于钢筋限制其膨胀,从而使混凝土产生自应力,起到致密混凝土、提高混凝土抗裂性和抗渗性的作用。其施工要求与普通细石混凝土防水层大致相同。当用膨胀剂拌制补偿收缩混凝土时,应按配合比准确计量,搅拌投料时,膨胀剂应与水泥同时加入,混凝土的搅拌时间不少于 3min。

3) 块体刚性防水层施工

在块体刚性防水层施工时,应用 1:3 水泥砂浆铺砌,块体之间的缝宽应为 12~15mm,坐浆厚度不应小于 25mm,面层应用 1:2 水泥砂浆,其厚度不应小于 12mm。水泥砂浆中必须掺入防水剂,防水剂掺量必须准确,并用机械搅拌均匀,随拌随用。铺抹底层水泥砂浆防水层时,应均匀连续,不得留施工缝。

铺设块材后,在铺砌砂浆终凝前,严禁上人踩踏。面层施工时,块材之间的缝隙应用水泥砂浆灌满填实,面层水泥砂浆应二次压光,做到抹平压实。面层施工完成12~24h后,应进行养护,养护时间不应少于7d,养护初期屋面不得上人。

8.2.4 常见渗漏及防治方法

造成屋面渗漏的原因较多,包括设计、施工、材料质量、维修管理等。要提高屋面防水工程的质量,应以材料为基础,以设计为前提,以施工为关键,并加强维护,对屋面工程进行综合治理。

1. 屋面渗漏及堵漏技术

1)屋面渗漏的原因

山墙、女儿墙和突出屋面的烟囱等墙体与防水层相交的部位常渗漏雨水,其原因是节点做法过于简单,垂直面卷材与屋面卷材没有很好地分层搭接,或卷材收口处开裂,在冬季不断冻结,夏天炎热熔化,使开口增大,并延伸至屋面基层,造成漏水。此外,卷材转角处未做成圆弧形、钝角,或角太小,女儿墙压顶砂浆等级低,滴水线未做或没有做好等原因,也会造成渗漏。

天沟漏水的原因是天沟长度大,纵向坡度小,雨水口少,雨水斗四周卷材粘贴不严,排水不畅,造成漏水。

屋面变形缝(伸缩缝、沉降缝)处漏水的原因是处理不当,如薄钢板凸棱安反了,薄钢板安装不牢,泛水坡度不当而造成漏水。

挑檐、檐口处漏水的原因是檐口砂浆未压住卷材,封口处卷材张口,檐口砂浆开裂,下口滴水线未做好而造成漏水。

雨水口处漏水的原因是雨水口处的雨水斗安装过高,泛水坡度不够,使雨水沿雨水斗外侧流入室内,造成漏水。

厕所、厨房的通气管根部漏水的原因是防水层未盖严,或包管高度不够,未在油毡上口缠麻丝或钢丝,油毡没有做压毡保护层,使雨水沿出气管进入室内造成渗漏。

大面积漏水的原因是屋面防水层找坡不够,表面凹凸不平,造成屋面积水而渗漏。

2)屋面渗漏的预防及治理办法

当女儿墙压顶开裂时,可铲除开裂压顶的砂浆,重抹1:2~1:2.5水泥砂浆,并做好滴水线,有条件时,可换成预制钢筋混凝土压顶板。在突出屋面的烟囱、山墙、管根等与屋面交接处、转角处,应做成钝角。垂直面与屋面的卷材应分层搭接。对已漏水的部位,可将转角渗漏处的卷材割开,并分层将旧卷材烤干剥离,清除原有沥青胶,如图8-23、图8-24所示。

对于出屋面管道,应将管根处做成钝角,并建议设计单位加做防雨罩,使油毡在防雨罩下收头,如图8-25所示。

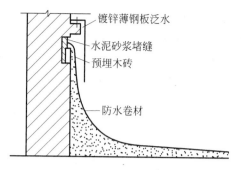

图 8-23　女儿墙镀锌薄钢板泛水

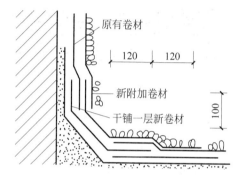

图 8-24　转角渗漏处卷材处理(单位:mm)

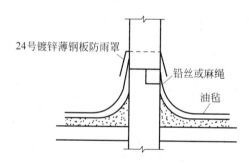

图 8-25　出屋面管加薄钢板防雨罩

对于檐口漏雨,应将檐口处旧卷材掀起,用 24 号镀锌薄钢板将其钉于檐口,将新卷材贴于薄钢板上,如图 8-26 所示。

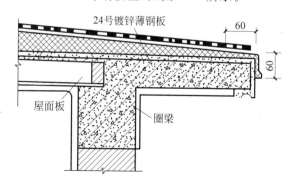

图 8-26　枪口漏雨处理(单位:mm)

知识扩展:

《屋面工程技术规范》(GB 50345—2012)

6　火源、热源等火灾危险源应加强管理;

7　屋面上需要进行焊接、钻孔等施工作业时,周围环境应采取防火安全措施。

5.1.6　屋面工程施工必须符合下列安全规定:

1　严禁在雨天、雪天和五级风及其以上时施工;

2　屋面周边和预留孔洞部位,必须按临边、洞口防护规定设置安全护栏和安全网;

3　屋面坡度大于30%时,应采取防滑措施;

4　施工人员应穿防滑鞋,特殊情况下无可靠安全措施时,操作人员必须系好安全带并扣好保险钩。

对于雨水口漏雨渗水，应将雨水斗四周卷材铲除，检查短管是否紧贴基层板面或铁水盘。如短管浮搁在找平层上，则应将找平层凿掉，清除后，安装好短管，再用搭槎法重做三毡四油防水层，然后进行雨水斗附近卷材的收口和包贴，如图 8-27 所示。

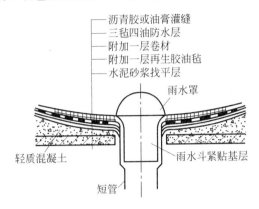

图 8-27 雨水口漏水处理

如用铸铁弯头代替雨水斗，则需将弯头凿开取出，清理干净后安装弯头，再铺一层卷材(或油毡)，其伸入弯头内的长度应大于 50mm，最后做防水层至弯头内，并与弯头端部搭接顺畅、抹压密实。对于大面积渗漏屋面，针对不同原因，可采用不同的方法进行治理。一般是将原豆石保护层清扫一遍，去掉松动的浮石，抹 20mm 厚水泥砂浆找平层，然后做卷材防水层和黄砂(或粗砂)保护层。

2. 卫生间渗漏及堵漏技术

卫生间用水频繁，如防水处理不当，就会发生渗漏。它主要表现为楼板管道滴漏水、地面积水、墙壁潮湿渗水，甚至下层顶板和墙壁也出现滴水等现象。治理卫生间的渗漏，必须先查找渗漏的部位和原因，然后有针对性地采取堵漏措施。

1) 板面及墙面渗水

板面及墙面渗水的原因是混凝土、砂浆施工质量不良，存在微孔渗漏；板面、隔墙出现轻微裂缝；防水涂层施工质量不好或被损坏。

如卫生间渗水，应拆除渗漏部位饰面材料，涂刷防水材料。

如有开裂现象，则应先对裂缝进行增强防水处理，再刷防水涂料。增强处理一般采用贴缝法、填缝法和填缝加贴缝法。贴缝法主要适用于微小的裂缝，可刷防水涂料，并加贴纤维材料或布条，做防水处理。填缝法主要适用于较显著的裂缝，施工时要先进行扩缝处理，将缝扩展成 15mm×15mm 左右的 V 形槽，清理干净后刮填嵌缝材料。填缝加贴缝法除采用填缝处理外，再在缝表面涂刷防水涂料，并粘贴纤维材料进行处理。

当渗漏不严重，饰面拆除困难时，也可直接在其表面刮涂透明或彩色聚氨酯防水涂料。

2）卫生洁具及穿楼板管道、排水管口等部位渗漏

上述部位发生渗漏的原因是细部处理方法欠妥,卫生洁具及管口周边填塞不严;管口连接件老化;由于震动及砂浆、混凝土收缩等,出现裂缝;卫生洁具及管口周边未用弹性材料处理,或施工时嵌缝材料及防水涂料粘结不牢;嵌缝材料及防水涂层被拉裂或拉离粘结面。

堵漏措施如下:将漏水部位彻底清理,刮填弹性嵌缝材料;在渗漏部位涂刷防水涂料,并粘贴纤维材料进行增强;更换老化管口连接件。

第 9 章

装饰工程施工

本章学习要求：

➢ 掌握抹灰工程的施工方法
➢ 掌握墙面工程的施工类型
➢ 掌握楼地面工程的施工方法
➢ 掌握吊顶与隔墙工程的施工方法
➢ 掌握涂料、刷浆与裱糊工程的施工方法
➢ 掌握门窗工程的施工类型

知识扩展：

《抹灰砂浆技术规程》(JGJ/T 220—2010)

6.1 内墙抹灰

6.1.1 内墙抹灰基层宜进行处理，并应符合下列规定：

1 对于烧结砖砌体的基层，应清除表面杂物、残留灰浆、舌头灰、尘土等，并应在抹灰前一天浇水润湿，水应渗入墙面内 10～20mm。抹灰时，墙面不得有明水。

2 对于蒸压灰砂砖、蒸压粉煤灰砖、轻骨料混凝土、轻骨料混凝土空心砌块的基层，应清除表面杂物、残留灰浆、舌头灰、尘土等，并可在抹灰前浇水润湿墙面。

3 对于混凝土基层，应先将基层表面的尘土、污垢、油渍等清除干净，再采用下列方法之一进行处理：

1) 可将混凝土基层凿成麻面；抹灰前一天，应浇水润湿，抹灰时，基层表面不得有明水；

9.1 抹灰工程

抹灰是将各种砂浆、装饰性石浆、石子浆涂抹在建筑物的墙面、顶棚、地面等表面上，除了保护建筑物，还可以作为饰面层，起到装饰作用。

9.1.1 一般抹灰工程的组成

抹灰工程施工一般分层进行，以利于抹灰牢固、抹面平整和保证质量。如果一次抹得太厚，由于内、外收水快慢不同，容易出现干裂、起鼓和脱落现象。抹灰工程的组成分为底层、中层和面层，如图 9-1 所示。

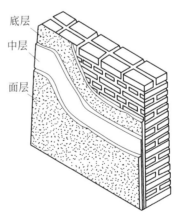

底层
中层
面层

图 9-1　一般抹灰

1. 底层

底层主要起与基层的粘结和初步找平作用。底层所使用的材料随基底不同而异,室内砖墙面常用石灰砂浆或混合砂浆;室外砖墙面和有防潮防水的内墙面常用水泥砂浆或混合砂浆;对混凝土基层,宜先刷一道水泥浆,采用混合砂浆或水泥砂浆打底,更易于粘结牢固,而高级装饰工程的预制混凝土板顶棚宜用掺108胶的水泥砂浆打底;木板条、钢丝网基层等,宜用混合砂浆、麻刀灰和纸筋灰,并将灰浆挤入基层缝隙内,以保证粘结牢固。

2. 中层

中层主要起找平作用。中层抹灰所使用砂浆的稠度为70~80mm,根据基层材料的不同,其做法与底层的做法基本相同。按照施工质量要求,可一次抹成,也可分层进行。

3. 面层

面层主要起装饰作用。所用材料应根据设计要求的装饰效果而定。室内墙面及顶棚抹灰常用麻刀灰和纸筋灰;室外抹灰常用水泥砂浆或水刷石等。

各抹灰层的厚度应根据基层的材料、抹灰砂浆种类、墙体表面的平整度、抹灰质量要求以及各地气候情况而定。抹水泥砂浆的每遍厚度宜为7~10mm;抹石灰砂浆和水泥混合砂浆的每遍厚度宜为5~7mm;当抹灰面层用麻刀灰、纸筋灰、石膏灰等罩面时,经赶平抹压密实后,其厚度一般不大于3mm。抹灰层的总厚度应视具体部位及基层材料而定。当顶棚为板条、现浇混凝土时,总厚度不应大于15mm;当顶棚为预制混凝土板时,总厚度不应大于18mm。当内墙为普通抹灰时,总厚度不应大于18~20mm;当内墙为高级抹灰时,总厚度不应大于25mm。外墙抹灰总厚度不应大于20mm;勒脚和突出部位的抹灰总厚度不应大于25mm。石墙抹灰总厚度不应大于35mm。对于装配式混凝土大板和大模板建筑的内墙面和大楼板底面,如果平整度较好、垂直偏差小,其表面可以不抹灰,用腻子分遍刮平,待各遍腻子粘结牢固后,进行表面刷浆、涂料即可,总厚度应为2~3mm。

9.1.2 一般抹灰工程的分类

抹灰工程按照抹灰施工部位的不同,可分为室外抹灰和室内抹灰。通常室内各种部位的抹灰称为室内抹灰,如内墙、楼地面、天棚抹灰等;室外各部位的抹灰称为室外抹灰,如外墙面、雨棚和檐口抹灰等。按使用材料和装饰效果不同,可分为一般抹灰和装饰抹灰,一般抹灰适用于水泥石灰砂浆、水泥砂浆、石灰砂浆、聚合物水泥砂浆、膨胀珍珠岩水泥砂浆、麻刀灰、纸筋灰、石膏灰等抹灰工程;装饰抹灰的底层和中层与

知识扩展:

《抹灰砂浆技术规程》(JGJ/T 220—2010)

2) 可在混凝土基层表面涂抹界面砂浆,界面砂浆应先加水搅拌均匀,无生粉团后再进行满批刮,并应覆盖全部基层表面,厚度不宜大于2mm。在界面砂浆表面稍收浆后再进行抹灰。

4 对于加气混凝土砌块基层,应先将基层清扫干净,再采用下列方法之一进行处理:

1) 可浇水润湿,水应渗入墙面内10~20mm,且墙面不得有明水;

2) 可涂抹界面砂浆,界面砂浆应先加水搅拌均匀,无生粉团后再进行满批刮,并应覆盖全部基层墙体,厚度不宜大于2mm。在界面砂浆表面稍收浆后再进行抹灰。

一般抹灰的做法基本相同,其面层主要有水刷石、水磨石、斩假石、干粘石、拉毛石、洒毛灰、喷涂、滚涂、弹涂、仿石和彩色灰浆等。

一般抹灰按使用要求、质量标准不同,可分为普通抹灰和高级抹灰两种。

普通抹灰要求分层涂抹、赶平,平面应光滑、洁净、接槎平整,分隔缝应清晰。它适用于一般工业与民用建筑以及高级建筑物中的辅助用房等。

高级抹灰要求分层涂抹、赶平,表面应光滑、洁净、颜色均匀、无抹纹、接槎平整,分格缝和灰线应清晰美观,阴阳角方正。它适用于大型公共建筑物、纪念性建筑物以及有特殊要求的高级建筑物等。

9.1.3　一般抹灰工程施工

抹灰工程应分遍进行,一次抹灰不宜太厚。如抹灰层太厚,会使抹灰层自重增大,灰浆易下坠脱离基层,导致出现空鼓。而且由于砂浆内、外干燥速度相差过大,表面易产生收缩裂缝。抹灰层与基层之间及各抹灰层之间必须粘结牢固,无脱落、空鼓,面层无爆灰和裂缝等。

1. 材料准备

抹灰前准备材料时,石灰膏应用块状生石灰淋制。如使用未经熟化的生石灰或过火石灰,会发生爆灰和开裂,即出现俗称"出天花""生石灰泡"的质量问题。因此石灰膏应在储灰池中常温熟化不少于 15d,用于罩面时不应少于 30d。抹灰用的石灰膏可用磨细生石灰粉代替,用于罩面时熟化期不少于 3d。在熟化期间,石灰浆表面应保留一层水,以使其与空气隔开而避免碳化,同时应防止其被冻结和污染。生石灰不宜长期存放,保质期不宜超过 1 个月。

抹灰用的砂子应过筛,不得含有杂物。抹灰砂一般用中砂,也可混合掺用粗砂与中砂,但对有抗渗性要求的砂浆,要求以颗粒坚硬洁净的细砂为好。装饰抹灰用的骨料(石粒、砾石等)应耐光、坚硬,使用前必须冲洗干净。

抹灰所用纸筋应预先浸透、捣烂、洁净,罩面纸筋宜用机碾磨细。麻刀应坚韧、干燥,不含杂质,其长度不得大于 30mm。

2. 基层处理

1) 墙面抹灰的基层处理

抹灰前,应对砖石、混凝土及木基层表面做处理,清除灰尘、污垢、油渍和碱膜等,并洒水湿润。对于表面凹凸明显的部位,应事先剔平,或用 1∶3 水泥砂浆补平。对平整光滑的混凝土表面拆模时,应随即做凿毛处理,或用铁抹子满刮一遍水灰比为 0.37～0.40(内掺水泥重 3%～5% 的 108 胶)的水泥浆,或用混凝土界面处理剂进行处理。

抹灰前,应检查门、窗框位置是否正确,与墙连接是否牢固。连接处的缝隙应用水泥砂浆或水泥混合砂浆(加少量麻刀)分层嵌填密实。

对于外墙窗台、窗楣、雨棚、阳台、压顶和突出腰线等,上面应做成流水坡度,下面应做成滴水线或滴水槽,滴水槽的深度和宽度均不应小于10mm,要求整齐一致,如图9-2所示。

知识扩展:

《建筑装饰装修工程质量验收规范》(GB 50210—2001)

2 材料的产品合格证书、性能检测报告、进场验收记录和复验报告。

3 隐蔽工程验收记录。

4 施工记录。

4.1.3 抹灰工程应对水泥的凝结时间和安定性进行复验。

4.1.4 抹灰工程应对下列隐蔽工程项目进行验收:

1 抹灰总厚度大于或等于35mm时的加强措施。

2 不同材料基体交接处的加强措施。

4.1.5 各分项工程的检验批应按下列规定划分:

1 相同材料、工艺和施工条件的室外抹灰工程每500~1000m²应划分为一个检验批,不足500m²也应划分为一个检验批。

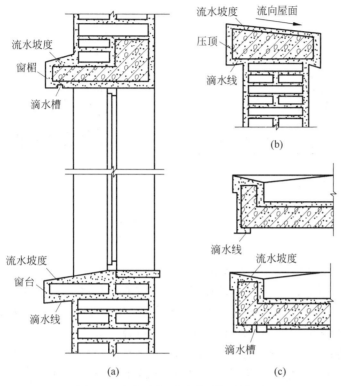

图9-2 流水坡度、滴水线(槽)示意图
(a) 窗洞;(b) 女儿墙;(c) 雨篷、阳台、檐口

凡室内管道穿越的墙洞和楼板洞,凿剔墙后安装的管道,墙面的脚手孔洞,均应用1:3水泥砂浆填嵌密实。在不同基层材料(如砖石与木、混凝土结构)相接处,应铺钉金属网,并绷紧牢固,金属网与各结构的搭接宽度从相接处起每边不小于100mm,如图9-3所示。

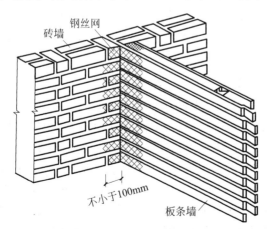

图9-3 不同基层的接缝处理

在抹灰工程施工前，对于室内墙面、柱面和门洞的阳角，宜用 1∶2 水泥砂浆做护角，其高度不应低于 2m，每侧宽度不应少于 50mm，如图 9-4 所示。

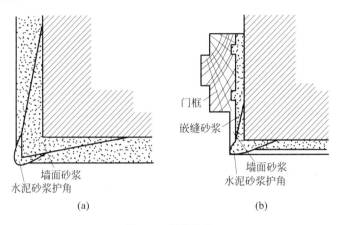

图 9-4　阳角护角
（a）墙、柱阳角护角；（b）门窗阳角护角

2）顶棚抹灰的基层处理

在预制混凝土楼板顶棚抹灰前，应检查其板缝大小，若板缝较大，应用细石混凝土灌实；板缝较小，可用 1∶0.3∶3 的水泥石灰砂浆勾实，否则抹灰后将顺缝产生裂缝。预制混凝土板或钢模现浇混凝土顶棚拆模后，构件表面较为光滑、平整，并常粘附一层隔离剂。当隔离剂为滑石粉或其他粉状物时，应先用钢丝刷刷除，再用清水冲洗干净；当隔离剂为油脂类时，应先用浓度为 10% 的碱溶液洗刷干净，再用清水冲洗干净。

板条顶棚（单层板条）抹灰前，应检查板条缝是否合适，一般要求间隙为 7～10mm。

3. 弹准线

将房间用角尺规方，小房间可用一面墙做基线；对于大房间或有柱网时，应在地面上弹出"十"字线。在距墙阴角 100mm 处用线锤吊直，弹出竖线后，再按规方地线及抹灰层厚度向里反弹出墙角抹灰准线，并在准线上、下两端钉上铁钉，挂上白线，作为抹灰饼、冲筋的标准。

4. 抹灰饼、冲筋（标筋、灰筋）

为有效地控制墙面抹灰层的厚度与垂直度，使抹灰面平整，在抹灰层涂抹前，应设置灰饼和冲筋，又称标筋，作为底、中层抹灰的依据。

在设置标筋时，应先用托线板检查墙面的平整度和垂直度，以确定抹灰厚度（最薄处不宜小于 7mm），在墙两边上角距顶棚约 200mm（距阴角 100～200mm）处按抹灰厚度用砂浆做两个四方形（边长 40～50mm）的标准块，称为灰饼，如图 9-5 所示；然后根据这个灰饼，用托线板或线锤吊挂垂直，做墙面下角的灰饼（高低位置一般在踢脚线上口

200～250mm处），随后以上角和左、右两灰饼面为准拉线，每隔1.2～
1.5mm在上、下加做若干灰饼，待灰饼稍干后，在上、下灰饼之间用砂
浆抹上一条宽100mm左右的垂直灰饼，即为冲筋（图9-6），以它作为抹
底层及中层的厚度控制和赶平的标准。

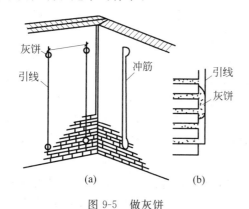

图9-5 做灰饼

（a）灰饼和冲筋；（b）灰饼的剖面

图9-6 设置标筋

（a）用拖线板检查垂直；（b）用线锤检查垂直

　　顶棚抹灰一般不做灰饼和冲筋，而是在靠近顶棚四周的墙面上弹
一条水平线以控制抹灰层厚度，并作为抹灰找平的依据。

　　在室内装饰工程施工中，标高的传递和控制有50线、1m线等，通
常用的是50线，建筑50线一般用于装修工程，以便控制建筑地面标
高、窗台标高等施工标高。

5. 一般抹灰的施工要点

1）墙面抹灰

待冲筋砂浆有七成至八成干后，就可以进行底层砂浆抹灰。

抹底层灰可用托灰板（大板）盛砂浆，用力将砂浆推抹到墙面上，一
般应从上而下进行，在两标筋之间的墙面砂浆抹满后，即用长刮尺两头

知识扩展：

　　《建筑装饰装修工程
质量验收规范》（GB
50210—2001）

4.1.9 室内墙面、柱面
和门洞口的阳角做法应
符合设计要求。设计无
要求时，应采用1：2水
泥砂浆做暗护角，其高度
不应低于2m，每侧宽度
不应小于50mm。

4.1.10 当要求抹灰层
具有防水、防潮功能时，
应采用防水砂浆。

4.1.11 各种砂浆抹灰
层，在凝结前应防止快
干、水冲、撞击、振动和受
冻，在凝结后应采取措施
防止玷污和损坏。水泥
砂浆抹灰层应在湿润条
件下养护。

4.1.12 外墙和顶棚的
抹灰层与基层之间及各
抹灰层之间必须粘结
牢固。

4.3 装饰抹灰工程

4.3.1 本节适用于水刷
石、斩假石、干粘石、假面
砖等装饰抹灰工程的质
量验收。

4.3.2 抹灰前基层表面
的尘土、污垢、油渍等应
清除干净，并应洒水
润湿。

　　检验方法：检查施
工记录。

4.3.3 装饰抹灰工程所
用材料的品种和性能应
符合设计要求。水泥的
凝结时间和安定性复验
应合格。砂浆的配合比
应符合设计要求。

　　检验方法：检查产
品合格证书、进场验收记
录、复验报告和施工
记录。

靠着标筋，从上而下进行刮灰，使抹上的底层灰厚度为冲筋厚度的2/3。再用木抹来回抹压，去高补低，最后用铁抹压平一遍。

中层砂浆抹灰应待水泥砂浆（或水泥混合砂浆）底层凝结后或石灰砂浆底层灰七八成干后，方可进行。中层砂浆抹灰时，依冲筋厚度装满砂浆为准，整个墙面抹满后，用木抹来回槎抹，去高补低，再用铁抹压抹一遍，使抹灰层平整、厚度一致。

面层灰应待中层灰凝固后（或七八成干后）才能进行。先在中层灰上洒水湿润，将面层砂浆（或灰浆）均匀抹上去，一般从上而下，自左向右涂抹整个墙面，抹满后，即用铁抹分遍抹压，使面层灰平整、光滑、厚度一致。铁抹运行方向应注意：最后一遍抹压宜是垂直方向，各分遍之间应互相垂直抹压。墙面上半部与墙面下半部面层灰接头处应抹压理顺，不留抹印。

两墙面相交的阴角、阳角抹灰方法一般是用阴角方尺检查阴角的直角度；用阳角方尺检查阳角的直角度。用线锤检查阴角或阳角的垂直度。根据直角度及垂直度的误差，确定抹灰层的厚薄，阴、阳角处洒水湿润。将底层灰抹于阴角处，用木阴角器压住抹灰层并上下槎动，使阴角的抹灰基本上达到直角。如靠近阴角处有已结硬的标筋，则木阴角器应沿着标筋上下槎动，基本槎平后，再用阴角抹子上下抹压，使阴角线垂直。将底层灰抹于阳角处，用木阳角器压住抹灰层并上下槎动，使阳角处抹灰基本上达到直角。再用阳角抹子上下抹压，使阳角线垂直。当阴、阳角处底层灰凝结后，洒水湿润，将面层灰抹于阴、阳角处，分别用阴、阳角抹上下抹压，使中层灰达到平整光滑。阴、阳角找方应与墙面抹灰同时进行，即墙面抹底层灰时，阴、阳角抹底层找方。

2）顶棚抹灰

钢筋混凝土楼板下的顶棚抹灰，应待上层楼板底面面层完成后才能进行。板条、金属网顶棚抹灰，应待板条、金属网装钉完成，并经检查合格后，方可进行。

顶棚抹灰不用做标志、标筋，只要在顶棚周围的墙面弹出顶棚抹灰层的面层标高线，此标高线必须从地面量起，不可从顶棚底向下量。顶棚抹灰宜从房间里面开始，向门口进行，最后从门口退出。顶棚抹灰应搭设满堂里脚手架。脚手板面至顶棚的距离以操作方便为准。抹底层灰前，应扫尽钢筋混凝土楼板底的浮灰、砂浆残渣，去除油污及隔离剂剩料，并喷水湿润楼板底。在钢筋混凝土楼板底抹底层灰时，铁抹抹压方向应与模板纹路或预制板拼缝相垂直；在板条、金属网顶棚上抹底层灰时，铁抹抹压方向应与板条长度方向垂直，应在板条缝处用力压抹，使底层灰压入板条缝或网眼内，形成转角以便结合牢固。底层灰要抹得平整。

抹中层灰时，铁抹抹压方向宜与底层灰抹压方向垂直。高级顶棚抹灰，应加钉长350～450mm的麻束，间距为400mm，并交错布置，分遍按放射状梳理抹进中层灰内,所以中层灰应抹得平整、光洁。

抹面层灰时,铁抹抹压方向宜平行于房间进光方向,面层灰应抹得平整光滑,不见抹印。顶棚抹灰应待前一层灰凝结后才能抹后一层灰,不可紧接着进行。当顶棚面积较小时,应待整个顶棚抹上灰后,再进行压平、压光,但接合处必须理顺。底层灰全部抹压后,才能抹中层灰;中层灰全部抹压后,才能抹面层灰。

9.1.4　装饰抹灰施工

装饰抹灰的底层和中层的做法与一般抹灰要求相同,面层根据材料及施工方法的不同而具有不同的形式。下面介绍几种常用的装饰面层的做法。

1. 水刷石施工

水刷石饰面是将水泥石子浆罩面中尚未干硬的水泥刷掉,使各色石子外露,形成具有"绒面感"的表面。水刷石是石粒类材料饰面的传统做法,这种饰面耐久性强,具有良好的装饰效果,造价较低,是传统的外墙装饰做法之一。

水刷石面层施工工艺过程如下:清理基层→湿润墙面→设置标筋→抹底层砂浆→抹中层砂浆→弹线和粘贴分格条→抹水泥石子浆→洗刷→检查质量→养护。

水刷石面层主要有以下施工要点。

在水泥石子浆大面积施工前,为防止面层开裂,须在中层砂浆六七成干时,按设计要求弹线、分格。钉分格条时,木分格条事先应在水中浸透。用以固定分格条两侧"八"字形的纯水泥浆应抹45°。

在水刷石面层施工前,应根据中层抹灰的干燥程度浇水湿润。紧接着用铁抹子满刮一道水灰比为 0.37～0.40 的水泥浆,随即抹水泥石子浆面层。面层厚度视石子粒径而定,通常为石子粒径的 2.5 倍。水泥石子浆的稠度以 50～70mm 为宜,用铁抹子一次抹平压实。每一块分格内抹灰顺序应自下而上,同一平面的面层要求一次完成,不宜留施工缝。如必须留施工缝时,应留在分格条位置上。

罩面灰收水后,用铁抹子溜一遍,将遗留的孔隙抹平,然后用软毛刷蘸水刷去表面灰浆,再拍平;阳角部位要往外刷,水刷石罩面应分遍拍平压实,石子应分布均匀、紧密。

当水泥石子浆开始凝固时,便可进行刷洗,用刷子从上而下蘸水刷掉或用喷雾器喷水冲掉面层水泥浆,使石子露出灰浆面层 1～2mm 为宜。要严格掌握刷洗时间,刷洗过早或过度,石子颗粒露出灰浆面太多容易脱落;刷洗过晚,则灰浆洗不净,石子不显露,饰面浑浊不清晰,影响美观。

刷洗后即可用抹子柄敲击分格条,用抹尖扎入木条上下活动,轻轻

知识扩展:

《建筑装饰装修工程质量验收规范》(GB 50210—2001)

4 假面砖表面应平整、沟纹清晰、留缝整齐、色泽一致,应无掉角、脱皮、起砂等缺陷。

检验方法:观察;手摸检查。

4.3.7 装饰抹灰分格条(缝)的设置应符合设计要求,宽度和深度应均匀,表面应平整光滑,棱角应整齐。

检验方法:观察。

4.3.8 有排水要求的部位应做滴水线(槽)。滴水线(槽)应整齐顺直,滴水线应内高外低,滴水槽的宽度和深度均不应小于10mm。

检验方法:观察;尺量检查。

取出木条,然后修饰分格缝,并描好颜色。

2. 干粘石施工

干粘石是将干石子直接粘在砂浆层上的一种装饰抹灰做法。其装饰效果与水刷石差不多,但湿作业量少,节约原材料,又能提高功效。

干粘石面层施工工艺过程如下:清理基层→湿润墙体→设置标筋→抹底层砂浆→抹中层砂浆→弹线和粘贴分格条→抹面层砂浆→撒石子→修整拍平。

干粘石面层主要有以下施工要点。

在中层水泥砂浆浇水湿润后,粘分格条,并刷一遍水泥浆(水灰比为 0.4∶0.5),随后按格抹砂浆粘结层(厚 4～6mm,砂浆稠度不大于80mm),粘结砂浆抹平后,应立即甩石子,先甩四周易干部位,然后甩中间,要做到大面均匀,边角和分格条两侧不漏粘。

当粘结砂浆表面均匀粘满一层石子后,即用抹子轻轻拍平压实,使石子嵌入砂浆深度不小于石子粒径的 1/2。操作时,拍压不宜过度,用力不宜过大,以免产生渗浆糊面现象,从而造成表面浑浊、不干净、不明亮,影响美观。

干粘石也可用机械喷石代替手工甩石,利用压缩空气和喷枪将石子均匀有力地喷射到粘结层上。在粘结层砂浆硬化期间,应保持湿润。

3. 斩假石施工

斩假石又称剁斧石,是在水泥砂浆基层上涂抹水泥石子浆,待硬化后,用剁斧、齿斧及各种凿子等工具剁出有规则的石纹,使其类似天然花岗石、玄武石、青条石的表面形态,即为斩假石。

斩假石面层的施工工艺过程如下:清理基层→湿润墙面→设置标筋→抹底层砂浆→抹中层砂浆→弹线和粘贴分格条→抹水泥石子浆面层→养护→斩剁→清理。

斩假石面层具有以下施工要点。

在凝固的底层灰上弹出分格线,洒水湿润,按分格线将木分格条用稠水泥浆粘贴在墙面上。待分格条粘牢后,在各个分格区内刮一道水灰比为 0.37∶0.40 的水泥浆,随即抹上 1∶1.25 的水泥石子浆,并压实抹平。隔 24h 后,洒水护养。待面层水泥石子浆养护到试剁不掉石屑时,就可开始斩剁。斩剁采用各式剁斧,从上而下进行。边角处应斩剁成横向纹道,或留出窄条不剁,其他中间部位宜斩剁成竖向条纹。剁的方向要一致,剁纹要均匀,一般要斩剁两遍成活,已剁好的分格周围就可起出分格条。全部斩剁完后,清扫斩假石表面。

4. 拉毛灰和洒毛灰施工

拉毛灰是将底层用水湿透,抹上 1∶(0.05～0.30)∶(0.5～1.0)的水泥石灰罩面砂浆,随即用硬棕刷或铁抹子进行拉毛,在棕刷拉毛时,用刷蘸砂浆往墙上连续垂直拍拉,拉出毛头。如果用铁抹子拉毛,则不蘸砂浆,只用抹子粘结在墙面,随即抽回,要做到拉得快慢一致、均匀整齐、色泽一致、不露底,在一个平面上要一次成活,避免中断留槎。

洒毛灰(又称撒云片)是用茅草扫帚蘸 1:1 的水泥砂浆或 1:1:4 的水泥石灰砂浆,由上往下洒在湿润的底层上,洒出的云朵须错乱多变、大小相称、空隙均匀,形成大小不一而有规律的毛面。也可在未干的底层上刷上颜色,再不均匀地撒上罩面灰,并用抹子轻轻压平,使其部分露出带色的底子灰,使洒出的云朵具有浮动感。

5. 聚合物水泥砂浆的喷涂、滚涂、弹涂施工

1) 喷涂施工

喷涂施工是使用挤压式灰浆泵或喷斗将聚合物水泥砂浆经喷枪均匀地喷涂在墙面上而形成的装饰抹灰。这种砂浆由于掺入聚合物乳液而具有良好的和易性及抗冻性,能提高装饰面层的表面强度和粘结强度。根据涂料的稠度和喷射压力的大小,以质感区分,可喷成砂浆饱满、呈波纹状的波面喷涂和表面布满点状颗粒的粒状喷涂。对于底层为厚 10~13mm 的 1:3 水泥砂浆,喷涂前须喷或刷一道胶水溶液(107胶:水=1:3),使基层吸水率趋于一致,并确保与喷涂层粘结牢固。如喷涂层厚 3~4mm,粒状喷涂应连续三遍完成;波面喷涂必须连续操作,喷至全部泛出水泥砂浆但又不至流淌为宜。在大面喷涂后,应按分格位置用铁皮刮子沿靠尺刮出分格缝。待喷涂层凝固后,再喷罩一层甲基硅醇钠憎水剂。其质量要求是表面平整,颜色一致,花纹均匀,不显接槎。

2) 滚涂施工

滚涂施工是将带颜色的聚合物砂浆均匀地涂抹在底层上,随即用平面或带有拉毛、刻有花纹的橡胶、泡沫塑料滚子滚出所需的图案和花纹。其分层做法如下:先用 10~13mm 厚水泥砂浆打底,木抹槎平,粘贴分格条,然后涂抹 3mm 厚色浆罩面,随抹随用辊子滚出各种花纹,待面层干燥后,喷涂有机硅水溶液。

滚涂操作分为干滚和湿滚两种。干滚时,滚子不蘸水,滚出的花纹较大,功效较高;湿滚时,滚子反复蘸水,滚出的花纹较小。滚涂功效比喷涂低,但便于小面积局部应用。滚涂应一次成活,多次滚涂易产生翻砂现象。

3) 弹涂施工

弹涂施工是用弹涂器分几遍将不同颜色的聚合物水泥色浆弹到墙面上,形成直径为 1~3mm 的圆状色点。由于色浆一般由 2~3 种颜色组成,不同色点在墙上相互交错、相互衬托,犹如水刷石、干粘石,亦可做成单色光面、细麻面、小拉毛拍平等多种形式。这种工艺可在墙面上做底灰,再做弹涂饰面,也可直接弹涂在基层平整的混凝土板、石膏板、水泥石棉板、加气板等板材上。

弹涂的做法是在 1:3 水泥砂浆打底的底层砂浆面上,洒水湿润,

知识扩展:

《抹灰砂浆技术规程》(JGJ/T 220—2010)

6.1.3 墙面冲筋(标筋)应符合下列规定:

1 当灰饼砂浆硬化后,可用与抹灰层相同的砂浆冲筋。

2 冲筋根数应根据房间的宽度和高度确定。当墙面高度小于 3.5m 时,宜做立筋,两筋间距不宜大于 1.5m;墙面高度大于 3.5m 时,宜做横筋,两筋间距不宜大于 2m。

6.1.4 内墙抹灰应符合下列规定:

1 冲筋 2h 后,可抹底灰。

2 应先抹一层薄灰,并应压实、覆盖整个基层,待前一层六七成干时,再分层抹灰、找平。

6.1.5 细部抹灰应符合下列规定:

1 墙、柱间的阳角应在墙、柱抹灰前,用 M20 以上的水泥砂浆做护角。自地面开始,护角高度不宜小于 1.8m,每侧宽度宜为 50mm。

待干至60％～70％时进行弹涂。先喷刷一道底层色浆,弹分格线,贴分格条,弹头道色点,待稍干后即弹两道色点,最后进行个别修弹,再喷射甲基硅醇钠憎水剂罩面层。弹涂器有手动和电动两种,后者工效高,适合大面积施工。

6. 假砖面

假砖面又称仿面砖,适用于装饰外墙面,远看像贴面砖,近看才是彩色砂浆抹灰层上分格。

假面砖抹灰层由底层灰、中层灰、面层灰组成。底层灰宜用1:3水泥砂浆,中层灰宜用1:1水泥砂浆,面层灰宜用5:1:9水泥石灰砂浆(水泥:石灰膏:细砂),按色彩需要掺入适量矿物颜料,形成彩色砂浆。面层灰厚3～4mm。

待中层灰凝固后,洒水湿润,抹上面层彩色砂浆,要压实抹平。待面层灰收水后,用铁梳或铁辊顺着靠尺由上而下画出竖向纹,纹深约1mm,竖向纹画完后,再按假面砖尺寸,弹出水平线,将靠尺靠在水平线上,用铁刨或铁钩顺着靠尺画出横向沟,沟深3～4mm。全部画好纹、沟后,清扫假面砖表面。

7. 仿石

仿石适用于装饰外墙。仿石抹灰层由底层灰、结合层及面层灰组成。底层灰用12mm厚1:3水泥砂浆,结合层用水泥浆(内掺水泥重3％～5％的108胶),面层用10mm厚1:0.5:4水泥石灰砂浆。

待底层灰凝固后,在墙面上弹出分块线,分块线按设计图案而定,使每一分块呈不同尺寸的矩形或多边形;洒水湿润墙面,按照分块线将木分格条用稠水泥浆粘贴在墙面上;在各分块涂刷水泥浆结合层,随即抹上水泥石灰砂浆面层灰,用刮尺沿分格条刮平,再用木抹槎平;待面层稍收水后,用短直尺紧靠在分格条上,用竹丝将面层灰扫出清晰的条纹,各分块之间的条纹应一块横向、一块竖向,横竖交替。若相邻两块条纹方向相同,则其中一块可不扫条纹;扫好条纹后,应立即起出分格条,用水泥砂浆勾缝,进行养护;待面层灰干燥后,扫去浮灰,再用胶漆涂刷两遍,分格缝不刷漆。

9.1.5　抹灰工程的质量要求

抹灰工程分为一般抹灰工程和装饰抹灰工程,其质量要求如下。

(1)一般抹灰工程的外观质量应符合下列规定。

➢ 普通抹灰表面光滑、洁净、接槎平整。
➢ 中级抹灰表面光滑、洁净、接槎平整,灰线清晰顺直。
➢ 高级抹灰表面光滑、洁净、颜色均匀、无抹纹,灰线平直正方,清晰美观。

（2）装饰抹灰工程的外观质量应符合下列规定。

➢ 水刷石石粒清晰，分布均匀，紧密平整，色泽一致，不得有掉粒和接槎痕迹。

➢ 干粘石石粒粘结牢固，分布均匀、颜色一致，不露浆，不漏粘，阳角处不得有明显的黑边。

➢ 斩假石剁纹均匀顺直，深浅一致，不得有漏剁处，阳角处横剁和留出不剁的边条应宽窄一致，棱角不得有损坏。

喷涂、滚涂、弹涂应颜色一致，花纹大小均匀，不显接槎。

对于干粘石、拉毛灰、洒毛灰、喷涂、滚涂、弹涂等，在涂抹面层前，应检查中层砂浆的表面平整度，检验标准按装饰抹灰的相应规定执行。

一般抹灰工程和装饰抹灰工程质量的允许偏差和检验方法应分别符合表 9-1 和表 9-2 所示的规定。

表 9-1　一般抹灰质量的允许偏差和检验方法

项次	项　目	允许偏差/mm		检验方法
		普通抹灰	高级抹灰	
1	立面垂直度	4	3	用 2m 垂直检测尺检查
2	表面平整度	4	3	用 2m 靠尺和楔形塞尺检查
3	阴、阳角方正	4	3	用直角检测尺检查
4	分格条（缝）直线度	4	3	拉 5m 线，不足 5m 拉通线，用钢直尺检查
5	墙裙、勒脚上口直线度	4	3	拉 5m 线，不足 5m 拉通线，用钢直尺检查

注：1. 普通抹灰，第 3 项阴角方正可不检查。

　　2. 顶棚抹灰，第 2 项表面平整度可不检查，但应顺平。

表 9-2　装饰抹灰质量的允许偏差和检验方法

项次	项　目	允许偏差/mm				检验方法
		水刷石	斩假石	干粘石	假面砖	
1	立面垂直度	5	4	5	5	用 2m 垂直检测尺检查
2	表面平整度	3	3	5	4	用 2m 靠尺和楔形塞尺检查
3	阴、阳角方正				4	用直角检测尺检查
4	分格条（缝）直线度	3	3	3	5	拉 5m 线，不足 5m 拉通线，用钢直尺检查
5	墙裙、勒脚上口直线度	3	3	—	—	拉 5m 线，不足 5m 拉通线，用钢直尺检查

9.2　墙面饰面工程施工

饰面工程是指将块料面层镶贴（或安装）在墙、柱表面以形成装饰层的工程。块料面层基本可分为饰面砖和饰面板两类。饰面砖分为有

知识扩展：

《建筑装饰装修工程质量验收规范》（GB 50210—2001）

8　饰面板（砖）工程

8.1　一般规定

8.1.1　本章适用于饰面板安装、饰面砖粘贴等分项工程的质量验收。

8.1.2　饰面板（砖）工程验收时应检查下列文件和记录：

1　饰面板（砖）工程的施工图、设计说明及其他设计文件。

2　材料的产品合格证书、性能检测报告、进场验收记录和复验报告。

3　后置埋件的现场拉拔检测报告。

4　外墙饰面砖样板件的粘结强度检测报告。

5　隐蔽工程验收记录。

6　施工记录。

釉和无釉两种,包括釉面瓷砖、外墙面砖、陶瓷锦砖、玻璃锦砖、劈离砖以及耐酸砖等;饰面板包括天然石饰面板(如大理石、花岗石和青石板等)、人造石饰面板(如预制水磨石板、预制水刷石板、合成石饰面板等)、金属饰面板(如不锈钢板、涂层钢板、铝合金饰面板等)、木质饰面板(如胶合板、木条板)、玻璃饰面、裱糊墙纸饰面等。

9.2.1　饰面砖镶贴

1. 施工准备

在镶贴饰面砖前,应根据设计对釉面砖和外墙面砖进行选择。要求挑选规格一致,形状平整方正,不缺棱掉角,不开裂和脱釉,无凹凸扭曲,颜色均匀的面砖及各种配件。按标准尺寸可把饰面砖分为符合标准尺寸、大于或小于标准尺寸三种规格的饰面砖,同一类尺寸应用于同一层或同一面墙上,以做到接缝均匀一致。

镶贴釉面砖和外墙面砖时,应先清扫干净,然后置于清水中浸泡。釉面砖浸泡到不冒气泡为止,一般用时为 2～3h;外墙面砖则需要隔夜浸泡,取出晾干,以饰面砖表面有潮气感,手按无水迹为准。

镶贴饰面砖前应进行预排,预排时应注意同一墙面的横、竖排列,均不得有一行以上的非整砖。非整砖应排在最不醒目的部位或者角落里,用接缝宽度进行调整。

预排外墙面砖时,应根据设计图纸尺寸进行排砖分格,并绘制大样图,一般要求水平缝应与窗口齐平,竖向要求阴角及窗口处均为整砖,分格按整块分均,并根据已确定的缝大小做分格条和画出皮数杆。对墙、墙垛等处,应按要求先测好中心线、水平分格线和阴阳角垂直线。

2. 施工方法

镶贴釉面瓷砖前,应先进行挑选,使其规格、颜色一致,并在清水中浸泡(以瓷砖吸水不冒泡为止)后阴干备用。基层应扫净,浇水湿润,用水泥砂浆打底,厚为 7～10mm,找平刮毛,打底后养护 1～2d 方可进行镶贴。镶贴前,应找好规矩,按砖的实际尺寸弹出横、竖控制线,定出水平标准和皮数,进行预排,排列方法有竖直通缝排列和错缝排列两种,如图 9-7 所示为密缝,图 9-8 所示为分格缝。接缝宽度应符合设计要求,密缝排列时,一般缝宽为 11.5mm,然后用废瓷砖按粘结层厚用混合砂浆贴灰饼,找出规矩,灰饼间距一般为 1.5～1.6m,阳角处要两面挂直。

镶贴时,应先浇水湿润中层,根据弹线在最下面一层釉面砖的下口放好尺垫,并用水平尺找平,作为镶贴第一层釉面砖的依据。镶贴时,一般从阳角处开始,并从下往上逐层粘贴,把非整砖留在阴角处。如果墙面有突出管线、灯具、卫生器具支撑物等,应用整砖套割吻合,不得用

知识扩展:

《建筑装饰装修工程质量验收规范》(GB 50210—2001)

8.1.3　饰面板(砖)工程应对下列材料及其性能指标进行复验:

1　室内用花岗石的放射性。

2　粘贴用水泥的凝结时间、安定性和抗压强度。

3　外墙陶瓷面砖的吸水率。

4　寒冷地区外墙陶瓷面砖的抗冻性。

8.1.4　饰面板(砖)工程应对下列隐蔽工程项目进行验收:

1　预埋件(或后置埋件)。

2　连接节点。

3　防水层。

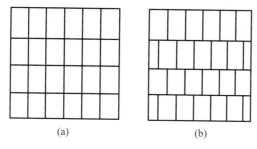

图 9-7 内墙面砖密缝排列图

(a)通缝；(b)错缝

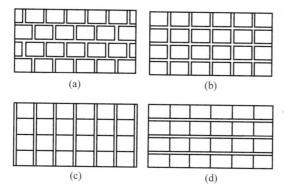

图 9-8 外墙面砖排列图

(a)错缝；(b)通缝；(c)竖通缝；(d)横通缝

非整砖拼凑镶贴。

采用掺聚合物的水泥砂浆做粘结层时,可以抹一层贴一层,其他均应将粘结砂浆均匀地刮抹在釉面砖背面,逐块进行粘贴。聚合物水泥砂浆应随调随用,全部工作宜在 3h 内完成。镶贴后的每块釉面砖,当采用混合砂浆粘结层时,可用小铲把轻轻敲击;当采用聚合物水泥砂浆粘结层时,可用手轻压,并用橡皮锤轻轻敲击,使其与基层粘结密实牢固,并要用靠尺随时检查其平直方正情况,修正缝隙。凡遇缺灰、粘结不密实等情况,都应取下釉面砖重新粘结,不得在砖口处塞灰,以防止空鼓。

室外接缝应用聚合物水泥砂浆或砂浆嵌缝;室内接缝宜用与釉面砖相同颜色的石灰膏(非潮湿房间)或水泥浆嵌缝。待整个墙面与嵌缝材料硬化后,根据不同污染情况,用棉丝、砂纸清理,或用稀盐酸刷洗,然后用清水冲洗干净。

9.2.2 石材饰面板安装

石材饰面板可分为天然石饰面板和人造石饰面板两大类:天然石有大理石、花岗岩和青石板等;人造石有预制水磨石、预制水刷石和合成石等。

知识扩展:

《建筑装饰装修工程质量验收规范》(GB 50210—2001)

8.1.5 各分项工程的检验批应按下列规定划分:

1 相同材料、工艺和施工条件的室内饰面板(砖)工程每 50 间(大面积房间和走廊按施工面积 30m² 为一间)应划分为一个检验批,不足 50 间也应划分为一个检验批。

2 相同材料、工艺和施工条件的室外饰面板(砖)工程每 500～1000m² 应划分为一个检验批,不足 500m² 也应划分为一个检验批。

8.1.6 检查数量应符合下列规定:

1 室内每个检验批应至少抽查 10%,并不得少于 3 间;不足 3 间时应全数检查。

2 室外每个检验批每 100m² 应至少抽查一处,每处不得小于 10m²。

大理石在潮湿和含有硫化物的大气作用下容易风化,表面很快失去光泽,变色掉粉,变得粗糙多孔,甚至脱落。所以大理石除汉白玉、艾叶青等少数几种质地较纯者外,一般只适宜用于室内饰面。花岗石质地坚硬密实、强度高,有深青、紫红、粉红、浅灰、纯黑等多种颜色,并有均匀的黑白点,具有耐久性好、坚固不易风化、色泽经久不变、装饰效果好等优点,多用于室内外墙面、墙裙和楼地面等处的装饰。

小规格石材饰面板(一般指边长不大于 400mm,安装高度不超过 1m 时)通常采用与釉面砖相同的粘贴方法安装,大规格石材饰面板的安装方法有湿法铺贴和干法铺贴等。

1. 湿法铺贴工艺

湿法铺贴工艺适用于板材厚为 20～30mm 的大理石、花岗石或预制水磨石板,墙体为砖墙或混凝土墙。湿法铺贴工艺是传统的铺贴方法,即在竖向的基体上预挂钢筋网,用铜丝或镀锌钢丝绑扎板材,并灌水泥砂浆粘牢,如图 9-9 所示。这种方法的优点是牢固可靠,缺点是工序烦琐,卡箍多样,板材上钻孔易损坏,特别是灌筑砂浆易污染板面和使板材移位。

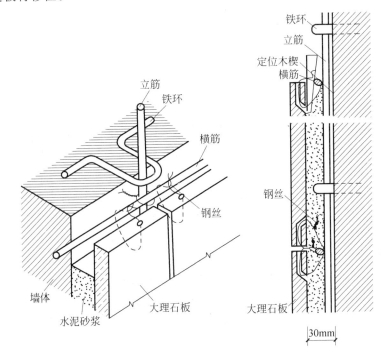

图 9-9　饰面板钢筋网片安装方法

采用湿法铺贴工艺时,墙体应设锚固体。砖墙体应在灰缝中预埋 φ6 钢筋钩,钢筋钩间距为 500mm,或按板材尺寸进行设置。当挂贴高度大于 3m 时,钢筋钩改用 φ10 钢筋,钢筋钩埋入墙体内的深度不小于 120mm,伸出墙面 30mm;混凝土墙体可射入射钉,间距亦为 500mm,

或按板材尺寸进行设置。射钉打入墙内 30mm,伸出墙面 32mm。挂贴饰面板之前,将 $\phi6$ 钢筋网焊接或绑扎于锚固件上,钢筋网双向间距为 500mm,或按板材尺寸进行设置。

在饰面板上、下边各钻不少于两个 $\phi5$ 的孔。孔深 15mm,清理饰面板的背面,用双股 18 号铜丝穿过钻孔,把饰面板绑牢于钢筋网上,饰面板的背面距墙面不应少于 50mm。饰面板的接缝宽度可垫木楔进行调整,应确保饰面板外边面平整、垂直以及板的上沿平顺。

每安装好一行横向饰面板后,即进行灌浆。灌浆前,应浇水将饰面板背面及墙体表面湿润,在饰面板的竖向接缝内填塞 15~20mm 深的麻丝或泡沫塑料条以防漏浆(光面、镜面和水磨石饰面板的竖缝,可用石膏灰临时封闭,并在缝内填塞泡沫塑料条)。拌和好 1:2.5 水泥砂浆,将砂浆分层灌注到饰面板背面与墙面之间的空隙内,每层灌注高度为 150~200mm,且不得大于板高的 1/3,并插捣密实。待砂浆初凝后,应检查板面位置,如有移动错位,则应拆除重新安装;若无移位,方可安装上一行板。施工缝应留在饰面板水平接缝以下 50~100mm 处。

对于突出墙面的勒脚饰面板安装,应待墙面饰面板安装完工后进行。待水泥砂浆硬化后,将填缝材料清除。饰面板表面应清洗干净,光面和镜面的饰面经清洗晾干后,方可打蜡擦亮。

2. 干法铺贴工艺

干法铺贴工艺通常称为干挂法施工,即在饰面板上直接打孔或开槽,用各种形式的连接件与结构基体连接,而不需要灌注砂浆或细石混凝土的方法,如图 9-10 所示。饰面板与墙体之间应留出 40~50mm 的空腔。这种方法适用于 30m 以下的钢筋混凝土结构基体上,不适用于砖墙和加气混凝土墙。

干法铺贴工艺的优点如下:在风力和地震作用时,允许产生适量的变位,而不至于出现裂缝和脱落;冬季可照常施工,不受季节的限制;在没有湿作业的施工条件下,既改善了施工环境,也避免了浅色板材透底污染的问题以及空鼓、脱落等问题的发生;可以采用大规格的饰面板材铺贴,从而提高了施工效率;可自上而下拆换、维修,无损于板材和连接件,便于饰面工程拆改翻修。

干法铺贴工艺主要采用扣件固定法,扣件固定法的安装步骤如下。

(1)按照设计图纸要求在施工现场进行切割,由于板块规格较大,宜采用石材切割机切割,注意保持板块边角的直挺和规矩;切割板材后,为使其边角光滑,可采用手提式磨光机进行打磨;相邻板块采用不锈钢销钉连接固定,销钉插在板材侧面孔内。孔径为 5mm,深 12mm,用电钻打孔,要求钻孔位置精确。由于大规格石板的自重大,除了由钢扣件将板块下口托牢,还需在板块中部开槽设置承托扣件以支撑板材的自重。

(2)如果混凝土外墙表面有局部凸出处会影响扣件安装,需进行凿平修整。从结构中引出楼面标高和轴线位置,在墙面上弹出安装的水平和垂直控制线,并做出灰饼以控制板材安装的平整度。由于板材与混凝土墙身之间不填充砂浆,为了防止因材料性能或施工质量可能造成的渗漏,应在外墙面上涂刷一层防水剂,以加强外墙的防水性能。

(3)安装板块的顺序是自下而上进行,在墙面最下一排板材安装位置的上、下口拉两条水平控制线,板材从中间或墙面阳角开始就位安装,先安装好第一块作为基准,其平整度应以事先设置的灰饼为依据,用线锤吊直,经校准后加以固定;一排板材安装完毕,再进行上一排扣件的固定和安装,所安装的板材要求四角平整,纵、横对缝。

(4)钢扣件和墙身用胀铆螺栓固定,扣件为一块钻有螺栓安装孔和销钉孔的平钢板,根据墙身与板材之间的安装距离,在现场用手提式折压机将其加工成角型钢,扣件上的孔洞均呈椭圆形,以便安装时调节位置。饰面板接缝处的防水处理应采用密封硅胶嵌缝,嵌缝之前,应先在缝隙内嵌入柔性条状泡沫聚乙烯材料作为衬底,以控制接缝的密封深度,加强密封胶的粘结力。

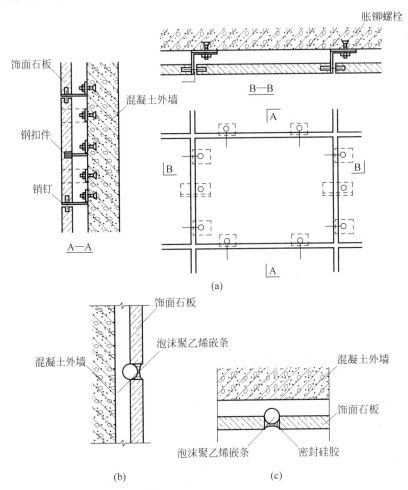

图 9-10　用扣件固定大规格石材饰面板的干作业法

(a)板材安装立面图;(b)板块水平接缝剖面图;(c)板块垂直接缝剖面图

9.2.3 玻璃幕墙施工

玻璃幕墙是由饰面玻璃和固定玻璃的骨架构成,其主要特点是建筑艺术效果好、自重轻、施工方便、工期短。但玻璃幕墙造价高,抗风、抗震性能较弱,能耗较大,可能对周围环境形成光污染。

1. 玻璃幕墙的种类

玻璃幕墙分为框玻璃幕墙和无框玻璃幕墙。而有框玻璃幕墙又分为明框、隐框和半隐框玻璃幕墙等;无框玻璃幕墙又分为底座式、挂架式和点连接式全玻璃幕墙等。

1) 明框玻璃幕墙

明框玻璃幕墙是将玻璃镶嵌在铝框内,成为四边有铝框的幕墙构件,幕墙构件镶嵌在横梁上,形成横梁、主框均外露且铝框分格明显的立面。明框玻璃幕墙构件的玻璃和铝框之间必须留有空隙,以满足温度变化和主体结构位移所必需的活动空间。空隙用弹性材料(如橡胶条)充填,必要时用硅酮密封胶(耐候胶)予以密封。

2) 隐框玻璃幕墙

隐框玻璃幕墙是将玻璃用结构胶粘结在铝框上,大多数情况下不再加金属连接件,因此,铝框全部隐蔽在玻璃后面,形成大面积全玻璃镜面,如图9-11所示。玻璃与铝框之间完全靠结构胶粘结,结构胶要承受玻璃的自重及玻璃所承受的风荷载、地震作用和温度变化的影响等,因此,结构胶的质量好坏是影响隐框玻璃幕墙安全性的关键环节。

> **知识扩展:**
>
> 《建筑装饰装修工程质量验收规范》(GB 50210—2001)
>
> 5 后置埋件的现场拉拔强度检测报告。
>
> 6 幕墙的抗风压性能、空气渗透性能、雨水渗漏性能及平面变形性能检测报告。
>
> 7 打胶、养护环境的温度、湿度记录;双组份硅酮结构胶的混匀性试验记录及拉断试验记录。
>
> 8 防雷装置测试记录。
>
> 9 隐蔽工程验收记录。
>
> 10 幕墙构件和组件的加工制作记录;幕墙安装施工记录。

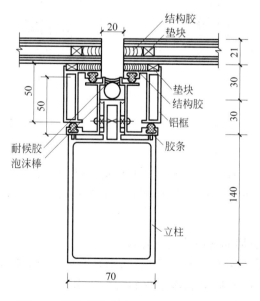

图 9-11 隐框幕墙节点大样示例(单位:mm)

3）半隐框玻璃幕墙

半隐框玻璃幕墙是将玻璃两对边嵌在铝框内，另两对边用结构胶粘在铝框上，形成半隐框玻璃幕墙。立柱外露、横梁隐蔽的称为竖框横隐幕墙；横梁外露、立柱隐蔽的称为竖隐横框幕墙。

4）全玻璃幕墙

为游览观光需要，在建筑底层、顶层及旋转餐厅的外墙，使用玻璃板，使支撑结构采用玻璃肋，这种幕墙称为全玻璃幕墙。高度小于 4.5m 的全玻璃幕墙，可以采用下部直接支撑的方式来进行安装；高度不小于 4.5m 的全玻璃幕墙，宜用上部悬挂的方式进行安装，如图 9-12 所示。

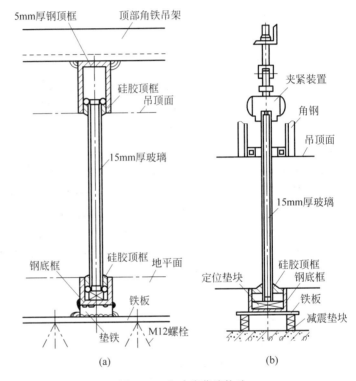

图 9-12　全玻璃幕墙构造

（a）整块玻璃＜4.5m 高时用；（b）整块玻璃＞4.5m 高时用

5）挂架式玻璃幕墙

挂架式玻璃幕墙采用四爪式不锈钢挂件与立柱焊接，挂件的每个爪与一块玻璃的一个孔相连接，即一个挂件同时与四块玻璃相连接，如图 9-13 所示。

2. 玻璃幕墙的材料及构造要求

玻璃幕墙的主要材料包括玻璃、铝合金型材、钢材、五金件、配件、结构胶、密封材料、防火和保温材料等。因幕墙不但承受自重荷载，还要承受风荷载、地震荷载和温度变化作用的影响，因此幕墙必须安全可

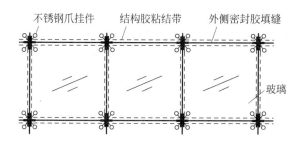

图9-13 挂架式玻璃幕墙

靠,使用的材料必须满足国家或行业标准规定的质量要求。

（1）具有防雨水渗漏的性能,设泄水孔,耐候嵌缝密封材料宜用氯丁胶。

（2）设冷凝水排出管道。

（3）在不同金属材料的接触处设置绝缘垫片,并采取防腐措施。

（4）在立柱与横梁接触处,应设柔性垫块。

（5）隐框玻璃的拼缝宽不宜小于15mm,作为清洗机轨道的玻璃竖缝不应小于40mm。

（6）幕墙下部应设绿化带,入口处设遮阳棚、雨篷。

（7）设防撞栏杆。

（8）玻璃与楼层隔墙处缝隙的填充料应用非燃烧材料。

（9）玻璃幕墙自身应形成防雷体系,并与主体结构的防雷体系相连接。

3. 玻璃幕墙的安装要点

玻璃幕墙的施工方法除挂架式和无骨架式外,还有单元式安装(工厂组装)和元件式安装(现场组装)两种。单元式玻璃幕墙的施工是将立柱、横梁和玻璃等材料在工厂拼装为一个安装单元(一般为一层楼高度),再在现场整体吊装就位,如图9-14所示;元件式玻璃幕墙的施工是将立柱、横梁和玻璃等材料分别运到工地现场,进行逐件安装就位,如图9-15所示。由于元件式安装不受层高和柱网尺寸的限制,是目前应用较多的安装方法,它适用于明框、隐框和半隐框幕墙。

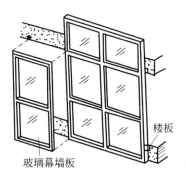

图9-14 单元式玻璃幕墙

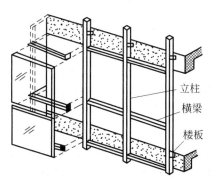

图9-15 元件式玻璃幕墙

知识扩展:

《建筑装饰装修工程质量验收规范》（GB 50210—2001）

9.1.5 各分项工程的检验批应按下列规定划分:

1 相同设计、材料、工艺和施工条件的幕墙工程每500～1000m² 应划分为一个检验批,不足500m² 也应划分为一个检验批。

2 同一单位工程的不连续的幕墙工程应单独划分检验批。

3 对于异型或有特殊要求的幕墙,检验批的划分应根据幕墙的结构、工艺特点及幕墙工程规模,由监理单位(或建设单位)和施工单位协商确定。

9.1.6 检查数量应符合下列规定:

1 每个检验批每100m² 应至少抽查一处,每处不得小于10m²。

2 对于异型或有特殊要求的幕墙工程,应根据幕墙的结构和工艺特点,由监理单位(或建设单位)和施工单位协商确定。

知识扩展：

《建筑装饰装修工程质量验收规范》（GB 50210—2001）

9.1.7 幕墙及其连接件应具有足够的承载力、刚度和相对于主体结构的位移能力。幕墙构架立柱的连接金属角码与其他连接件应采用螺栓连接，并应有防松动措施。

9.1.8 隐框、半隐框幕墙所采用的结构粘结材料必须是中性硅酮结构密封胶，其性能必须符合《建筑用硅酮结构密封胶》（GB 16776—2005）的规定；硅酮结构密封胶必须在有效期内使用。

9.1.9 立柱和横梁等主要受力构件，其截面受力部分的壁厚应经计算确定，且铝合金型材壁厚不应小于3.0mm，钢型材壁厚不应小于3.5mm。

9.1.10 隐框、半隐框幕墙构件中板材与金属框之间硅酮结构密封胶的粘结宽度，应分别计算风荷载标准值和板材自重标准值作用下硅酮结构密封胶的粘结宽度，并取其较大值，且不得小于7.0mm。

9.1.11 硅酮结构密封胶应打注饱满，并应在温度15～30℃、相对湿度50%以上、洁净的室内进行；不得在现场墙上打注。

1）测量放线

玻璃幕墙的测量放线应与主体结构的测量放线相配合，其中心线和标高点由主体结构单位提供并校核准确。水平标高要逐层从地面基点引上，以免积累误差。由于建筑物会随气温变化产生侧移，应每天定时进行测量。放线应沿楼板外沿弹出，或用钢线定出幕墙平面基准线，从基准线测出一定距离为幕墙平面，以此线为基准线确定立柱的前、后位置，从而决定整片幕墙的位置。

2）检查预埋件

幕墙与主体结构连接的预埋件应在主体结构施工过程中按设计要求进行埋设。在幕墙安装前，应检查各项预埋件位置是否正确、数量是否齐全。若预埋件遗漏或位置偏差过大，则应会同设计单位采取补救措施。补救方法是采用植锚栓补设预埋件，同时应进行拉拔试验。

3）安装骨架

安装骨架应在放线后进行，骨架主要通过连接件与主体结构相连来进行固定。一般有两种固定方式：一种是在主体结构上预埋铁件，将连接件与预埋件焊牢；另一种是在主体结构上钻孔，然后用膨胀螺栓将连接件与主体结构相连。连接件一般用型钢加工而成，其形状可因不同的结构类型、骨架形式、安装部位而有所不同，但无论何种形状的连接件，均应固定在牢固可靠的位置上，然后安装骨架。骨架一般先安竖向杆件（立柱），待竖向杆件就位后，再安装横向杆件。

安装立柱时，应先连接好连接件，再将连接件（铁码）点焊在主体结构的预埋钢板上，然后调整位置，立柱的垂直度可用锤球控制，位置调整准确后，将支撑立柱的钢牛腿焊牢在预埋件上。立柱一般根据施工运输条件，可以是一层楼高或二层楼高为一整根，接头应有一定的缝隙，采用套筒连接法，如图9-16所示。

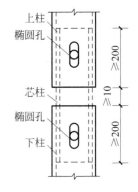

图9-16 上、下立柱的连接方法（单位：mm）

横向杆件的安装宜在竖向杆件安装后进行，如果横向杆件都是型钢一类的材料，可以采用焊接，也可以采用螺栓或其他办法连接。当采用焊接时，大面积骨架需要焊接的部位较多，由于受热不均，容易引起骨架变形，故应注意焊接的顺序及操作要求。如有可能，应尽可能减少现场的焊接工作量。

螺栓连接是将横向杆件用螺栓固定在竖向杆件的铁码上。对于铝合金型材骨架，其横梁与竖框的连接，一般是通过铝拉铆钉与连接件进行固定。连接件多为角铝或角钢，其中一条肢固定在横梁上，另一条肢固定在竖框上。对不露骨架的隐框玻璃幕墙，其立柱与横梁往往采用型钢，使用特制的铝合金连接板与型钢骨架用螺栓连接，型钢骨架的横、竖杆件应采用连接件连接,并隐蔽于玻璃背面。

4)玻璃安装

安装前,应清洁玻璃,四边的铝框也要清除污物,以保证嵌缝耐候胶能可靠粘结。玻璃的镀膜面应朝室内方向。当玻璃面积在 3m² 以内时,一般可采用人工安装。当玻璃面积和质量过大时,应采用真空吸盘等机械安装,如图 9-17 所示。玻璃不能与其他构件直接接触,四周必须留有空隙,下部应有定位垫块,垫块宽度与槽口相同,长度不小于 100mm。隐框玻璃幕墙构件下部应设有两个金属支托,支托不应凸出到玻璃外面。

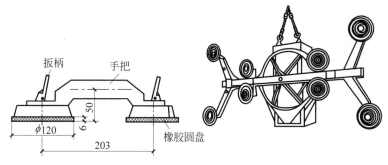

图 9-17　吸盘器示意图(单位:mm)

5)嵌缝处理

玻璃板材或金属板材安装后,板材之间的缝隙必须用耐候胶嵌缝,予以密封,防止气体渗透和雨水渗漏。

6)清洁维护

安装完玻璃后,应从上往下用中性清洁剂对玻璃幕墙表面及外露构件进行清洁。使用清洁剂前,应进行腐蚀性检验,证明其对铝合金和玻璃无腐蚀作用后方可使用。

安装玻璃幕墙的允许偏差和检验方法应符合表 9-3、表 9-4 所示的规定。

表 9-3　明框玻璃幕墙安装的允许偏差和检验方法

项次	项　目		允许偏差/mm	检验方法
1	幕墙垂直度	幕墙高度≤30m	10	用经纬仪检查
		30m<幕墙高度≤60m	15	
		60m<幕墙高度≤90m	20	
		幕墙高度>90m	25	
2	幕墙水平度	幕墙幅宽≤35m	5	用水平尺检查
		幕墙幅宽>35m	7	
3	构件直线度		2	用2m靠尺和塞尺检查
4	构件水平度	构件长度≤2m	2	用水平仪检查
		构件长度>2m	3	
5	相邻构件错位		1	用钢直尺检查
6	分格框对角线长度差	对角线长度≤2m	3	用钢尺检查
		对角线长度>2m	4	

知识扩展:

《建筑装饰装修工程质量验收规范》(GB 50210—2001)

9.1.12　幕墙的防火除应符合现行国家标准《建筑设计防火规范》(GB 50016—2014)和《高层民用建筑设计防火规范》(GB 50045—1995)的有关规定外,还应符合下列规定:

1　应根据防火材料的耐火极限决定防火层的厚度和宽度,并应在楼板处形成防火带。

2　防火层应采取隔离措施。防火层的衬板应采用经防腐处理且厚度不小于 1.5mm 的钢板,不得采用铝板。

3　防火层的密封材料应采用防火密封胶。

4　防火层与玻璃不应直接接触,一块玻璃不应跨两个防火分区。

表 9-4　隐框、半隐框玻璃幕墙安装的允许偏差和检验方法

项次	项　目		允许偏差/mm	检验方法
1	幕墙垂直度	幕墙高度≤30m	10	用经纬仪检查
		30m<幕墙高度≤60m	15	
		60m<幕墙高度≤90m	20	
		幕墙高度>90m	25	
2	幕墙水平度	幕墙幅宽≤35m	3	用水平尺检查
		幕墙幅宽>35m	5	
3	幕墙表面平整度		2	用2m靠尺和塞尺检查
4	板材立面垂直度		2	用垂直检测尺检查
5	板材上沿水平度		2	用1m水平尺和钢直尺检查
6	相邻板材板角错位		1	用钢直尺检查
7	阳角方正		2	用垂直检测尺检查
8	接缝直线度		3	拉5m线,不足5m拉通线,用钢尺检查
9	接缝高低差		1	用钢直尺和塞尺检查
10	接缝宽度		1	用钢直尺检查

9.2.4　饰面工程的质量要求

饰面工程的质量要求如下:饰面所用材料的品种、规格、颜色、图案以及镶贴方法应符合设计要求;饰面工程的表面不得有变色、起碱、污点、砂浆流痕和显著的光泽受损处;突出的管线、支承物等部位镶贴的饰面砖,应套割吻合;饰面板和饰面砖不得有歪斜、翘曲、空鼓、缺楞、掉角、裂缝等缺陷;镶贴墙裙、门窗贴脸的饰面板、饰面砖,其突出墙面的厚度应一致。饰面工程质量的允许偏差应符合表 9-5 所示的规定。

表 9-5　饰面工程质量允许偏差

项次	项　目	允许偏差/mm									检查方法
		饰面板安装							饰面砖粘贴		
		天然石			瓷板	木材	塑料	金属	外墙面砖	内墙面砖	
		光面	剁斧石	蘑菇石							
1	立面垂直度	2.0	3.0	3.0	2.0	1.5	2.0	2.0	3.0	2.0	用2m垂直检测尺检查
2	表面平整度	2.0	3.0	—	1.5	1.0	2.0	2.0	4.0	3.0	用2m靠尺和塞尺检查
3	阴阳角方正	2.0	4.0	4.0	2.0	1.5	3.0	3.0	3.0	3.0	用直角检测尺检查
4	接缝直线度	2.0	4.0	4.0	2.0	1.0	1.0	1.0	3.0	5.0	拉5m线,不足5m拉通线,用钢尺检查
5	墙裙、勒脚上口直线度	2.0	3.0	3.0	2.0	2.0	2.0	2.0	—	—	拉5m线,不足5m拉通线,用钢尺检查
6	接缝高低差	0.5	3.0	—	0.5	0.5	1.0	1.0	1.0	0.5	用钢直尺和塞尺检查
7	接缝宽度	1.0	2.0	2.0	1.0	1.0	1.0	1.0	1.0	1.0	用钢直尺检查

9.3 楼地面工程施工

楼地面是建筑物底面地面(地面)和楼层地面(楼面)的总称。在室内的地面上,人们从事着各种活动,放置各种家具和设备,地面要经受各种侵蚀、摩擦、冲击,并保证室内环境平整,因此地面要有足够的强度、防潮、防火和耐腐蚀性。其主要功能是创造良好的空间环境,保护结构层。

9.3.1 楼地面的组成

根据规定,楼地面构造层分为基层和面层。

基层即面层下的构造层,包括填充层、隔离层、找平层、垫层和基土等。其主要起加强地基、帮助结构层传递荷载的作用。上述各层依楼地面的构造和要求的不同而异,并非全部同时出现。

面层即直接承受各种物理和化学作用的建筑地面表面层,又称为地面,对室内起装饰作用。面层应坚固、耐磨、平整、洁净、美观、易清扫、防滑,具有适当的弹性和较小的导热性。

9.3.2 楼地面的分类

楼地面按面层材料分为土、灰土、三合土、菱苦土、水泥砂浆、细石混凝土、水磨石、木地板、陶瓷锦砖、砖、塑料地面等。

按构造方式分为整体式地面(灰土、菱苦土、三合土、水泥砂浆、混凝土、水磨石、沥青砂浆、沥青混凝土等)、块材地面(塑料、陶瓷锦砖、水泥花砖、缸砖、预制水磨石、大理石、花岗石等)、木、竹地面(实木地面、复合地面、竹地面),人造软质地面等。

按用途分为普通地面、防水地面、保温地面等。

9.3.3 基层施工

基层施工顺序如下。

抄平弹线,统一标高。检测各个房间的地坪标高,并将同一水平标高线弹在各房间四壁上,离地面500mm处。

楼面的基层是楼板,应做好楼板板缝灌浆、堵塞和板面清理的工作。

地面下的填土应该采用素土分层夯实,土块的粒径不得大于50mm,每层虚铺厚度规定如下:用机械压实不应大于300mm,用人工夯实不应大于200mm,每层夯实后的干密度应符合设计要求。回填土的含水率应按照最佳含水率进行控制,太干的土要洒水湿润,太湿的土

知识扩展:

《建筑地面工程施工质量验收规范》(GB 50209—2010)

2.0.7 绝热层
insulating course
用于地面阻挡热量传递的构造层。

2.0.8 找平层
leveling course
在垫层、楼板上或填充层(轻质、松散材料)上起整平、找坡或加强作用的构造层。

2.0.9 垫层
under layer
承受并传递地面荷载于基土上的构造层。

2.0.10 基土
foundation earth layer
底层地面的地基土层。

2.0.11 缩缝
shrinkage crack
防止水泥混凝土垫层在气温降低时产生不规则裂缝而设置的收缩缝。

5.3 水泥砂浆面层
5.3.1 水泥砂浆面层的厚度应符合设计要求。
Ⅰ 主控项目
5.3.2 水泥宜采用硅酸盐水泥、普通硅酸盐水泥,不同品种、不同强度等级的水泥不应混用;砂应为中粗砂,当采用石屑时,其粒径应为1~5mm,且含泥量不应大于3%;防水水泥砂浆采用的砂或石屑,其含泥量不应大于1%。

检验方法:观察检查和检查质量合格证明文件。

检查数量:同一工程、同一强度等级、同一配合比检查一次。

应晾干后使用,遇有橡皮土,必须挖出更换,或将其表面挖松 100～150mm,掺入适量的生石灰(其粒径小于 5mm,每平方米掺 6～10kg),再夯实。

用碎石、卵石或碎砖等做地基表面处理时,直径应为 40～60mm,并应将其铺成一层,采用机械压进适当湿润的土中,其深度不应小于 400mm。在不能使用机械压实的部位,可采用夯打压实。

淤泥、腐殖土、冻土、耕植土、膨胀土和有机含量大于 8% 的土,均不得用作地面下的填土。地面下的基土,经夯实后的表面应平整,用 2m 靠尺检查,要求其土表面凹凸不大于 15mm,标高应符合设计要求,其偏差应控制在 0～－50mm。

9.3.4　垫层施工

1. 刚性垫层

刚性垫层是指用水泥混凝土、水泥碎砖混凝土、水泥炉渣混凝土和水泥石灰炉渣混凝土等各种低强度等级混凝土做的垫层。

混凝土垫层的厚度一般为 60～100mm。混凝土强度等级不宜低于 C10,粗骨料粒径不应超过 50mm,并不得超过垫层厚度的 2/3,混凝土配合比按普通混凝土配合比设计进行试配。

其施工要点如下:清理基层,检测弹线;浇筑混凝土垫层前,基层应洒水湿润;浇筑大面积混凝土垫层时,应纵、横每 6～10m 设中间水平桩,以控制厚度;大面积浇筑宜采用分格浇筑的方法,要根据变形缝的位置、不同材料面层的连接部位或设备基础位置的情况进行分格,分格距离一般为 3～4m。

2. 柔性垫层

柔性垫层是指把土、砂、石、炉渣等散状材料压实的垫层。砂垫层厚度不小于 60mm,应适当地浇水,并用平板振动器振实;砂石垫层的厚度不小于 100mm,要求粗细颗粒混合摊铺均匀,浇水使砂石表面湿润,碾压或夯实不少于 3 遍,至不松动为止。根据需要,可在垫层上做水泥砂浆、混凝土、沥青砂浆或沥青混凝土找平层。

9.3.5　整体式楼地面施工

整体面层(地面面层无接缝)是按设计要求选用不同材质和相应配合比,经现场施工铺设而成的。整体面层由基层和面层组成。

基层有基土、灰土垫层、砂垫层和砂石垫层、碎石垫层和碎砖垫层、三合土垫层、炉渣垫层、水泥混凝土垫层、找平层、隔离层、填充层等。

面层有水泥混凝土面层、水泥砂浆面层、水磨石面层、水泥钢(铁)

屑面层、防油渗面层、不发火(防爆的)面层等。

1. 水泥砂浆面层

水泥砂浆楼地面是以水泥、砂按配合比配制抹压而成的。其特点是造价低、施工方便,但不耐磨、易起砂、起灰、裂缝和空鼓等。

1)材料要求

水泥应采用硅酸盐水泥、普通硅酸盐水泥,其强度等级不应小于32.5,严禁混用不同品种、不同强度等级的水泥。砂应为中粗砂,当采用石屑时,其粒径应为1～5mm,且含泥量不应大于3%。

2)施工准备

施工应在地面(楼面)的垫层做完,并在预制空心楼板嵌缝完成,墙面、顶棚抹灰做完,屋面防水做完后进行。施工前,要求预埋在地面内的各种管线已安装固定,所有孔洞已用C20细石混凝土灌实,地漏和排水口的临时封堵以及门框安装完毕,基层的分项检查已完成;墙面50cm水平标高线已弹好。

厨房、浴室、厕所等房间的地面,必须将流水坡度找好。对于有地漏的房间,要在地漏四周找出不小于5%的泛水,并要弹好水平线,避免地面"倒流水"或积水。抄平时,要注意各室内与走廊高度的关系。

用2m长直尺检查垫层表面平整度,将直尺任意放在垫层上,检查相互的空隙。对砂、砂石、碎石、碎砖垫层,允许最大空隙为15mm;对灰土、三合土、炉渣、水泥混凝土垫层,允许最大空隙为10mm,如果平整度不符合要求,应铲高补低。

3)施工操作

施工工艺过程如下:基层处理→弹线、找规矩→水泥砂浆抹面→养护。

基层处理是防止水泥砂浆面层空鼓、裂纹、起砂等质量通病的关键工序。因此,要求基层应具有粗糙、洁净和潮湿的表面,必须清除一切浮灰、油渍、杂质等,否则会形成一层隔离层,使面层结合不牢。对于表面比较光滑的基层,应进行凿毛处理,并用清水冲洗干净。当在混凝土或水泥砂浆垫层、找平层上铺水泥砂浆面层时,其抗压强度必须达到1.2MPa以上,这样不致破坏其内部结构。

铺设地面前,应先在四周墙上弹出一道水平基准线(0.5m或1.0m水平基准线)作为控制面层标高的依据。根据水平基准线量出地面标高并弹于墙上(水平辅助基准线),以作为地面面层上皮的标准。

对于面积不大的房间,可根据水平基准线直接用长木桩抹标筋,施工中进行几次复尺即可;对于面积较大的房间,应根据水平基准线,在四周墙角处每隔1.5～2.0m用1∶2的水泥砂浆抹标志块,标志块的大小一般为8～10cm。待标志块硬结后,再以标志块的高度做出纵、横方向通长的标筋以控制面层的厚度。地面标筋用1∶2的水泥砂浆,宽度

知识扩展:

《建筑地面工程施工质量验收规范》(GB 50209—2010)

5.4 水磨石面层

5.4.1 水磨石面层应采用水泥与石粒拌和料铺设,有防静电要求时,拌和料内应按设计要求掺入导电材料。面层厚度除有特殊要求外,宜为12～18mm,且宜按石粒粒径确定。水磨石面层的颜色和图案应符合设计要求。

5.4.2 白色或浅色的水磨石面层应采用白水泥;深色的水磨石面层宜采用硅酸盐水泥、普通硅酸盐水泥或矿渣硅酸盐水泥;同颜色的面层应使用同一批水泥。同一彩色面层应使用同厂、同批的颜料;其掺入量宜为水泥重量的3%～6%或由试验确定。

5.4.3 水磨石面层的结合层采用水泥砂浆时,强度等级应符合设计要求且不应小于M10,稠度宜为30～35mm。

一般为 8~10cm。在做标筋时,要注意控制面层的厚度,面层的厚度应与门框的锯口线吻合。

铺抹水泥砂浆前,应先将基层浇水湿润,第二天在基层上涂刷一遍水泥浆结合层,水灰比为 1:0.4~1:0.5,随即进行面层铺抹。如果过早涂刷水泥浆结合层,则起不到与基层和面层粘结的作用,反而易造成地面空鼓,所以一定要随刷随抹。

底面面层的铺抹方法是在标筋之间铺砂浆,随铺随用木抹子拍实,用短木杠按标筋标高刮平。刮时要从房间由里往外刮到门口,符合门框锯口线标高,再用木抹子槎平,并用铁抹子紧跟着压头遍。要压得轻一些,使抹纹浅一些,以压光后表面不出现水纹为宜。

当水泥砂浆开始初凝时,即可开始用铁抹子抹压第二遍。要压实、压光、不漏压,抹子与地面接触时发出"沙沙"声,并把死坑、砂眼和踩的脚印都压平。第二遍压光最重要,表面要清除气泡、孔隙,做到平整光滑。

等到水泥砂浆终凝前,人踩上去有细微的脚印,抹子抹上去不再有抹纹时,再用铁抹子压第三遍。抹压时,用劲要稍大一些,并把第二遍留下的抹纹和毛细孔压平、压实、压光。

当地面面积较大、设计要求分格时,应根据地面分格线的位置和尺寸,在墙上或踢脚板上画好分格线位置,在面层砂浆刮抹槎平后,根据墙上或踢脚板上已画好的分格线,先用木抹子槎出一条约一抹子宽的面层,用铁抹子先行抹平,轻轻压光,再用粉线袋弹上分格线,将靠尺放在分格线上,用地面分格器紧贴靠尺顺线画出分格缝。做好分格缝后,要及时把脚印、工具印子等刮平、槎平整,待面层水泥终凝前,再用铁抹子压平压光,把分格缝理直压平。水泥砂浆地面压光要三遍成活。要适当控制每遍抹压的时间,才能保证工程质量。压光过早或过迟都会造成地面起砂的质量事故。

抹压水泥砂浆面层后,应在常温湿润条件下养护。养护要适时,一般在 24h 后养护,养护时间一般不少于 7d。最好是铺上锯木屑或其他覆盖材料再浇水养护,浇水时应用喷壶洒水,保持锯木屑湿润即可。水泥砂浆面层强度达不到 5MPa 之前,不准在上面行走或进行其他作业,以免破坏地面。

2. 现浇水磨石面层

水磨石面层美观、平整、光洁、不起尘、防水、耐久性好,特别是彩色水磨石(白水泥、彩色石粒、铜分格条),其装饰效果十分别致,常用于建筑物的大厅、走廊、楼梯及商业建筑的营业厅等。其施工较水泥砂浆地面复杂,劳动强度大,湿作业工作量大,造价高。

现浇水磨石面层的常见做法如图 9-18~图 9-20 所示。

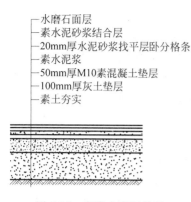

图 9-18 现浇水磨石地面

水磨石面层
素水泥砂浆结合层
20mm厚水泥砂浆找平层卧分格条
素水泥浆
50mm厚M10素混凝土垫层
100mm厚灰土垫层
素土夯实

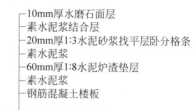

图 9-19 现浇水磨石楼面

10mm厚水磨石面层
素水泥砂浆结合层
20mm厚1:3水泥砂浆找平层卧分格条
素水泥浆
60mm厚1:8水泥炉渣垫层
素水泥浆
钢筋混凝土楼板

10mm厚水磨石面层
素水泥浆结合层
20mm厚1:3水泥砂浆找平层
素水泥浆
50mm厚M10细石混凝土找0.5%泛水
二毡三油防水层，四周卷起100mm高外粘粗砂
刷冷底子油一道
15mm厚1:3水泥砂浆找平层四周抹小八子角
素水泥浆
钢筋混凝土楼板

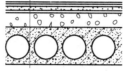

图 9-20 现浇水磨石盥洗间

1）材料要求

水泥宜采用硅酸盐水泥、普通硅酸盐水泥、矿渣硅酸盐水泥或白水泥，水泥强度等级不应小于32.5。应采用中砂，过筛，含泥量不大于3%，石子用坚硬可磨的白云石、大理石等岩石加工颗粒。石粒应洁净、无杂物，粒径除特殊要求外，宜为6～15mm，各种石粒应按不同的品种、规格、颜色分别存放，不可互相混杂，在使用时按适当比例配合。

分隔条有铜条、玻璃条、铝条等，铜条一般为1～2mm厚，玻璃条一般为5mm厚，宽度应根据面层厚度而定，长度以分格尺寸而定。草酸可以是块状或粉状，使用前用热水融化、稀释，浓度宜为10%～25%。

2）施工准备

施工应在地面垫层、墙顶抹灰、屋面防水层已完成，并在基层验收合格后进行。施工前、地面的各种管线已安装固定，穿过地面的管洞已堵严，门框已安装好并做好防护，墙面50线已弹好。

3）施工操作

施工工艺过程如下：基层处理→设置标筋→洒水湿润→铺设1:3的水泥砂浆找平层→养护→镶嵌分格条→铺水磨石拌和料→养护→试

磨→分遍磨平并养护→草酸清理打蜡。

基层处理是保证水磨石经久耐用的重要元素，有的工程由于基层质量不好，引起水磨石面层空鼓、裂缝，甚至局部塌陷。水磨石面层损坏后难以修复，即使修复，也难以保证色泽花纹完全一致，因此，基层各分项必须满足设计要求的密度、强度和平整度，并将基层上的浮灰、污物清理干净。

根据水平标高线，测出水磨石面层标高。在铺设水泥砂浆找平层时，先将基层表面洒水湿润，再刷一道水灰比为 1∶0.4～1∶0.5 的水泥浆，并根据墙上水平基准线，纵、横相隔 1.5～2.0m 用 1∶2 的水泥砂浆做出标志块。待标志块达到一定强度后，以标志块为高度做标筋，标筋宽度为 8～10cm，待标筋砂浆凝结硬化后，即可铺设 1∶3 的水泥砂浆找平层，用木抹子搓实压平，至少两遍，24h 后洒水养护，找平层表面要求平整粗糙、无油渍，找平层的平整度与水磨石面层的表面平整有直接关系，否则，镶嵌的分隔条有高有低，影响面层平整度。

在找平层水泥砂浆抗压强度达到 1.2MPa 后，根据设计要求，先在找平层上按设计要求弹上纵、横垂直水平线或图案分割墨线，然后按墨线固定铜条或玻璃条，并预先埋牢，以作为铺设面层的标志，嵌条宽度与水磨石面层厚度相同，长度则按设计要求进行加工。用素水泥浆将分格条固定在分格线上，水泥浆抹成 30°～45° 的"八"字形，如图 9-21 所示，高度应低于分格条顶部 6mm 左右，分格条的"十"字交叉处应留出 40～50mm 不抹水泥浆。分格条应平直，固定牢固，接头严密。镶好分格条后，检查平直度和接头处的空隙。平直偏差不大于 1～2mm，接头处空隙不大于 1mm，做成曲线分格的应弯曲自然。经检查无误，12h 后开始浇水养护 2d。养护期间应封闭场地，禁止各工序进行施工。

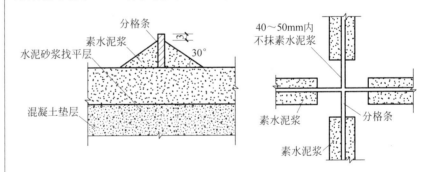

图 9-21 水磨石嵌条

拌制水磨石料前，首先根据地面所需用量，将水泥和所需石粒、颜料一次统一配足，所配材料均是同厂、同品种、同标号、同批号，不允许混用。在配制时，先将水泥与颜料拌和均匀，用袋按一定质量装好，石粒用筛子筛匀后，用袋包装，放于干燥室内待用。

水磨石拌和料的体积比一般为水泥∶石粒＝1∶1.5～1∶2.5，由于使用的石粒规格不同,体积比应有所调整。水磨石拌和料的投料顺序如下:当采用搅拌机搅拌时,先投石粒,然后加水泥和颜料;当采用人工拌和时,先将颜料拌入水泥,拌匀后,加入石粒,这样可以避免产生面层色彩不匀。如果水磨石面层色彩石粒浆的用水量过多,则会降低水磨石的强度和耐磨性,多余的水分蒸发后,表面会留下许多微小气孔,由于面层不密实,即使精磨,也很难磨出亮光;如果用水量较少,那么硬化后强度高,耐磨性好,质地密实,磨平后易出亮光。

铺设面层时,操作人员宜穿软底、平跟或底部无明显凹凸的鞋操作,以防踩踏出较深的脚印。在分格条边线和交叉处,注意压实、抹平,但不得用刮尺刮平。随抹压随用直尺进行平整度检查。如果铺多种色彩水磨石拌和料,应先铺抹深色的,后铺抹浅色的,先做大面,后做镶边,在前一种色彩凝结一定时间后,再铺另一种色彩。应注意不同颜色的拌和料不能同时铺抹,避免串色、混色。水磨石拌和料的虚铺高度,通常以高出分格条1~2mm为宜。拌和料收水后,用辊筒滚压,滚压前,应将分格条顶面的石子清理掉,用铁抹或木抹在分格条两边宽100mm范围内轻轻拍实。滚压时,用力要均匀,并随时清掉粘在辊筒上的石粒。滚压从纵、横两个方向轮换进行,直至表面平整密实、出浆、石粒均匀为止。滚压中,如果石粒过稀,则应增补石粒,滚压密实。待石粒稍收水后,用铁抹子将浆抹平、压实。滚压后,应及时用2m长靠尺检查平整度和流水坡度,如发现质量缺陷,应及时修补。滚压完工24h后,浇水养护。

水磨石面层用水磨石机分遍磨光(边角处允许人工磨光)。水磨石开磨的时间与水泥强度和气温高低有关,水泥浆强度太高,磨面耗费工时;强度太低,在磨石转动时,底面产生的负压力易把水泥浆拉成槽,或把石粒打掉。机磨前,先用手工进行试磨,以开磨后石粒不松动、水泥浆面与石粒面基本平齐为准,试磨检查合格后正式机磨。一般开磨时间参考表9-6的规定。

表9-6 水磨石面层开磨参考时间表

平均温度/℃	开磨时间/d	
	机磨	人工磨
20~30	2.0~3.0	1.0~2.0
10~20	3.0~4.0	1.5~2.5
5~10	5.0~6.0	2.0~3.0

普通水磨石面层的磨光遍数不应少于三遍,高级水磨石面层应适当增加磨光次数,并提高油石号。水磨石第一遍粗磨,用60~80号粗金刚石磨,磨机在地面走"8"字形,边磨边加水,并随时清扫水泥浆,直至表面磨平、磨匀,分格条和石粒全部磨出为止。用水清洗面层、晾干,用同色水泥浆满擦一遍,填补砂眼,掉落的石粒应补齐。24h后浇水养

护 2～3d。水磨石第二遍细磨,用 120～150 号金刚石再平磨,边磨边加水,磨至面层表面光滑为止。用水冲洗水泥浆,再用同色水泥浆满擦一遍,对小孔隙要擦严密,24h 后浇水养护 2～3d。水磨石第三遍磨光,用 180～240 号油石精磨,边磨边加水,磨至表面平整光滑、无砂眼为止,磨后冲洗干净,继续浇水养护。

草酸擦洗应在各工种完工后进行,避免草酸擦洗后面层再受污染。草酸应用热水融化,浓度约为 10%,溶液用扫帚蘸洒地面,然后用清水冲洗干净、软布擦干。待地面干燥、发白后,方可进行打蜡工序。用布包住蜡,在面层上均匀涂一层。蜡干后,用磨石机垫麻布、帆布打磨一遍。同法,再打一遍蜡,磨光打亮。

3. 细石混凝土面层

细石混凝土面层可以克服水泥砂浆面层干缩较大的弱点。这种面层强度高,干缩值小。与水泥砂浆面层相比,它的耐久性更好,但厚度较大,一般为 30～40mm。混凝土强度等级不低于 C20,所用粗骨料要求级配适当,粒径不大于 15mm,且不大于面层厚度的 2/3。应用中砂或粗砂配制。

细石混凝土面层施工的基层处理和找规矩的方法与水泥砂浆面层施工相同。

铺细石混凝土时,应由里向门口方向进行铺设,按标志块厚度刮平拍实后,稍待收水,即用铁抹子预压一遍,待进一步收水,即用铁滚筒交叉滚压 3～5 遍,或用表面振动器振捣密实,直到表面泛浆为止,然后进行磨平压光。细石混凝土面层与水泥砂浆面层基本相同,必须在水泥初凝前完成抹平工作,终凝前完成压光工作,要求其表面色泽一致、光滑,无抹子印迹。钢筋混凝土现浇楼板或强度等级不低于 C15 的混凝土垫层兼面层时,可用随捣随抹的方法施工,在混凝土楼地面浇捣完毕,表面略有吸水后,即进行抹平压光。混凝土面层的压光和养护时间及方法与水泥砂浆面层相同。

整体面层的允许偏差和检验方法如表 9-7 所示。

表 9-7　整体面层的允许偏差和检验方法　　mm

项次	项目	允许偏差						检验方法
		水泥混凝土面层	水泥砂浆面层	普通水磨石面层	高级水磨石面层	硬化耐磨面层	防油渗混凝土和不发火(防爆)面层	
1	表面平整度	5	4	3	2	4	5	用 2m 靠尺和塞尺检查
2	踢脚线上口平直	4	4	3	3	4	4	拉 2m 线和用钢尺检查
3	缝格平直	3	3	2	2	3	3	

9.3.6 块料楼地面施工

块料楼地面施工包括大理石面层、花岗石面层、砖面层、地毯面层、预制板块面层、料石面层、塑料板面层和活动地板面层等。

1. 大理石、花岗石面层施工

1）材料要求

天然大理石、花岗石的品种、规格应符合设计要求，技术等级、光泽度、允许偏差和外观质量要求应符合国家规范的规定。花岗石、大理石板材表面要求光洁、明亮、色彩鲜明、无刀痕旋纹、边角方正、无缺棱掉角等。配制水泥砂浆应采用硅酸盐水泥、普通硅酸盐水泥或矿渣硅酸盐水泥；其水泥强度等级不宜小于32.5；配制水泥砂浆的体积比（或强度等级）应符合设计要求。砂应选中砂或粗砂，其含泥量不应大于3%。矿物颜料、蜡、草酸等应符合设计要求。

2）施工准备

室内抹灰、地面垫层、预埋在垫层内的管线及串通地面的管线均应完成；大理石、花岗石、预制板块进场后，应侧立堆放在室内，光面相对、背面垫松木条，并在板下加垫木方；详细核对品种、规格、数量等是否符合设计要求，当有裂纹、缺棱、掉角、翘曲和表面有缺陷时，应予剔除；以施工大样图和加工单为依据，熟悉各部位尺寸和做法，弄清洞口、边角等部位之间的关系；房间内四周墙上弹好+50cm水平线；施工操作前，应画出铺设大理石地面的施工大样图；在冬期施工时，操作温度不得低于5℃；基层要干净，高低不平处要先凿平和修补，不能有砂浆、油渍等，并用水湿润地面。

3）施工操作

施工工艺过程如下：施工准备工作→试拼→弹线→选料→试排→板材浸水湿润→刷水泥浆及铺砂浆结合层→铺大理石板块（或花岗石板块）→灌缝、擦缝→清洁打蜡→养护交工。

在正式铺设前，对每一房间的大理石（或花岗石）板块，应按图案、颜色、纹理试拼，将非整块板对称排放在房间靠墙部位，试拼后按两个方向编号排列，然后按所编号码放整齐。为检查和控制大理石（或花岗石）板块的位置，应在房间内拉"十"字控制线，弹在混凝土垫层上，并引至墙面底部，然后依据墙面+50cm标高线找出面层标高，在墙上弹出水平标高线，在弹水平线时，要注意室内与楼道面层标高应一致。在房间内的两个相互垂直的方向铺两条干砂，其宽度大于板块宽度，厚度不小于3cm。结合施工大样图及房间实际尺寸，把大理石（或花岗石）板块排好，以便检查板块之间的缝隙，核对板块与墙面、柱、洞口等部位的相对位置。试铺后，将干砂和板块移开，清扫干净，用喷壶洒水湿润，刷一层水泥浆（水灰比为1:0.4～1:0.5，不要刷得面积过大，随铺砂浆随刷)。根据板面水平线确定结合层砂浆厚度,拉"十"字控制线,开始铺结合层干硬性水泥砂浆,厚度应控制在放上大理石(或花岗石)板块时高出面层水平线 3~4mm。

板块应先用水浸湿,待擦干或表面晾干后方可铺设。根据房间的"十"字控制线,纵、横各铺一行,以作为大面积铺砌标筋用。依据试拼时的编号、图案及试排时的缝隙,在"十"字控制线交点开始铺砌。先试铺,即搬起板块对好纵、横控制线铺放在已铺好的干硬性砂浆结合层上,用橡皮锤敲击木垫板,振实砂浆至铺设高度后,将板块掀起移至一旁,检查砂浆表面与板块之间是否相吻合,如果发现空虚之处,应用砂浆填补,然后正式镶铺。先在水泥砂浆结合层上均匀满浇一层水泥浆,再铺板块,安放时四角同时往下落,用橡皮锤或木锤轻击木垫板,根据水平线用水平尺找平,铺完第一块,向两侧和后退方向顺序铺砌。铺完纵、横行之后有了标准,可分段分区依次铺砌,为便于成品保护,一般房间宜先里后外进行铺砌,逐步退至门口,但必须注意与楼道相呼应;也可从门口处往里铺砌,板块与墙角、镶边和靠墙处应紧密砌合,不得有空隙。铺贴完成后,2~3d 内不得上人。在板块铺砌 1~2d 后进行灌浆擦缝。根据大理石(或花岗石)的颜色,选择相同颜色的矿物颜料和水泥(或白水泥)拌和均匀,调成 1∶1 的稀水泥浆,用浆壶徐徐地灌入板块之间的缝隙中(可分几次进行),并用长把刮板把流出的水泥浆刮向缝隙内,至基本灌满为止。灌浆 1~2h 后,用棉纱团蘸原稀水泥浆擦缝与板面擦平,同时将板面上的水泥浆擦净,使大理石(或花岗石)面层的表面洁净、平整、坚实,以上工序完成后,把面层加以覆盖。养护时间不应少于 7d。当水泥砂浆结合层达到规定强度后方可进行打蜡。打蜡后,面层应光滑亮洁。

2. 砖面层施工

砖面层是指采用缸砖、水泥花砖、陶瓷地砖或陶瓷锦砖块材在水泥砂浆、沥青胶结料或胶粘剂结合层上铺设而成的面层。

1) 材料要求

硅酸盐水泥、普通硅酸盐水泥或矿渣硅酸盐水泥,其强度等级不应小于 32.5。硅酸盐白水泥强度等级不小于 32.5。粗砂或中砂用时应过筛,其含泥量不应大于 3%。磨细生石灰粉熟化 48h 后才可使用。所采用的缸砖、陶瓷地砖等的质量应符合相应产品标准的规定。砖面层的表面应洁净、图案清晰、色彩一致、接缝平整、深浅一致、周边顺直,板块无裂纹、掉角和缺棱等缺陷。所用的材料应有出厂合格证,强度和品种不同的板块不得混杂使用。

2) 施工准备

施工前应做好以下准备工作:穿过地面的套管已完成,管洞已堵实;有防水层的面层经过蓄水试验,不渗不漏,并已做好隐蔽记录;墙面抹灰已完成,门窗框已安装;+50cm 水平标高线已弹好等。

3）施工操作

砖面层的施工工艺过程如下：基层处理→面层标高、弹线→抹找平层水泥砂浆→弹铺砖控制线→铺砖→勾缝、擦缝→养护→踢脚板安装。

将基层用喷壶湿润后，抹灰饼和标筋，灰饼的顶面标高是从已弹好的面层控制线下量至找平层上皮的标高（面层标高减去砖厚及粘结层的厚度），灰饼的间距一般为 1.5m，然后从房间的一侧开始以灰饼为准铺干硬性砂浆做标筋（冲筋），厚度不宜小于 20mm。对于有地漏的房间，应由四周向地漏方向以放射形抹标筋，并找好坡度。做好标筋后，清理标筋的剩余砂浆，在标筋间刷一道水泥浆粘结层，随刷随铺水泥砂浆找平层，以标筋的标高为准，用小木杠刮平，再用木抹子拍实、搓平，使铺设的砂浆与标筋找平，并用大木杠横、竖检查其平整度，与此同时，检查其标高和泛水坡度是否正确，24h 后浇水养护。当找平层砂浆的抗压强度达到上人的要求后，开始弹铺砖的控制线。在弹线时，首先将房间分中，从纵、横两外方向弹铺砖的控制线。横向平行于门口的第一排砖应为整砖，将非整砖排在靠墙位置；纵向（即垂直于门口方向）应在房间分中后往两边排，将非整砖排放在两墙边处，尺寸不小于整砖边长的 1/2。根据已确定的砖数和缝宽，在地面上每隔四块砖沿纵、横方向弹一根控制线。

为控制铺砖时的位置和标高，应从门口开始，纵向先铺 2～3 行砖，以此为准，拉纵、横的水平标高线，在铺砖时从里往外倒退着操作，人不得踏在刚铺好的砖面上。当用水泥砂浆作为粘结层时，其厚度为 20～30mm，配合比为 1∶2.5。铺设时，砖的背面朝上抹粘结砂浆，铺砌到已刷好水泥浆的找平层上，砖的上表面要略高出水平标高线，找正、找直、找方向后，在砖面上垫木板，用橡皮锤拍实，保证砂浆饱满。铺设的顺序应从里往外铺砌，在与地漏相接处，应用砂轮机将整块砖套割与地漏吻合。如果用胶粘剂或沥青胶结料铺贴面砖，沥青胶结料的厚度应为 2～5mm，采用胶粘剂时应为 2～3mm。将胶粘剂或沥青胶结料按产品说明书的要求拌和后，均匀地涂抹在面砖的背面，然后粘贴在找平层上。铺完 2～3 行后，应进行缝隙的修整工作，拉线检查缝隙的平直度，如果有问题，要及时将缝拔直，然后用橡皮锤拍实。

面层铺完后，应在 24h 内进行勾缝和擦缝工作。当缝宽在 8mm 以上时，采用勾缝；若纵、横为干挤缝，或缝宽小于 3mm 时，应用擦缝。无论采用勾缝还是擦缝，均应采用与粘贴材料同品种、同强度等级、同颜色的水泥。勾缝要求缝内砂浆饱满密实、平整、光滑，勾好后的缝应呈圆弧形，凹进面砖表面 2～3mm，缝边的剩余砂浆应随勾随擦干净。擦缝是用浆壶往缝内浇水泥浆，然后用干水泥撒在缝上，再用棉纱团擦揉，将缝隙擦满，并随手将面层上的剩余水泥浆擦干净。

面砖铺完 24h 后，洒水养护，时间不少于 7d，养护期间面层不准上

知识扩展：

《建筑地面工程施工质量验收规范》（GB 50209—2010）

Ⅰ 主控项目

6.2.5 砖面层所用板块产品应符合设计要求和国家现行有关标准的规定。

检验方法：观察检查和检查型式检验报告、出厂检验报告、出厂合格证。

检查数量：同一工程、同一材料、同一生产厂家、同一型号、同一规格、同一批号检查一次。

6.2.6 砖面层所用板块产品进入施工现场时，应有放射性限量合格的检测报告。

检验方法：检查检测报告。

检查数量：同一工程、同一材料、同一生产厂家、同一型号、同一规格、同一批号检查一次。

人或堆物。

踢脚板应采用与地面块材同品种、同规格、同颜色的材料,其立缝应与地面缝对齐。铺设前,砖要浸水湿润,阴干备用,墙面洒水湿润后,先在房间墙面两端头阴角处各镶贴一块砖,确保其出墙厚度和标高符合设计要求。然后,以此砖的上楞和标准控制线开始铺贴其他踢脚板。铺设时,先在板的背面抹上粘结砂浆,并及时粘结在墙上,砖的上楞要跟标准控制线对齐,并拍实,随即将挤出的砂浆刮掉,将墙面清擦干净。

3. 地毯面层施工

1) 地毯的种类

地毯分为纯毛地毯、混纤地毯、化纤地毯和塑料地毯。

纯毛地毯分为手工编织、机织和无纺羊毛地毯,是我国传统的手工艺品之一,具有历史悠久、图案优美、色彩鲜艳、质地厚实、经久耐用的特点。

混纤地毯是在羊毛中加入化学纤维制成的地毯,其品种较多。

化纤地毯即合成纤维地毯,以化学纤维为原料,经簇绒法和机织法制作面层,再以麻布背衬加工而成,其外表和触感与羊毛地毯相似,耐磨而富有弹性,让人有舒适感,主要有棉纶、腈纶地毯等。

塑料地毯是采用聚氨乙烯树脂增塑剂等多种辅助材料,经均匀混炼,塑制而成的一种新型软质地毯。它具有质地柔软、色彩鲜艳、舒适耐用、不会燃烧、污染后易清洗等特点。

2) 地毯的铺设方法

地毯的铺设方法分为活动式与固定式两种。

活动式是将地毯明摆浮搁在地面基层上,无须将地毯同基层固定的一种铺设形式。

固定式则相反,一般是用倒刺板或胶粘剂将地毯固定在基层上。如图 9-22 所示,用倒刺板条固定地毯时,将平整、干燥的基层表面清扫干净,先在室内四周沿踢脚板的边缘将倒刺板条钉在基层上。倒刺板条厚度应比衬垫材料的厚度小 1~2mm,板条上的倒刺钉突出板条 3~4mm,钉子间距为 40~50mm。倒刺钉要略倒向墙一侧,与水平线成60°~75°,倒刺板条距墙边 8~10mm,然后从房间一边开始,将裁好的地毯向一边展开,用撑平器双向撑开地毯,在墙边用木锤敲打,使木条上的倒刺钉尖刺入地毯。地毯铺完后,固定收口条或门口压条,如图 9-23 所示后,用吸尘器清扫干净。

地毯的铺设质量要求如下:选用的地毯材料及衬垫材料,应符合设计要求;地毯固定牢固,不能有卷边和翻起的现象;地毯表面平整,不能有打皱、鼓包现象;地毯拼接处应平整、密实,在视线范围内不显示拼缝;地毯同其他地面的收口或拼接应顺直,视不同部位选择合适的收口或交接材料;地毯的绒毛应理顺,表面应洁净,无油污及杂物。

知识扩展:

《建筑地面工程施工质量验收规范》(GB 50209—2010)

6.9 地毯面层

6.9.1 地毯面层应采用地毯块材或卷材,以空铺法或实铺法铺设。

6.9.2 铺设地毯的地面面层(或基层)应坚实、平整、洁净、干燥,无凹坑、麻面、起砂、裂缝,并不得有油污、钉头及其他凸出物。

6.9.3 地毯衬垫应满铺平整,地毯拼缝处不得露底衬。

6.9.4 空铺地毯面层应符合下列要求:

1 块材地毯宜先拼成整块,然后按设计要求铺设;

2 块材地毯的铺设,块与块之间应挤紧服帖;

3 卷材地毯宜先长向缝合,然后按设计要求铺设;

4 地毯面层的周边应压入踢脚线下;

5 地毯面层与不同类型的建筑地面面层的连接处,其收口做法应符合设计要求。

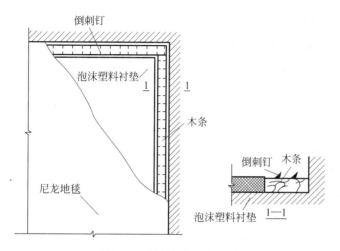

图 9-22 倒刺板条固定地毯

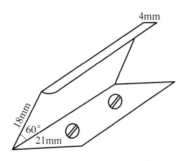

图 9-23 铝合金门口压条

9.3.7 木质地面施工

木质地面施工通常有实铺和架铺两种。实铺是在建筑地面上直接拼铺木地板；架铺是先在地面上做出木搁栅，然后在木搁栅上铺贴基面板，最后在基面板上镶铺面层木地板，如图 9-24 所示。

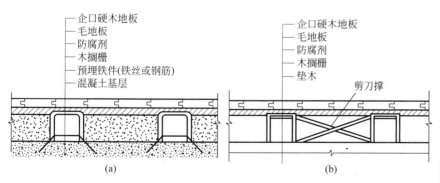

图 9-24 双层企口硬木地板构造

（a）实铺法；（b）架铺法

知识扩展：

《建筑地面工程施工质量验收规范》（GB 50209—2010）

7.1 一般规定

7.1.1 本章适用于实木地板面层、实木集成地板面层、竹地板面层、实木复合地板面层、浸渍纸层压木质地板面层、软木类地板面层、地面辐射供暖的木板面层等（包括免刨、免漆类）面层分项工程的施工质量检验。

7.1.2 木、竹地板面层下的木搁栅、垫木、垫层地板等采用木材的树种、选材标准和铺设时木材含水率以及防腐、防蛀处理等，均应符合现行国家标准《木结构工程施工质量验收规范》（GB 50206—2012）的有关规定。所选用的材料应符合设计要求，进场时应对其断面尺寸、含水率等主要技术指标进行抽检，抽检数量应符合国家现行有关标准的规定。

1. 基层施工

1）高架木地板基层施工

地垄墙应用水泥砂浆砌筑,砌筑时要根据地面条件设地垄墙的基础,每条地垄墙、内横墙和暖气沟墙均需预留两个 120mm×120mm 的通风洞,而且要在一条直线上以利通风。暖气沟墙的通风洞口可采用缸瓦管与外界相通。外墙每隔 3～5m 应预留不小于 180mm×180mm 的通风孔洞,洞口下皮距室外地坪标高不小于 200mm,孔洞应安设箅子。若地垄不易做通风处理,需在地垄顶部铺设防潮油毡。

木搁栅通常是方框或长方框结构,制作木搁栅时,与木地板基板接触的表面一定要刨平,主次方木的连接可用榫结构或钉、胶结合的固定方法。对于无主次之分的木搁栅,木方的连接可用半槽式扣接法。通常在砖墩上预留木方或铁件,然后用螺栓或骑马铁件将木搁栅连接起来。

2）架铺地板基层施工

一般架铺地板是在楼面上或已有水泥地坪的地面上进行。首先检查地面的平整度,做水泥砂浆找平层,然后在找平层上刷两遍防水涂料或乳化沥青;木搁栅所用的木方可采用截面尺寸为 30mm×40mm 或 40mm×50mm 的木方,其连接方式通常为半槽扣接,并在两木方的扣接处涂胶加钉;木搁栅直接与地面的固定常用埋木楔的方法,即用 $\phi16$ 的冲击电钻在水泥地面或楼板上钻孔,孔深 40mm 左右,钻孔位置应在地面弹出的木搁栅位置线上,两孔间隔 0.8m 左右。然后向孔内打入木楔,固定木方时,可用长钉将木搁栅固定在打入地面的木楔上。

3）实铺地板基层施工

木地板直接铺贴在地面上时,对地面的平整度要求较高,一般地面应采用防水水泥砂浆找平,或在平整的水泥砂浆找平层上刷防潮层。

2. 面层木地板铺设

1）钉接式

木地板面层有单层和双层两种。单层木地板面层是在木搁栅上直接钉直条企口板;双层木地板面层是先在木搁栅架上钉一层毛地板,再钉一层企口板。

双层木地板的下层毛地板,其宽度不大于 120mm,铺设时必须清除其下方空间内的刨花等杂物。毛地板应与木搁栅成 30°或 45°斜面钉牢,板间的缝隙不大于 3mm,以免起鼓,毛地板与墙之间应留 8～12mm 的缝隙,每块毛地板应在其下的每根木搁栅上各用两个钉固定,钉的长度应为板厚的 2.5 倍,面板铺钉时,其顶面要刨平,侧面带企口,板宽不大于 120mm,地板应与木搁栅或毛地板垂直铺钉,并顺着进门方向。接缝均应在木搁栅中心部位,且间隔错开。木板应材心朝上铺钉,木板面层距墙 8～12mm,以后逐块紧铺钉,缝隙不应超过 1mm,圆钉长度为板厚 2.5 倍,钉帽砸扁,钉从板的侧边凹角处斜向钉入,如图 9-25 所示,板与搁栅交接处至少钉 1 颗圆钉,钉到最后一块,可用明铺钉牢,钉帽砸扁冲入板内 30～50mm。在硬木地板面层铺钉前,应先钻圆钉直径 0.7～0.8 倍的孔,然后铺钉。在双层板面层铺钉前,应在毛板上先铺一层沥青油纸或油毡隔潮。

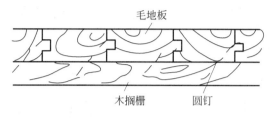

图 9-25　企口板钉设

铺完木板面层后,应清扫干净。先按垂直木纹方向粗刨一遍,再顺木纹方向细刨一遍,然后磨光,待室内装饰施工完毕后,再进行油漆,并上蜡。

2) 粘结式

粘结式木地板面层多采用实铺式,将加工好的硬木地板块材用粘结材料直接粘贴在楼地面基层上。

粘贴拼花木地板前,应根据设计图案和尺寸进行弹线。对于成块制作好的木地板块材,应按所弹施工线试铺,以检查其拼接缝高低、平整度、对缝等。符合要求后进行编号,施工时按编号从房间中间向四周铺贴。

沥青胶铺贴法是先将基层清扫干净,用大号板刷在基层上涂刷一层薄而匀的冷底子油,待一昼夜后,在木地板背面涂刷一层薄而匀的热沥青,同时在已涂刷冷底子油的基层上涂刷一道热沥青,厚度一般为 2mm,随涂随铺。木地板应水平状态就位,同时要用力与相邻的木地板压得严密无缝隙,相邻两块木地板的高差不应超过 -1～1.5mm,缝隙不大于 0.3mm,否则应重铺。铺贴时,要避免热沥青溢出表面;如有溢出,应及时刮出,并擦拭干净。

胶粘剂铺贴法是先将基层表面清扫干净,用鬃刷在基层上涂刷一层薄而匀的底子胶。底子胶应采用原粘剂配置。待底子胶干燥后,按施工线位置沿轴线由中央向四面铺贴。其方法是按预排编号顺序在基层上涂刷一层厚 1mm 左右的胶粘剂,再在木地板背面涂刷一层厚约 0.5mm 的胶粘剂,待表面不沾手时,即可铺贴。铺贴时,施工人员随铺贴随往后退,要用力推紧、压平,并随即用砂袋等物压 6～24h,其质量要求与前述相同。

地板粘贴后,应自然养护,养护期内严禁上人走动,养护期满后即可进行刮平、磨光、油漆和打蜡工作。

3. 木踢脚板施工

木地板房间的四周墙角处应设木踢脚板,踢脚板一般高 100～

知识扩展:

《建筑地面工程施工质量验收规范》(GB 50209—2010)

7.2　实木地板、实木集成地板、竹地板面层

7.2.1　实木地板、实木集成地板、竹地板面层应采用条材或块材或拼花,以空铺或实铺方式在基层上铺设。

7.2.2　实木地板、实木集成地板、竹地板面层可采用双层面层和单层面层铺设,其厚度应符合设计要求;其选材应符合国家现行有关标准的规定。

7.2.3　铺设实木地板、实木集成地板、竹地板面层时,其木搁栅的截面尺寸、间距和稳固方法等均应符合设计要求。木搁栅固定时,不得损坏基层和预埋管线。木搁栅应垫实钉牢,与柱、墙之间留出 20mm 的缝隙,表面应平直,其间距不宜大于 300mm。

200mm，常用高度为150mm，厚20～25mm。所用木板一般也应与木地板面层所用的材质、品种相同。踢脚板应预先刨光，上口刨成线条。为防止翘曲，应在靠墙的一面开成凹槽，当踢脚板高100mm时，开一条凹槽；高150mm时，开两条凹槽；高度超过150mm时，开三条凹槽，凹槽深为3～5mm。为防潮通风，木踢脚板每隔1.0～1.5m设一组通风孔，直径为6mm。在墙内每隔400mm砌入防腐木砖，在防腐木砖上钉防腐木垫块。一般在木踢脚板与地面转角处安装木压条或圆角成品木条，如图9-26所示。

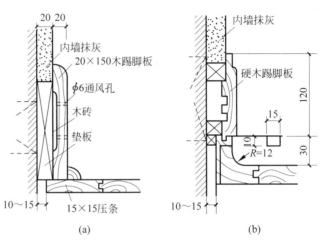

图 9-26　木踢脚板做法示意图（单位：mm）
(a) 压条做法；(b) 圆角做法

木踢脚板应在木地板刨光后进行安装，木踢脚板接缝处应做暗榫或斜坡压槎，在90°转角处可做成45°斜角接缝，接缝一定要放在防腐木砖上。安装时，木踢脚板应与墙面贴紧，上口要平直，用明钉在防腐木砖上钉牢，钉帽要砸扁，并钉入板内2～3mm。

木质地面面层的允许偏差和检验方法如表9-8所示。

表 9-8　竹、木质地面面层的允许偏差和检验方法

项次	项　目	允许偏差/mm				检验方法
		实木地板面层			实木复合地板、中密度（强化）复合地板面层、竹地板面层	
		松木地板	硬木地板	拼花地板		
1	板面缝隙宽度	1.0	0.5	0.2	0.5	用钢尺检查
2	表面平整度	3.0	2.0	2.0	2.0	用2m靠尺和塞尺检查
3	踢脚线上口平齐	3.0	3.0	3.0	3.0	拉5m线，不足5m拉通线用钢尺检查
4	板面拼缝平直	3.0	3.0	3.0	3.0	
5	相邻板材高差	0.5	0.5	0.5	0.5	用钢尺和塞尺检查
6	踢脚线与面层的接缝	1.0				用塞尺检查

知识扩展：

《建筑地面工程施工质量验收规范》（GB 50209—2010）

7.2.4　当面层下铺设垫层地板时，垫层地板的髓心应向上，板间缝隙不应大于3mm，与柱、墙之间应留8～12mm的空隙，表面应刨平。

7.2.5　实木地板、实木集成地板、竹地板面层铺设时，相邻板材接头位置应错开不小于300mm的距离；与柱、墙之间应留8～12mm的空隙。

7.2.6　采用实木制作的踢脚线，背面应抽槽并做防腐处理。

7.2.7　席纹实木地板面层、拼花实木地板面层的铺设应符合本规范本节的有关要求。

9.4 吊顶、隔墙工程施工

9.4.1 吊顶工程施工

吊顶是现代室内装饰的重要组成部分,它直接影响着整个建筑空间的装饰风格与效果,还起着吸收和反射音响、照明、通风、防火等作用。

1. 吊顶的组成和种类

吊顶由吊筋(吊杆、吊头等)、龙骨(搁栅)和饰面板三部分组成。对于现浇钢筋混凝土楼板,一般在混凝土中预埋 $\phi6$ 钢筋,或以 8 号镀锌铁丝作为吊筋,也可以采用金属膨胀螺丝、射钉固定钢筋(钢丝、镀锌铁丝)作为吊筋,如图 9-27 所示。对于预制楼板,一般在板缝中预埋 $\phi6$ 钢筋,或以 8 号镀锌铁丝作为吊筋。坡屋顶使用长杆螺栓或 8 号镀锌铁丝吊在屋架下弦作为吊筋,如图 9-28 所示。吊筋的间距是 $1.2\sim1.5$m。

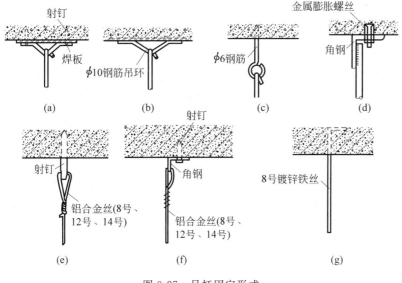

图 9-27　吊杆固定形式

(a) 射钉固定;(b) 预埋件固定;(c) 预埋 $\phi6$ 钢筋吊环;

(d) 金属膨胀螺丝固定;(e) 射钉直接连接钢丝(或 8 号铁丝);

(f) 射钉角铁连接法;(g) 预埋 8 号镀锌铁丝

龙骨有木质龙骨、轻钢龙骨和铝合金龙骨等。饰面板主要使用纸质吸音板、矿棉吸音板、纸面石膏板、夹板、金属压型吊顶板等。当饰面和基层一致时,即为饰面板。饰面即装饰层,如壁纸、涂料面层等。

吊顶按骨架材料可分为木龙骨吊顶、金属龙骨吊顶;按饰面材料可分为石膏板吊顶、无机纤维板吊顶(饰面吸声板、玻璃棉吸声板)、木质板吊顶(胶合板和纤维板等)、塑料板吊顶(钙塑装饰板、聚氯乙烯塑

知识扩展:

《建筑装饰装修工程质量验收规范》(GB 50210—2001)

6.1　一般规定

6.1.1　本章适用于暗龙骨吊顶、明龙骨吊顶等分项工程的质量验收。

6.1.2　吊顶工程验收时应检查下列文件和记录:

1　吊顶工程的施工图、设计说明及其他设计文件。

2　材料的产品合格证书、性能检测报告、进场验收记录和复验报告。

3　隐蔽工程验收记录。

4　施工记录。

6.1.3　吊顶工程应对人造木板的甲醛含量进行复验。

6.1.4　吊顶工程应对下列隐蔽工程项目进行验收:

1　吊顶内管道、设备的安装及水管试压。

2　木龙骨防火、防腐处理。

3　预埋件或拉结筋。

4　吊杆安装。

5　龙骨安装。

6　填充材料的设置。

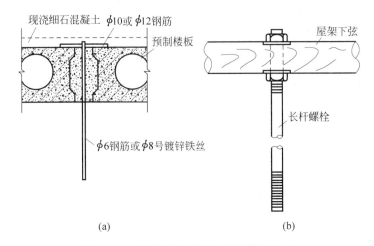

图 9-28　预制楼板和坡屋面吊筋固定方法

(a)预制楼板吊筋固定;(b)坡屋面长杆螺栓吊筋

料板)、金属装饰板吊顶(条形板、方板、搁栅板)、采光板吊顶(玻璃、阳光板)等;按安装方式可分为直接式吊顶和悬吊式吊顶。

2. 龙骨安装

木质龙骨由大龙骨、小龙骨、横撑龙骨和吊木等组成,如图 9-29 所示。大龙骨用 60mm×80mm 方木沿房间短向布置。用预先埋设的钢筋圆钩穿上 8 号镀锌铁丝将龙骨拧紧;或用 $\phi6$ 或 $\phi8$ 螺栓与预埋钢筋焊牢,穿透大龙骨上紧螺母。大龙骨间距宜为 1m。吊顶的起拱一般为房间短向的 1/200。安装小龙骨时,按照墙上弹的水平控制线,先钉四周的小龙骨,然后按设计要求分档画线钉小龙骨,最后钉横撑龙骨。小龙骨、横撑龙骨一般用 40mm×60mm 或 50mm×50mm 方木,底面相平,间距与罩面板相对应,安装前需有一面刨平。大龙骨、小龙骨连接处的小吊木要逐根错开,不要钉在同一侧,小龙骨接头也要错开,接头处钉左、右双面木夹板。

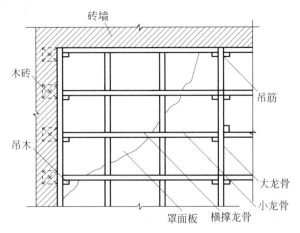

图 9-29　木质龙骨吊顶

轻钢龙骨吊顶和铝合金龙骨吊顶的断面形状有 U 形、T 形等数种。每根龙骨长度为 2～3m，在现场用拼接器拼装，接头应相互错开。U 形龙骨的吊顶安装如图 9-30 所示。TL 形铝合金龙骨的安装如图 9-31、图 9-32 所示。

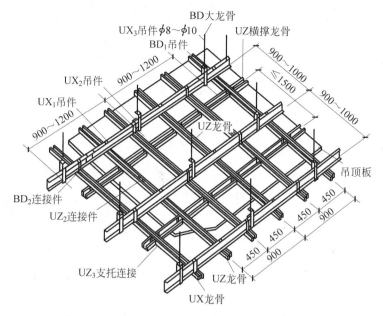

图 9-30 U 形龙骨吊顶安装示意图（单位：mm）

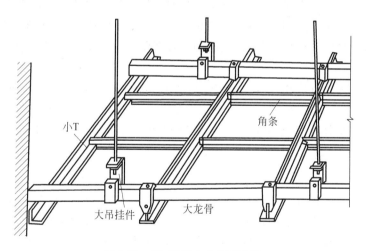

图 9-31 TL 形铝合金吊顶安装

轻钢龙骨和铝合金龙骨安装过程如下。

弹线是根据楼层标高水平线，用尺竖向量至顶棚设计标高，沿墙四周弹出顶棚标高水平线（允许偏差为±5mm），并沿顶棚标高水平线在墙上画出龙骨分档位置线。

安装大龙骨吊杆是按照在墙上弹出的标高线和龙骨位置线，找出吊点中心，将吊杆焊接固定在预埋件上。未设预埋件时，可按吊点中心

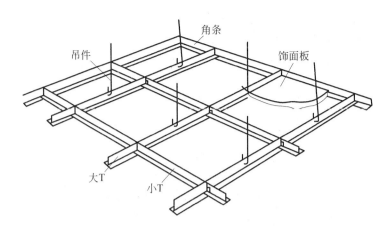

图 9-32　TL 形铝合金不上人吊顶安装

知识扩展：

《建筑装饰装修工程质量验收规范》（GB 50210—2001）

主控项目

6.2.2 吊顶标高、尺寸、起拱和造型应符合设计要求。

检验方法：观察；尺量检查。

6.2.3 饰面材料的材质、品种、规格、图案和颜色应符合设计要求。

检验方法：观察；检查产品合格证书、性能检测报告、进场验收记录和复验报告。

6.2.4 暗龙骨吊顶工程的吊杆、龙骨和饰面材料的安装必须牢固。

检验方法：观察；手板检查；检查隐蔽工程验收记录和施工记录。

6.2.5 吊杆、龙骨的材质、规格、安装间距及连接方式应符合设计要求。金属吊杆、龙骨应经过表面防腐处理；木吊杆、龙骨应进行防腐、防火处理。

检验方法：观察；尺量检查；检查产品合格证书、性能检测报告、进场验收记录和隐蔽工程验收记录。

用射钉固定吊杆或铁丝。计算好吊杆的长度，确定吊杆下端的标高，与吊件连接的一端套丝长度应留有余地，并配好螺母。

安装大龙骨是将组装好吊挂件的大龙骨，按分档线位置使吊挂件穿入相应的吊杆螺栓上，拧紧螺母。然后相接大龙骨，装连接件，并以房间为单元，拉线调整标高和平直。中间起拱高度不应小于房间短向跨度的 1/200，靠四周墙边的龙骨用射钉钉固在墙上，射钉间距为 1m。

安装小龙骨是按以弹好的小龙骨分档线，卡放小龙骨吊挂件，然后按设计规定的小龙骨间距，将小龙骨通过吊挂件垂直吊挂在大龙骨上，吊挂件 U 形腿用钳子卧入大龙骨内。小龙骨的间距应按饰面板的密缝和离缝要求进行不同的安装，小龙骨间距应计算准确，并应通过翻样确定。

横撑龙骨应用小龙骨截取，安装时，将截取的小龙骨端头插入支托，扣在小龙骨上，并用钳子将挂钩弯入小龙骨内。组装好后的小龙骨和横撑龙骨底面应平齐，横撑龙骨间距应根据所用饰面板的规格尺寸确定。

3. 饰面板安装

板材的尺寸是一定的，所以应按室内长和宽的净尺寸来安排。每个方向都应有中心线，板材必须对称于中心线。若板材为单数，则对称于中间一排板材的中心线；若板材为双数，则对称于中间的缝，不足一块的余数分摊在两边。切不可由一边向另一边分格。当吊顶上设有开孔的灯具和通风排气孔时，应通盘考虑如何组成对称的图案排列，这种顶棚都有设计图纸可依循。

饰面板的安装方法如下：

（1）搁置法是将装饰罩面板直接摆放在 T 形龙骨组成的格框内。应按设计图案要求摆放，有些轻质罩面板考虑刮风时会被掀起，可用木条、卡子固定。

（2）嵌入法是将装饰罩面板事先加工成企口暗缝,安装时将 T 形龙骨两肢插入企口缝内。

（3）粘贴法是将装饰罩面板用胶粘剂直接粘贴在龙骨上。

（4）钉固法是将装饰罩面板用钉、螺丝钉、自攻螺丝等固定在龙骨上,钉子应排列整齐。

（5）压条固定法是用木、铝、塑料等压缝条将装饰罩面板钉结在龙骨上。

（6）塑料小花固定法是在板的四角采用塑料小花压角用螺丝固定,并在小花之间沿板边等距离加钉固定。

（7）卡固法多用于铝合金吊顶,板材与龙骨直接卡接固定,不需要再用其他方法固定。

石膏罩面板用钉固法安装时,螺钉与板边距离不应小于 15mm,螺钉间距宜为 150～170mm,均匀布置,并与板面垂直,钉头嵌入石膏板深度宜为 0.5～1.0mm,钉帽应涂刷防锈涂料,并用石膏腻子抹平;采用粘贴法安装时,胶粘剂应涂抹均匀,不得漏涂,应粘实粘牢。

对于矿棉装饰吸声板的安装,房间湿度不宜过大,安装时,吸声板上不得放置其他材料,防止板材受压变形。吸声板背面的箭头方向应与白线方向一致,以保证花样、图案的整体性。采用复合粘贴法安装时,胶粘剂未完全固化前,板材不得有强烈振动,并应保持房间通风;采用搁置法安装时,应留有板材安装缝,每边缝隙不宜大于 1mm。

采用钉固法安装胶合板、纤维板时,钉距为 80～150mm,钉长为 20～30mm,钉帽进入板面 0.5～1.0mm,钉眼用腻子抹平;胶合板、纤维板用木条固定法时,钉距不大于 200mm,钉帽进入木条 0.5～1.0mm,钉眼用腻子抹平。

用粘贴法安装钙塑装饰板时,可用 401 胶或氯丁胶浆-聚异氰酸酯胶（10∶1）。涂胶应待浆稍干后,方可把板材粘贴压紧,粘贴后,应采取临时固定措施;采用钉固法时,钉距不宜大于 150mm,钉帽与板面平齐,排列整齐,并用与板面颜色相同的涂料涂饰。钙塑板的交接处,用塑料小花固定时,应使用木螺丝,并在小花之间沿板边按等距离加钉固定;用压条固定时,压条应平直,接口严密,不得翘曲。

金属饰面板有金属条板、金属方板、金属搁栅等几种类型。条板有卡固法和钉固法两种,卡固法要求龙骨卡条形式应与条板配套,如图 9-33 所示;钉固法采用自攻螺钉固定时,后安装的板块应压住先安装的板块,用螺钉拧紧,拼缝严密。方形板可用搁置法和螺钉钉固法,也可用铜丝绑扎固定法,如图 9-34 所示。搁栅固定一种是将单体构件先用卡具连成整体,然后通过钢管与吊杆相连接,这种做法可以减少吊杆的数量;另一种是用带卡扣的吊管将单体构件卡住,再将吊管用吊杆悬吊,这种做法可以省去固定单体的卡具,简便易行,如图 9-35 所示。金属板吊顶与四周墙体空隙应用同材质的金属压缝条找齐。

知识扩展:

《建筑装饰装修工程质量验收规范》（GB 50210—2001）

6.2.6　石膏板的接缝应按其施工工艺标准进行板缝防裂处理。安装双层石膏板时,面层板与基层板的接缝应错开,并不得在同一根龙骨上接缝。

检验方法:观察。

一般项目

6.2.7　饰面材料表面应洁净、色泽一致,不得有翘曲、裂缝及缺损。压条应平直、宽窄一致。

检验方法:观察;尺量检查。

6.2.8　饰面板上的灯具、烟感器、喷淋头、风口篦子等设备的位置应合理、美观,与饰面板的交接应吻合、严密。

检验方法:观察。

6.2.9　金属吊杆、龙骨的接缝应均匀一致,角缝应吻合,表面应平整,无翘曲、锤印。木质吊杆、龙骨应顺直,无劈裂、变形。

检验方法:检查隐蔽工程验收记录和施工记录。

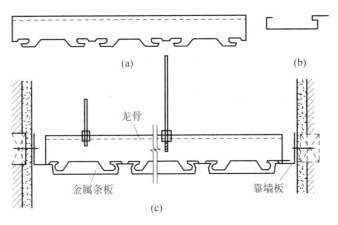

图 9-33　金属条板吊顶卡固法
(a) 龙骨；(b) 金属条板断面；(c) 条板吊顶剖面

知识扩展：

《建筑装饰装修工程质量验收规范》（GB 50210—2001）

6.2.10　吊顶内填充吸声材料的品种和铺设厚度应符合设计要求，并应有防散落措施。

检验方法：检查隐蔽工程验收记录和施工记录。

6.3　明龙骨吊顶工程

6.3.1　本节适用于以轻钢龙骨、铝合金龙骨、木龙骨等为骨架，以石膏板、金属板、矿棉板、塑料板、玻璃板或格栅等为饰面材料的明龙骨吊顶工程的质量验收。

主控项目

6.3.2　吊顶标高、尺寸、起拱和造型应符合设计要求。

检验方法：观察；尺量检查。

6.3.3　饰面材料的材质、品种、规格、图案和颜色应符合设计要求。当饰面材料为玻璃板时，应使用安全玻璃或采取可靠的安全措施。

检验方法：观察；检查产品合格证书、性能检测报告和进场验收记录。

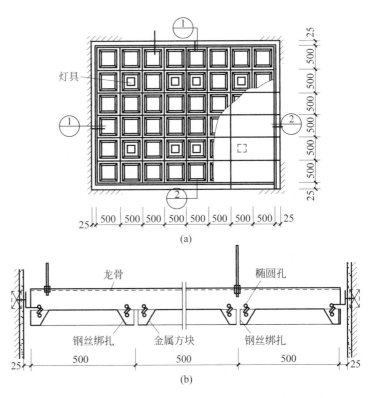

图 9-34　金属方形板吊顶钢丝采用绑扎法固定（单位：mm）
(a) 平面图；(b) 剖面图

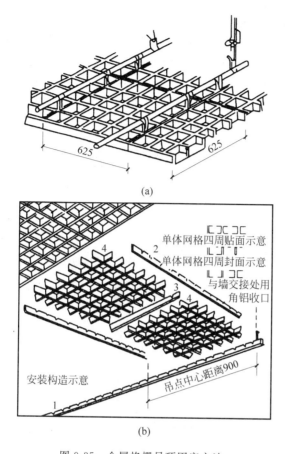

（a）

（b）

图 9-35　金属格栅吊顶固定方法
（a）单体构件通过杠杆与吊杆连接；（b）带卡扣吊管安装固定

4. 吊顶工程安装注意事项

在运输安装吊顶龙骨时，不得扔摔、碰撞，龙骨应平直，防止变形；在运输安装罩面板时，应轻拿轻放，不得损坏板面和边角。运输时，应采取相应措施，防止受潮变形。

吊顶龙骨宜存放在地面平整的室内，并防止变形、生锈；罩面板应按品种、规格分类存放于地面平整、干燥、通风处，并根据不同罩面板的性质，分别采取措施，防止受潮变形。

安装罩面板前，吊顶内的通风、水电管道及上人吊顶内的人行或安装通道应安装完毕；消防管道应安装并试压完毕；吊顶内的灯槽、斜撑、剪刀撑等，应根据工程情况适当布置。轻型灯具应吊在大龙骨或附加龙骨上，重型灯具或电扇不得与吊顶龙骨连接，应另设吊钩；罩面板应按规格、颜色等预先进行分类选配。

安装罩面板时，不得有悬臂现象，应增设附加龙骨固定。施工用的临时马道应架设或吊挂在结构受力构件上，严禁以吊顶龙骨作为支撑点。

知识扩展：

《建筑装饰装修工程质量验收规范》（GB 50210—2001）

6.3.4　饰面材料的安装应稳固严密。饰面材料与龙骨的搭接宽度应大于龙骨受力面宽度的2/3。

检验方法：观察；手扳检查；尺量检查。

6.3.5　吊杆、龙骨的材质、规格、安装间距及连接方式应符合设计要求。金属吊杆、龙骨应进行表面防腐处理；木龙骨应进行防腐、防火处理。

检验方法：观察；尺量检查；检查产品合格证书、进场验收记录和隐蔽工程验收记录。

6.3.6　明龙骨吊顶工程的吊杆和龙骨安装必须牢固。

检验方法：手扳检查，检查隐蔽工程验收记录和施工记录。

5. 吊顶工程质量要求

吊顶工程所用的材料品种、规格、颜色以及基层构造、固定方法等应符合设计要求。罩面板与龙骨应连接紧密，表面平整，不得有污染、折裂、缺棱掉角、锤伤等缺陷，接缝均匀一致，粘贴的罩面不得有脱层，胶合板不得有刨透之处，搁置的罩面板不得有漏、透、翘角等现象。

吊顶工程安装的允许偏差和检验方法应符合表 9-9 所示的规定。

表 9-9　吊顶罩面板工程质量允许偏差　　　　mm

项次	项目	允许偏差										检验方法
		石膏板			无机纤维板		木质板		塑料板		纤维水泥压板	金属装饰板	
		石膏装饰板	深浮雕嵌式装饰石膏板	纸面石膏板	矿棉装饰吸声板	超细玻璃棉板	胶合板	纤维板	钙塑装饰板	聚氯乙烯塑料板			
1	表面平整	3		2			2.0	3.0	3	2	—	2.0	用2m靠尺和楔形塞尺检查观感平整
2	接缝平直	3	3		3		3.0		4	3	—	<1.5	拉5m线检查，不足5m拉通线检查
3	压条平直		3		3		3.0			3		3.0	
4	接缝高低		1		1		0.5		1		1	1.0	用直尺和楔形塞尺检查
5	压条间距		2		2		2.0		2		2	2.0	用尺检查

9.4.2　隔墙工程施工

隔墙工程是指非承重轻质内隔墙，多用于建筑物室内空间的分隔和临时隔断。隔墙按构造方式可分为砌块式、骨架式和板材式。砌块式隔墙构造方式与黏土砖墙相似，装饰工程中主要为骨架式和板材式隔墙。骨架式隔墙的骨架多为木材或型钢（轻钢龙骨、铝合金龙骨），饰面板多用纸面石膏板、人造板（胶合板、纤维板、刨花板、水泥纤维板）。板材式隔墙采用高度等于室内净高的条形板材进行拼装，常用的有复合轻质墙板、石膏空心条板、预制或现制钢丝网水泥板等。

1. 钢丝网架夹芯板隔墙施工

钢丝网架夹芯板墙是以三维构架式钢丝网为骨架，以膨胀珍珠岩、阻燃型聚苯乙烯泡沫塑料、矿棉、玻璃棉等轻质材料为芯材，由工厂制成面密度为 4～20kg/m² 的钢丝网架夹芯板，然后在其两面抹 20mm 厚水泥砂浆面层的新型轻质墙板，如图 9-36 所示。

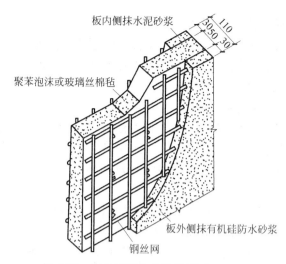

图 9-36   钢丝网架夹芯墙板（单位：mm）

1）施工过程

钢丝网架夹芯板隔墙的施工过程如下：清理→弹线→墙板安装→墙板加固→管线敷设→墙面粉刷。

2）施工要点

弹线是在楼地面、墙体及顶棚面上弹出墙板双面边线，边线间距 80mm（苯板），用线锤吊垂直，以保证对应的上、下线在同一个垂直平面内。

墙板安装是当进行钢丝网架夹芯板墙施工时，应按排列图将板块就位，一般是由下向上、从一端向另一端的顺序安装。

将结构施工时预埋的两根 $\phi6$、间距为 400mm 的锚筋与钢丝网架焊接或用钢筋绑扎牢固，也可以通过 $\phi8$ 的膨胀螺栓加 U 形码（或压片），或打孔植筋，把板材固定在结构梁、板、墙、柱上。板块就位前，可先在墙板底部的安装位置满铺 1∶2.5 的水泥砂浆垫层，砂浆垫层厚度不小于 35mm，以使板材底部填满砂浆。对于有防渗漏要求的房间，应做高度不低于 100mm 的细石混凝土垫层，待其达到规定的强度后，再进行钢筋网架夹芯板的安装。

墙板拼缝、墙体阴阳角、门窗洞口等部位，均应按设计构造要求采用配套的钢网片覆盖或槽形网加强，用钢丝绑牢、钢伙网架边缘与钢网片相交点用钢丝绑扎紧固，其余部分相交点可隔一交错扎牢，不得有变形、脱焊等现象。拼接板材时，若接头处芯材有空隙，应用同类芯材补充、填实、找平。门窗洞口应按设计要求进行加强，一般洞口周边设置的槽形网（300mm）和洞口四角设置的 45°加强钢网片（可用长度不小于 500mm 的"之"字条）应与钢网架用金属丝绑扎牢固。如果设置洞边加筋，则应与钢丝网架用金属丝绑扎定位；如果设置通天柱，则应与结构梁、板的预留锚筋或预埋件焊接固定。安装门窗框时，应与洞口处的预埋件连接固定。

墙板安装完成后,检查板块间以及墙板与建筑结构之间的连接,确定是否符合设计规定的构造要求及墙体稳定性的要求,并检查暗设管线、设备等隐蔽部分的施工质量,以及墙板表面平整度是否符合要求,同时对墙板的安装质量进行全面检查。

安装暗管、暗线和暗盒等,应与墙板安装相配合,在抹灰前进行。按设计位置将板材的钢材剪开,剔除管线通过位置的芯材。把管、线或设备等埋入墙体内,上、下用钢筋与钢丝网架固定,周边填实。埋设处表面另加钢网片覆盖补强,钢网片与钢丝网架用点焊连接,或用金属丝绑扎牢固。

水泥砂浆面层施工是钢丝网架夹芯板墙安装完毕并通过质量检查后,即可进行墙面抹灰。将钢丝网架夹芯板墙四周与建筑结构连接处的缝隙(25~30mm)用 1:3 的水泥砂浆填实。清理好钢丝网架与芯材结构的整体稳定效果,墙面做灰饼、设标筋;重要的阳角部位应按国家标准规定及设计要求做护角。

水泥砂浆抹灰层的施工可分为三层完成,底层厚 12~15mm;中层厚 8~10mm;罩面层厚 2~5mm。水泥砂浆抹灰层的平均总厚度不小于 25mm。

可采用机械喷涂抹灰。当人工抹灰时,应自下而上进行。底层抹灰后,应用木抹子反复揉搓,使砂浆密实,并与墙体的钢丝网及芯材紧密粘结,且使抹灰层保持粗糙。待底层砂浆凝结后,适当洒水湿润,即抹中层砂浆,表面用刮板找平、挫毛。两层抹灰均应采用同一配合比的砂浆。水泥砂浆抹灰层的罩面层,应按设计要求的装饰材料抹面,当罩面层需要掺入其他防裂材料时,应经试验合格后方可使用。当在钢丝网架夹心墙板的一面喷灰时,应注意防止芯材位置偏移。每一水泥砂浆抹灰层的砂浆终凝后,均应洒水养护;墙体两面抹灰的时间间隔不得小于 24h。

2. 木龙骨隔墙施工

采用木龙骨做墙体骨料,以 4~25mm 厚的建筑平板做罩面层,组装而成的室内非承重轻质墙体,称为木龙骨隔墙。木隔墙分为全封闭隔墙、有门窗隔墙和隔断三种。

1)施工过程

木龙骨隔墙的施工过程如下:弹线→钻孔→安装木骨架→安装饰面板→饰面板处理。

2)施工要点

弹线、钻孔是在需要固定木隔墙的地面和建筑墙面上弹出隔墙的边缘线和中心线,画出固定点的位置,间距为 300~400mm,打孔深度在 45mm 左右,用膨胀螺栓固定。如果用木楔固定,则孔深应不小于 50mm。

木骨架通常固定在沿墙、地和顶面处。对隔断来说,主要是靠地面和端头的建筑墙面固定。如果端头无法固定,常用铁件来加固端头,加固部位主要是在地面与竖木方之间。对于木隔断的门框竖向木方,均应用铁件加固,否则会使木隔断颤动、门框松动以及木隔墙松动等。

如果隔墙的顶端不是建筑结构而是吊顶,处理方法要根据不同的情况而定。对于无门窗的隔墙,只需相接、缝隙小、平直即可;对于有门窗的隔墙,考虑到振动和碰动,必须对顶端加以固定,即隔断的竖向龙骨应穿过吊顶面,再与建筑物的顶面进行加固。

木隔墙中的门框是以门洞两侧的竖向木方为基体,配以挡位框、饰边板或饰边线条组合而成;大木方骨架隔墙门洞的竖向木方较大,其挡位框可直接固定在竖向木方上;小木方双层构架的隔墙,因其木方小,应先在门洞内侧钉上厚夹板或实木板之后,再固定挡位框。

木隔墙中的窗框是在制作时预留的,然后用木夹板和木线条进行压边定位。隔断墙的窗分为固定窗和活动窗,固定窗是用木压条把玻璃板固定在窗框中,活动窗与普通活动窗一样。

墙面木夹板的安装方式主要有明缝和拼缝两种。明缝固定是在两板之间留一条有一定宽度的缝,当图纸无规定时,缝宽以 8～10mm 为宜;明缝如果不加垫板,则应将木龙骨面刨光,明缝的上、下宽度应一致,在锯割木夹板时,应用靠尺来保证锯口的平直度与尺寸的准确性,并用 0 号砂纸修边。当采用拼缝固定时,要对木夹板正面四边进行倒角处理(45°×3mm),以使板缝平整。

3. 轻钢龙骨隔墙施工

采用轻钢龙骨做墙体骨架,以 4～25mm 厚的建筑平板做罩面板组装而成的室内非承重轻质墙体,称为轻钢龙骨隔墙。隔墙所用的轻钢龙骨主件及配件、紧固件(包括射钉、膨胀螺栓、镀锌自攻螺栓、嵌缝料等)均应符合设计要求,轻钢龙骨还应满足防火及耐久性要求。

1)施工过程

轻钢龙骨隔墙的施工过程如下:基层处理→定位放线→安装顶龙骨和地龙骨→安装竖向龙骨→安装横向龙骨→安装贯通龙骨、横撑龙骨、水电管线→安装门窗洞口部位的横撑龙骨→各洞口的龙骨加强及附加龙骨安装→检查骨架安装质量,并调整校正→安装墙体一侧罩面板→板面钻孔安装管线固定件→安装填充材料→安装墙体另一侧罩面板→接缝处理→墙面装饰。

2)施工要点

施工前,应先完成基本的验收工作,石膏罩面板的安装应在屋面、顶棚和墙面抹灰完成后进行。

安装墙体骨架前,应按设计图纸检查现场,进行实测实量,并对基层表面予以清理。在基层上按龙骨的宽度弹线,弹线应清晰,位置应准确。

地、顶龙骨及边端竖龙骨可根据设计要求及具体情况采用射钉、膨

知识扩展:

《建筑装饰装修工程质量验收规范》(GB 50210—2001)

7.1.6 轻质隔墙与顶棚和其他墙体的交接处应采取防开裂措施。

7.1.7 民用建筑轻质隔墙工程的隔声性能应符合现行国家标准《民用建筑隔声设计规范》(GB 50118—2010)的规定。

7.2 板材隔墙工程

7.2.1 本节适用于复合轻质墙板、石膏空心板、预制或现制的钢丝网水泥板等板材隔墙工程的质量验收。

7.2.2 板材隔墙工程的检查数量应符合下列规定:

每个检验批应至少抽查 10%,并不得少于3间;不足 3 间时应全数检查。

胀螺栓进行固定或按所设置的预埋件进行连接固定。射钉或膨胀螺栓的间距一般为 600~800mm。边框竖龙骨与建筑基体表面之间，应按设计规定设置隔声垫，或满嵌弹性密封胶。竖龙骨的长度应比地、顶龙骨内侧的距离尺寸短 15mm。竖龙骨准确垂直就位后，即用抽芯铆钉将其两端分别与地、顶龙骨固定。当采用有配件龙骨体系时，其贯通龙骨在水平方向穿过各条竖龙骨的贯通孔，由支撑卡在两者相交的开口处连接稳定。对于无配件的龙骨体系，可将横向龙骨端头剪开后折弯，用抽芯铆钉与竖龙骨连接固定。

龙骨安装完毕后，对于有水电设施的工程，尚需由专业人员按水电设计的要求进行暗管、暗线及配件等的安装，墙体中的预埋管线和附墙设备应按设计要求采取加强措施。在安装罩面板之前，应检查龙骨骨架的表面平整度、立面垂直度及稳定性等。

石膏板宜竖向铺设，其长边（护面纸包封边）接缝应落在竖龙骨上。龙骨骨架两侧的石膏板及同一侧的内、外两层石膏板（当设计成双层罩面板时）均应错缝布置，接缝不应落在同一根龙骨上。石膏板宜使用整板，从板中部向四边按顺序固定；自攻螺钉钉头略埋入板内（但不得损坏纸面），钉眼用石膏腻子抹平。当经裁割的板边需要对接时，应靠紧，但不得强压就位。墙体端部的石膏板与周边的结构墙、柱体相接处，应留有 3mm 的缝隙，先加注嵌缝密封膏，然后铺板挤压嵌缝膏，使其嵌封严密。墙体接头处应用腻子嵌满，贴覆防裂接缝带；各部位的罩面板接缝，均应按设计要求进行板缝处理。墙体阳角处应有护角。

4. 平板玻璃隔墙施工

平板玻璃隔墙龙骨常用的有金属龙骨和木龙骨，常用的金属龙骨为铝合金龙骨。

隔墙的构造做法及施工安装与玻璃门窗工程基本相同，主要施工机具有铝合金切割机、砂轮磨角机、冲击钻、手枪钻等。

1）施工过程

铝合金龙骨平板玻璃隔墙的施工过程如下：弹线→铝合金下料→金属框架安装→玻璃安装。

2）施工要点

弹线即弹出地面、墙面位置线及高度线；铝合金下料要精确画线，精度要求为 10.5mm，在画线时，注意不要破坏型材表面。下料要使用专门的铝材切割机，要求尺寸准确、切口平滑。

半高铝合金玻璃隔断通常是先在地面组装好框架后，再竖立起来固定，通高的铝合金玻璃隔墙通常是先固定竖向型材，再安装框架横向型材；铝合金型材的相互连接主要是用铝角和自攻螺钉，铝合金型材与地面、墙面的连接则主要是用铁脚固定；型材的安装连接主要是竖向型材与横向型材的垂直结合，目前所采用的方法主要是铝角件连接法。铝角件起连接和定位的作用，以防止型材安装后转动。对连接件

知识扩展：

《建筑装饰装修工程质量验收规范》（GB 50210—2001）

主控项目

7.2.3 隔墙板材的品种、规格、性能、颜色应符合设计要求。有隔声、隔热、阻燃、防潮等特殊要求的工程，板材应有相应性能等级的检测报告。

检验方法：观察；检查产品合格证书、进场验收记录和性能检测报告。

7.2.4 安装隔墙板材所需预埋件、连接件的位置、数量及连接方法应符合设计要求。

检验方法：观察；尺量检查；检查隐蔽工程验收记录。

7.2.5 隔墙板材安装必须牢固。现制钢丝网水泥隔墙与周边墙体的连接方法应符合设计要求，并应连接牢固。

检验方法：观察，手扳检查。

的基本要求是有一定的强度和尺寸准确度,所用的铝角件厚度为3mm左右。铝角件与型材应用自攻螺钉进行固定。

为了保证对接处的美观,自攻螺钉的安装位置应较为隐蔽。如果对接处在1.5m以下,自攻螺钉头应安装在型材下方;如果对接处在1.8m以上,自攻螺钉应安装在型材的上方。在固定铝角件时,应注意其弯角的方向。

应使用安全玻璃,如钢化玻璃的厚度不小于5mm,夹层玻璃的厚度不小于6.38mm,对于无框玻璃隔墙,则应使用厚度不小于10mm的钢化玻璃,以保证使用的安全性。

玻璃的安装应符合门窗工程的有关规定。铝合金隔墙的玻璃有两种安装方式,一种是安装于活动窗扇上;另一种是直接安装于型材上。前者需要在制作铝合金活动窗的同时进行安装。在型材框架上安装玻璃,应先按框洞的尺寸缩3～5mm裁玻璃,以防止玻璃的不规整和框洞尺寸的误差,而造成装不上玻璃的问题。玻璃在型材框架上的固定,应用与型材同色的铝合金槽条在玻璃两侧夹定,槽条可用自攻螺钉与型材固定,并在铝槽与玻璃间加玻璃胶密封。

平板玻璃隔墙的玻璃边缘不得与硬性材料直接接触,玻璃边缘与槽底缝隙不应小于5mm。玻璃嵌入墙体、地面和顶面的槽口深度应符合相关规定,当玻璃厚度为5～6mm时,嵌入深度为8mm;当玻璃厚度为8～12mm时,嵌入深度为10mm。玻璃与槽口的前、后空隙应符合有关规定,当玻璃厚为5～6mm时,前后空隙为2.5mm;当玻璃厚8～12mm时,前后空隙为3.0mm。这些缝隙应用弹性密封胶或橡胶条嵌填。

玻璃底部与槽底空隙间,应用不少于两块的PVC垫块或硬橡胶垫块支承,支承块长度不小于10mm。玻璃平面与两边的槽口空隙应使用弹性定位块衬垫,定位块长度不小于25mm。支承块和定位块应设置在距槽角不小于300mm或1/4边长的位置。

对于纯粹为采光而设置的平板落地玻璃分隔墙,应在距地面1.5～1.7m处的玻璃表面用装饰图案设置防撞标志。

5. 隔墙工程的质量要求

隔墙工程所用材料的品种、规格、性能、颜色应符合设计要求。对于有隔声、隔热、阻燃、防潮等特殊要求的工程,板材应有相应性能等级的检测报告。板材隔墙安装所需预埋件、连接件的位置、数量及连接方法应符合设计要求,与周边墙体的连接应牢固。隔墙骨架与基体结构应牢固连接,并应平整、垂直、位置正确。隔墙板材的安装应垂直、平整、位置正确,板材不应有裂缝或缺损;表面应平整光滑、色泽一致、洁净,接缝应均匀,顺墙体表面应平整,接缝密实、光滑、无凹凸现象、无裂缝等。隔墙上的孔洞、槽、盒应位置正确、套割方正、边缘整齐。

隔墙工程安装的允许偏差和检验方法应符合表9-10所示的规定。

知识扩展:

《建筑装饰装修工程质量验收规范》(GB 50210—2001)

7.2.6 隔墙板材所用接缝材料的品种及接缝方法应符合设计要求。

检验方法:观察;检查产品合格证书和施工记录。

一般项目

7.2.7 隔墙板材安装应垂直、平整、位置正确,板材不应有裂缝或缺损。

检验方法:观察;尺量检查。

7.2.8 板材隔墙表面应平整光滑、色泽一致、洁净,接缝应均匀、顺直。

检验方法:观察;手摸检查。

7.2.9 隔墙上的孔洞、槽、盒应位置正确、套割方正、边缘整齐。

检验方法:观察。

表 9-10 隔墙安装的允许偏差和检验方法　　　　mm

项次	项目	允许偏差						检验方法
		板材隔离				骨架隔离		
		金属夹芯板	其他复合板	石膏空心板	钢丝网水泥板	纸面石膏板	人造木板、水泥纤维板	
1	立面垂直度	2	3	3	3	3	4	用 2m 垂直检测尺检查
2	表面平整度	2	3	3	3	3	—	用 2m 直尺和塞尺检查
3	阴阳角方正	3	3	3	4	3	3	用直角检测尺检查
4	接缝直线度	—	—	—	—	—	3	拉 5m 线,不足 5m 拉通线,用钢直尺检查

9.5 涂料、刷浆、裱糊工程施工

9.5.1 涂料的组成和分类

1. 涂料的组成

涂料的主要成膜物质也称为胶粘剂或固着剂,是决定涂料性质的最主要成分,它的作用是将其他组分粘结成一体,并附着在被涂基层的表层以形成坚韧的保护膜。它具有单独成膜的能力,也可以粘结其他组分共同成膜。

次要成膜物质也是构成涂膜的组成部分,但它自身没有成膜能力,要依靠主要成膜物质的粘结才能成为涂膜的一个组成部分。颜料就是次要的成膜物质,其对涂膜的性能及颜色有重要的作用。

辅助成膜物质不能构成涂膜,或不是构成涂膜的主体,但对涂料的成膜过程有很大的影响,或对涂膜的性能起一定的辅助作用,它主要包括溶剂和助剂两大类。

2. 涂料的分类

建筑涂料的产品种类繁多,一般按下列几种方式进行分类。

按使用的部位可分为外墙涂料、内墙涂料、顶棚涂料、地面涂料、门窗涂料、屋面涂料等。

按涂料的特殊功能可分为防火涂料、防水涂料、防虫涂料、防霉涂料等。

按涂料成膜物质的组成不同可分为油性涂料(指传统的以干性油为基础的涂料,即以前所称的油漆)、有机高分子涂料(包括聚醋酸乙烯系、丙烯酸树脂系、环氧系、聚氨酯系、过氯乙烯系等,其中丙烯酸树脂系建筑涂料性能优越)、无机高分子涂料(包括有硅溶胶类、硅酸盐类等)、有机无机复合涂料(包括聚乙烯醇水玻璃涂料、聚合物改性水泥涂料等)。

按涂料分散介质(稀释剂)的不同可分为溶剂型涂料(以有机高分子合成树脂为主要成膜物质,以有机溶剂为稀释剂,加入适量的颜料、填料以及辅助材料,经研磨而成的涂料)、水乳型涂料(在一定的工艺条件下,在合成树脂中加入适量乳化剂形成的以极细小的微粒形式分散于水中的乳液,以乳液中的树脂为主要成膜物质,并加入适量颜料、填料及辅助材料经研磨而成的涂料)、水溶型涂料(以水溶型树脂为主要成膜物质,并加入适量颜料、填料及辅助材料经研磨而成的涂料)。

按涂料所形成涂膜的质感可分为薄涂料(又称薄质涂料,它的黏度低,刷涂后能形成较薄的涂膜,表面光滑、平整、细致,但对基层的凹凸线型无任何改变作用)、厚涂料(又称厚质涂料,它的特点是黏度较高,具有触变性,上墙后不流淌,成膜后能形成有一定粗糙质感的较厚涂层,涂层经拉毛或滚花后富有立体感)、复层涂料(原称喷塑涂料,又称浮雕型涂料,其由封底涂料、主层涂料与罩面涂料组成)。

9.5.2　涂料工程施工

涂料工程施工的基本工序如下:基层处理、打底子、刮腻子、磨光、涂刷涂料等。根据质量要求的不同,涂料工程分为普通、中级、高级三个等级,为达到要求的质量等级,上述工序应按工程施工及验收规范的规定进行。

1. 基层处理

基层处理的工作内容包括基层清理和基层修补。

混凝土及抹灰表面规定如下:为保证涂膜能与基层牢固地粘结在一起,基层表面必须干燥、洁净、坚实,无酥松、脱皮、起壳、粉化等现象,基层表面的泥土、灰尘、污垢、黏附的砂浆等应清扫干净,酥松的表面应予铲除。为保证基层表面平整,缺棱掉角处应用1:3的水泥砂浆(或聚合物水泥砂浆)修补,表面的麻面、缝隙及凹陷处应用腻子填补修平。混凝土及抹灰表面应干燥,当涂刷溶剂型涂料时,含水率不得大于8%;当涂刷水性或乳液型涂料时,含水率不得大于10%。

木材基层表面规定如下:木材表面的灰尘、污垢、黏附的砂浆等应清扫干净,木料表面的裂缝、毛刺等应用腻子填补密实,刮平收净,并用砂纸磨光以使表面平整,木材基层含水率不得大于12%。

金属基层表面规定如下:涂料施涂前,应将灰尘、油渍、锈斑、焊渣、毛刺等清除干净,表面必须干燥,以免水分蒸发造成涂面气泡。

知识扩展:

《建筑装饰装修工程质量验收规范》(GB 50210—2001)

10.1.4　检查数量应符合下列规定:

1　室外涂饰工程每100m²至少检查一处,每处不得小于10m²。

2　室内涂饰工程每个检验批应至少抽查10%,并不得少于3间;不足3间时应全数检查。

10.1.5　涂饰工程的基层处理应符合下列要求:

1　新建筑物的混凝土或抹灰基层在涂饰涂料前应涂刷抗碱封闭底漆。

2　旧墙面在涂饰涂料前,应清除疏松的旧装修层,并涂刷界面剂。

3　混凝土或抹灰基层涂刷溶剂型涂料时,含水率不得大于8%;涂刷乳液型涂料时,含水率不得大于10%,木材基层的含水率不得大于12%。

2. 打底子

混凝土和抹灰表面涂刷油性涂料时,一般可用清油打底。

木材表面打底子的目的是使表面具有均匀吸收涂料的性能,以保证面层的色泽均匀一致。木材表面涂刷混色涂料时,一般用工地自配的清油打底。涂刷清漆时,则应用油粉或水粉进行润粉,以填充木纹的棕眼,使表面平滑,并起着色作用。油粉是用大白粉、颜料、熟桐油、松香水等配成,其渗透力强、耐久性好,但价格昂贵,多用于木门窗、地板及室外部分。水粉是大白粉加颜料和水胶配成,其着色力强、操作容易、价格低,但渗透力弱、不宜刷匀、耐久性差,适用于室内或家具。

金属表面则应刷防锈漆打底。

打底子要求刷到、刷匀,不能有遗漏和流淌现象,涂刷顺序一般是先上后下、先左后右、先外后里。

3. 刮腻子与磨平

刮腻子的作用是使表面平整,腻子应按基层、底层涂料和面层涂料的性质配套使用,应具有塑性和易涂性,干燥后应坚固。

刮腻子的次数随涂料工程质量等级的高低而定,一般以三道为限,先局部刮腻子,然后再满刮腻子,头道要求平整,二、三道要求光洁。每刮一道腻子,待干燥后,应用砂纸磨光一遍。对于做混色涂料的木料面,头道腻子应在刷过清油后才能批嵌;对于做清漆的木料面,则应在润粉后才能批嵌;对于金属面,应等防锈漆充分干燥后才能批嵌。

4. 施涂涂料

1) 一般规定

涂料在施涂前及施涂过程中,必须充分搅拌均匀。手提式涂料搅拌器如图9-37所示。用于同一表面的涂料,应注意保证颜色一致,涂料黏度应调整合适,使其在施涂时不流坠、不显刷纹。如需稀释,应用该种涂料所规定的稀释剂稀释,施涂过程中不得任意稀释。涂料的施涂遍数应根据涂料工程的质量等级而定,每一遍涂料不宜过厚,应施涂均匀,各层必须粘结牢固。施涂溶剂型涂料时,后一遍涂料必须在前一遍涂料干燥后进行;施涂水性或乳液型涂料时,后一遍涂料必须在前一遍涂料表干后进行。在工厂制作组装的钢木制品和金属构件,其涂料宜在生产制作阶段施工,最后一遍安装后在现场施涂;在现场制作的构件,组装前,应先施涂一遍底子油(干油性、防锈涂料),安装后再施涂。

图 9-37　手提式涂料搅拌器

施涂工具使用完毕后,应及时清洗或浸泡在相应的溶剂中。涂料干燥前,应防止雨淋、尘土沾污和热空气的侵袭。

2)施涂涂料

施涂涂料的基本方法有刷涂、滚涂、喷涂、刮涂、弹涂、抹涂等。

刷涂是用油漆刷、排笔等将涂料直接涂刷在物体表面上。涂刷应均匀、平滑一致。涂刷方向、距离长短应一致。勤沾短刷,接槎应在分格缝处。所用涂料干燥较快时,应缩短刷距。涂刷一般不少于两道,应在前一道涂料表干后再涂刷下一道,两道涂料的间隔时间一般为2~4h。

滚涂是利用滚筒(辊筒、涂料辊)蘸取涂料,并将其涂布到物体表面上。滚筒表面有的粘贴合成的纤维长毛绒,有的粘贴橡胶,当绒面压花滚筒或橡胶压花压辊表面为突出的花纹图案时,即可在涂层上滚压出相应的花纹,如图9-38所示。

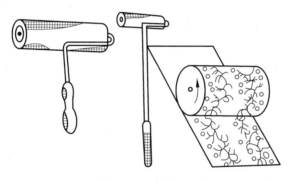

图9-38　涂料辊

喷涂是利用压力或压缩空气将涂料涂布于物体表面上。涂料在高速喷射的空气流带动下,呈雾状小液滴喷到基层表面上形成涂层。喷涂的涂层较均匀,颜色一致,施工效率高,适用于大面积施工,可使用各种涂料进行喷涂,尤其是外墙涂料用得较多。喷涂的效果与质量由喷嘴的直径大小、喷枪距墙(棚)面的距离、工作压力、喷枪移动的速度等有关。喷嘴直径一般为4~15mm,可更换,空气压力宜为0.4~0.7MPa,喷嘴距墙(棚)面的距离,以喷涂后不流挂为准,一般为400~600mm,喷嘴应与被喷涂面垂直,且做平行移动,速度保持一致,如图9-39所示。喷枪移动范围不宜过大,一般直接喷涂700~800mm后折回,再喷涂下一行,也可选择横向或竖向往返喷涂,如图9-40所示。涂层的接槎应留在分格缝处,应对门窗以及不喷涂料的部位进行遮挡。喷涂操作应连续进行,一次成活,不得出现漏喷、流淌、皱纹、露底、钉孔、气泡、失光等现象。室内喷涂一般先喷涂顶棚,后喷涂墙面,两遍成活,间隔时间为2h左右。外墙一般喷涂两遍,较好的饰面为三遍,作业分段线应设在水落管、接缝、雨罩等处。

知识扩展:

《建筑装饰装修工程质量验收规范》(GB 50210—2001)

主控项目

10.2.2　水性涂料涂饰工程所用涂料的品种、型号和性能应符合设计要求。

检验方法:检查产品合格证书、性能检测报告和进场验收记录。

10.2.3　水性涂料涂饰工程的颜色、图案应符合设计要求。

检验方法:观察。

10.2.4　水性涂料涂饰工程应涂饰均匀、粘结牢固,不得漏涂、透底、起皮和掉粉。

检验方法:观察;手摸检查。

10.2.5　水性涂料涂饰工程的基层处理应符合本规范第10.1.5条的要求。

检验方法:观察;手摸检查;检查施工记录。

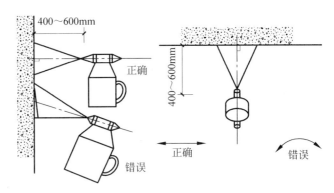

图 9-39　喷枪与喷涂面的相对位置

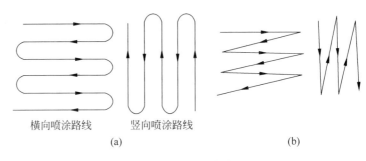

图 9-40　喷涂路线

（a）正确的喷涂路线；（b）错误的喷涂路线

刮涂是利用刮板将涂料厚浆均匀地批刮于涂面上，形成厚度为 1～2mm 的厚涂层。这种施工方法常用于地面厚层涂料的施涂。腻子一次刮涂厚度一般不应超过 0.5mm，孔眼较大的物面应将腻子嵌填压实，并高出物面，待干燥后再进行打磨。当批刮腻子或厚浆涂料全部干燥后，再涂刷面层涂料；刮涂时，应用力按刀，使刮刀与饰面成 500°～600°刮涂，刮涂时只能来回刮涂 1～2 次，不能往返多次刮涂；遇有圆形、棱形物面，可用橡皮刮刀进行刮涂，刮涂地面施工时，为了增加涂料的装饰效果，可用刮刀或记号笔刻出仿木纹等各种图案。

弹涂是利用弹涂器通过转动的弹棒将涂料以原点形状弹到被涂面上。若分数次弹涂，每次用不同颜色的涂料，被涂面由不同色点的涂料装饰，相互衬托，可使饰面增加装饰效果。弹涂时，弹涂器的喷出口应垂直正对被涂面，距离为 300～500mm，按一定速度自上而下、由左至右弹涂，选用压花型弹涂时，应适当将彩点压平。

抹涂是利用不锈钢抹灰工具将饰面涂料抹到底层涂料上。一般抹 1～2 遍，间隔 1h 后再用不锈钢抹子压平。涂抹厚度如下：内墙 1.5～2mm，外墙 2～3mm。

5. 复层涂料（喷塑）施工

复层涂料是由封底涂料、主层涂料、罩面涂料组成的涂层，可以做成质感丰富、立体感强的浮雕型饰面。

封底涂料可采用喷、滚、刷涂的任一方法施工。

主层涂料用喷斗喷涂。喷涂花点的大小、疏密,可根据浮雕的需要确定,有大花、中花、小花。在每一分格块内,要连续喷涂,表面颜色一致,花纹大小均匀,不显接槎,喷出的材料不得有气鼓、起皮、漏喷、脱落、裂缝、流坠等现象。花点需要压平时,则应在喷点后适时(7~10min)用塑料或橡胶辊蘸汽油或二甲苯压平。待主层涂料干燥后,即可采用喷、滚、刷涂方法涂饰罩面涂料。

罩面涂料一般涂两遍,时间间隔为2h左右,施工环境温度宜在5℃以上。

复层涂料的三个涂层可以采用同一材质的涂料,也可由不同材质的涂料组成。复层涂料应设分格缝,分格条应宽窄、厚薄一致,粘贴在中层砂浆面上,完工后取出,在分格缝上上色。

6. 多彩花纹涂料施工

多彩花纹涂料的施工工艺可按底涂—中涂—面涂或底涂—面涂的顺序进行。

底层涂料的作用是封闭基层,提高涂膜的耐久性和装饰效果,可采用喷、滚涂方法施工。喷涂时,先启动无气喷涂机,将进料管插入涂料桶中,关闭卸料口阀门,用喷枪按喷涂方法施工。采用滚涂时,厚度应一致,一般两遍成活。底层涂料喷涂4h后,可进行面层涂饰。

面层喷涂时,先用料勺将多彩涂料轻微搅拌,然后倒入压力料罐,并上紧罐盖,打开三通气阀,向料罐和喷枪同时供气,待涂料达到喷嘴时,开始按喷涂方法施工。料迹呈螺旋形前进,气压在0.15~0.25MPa,喷嘴距墙面300~400mm。喷涂应一遍成活,如涂层不均时,应在4h内进行局部喷涂。

施工时,要求现场空气畅通,严禁明火,操作人员应佩戴安全防护用具。

7. 聚氨酯仿瓷涂料施工

聚氨酯仿瓷涂料是以聚氨酯-丙烯酸树脂溶液为基料,加入优质大白粉、助剂等配制而成的双组分固化型涂料。涂膜外观呈瓷质状,其耐沾污性、耐水性及耐候性等性能均较优异,可以涂刷在木质、水泥砂浆及混凝土饰面上,具有良好的装饰效果。

聚氨酯仿瓷涂料一般分为底涂、中涂、面涂三层。基层表面应平整、坚实、干燥、洁净,表面的蜂窝、麻面、裂缝等缺陷应采用相应的腻子嵌平;金属表面应除锈,有油渍者,可用汽油、二甲苯等溶剂清理。底涂施工可采用刷涂、滚涂、喷涂等方法进行。中涂一般均要求采用喷涂,喷涂压力应依照材料使用说明,喷嘴口径为4mm,根据不同品种,将其甲、乙组分进行混合调制,或直接采用配套中层涂料均匀喷涂。如果涂料太稠,可加入配套溶液或醋酸丁酯进行稀释。面涂可用刷涂、滚

知识扩展：

《建筑装饰装修工程质量验收规范》（GB 50210—2001）

10.4.4 美术涂饰工程的基层处理应符合本规范第10.1.5条的要求。

检验方法：观察；手摸检查；检查施工记录。

10.4.5 美术涂饰的套色、花纹和图案应符合设计要求。

检验方法：观察。

一般项目

10.4.6 美术涂饰表面应洁净，不得有流坠现象。

检验方法：观察。

10.4.7 仿花纹涂饰的饰面应具有被模仿材料的纹理。

检验方法：观察。

10.4.8 套色涂饰的图案不得移位，纹理和轮廓应清晰。

检验方法：观察。

涂、喷涂等方法施工，涂层施工的间隔时间一般为 2～4h。

聚氨酯仿瓷涂料施工要求环境温度不低于 5℃，相对湿度不大于 85%，面涂完成后应养护 3～5d。

8. 涂料工程质量要求和检验方法

涂料工程应待涂层完全干燥后方可进行验收。验收时，应检查所用的材料品种、型号、性能等是否符合设计要求，施工后的颜色、图案也应符合设计要求，涂料在基层上涂饰应均匀、粘结牢固，不得漏涂、露底、起皮等。

涂料工程的涂饰质量和检验方法如表 9-11～表 9-14 所示。

表 9-11 薄涂料的涂饰质量和检验方法

项次	项 目	普通涂饰	高级涂饰	检验方法
1	颜色	均匀一致	均匀一致	观察
2	泛碱、咬色	允许少量轻微	不允许	观察
3	流坠、疙瘩	允许少量轻微	不允许	
4	砂眼、刷纹	允许少量轻微砂眼，刷纹通顺	无砂眼、无刷纹	
5	装饰线、分色线直线度允许偏差	2mm	1mm	拉 5m 线，不足 5m 拉通线，用钢直尺检查

表 9-12 厚涂料、复层涂料的涂饰质量和检验方法

项次	项 目	普通厚涂饰	厚涂料	复层涂料	检验方法
1	颜色	均匀一致	均匀一致	均匀一致	观察
2	泛碱、咬色	允许少量轻微	不允许	不允许	
3	点状分布	—	疏密均匀	—	
4	喷点疏密程度	—	—	均匀，不允许连片	

表 9-13 色漆的涂饰质量和检验方法

项次	项 目	普通涂饰	高级涂饰	检验方法
1	颜色	均匀一致	均匀一致	观察
2	光泽、光滑	光泽基本均匀，光滑无挡手感	光泽均匀一致，光滑	观察，手摸检查
3	刷纹	刷纹通顺	无刷纹	观察
4	裹棱、流坠、皱皮	明显处不允许	不允许	观察
5	装饰线、分色线直线度允许偏差	2mm	1mm	拉 5m 线，不足 5m 拉通线，用钢直尺检查

表 9-14　清漆的涂饰质量和检验方法

项次	项　　目	普通涂饰	高级涂饰	检验方法
1	颜色	基本一致	均匀一致	观察
2	木纹	棕眼刮平、木纹清楚	棕眼刮平、木纹清楚	观察
3	光泽、光滑	光泽基本均匀,光滑无挡手感	光泽均匀一致,光滑	观察,手摸检查
4	刷纹	无刷纹	无刷纹	观察
5	裹棱、流坠、皱皮	明显处不允许	不允许	观察

9. 涂料工程的安全技术

涂料材料、所用设备必须由专人保管,且放置在专用库房内,各类储油原料的桶必须要有封盖;严禁在涂料材料库房内吸烟,且应有消防设备,若周围有火源时,应按防火安全规定隔绝火源,与其他建筑物的安全距离应为 25~40m;涂料原料间照明应有防爆装置,且开关应设在门外;使用喷灯时,加油不得过满,使用时间不宜过长,点火时喷嘴不能对着人;操作者应做好人体保护工作,穿戴安全防护用具;使用溶剂时,应防护好眼睛、皮肤等,且随时注意中毒现象;熬胶、烧油桶应离开建筑物 10m 以外,熬炼桐油时,应距建筑物 30~50m。

9.5.3　刷浆工程施工

1. 刷浆材料

刷浆所用的材料主要是石灰浆、水泥浆、大白浆、可赛银浆等。石灰浆和水泥浆可用于室内外墙面,大白浆和可赛银浆只用于室内墙面。

石灰浆是用生石灰块或淋好的石灰膏加水调制而成,可在石灰浆内加 0.3%~0.5% 的食盐或明矾,或 20%~30% 的 108 胶,目的在于提高其黏附力,防止表面掉粉,减少沉淀等现象。如需配色浆,应先将颜料用水化开,再加入石灰浆内搅拌。

水泥浆是用素水泥浆做刷浆材料,由于涂层薄,水分蒸发快,水泥不能充分水化,易粉化、脱落,所以现在很少使用,而改用聚合物水泥浆。

聚合物水泥浆的主要成分是白水泥、高分子材料、颜料、分散剂和憎水剂。对于高分子材料,当采用 108 胶时,一般用量为水泥质量的20%。颜料应用耐碱、耐光性好的矿物颜料。采用六偏磷酸钠作为分散剂时,掺量约为水泥质量的 0.1%,用木质素磺酸钙时,掺量约为水泥质量的 0.3%。憎水剂常用甲基硅醇钠,使用时可直接掺入涂料混合物中,或用作涂层的罩面。聚合物水泥浆配成后,存放时间不应超过 4h。

大白浆由大白粉加水制成,若加入颜料,可制成各种色浆。调制大白浆时,必须掺入胶结料。胶结材料常用 108 胶(掺入量为大白粉的15%~20%)或聚醋酸乙烯乳液(掺入量为大白粉的 8%~10%)。大白浆适合用于刷涂和喷涂。

知识扩展:

·《建筑装饰装修工程质量验收规范》(GB 50210—2001)

7.3　骨架隔墙工程

7.3.1　本节适用于以轻钢龙骨、木龙骨等为骨架,以纸面石膏板、人造木板、水泥纤维板等为墙面板的隔墙工程的质量验收。

7.3.2　骨架隔墙工程的检查数量应符合下列规定:

每个检验批应至少抽查 10%,并不得少于 3 间;不足 3 间时应全数检查。

知识扩展：

《建筑装饰装修工程质量验收规范》（GB 50210—2001）

主控项目

7.3.3 骨架隔墙所用龙骨、配件、墙面板、填充材料及嵌缝材料的品种、规格、性能和木材的含水率应符合设计要求。有隔声、隔热、阻燃、防潮等特殊要求的工程，材料应有相应性能等级的检测报告。

检验方法：观察；检查产品合格证书、进场验收记录、性能检测报告和复验报告。

7.3.4 骨架隔墙工程边框龙骨必须与基体结构连接牢固，并应平整、垂直、位置正确。

检验方法：手扳检查；尺量检查；检查隐蔽工程验收记录。

可赛银浆由可赛银粉加水调制而成。可赛银粉是由碳酸钙、滑石粉、颜料研磨，再加入干酪素胶粉（作为胶粘剂）等混合均匀配制而成。可赛银浆涂膜与基层的粘结力以及耐水、耐碱、耐磨性能都比大白粉好。

2. 施工工艺

刷浆工程按工程部位可分为室内刷浆和室外刷浆。室内刷浆按质量要求分为普通刷浆、中级刷浆、高级刷浆等。用石灰浆和聚合物水泥浆只能达到中级刷浆标准。

1）基层处理和刮腻子

刷浆前，应将基层表面上的灰尘、污垢、溅沫和砂浆流痕清除干净，基层表面的孔眼、缝隙和凹凸不平处应用腻子填补，并打磨齐平。室内刷浆可用大白（或滑石粉）纤维素乳胶腻子，其配合比为乳胶：大白粉或滑石粉：2%梭甲基纤维素溶液为1:5:3.5；室外刷浆可用水泥乳胶腻子，其配合比乳胶：水泥：水为1:5:1。

对于室内中级刷浆和高级刷浆工程，由于对表面质量要求较高，在局部刮腻子后，还得再满刮1～2遍腻子，并磨平。刷大白浆、可赛银浆，则要求墙面充分干燥，抹灰面内碱质全部消化后才能施工，一般需要经过一个夏天的充分干燥后，才能进行嵌批腻子和刷浆，以免脱落。为了增加大白浆的黏附力，在抹灰面未干前，应先刷一道石灰浆。其他刷浆材料对基层干燥程度要求较低，一般八成干后即可刷浆。

2）刷浆

刷浆方法一般用刷涂、滚涂、喷涂等。其施工要点与涂料施工相同。

刷聚合物水泥浆时，刷浆前，应先用乳胶水溶液或聚乙烯醇缩甲醛胶水溶液湿润基层。如室外刷浆分段进行时，应以分格缝、墙的阳角或水落管等处为分界线，同一墙面应用相同的材料和配合比，浆料必须搅拌均匀。刷浆工程质量应符合表9-15所示的规定。

表 9-15　刷浆工程质量要求

项次	项　目	普　通　刷　浆	中　级　刷　浆	高　级　刷　浆
1	掉粉、起皮	不允许	不允许	不允许
2	漏刷、透底	不允许	不允许	不允许
3	泛碱、咬色	允许有少量	允许有轻微少量	不允许
4	喷点、刷纹	2.0m 正视喷点均匀，刷纹通顺	1.5m 正视喷点均匀，刷纹通顺	1.0m 正视喷点均匀，刷纹通顺
5	流坠、疙瘩、溅沫	允许有少量	允许有轻微少量	不允许
6	颜色、砂眼	—	颜色一致，允许有轻微少量砂眼	颜色一致，无砂眼
7	装饰线、分色线平直（拉 5m 线检查，不足 5m 拉通线检查）	—	偏差不大于 3.0mm	偏差不大于 2.0mm
8	门窗、灯具等	洁净	洁净	洁净

9.5.4　裱糊工程施工

裱糊工程可用在墙面、顶棚、梁柱等上面作为贴面装饰。工程中常用的有普通壁纸、塑料壁纸和玻璃纤维墙布。从表面装饰效果看,裱糊工程有仿锦缎、静电植绒、印花、压花、仿木、仿石等。

1. 工艺过程

纸基塑料壁纸的裱糊工艺过程如下:基层处理→安排墙面分幅和画垂直线→裁纸→焖水→刷胶→纸上墙面→对缝→赶大面→整理纸缝→擦净挤出的胶水→清理修整。

2. 施工工艺

1) 基层处理

基层处理要求基层基本干燥,混凝土和抹灰层含水率不高于8%,木材制品不得大于12%,抹灰面表面坚实、平滑、无飞刺、无砂砾。对局部麻点、凹坑,需先批腻子找平,并满批腻子,用砂纸磨平。腻子要具有一定的强度,常用聚醋酸乙烯乳胶腻子、石膏腻子和骨胶腻子等。然后在表面满刷一遍用水稀释的108胶作为底胶。刷底胶时,宜薄、均匀,不留刷痕,其作用是减少基层吸水太快,引起胶粘剂脱水而影响墙纸粘结,待底胶干燥后,才能开始裱糊。

2) 墙面弹垂直线或水平线

墙面弹垂直线或水平线的目的是使墙纸粘贴后的花纹、图案、线条横纵连贯,故必须在底层涂料干燥后弹水平、垂直线,以作为操作时的标准。

当墙纸水平裱糊时,弹水平线;当墙纸竖向裱糊时,弹垂直线。如果由墙角开始裱糊,第一条垂线离墙角的距离应该定在比墙纸宽10~20mm之处,使纸边转过阴角搭接收口;当遇到门、窗等大洞口时,一般以立边分画为宜,以便于摺角贴立边。

3) 裁纸

根据墙纸规格及墙面尺寸统筹规划裁纸,纸幅应编号,并按顺序粘贴,墙面上、下要预留裁纸尺寸,一般两端应多留30~40mm。当墙纸有花纹、图案时,要预先考虑完工后的花纹、图案、光泽效果,且应对接无误,不要随便裁割。同时,还应根据墙纸花纹、纸边情况采用对口或搭口裁割拼缝。

4) 焖水

纸基塑料墙纸遇水(或胶水)开始自由膨胀,约5~10min后胀足,干后则自行收缩。自由胀缩的墙纸,其幅度方向的膨胀率为0.5%~1.2%,收缩率为0.2%~0.8%。这个特性是保证裱糊质量的关键。

知识扩展:

《建筑装饰装修工程质量验收规范》(GB 50210—2001)

11.1　一般规定

11.1.1　本章适用于裱糊、软包等分项工程的质量验收。

11.1.2　裱糊与软包工程验收时应检查下列文件和记录:

1　裱糊与软包工程的施工图、设计说明及其他设计文件。

2　饰面材料的样板及确认文件。

3　材料的产品合格证书、性能检测报告、进场验收记录和复验报告。

4　施工记录。

11.1.3　各分项工程的检验批应按下列规定划分:

同一品种的裱糊或软包工程每50间(大面积房间和走廊按施工面积30m²为一间)应划分为一个检验批,不足50间也应划分为一个检验批。

如果在干纸上刷胶后立即上墙裱糊,由于纸虽被胶固定,但其继续吸湿膨胀,墙面上的纸必然出现大量气泡、皱褶,不能成活。因此,必须先将墙纸在水槽中浸泡几分钟,或刷胶后叠起静置10min,然后再裱糊,这时纸已经充分胀开,被胶固定在墙面上以后,还要随着水分的蒸发而收缩、绷紧,所以即使裱糊时有少量气泡,干燥后也会自行平整。

5) 墙纸的粘贴

墙面和墙纸各刷一遍胶粘剂,阴、阳角处应增涂1～2遍胶粘剂,刷胶要求薄而均匀,不得漏刷,墙面涂刷胶粘剂的宽度应比墙纸宽20～30mm。裱糊纸基塑料墙纸一般可用108胶作为胶粘剂,其配合比为108胶(甲醛含量45%):羧甲基纤维素(2.5%溶液):水＝100:30:50;裱糊玻璃纤维墙布宜用聚醋酸乙烯乳液作为胶粘剂,其配合比为聚醋酸乙烯酯乳胶:羧甲基纤维素(2.5%溶液)＝6:4。

应先贴长墙面,后贴短墙面。每个墙面从显眼的墙角以整幅纸开始,将窄条纸的现场裁边留在不明显的阴角处。每个墙面的第一条纸都要挂垂线。贴每条纸均应先对花、对纹拼缝由上而下进行,上端不留余量,先在一侧对缝保证墙纸粘贴竖直,后对花纹拼缝到底压实后,再抹平整张墙纸。

阳角转角处不留拼缝,包角要压实,并注意花纹、图案与阳角直线的关系,所以对基层阳角的垂直、方正和平整度要求较高。如遇阴角不垂直的现象,一般不做对接缝,而改为搭接缝,墙纸由受侧光的墙面向阴角的另一面转过去5～10mm,压实,不得空鼓,搭接在前一条墙纸的外面。搭接缝应密实、拼严,花纹图案应对齐。

当采用搭口拼接时,要待胶粘剂干到一定程度后,才用刀具裁割墙纸,小自地撕去割出部分,再刮压密实。用刀时,要一次直落,力量要适当、均匀,不能停顿,以免出现刀痕搭口,同时不要重复切割,以免搭口起丝,影响美观。

粘贴的墙纸应与挂镜线、门窗贴脸板和脚踢板紧接,不得有缝隙。

粘贴墙纸后,如发现空鼓、气泡时,可用针刺放气,再用注射针挤出胶粘剂,用刮板刮平压密实。

6) 成品保护

在交叉流水作业中,人为的损坏、污染,施工期间与完工后的空气湿度与温度变化等因素,都会严重影响墙纸饰面的质量。故完工后,应做好成品保护工作,封闭通行,或设保护覆盖物,一般应注意以下几点。

为避免损坏、污染,粘贴墙纸尽量作为施工作业的最后一道工序,特别应放在铺贴塑料踢脚板之后。

在粘贴墙纸时,空气相对湿度不应过高,一般应低于85%的空气湿度,温度不应剧烈变化。

在潮湿季节粘贴好的墙纸工程竣工后,应在白天打开门窗,加强通风,夜晚关闭门窗,防止潮湿气体侵蚀。

基层抹灰层宜具有一定的吸水性,混合砂浆和纸筋灰罩面的基层较适宜于粘贴墙纸,若用石膏罩面,则效果更佳,水泥砂浆抹光基层的粘贴效果较差。

7) 质量要求

裱糊工程材料品种、颜色、图案应符合设计要求,裱糊工程的质量应符合下列规定。

壁纸、墙布必须粘贴牢固,表面色泽一致,不得有气泡、空鼓、翘边、裂缝、皱褶和斑污,斜视时应无胶痕。

表面平整,无波纹起伏,壁纸、墙布与挂镜线、踢脚板等不得有缝隙。

各幅拼接横平竖直,不得漏缝,当距墙面 1.5m 处正视时,不显拼缝。拼缝处的图案和花纹应吻合,不离缝、不搭接。

阴、阳转角垂直,棱角分明,阴角处搭接顺光,阳角处无接缝;壁纸、墙布边缘平直整齐,不得有纸毛、飞刺。

不得有漏粘、补粘和脱层等缺陷。

9.6 门窗工程施工

门窗按材料分为木门窗、钢门窗、铝合金门窗和塑料门窗四大类。

9.6.1 木门窗施工

1. 施工前准备工作

安装木门窗前,应根据门窗图纸,检查门窗的品种、规格、开启方向及组合杆、附件,对其外形及平整度进行检查校正。同时,应检查洞口尺寸,如与设计不符,应予以纠正。

2. 施工要点

木门窗的制作多在施工现场进行,其工序包括配料、截料、刨料、画线、打眼、开榫、铲口、起线、拼装等。制作好的门窗应竖直排放,并用枕木垫平。门窗的安装方法有先塞口法(也称立樘子)和后塞口法(也称塞樘子)两种。

1) 门窗框的安装

先塞口法是指先立好门窗框,再砌门窗两旁的墙。其施工要点如下:在立门窗框时,应先在地面和墙上画出门窗的中线及边线,然后按线将门窗框立上,用临时支撑撑牢,并校正门窗框的垂直及上、下槛的水平；在立框时，要注意门窗的开启方向和墙壁抹灰厚度，各门窗框应进出一致，上、下层门窗框须对齐，在砌两旁墙时，墙内应砌木砖，每边至少两块；在砌筑砖墙时，应随时检查门窗框是否倾斜或移动。

后塞口法是指在砌墙时露出门窗洞口，然后把门窗框装进去。它的优点是施工方便，工序无交错，门窗框不易变形移动。其施工要点如下：门窗洞口尺寸应按图纸尺寸预留，并按高度方向每隔500～700mm每边预埋一块经防腐处理的木砖，木砖大小为115mm×115mm×53mm，木砖应横纹朝向框边放置；门窗框在洞口内要立正立直，同一层的门窗要拉通线控制水平，上、下门窗也应该在一条垂直线上；门窗框依靠木楔临时固定，再用钉子固定在预埋木砖上；门窗框的上、下横槛要用木楔相对楔紧。

2）门窗扇的安装

首先检查门窗扇的型号、规格、数量是否符合设计要求，如果发现问题，应事先修好或更换。量好门窗扇的裁口尺寸，然后在门窗扇上画线，以掌握门窗扇四周的留缝宽度；在安装双开门窗扇时，先画出裁口线（自由门除外），然后用粗刨刨去外线部分，再用细刨刨至光滑平直，使其符合设计尺寸要求。将木门窗扇放入框中试装，试装合格后，按扇高的1/10～1/8在框上按铰链（俗称合页）大小画线，按铰链位置剔出铰槽，槽深一定要与铰链厚度相合适，槽底要平，将门窗扇装上，门窗扇应开关灵活，不能过紧或过松。

3）玻璃安装

清理门窗裁口，在玻璃底面与门窗裁口之间，沿裁口的全长均匀涂抹1～3mm的底灰，用手将玻璃摊铺平整，轻压玻璃使部分底灰挤出槽口，待油灰初凝后，顺裁口刮平底灰，然后用1/3～1/2寸的小圆钉沿玻璃四周固定玻璃，钉距200mm，最后抹表面油灰即可。油灰与玻璃、裁口接触的边缘应平齐，四角呈规则的"八"字形。

木门窗安装的留缝限值、允许偏差和检验方法应符合表9-16所示的规定。

表9-16　木门窗安装的留缝限值、允许偏差和检验方法　　　　mm

项次	项目	留缝限制		允许偏差		检验方法
		普通	高级	普通	高级	
1	门窗槽口对角线长度差	—	—	3	2	用钢尺检查
2	门窗框的正、侧面垂直度	—	—	2.0	1.0	用垂直检测尺检查
3	框与扇、扇与扇接缝的高、低差	—	—	2.0	1.0	用钢直尺和塞尺检查

续表

项次	项目		留缝限制		允许偏差		检验方法
			普通	高级	普通	高级	
4	门窗扇对口缝		1.0～2.5	1.5～2.0	—	—	用塞尺检查
5	工业厂房双扇大门对口缝		2.0～5.0	—	—	—	
6	门窗扇与上框间留缝		1.0～2.0	1.0～1.5	—	—	
7	门窗扇与侧框间留缝		1.0～2.5	1.0～2.5	—	—	
8	窗扇与下框间留缝		2.0～3.0	2.0～2.5	—	—	
9	门扇与下框间留缝		3.0～5.0	3.0～4.0	—	—	
10	双层门窗外框间距		—	—	4.0	3.0	用钢尺检查
11	无下框时门扇与地面间留缝	外门	4.0～7.0	5.0～6.0	—	—	用塞尺检查
		内门	5.0～8.0	6.0～7.0	—	—	
		卫生间门	8.0～12.0	8.0～10.0	—	—	
		厂房大门	10.0～12.0	—	—	—	

9.6.2 钢门窗施工

1. 施工前准备工作

施工前,应做以下准备工作:清点、核对型号、规格、数量以及所带的五金零件是否齐全,凡有翘曲、变形者,应调直修复后,方可安装;洞口四周预留埋设铁脚连接件,如图 9-41 所示,当门窗上口有混凝土过梁时,要预埋铁件。砌墙时,门窗洞口应比钢门窗框每边大 15～30mm,以此作为粉刷和嵌填砂浆的预留量。其中,清水砖墙不小于 15mm;混水墙不小于 20mm;水刷石墙不小于 25mm;贴面砖或块材墙不小于 30mm。

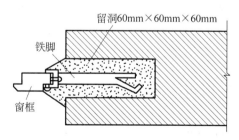

图 9-41　钢门窗预埋铁脚

2. 安装方法

钢门窗的安装一般采用后塞口法。

如果门窗的框与扇连成一体,那么在安装时应先用木楔临时固定。木楔应塞在四角及中挺处,不要塞在架空处。用线锤和水准尺校正其是否垂直和水平,成排窗子应沿横、竖两个方向拉线和吊线,做到横平竖直、上下高低一致、进出一致。框扇配合间隙在合页面不应大于2.0mm,在执手面不大于1.5mm,安装后要开关灵活,无阻滞和回弹现象。门窗位置确定后,即将铁脚埋在预留孔内,用1∶2水泥砂浆或细石混凝土将洞口缝隙填实,养护3d后取出木楔,用1∶2水泥砂浆嵌填框与墙之间的缝隙。

钢窗的组合应按向左或向右的顺序逐框进行,用适合的螺栓将钢窗与组合构件紧密拼合,拼合处应嵌满油灰。组合构件的上、下两端必须深入砌体50mm。在钢窗经垂直和水平校正后,与铁脚同时浇筑水泥砂浆固定。凡是两个组合构件的交接处,必须用电焊焊牢。

安装玻璃前,应先清理槽口,在槽口内涂抹4mm厚的底灰,用双手将玻璃铺平放正,挤出油灰,然后将油灰与槽口、玻璃接触的边缘刮平、刮齐。安装卡子间距不应小于300mm,且每边不少于两个,卡脚长短适当,用油灰填实抹光,卡脚以不露出油灰表面为准。

钢门窗安装的留缝限值、允许偏差和检验方法应符合表9-17所示的规定。

表 9-17　钢门窗安装的留缝限值、允许偏差和检验方法　　mm

项次	项　　目		留缝限制	允许偏差	检　验　方　法
1	门窗槽口宽度、高度	≤1500	—	2.5	用钢尺检查
		>1500	—	3.5	
2	门窗槽口对角线长度差	≤2000		5.0	用钢尺检查
		>2000		6.0	
3	门窗框的正、侧面垂直度			3.0	用1m垂直检测尺检查
4	门窗横框的水平度			3.0	用1m水平尺和塞尺检查
5	门框横框标高			5.0	用钢尺检查
6	门框竖向偏离中心			4.0	用钢尺检查
7	双层门窗内外框间距			5.0	用钢尺检查
8	门窗框、扇配合间隙		≤2.0	—	用塞尺检查
9	无下框时门扇与地面间留缝		4.0~8.0	—	用塞尺检查

9.6.3　铝合金门窗施工

1. 施工前准备工作

铝合金门窗施工前的准备工作如下:检查铝合金门窗成品及构配件各部位,如果发现变形,应予以校正和修理;同时应检查洞口标高线及几何外形,预埋件位置,间距是否符合规定,埋设是否牢固。对不符合要求者,应纠正后才能进行安装。安装质量要求位置准确、横平竖直、高低一致、牢固紧密。

2. 安装方法

铝合金门窗安装一般采用后塞口法,即将门窗框安放到洞口正确位置,先用木楔临时定位后,拉通线进行调整,使上、下、左、右的门窗分别在同一竖直线和水平线上;框边四周缝隙与框表面距墙体外表面尺寸一致;仔细校正其正、侧面的垂直度、水平度及位置,合格后楔紧木楔;再校正一次后,按设计规定的门窗框与墙体或预埋件的连接紧固方式进行焊接固定。

常用的固定方法有预留洞燕尾铁脚连接、射钉连接、预埋木砖连接、膨胀螺钉连接、预埋铁件焊接连接等,如图9-42所示。

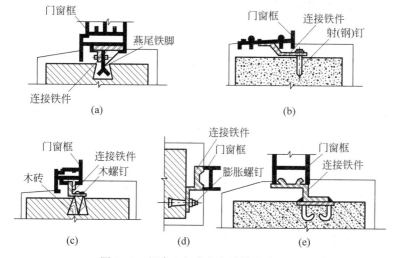

图9-42 铝合金门窗框与墙体连接方式

(a)预留洞燕尾铁脚连接;(b)射钉连接;(c)预埋木砖连接;
(d)膨胀螺钉连接;(e)预埋铁件焊接连接

不论采用何种固定方法,紧固件至墙角的距离不应大于180mm,紧固件的间距应小于600mm,如图9-43所示。

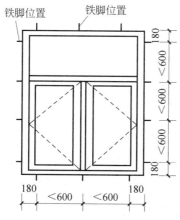

图9-43 紧固件位置示意图(单位:mm)

知识扩展:

《建筑装饰装修工程质量验收规范》(GB 50210—2001)

一般项目

5.3.6 金属门窗表面应洁净、平整、光滑、色泽一致,无锈蚀。大面应无划痕、碰伤。漆膜或保护层应连续。

检验方法:观察。

5.3.7 铝合金门窗推拉门窗扇开关力应不大于100N。

检验方法:用弹簧秤检查。

门窗框与墙体连接固定时,应满足以下规定:窗框与墙体连接必须牢固,不得有任何松动现象。在焊接铁件时,应用橡胶或石棉板遮盖门窗框,不得烧毁门窗框;焊接完毕后,应清除焊渣,焊接应牢固,焊缝不得有裂纹或漏焊现象,严禁在铝框上拴接地线或打火(引弧)。焊接件离墙体边缘不应小于 50mm,且不能装在缝隙中。窗框与墙体连接用的预埋连接件、紧固件的规格必须符合设计规定;如果无规定,则可参照表 9-18 所示的规定。横向及竖向组合时,应采取套插,搭接形成曲面组合,搭接长度宜为 10mm,并用密封膏密封。安装密封条时,应留有伸缩余量,一般长出 20～30mm,在转角处,应斜面断开,并用胶粘剂粘贴牢固,以免产生收缩缝。安装后的门窗应有可靠的刚性,必要时可增设加固件,并做防腐处理。

表 9-18　紧固件材料表

紧固件名称	规格/mm	材料或要求
膨胀螺钉	≥8×L	45 号钢镀锌、钝化
自攻螺钉	≥4×L	15 号钢 HRC50～58 钝化,镀锌 GB 846—1986
钢钉、射钉	$\phi4\sim5.5\times L$	优质钢
木螺钉	≥5×L	A3,GB 951—1976
预埋钢板	$\delta=6$	A3

窗框安装经质量检查合格后,用 1∶2 的水泥砂浆或细石混凝土嵌填洞口与门窗框间的缝隙,使门窗框牢固地固定在洞内。嵌填前,应先把缝隙中的残留物清除干净,然后浇水湿润;拉好检查外形平直度的直线,嵌填操作应轻而细致,不破坏原安装位置,应边嵌填边检查门窗框是否变形移位;嵌填时,应注意不可污染窗框和不嵌填部位,嵌填必须密实饱满不得有缝隙,也不得松动或移动木楔,并洒水养护。在水泥砂浆未凝固前,绝对禁止在门窗框上作业,或在其上搁置任何物品;待嵌填的水泥砂浆凝固后,才可以取下木楔,并用水泥砂浆抹严框周围缝隙。

安装门窗扇时,要求位置准确、平直、缝隙均匀、严密牢固、启闭灵活、启闭力合格、五金零配件安装位置准确,能起到各自的作用。对推拉式门窗扇,应先装室内侧门窗扇,后安装室外侧门窗扇;对固定扇,应装在室外侧,并固定牢固,不会脱落,确保使用安全;平开式窗扇应装在门窗框内,要求窗扇关闭后四周压合紧密,搭接量一致,相邻两扇门窗应在同一平面内。

安装玻璃时,对于平开窗的小块玻璃,可用双手操作就位;若单块玻璃尺寸较大,可使用玻璃吸盘就位。玻璃就位后,用橡胶条固定。对于型材凹槽内的装饰玻璃,可用橡胶条挤紧,然后在橡胶条上注入密封胶;也可直接用橡胶衬条封缝、挤紧,表面不再注胶。

为防止因玻璃的胀缩而造成型材的变形,可在型材下凹槽内先放置橡胶垫块,以免玻璃因自重而直接落在金属表面上,并且也使玻璃的侧边及上部不得与框、扇及连接件接触。

铝合金门窗安装的允许偏差和检验方法应符合表 9-19 所示的规定。

表 9-19　铝合金门窗安装的允许偏差和检验方法

项次	项　目		允许偏差/mm	检验方法
1	门窗槽口宽度、高度	≤1500	1.5	用钢尺检查
		>1500	2.0	
2	门窗槽口对角线长度差	≤2000	3.0	用钢尺检查
		>2000	4.0	
3	门窗框的正、侧面垂直度		2.5	用垂直检测尺检查
4	门窗横框的水平度		2.0	用 1m 水平尺和塞尺检查
5	门框横框标高		5.0	用钢尺检查
6	门框竖向偏离中心		5.0	用钢尺检查
7	双层门窗内外框间距		4.0	用钢尺检查
8	推拉门窗扇与框搭接量		1.5	用直钢尺检查

9.6.4　塑料门窗施工

1. 施工前准备工作

塑料门窗及其附件应符合国家标准,按设计选用。塑料门窗不得有开焊、断裂等损坏现象,如有损坏,应予以修复或更换。塑料门窗进场后,应存放在有靠架的室内,并与热源隔开,以免受热变形。

2. 安装方法

在安装塑料门窗前,应先装五金配件和固定件。由于塑料型材是中空多腔的,材质较脆,不能用螺丝直接锤击拧入,应先用手电钻钻孔,然后用自攻螺丝拧入。钻头直径应比所选用自攻螺钉直径小 0.5～1.0mm,这样可以防止塑料门窗出现局部凹陷、断裂和螺钉松动等质量问题,保证附件和固定件的安装质量。

与墙体连接的固定件应用自攻螺钉紧固在门框上,将五金配件及固定件安装完工,经检查合格后将塑料门窗框放入洞口内,调整至横平竖直后,用木楔将塑料门窗框四角塞牢做临时固定,但不宜塞得过紧以免门窗框变形,然后用尼龙胀管螺栓将固定件与墙体连接牢固。

塑料门窗框与洞口墙体的缝隙应用软质保温材料填充饱满,如泡沫塑料条、泡沫聚氨酯条、油毡卷条等。但不得填塞过紧,因为过紧会使框架受压发生变形;如填塞过松,则会使缝隙密封不严,在门窗周围形成冷热交换区,发生结露现象,影响门窗防寒、防风的正常功能和墙体寿命。最后,将门窗框四周的内外接缝用密封材料嵌缝严密。

知识扩展:

《建筑装饰装修工程质量验收规范》(GB 50210—2001)

5.4　塑料门窗安装工程

5.4.1　本节适用于塑料门窗安装工程的质量验收。

主控项目

5.4.2　塑料门窗的品种、类型、规格、尺寸、开启方向、安装位置、连接方式及填嵌密封处理应符合设计要求,内衬增强型钢的壁厚及设置应符合国家现行产品标准的质量要求。

检验方法:观察;尺量检查;检查产品合格证书、性能检测报告、进场验收记录和复验报告;检查隐蔽工程验收记录。

5.4.3　塑料门窗框、副框和扇的安装必须牢固。固定片或膨胀螺栓的数量与位置应正确,连接方式应符合设计要求。固定点应距窗角、中横框、中竖框 150～200mm,固定点间距应不大于 600mm。

检验方法:观察;手板检查;检查隐蔽工程验收记录。

安装塑料门窗的允许偏差和检验方法应符合表 9-20 所示的规定。

表 9-20　塑料门窗安装的允许偏差和检验方法　　　　　　mm

项次	项　目		允许偏差	检验方法
1	门窗槽口宽度、高度	≤1500	2.0	用金属直尺检查
		>1500	3.0	
2	门窗槽口对角线长度差	≤2000	3.0	用金属直尺检查
		>2000	5.0	
3	门窗框的正、侧面垂直度		3.0	用垂直检测尺检查
4	门窗横框的水平度		3.0	用 1m 水平尺和塞尺检查
5	门框横框标高		5.0	用金属直尺检查
6	门框竖向偏离中心		5.0	用金属直尺检查
7	双层门窗内、外框间距		4.0	用金属直尺检查
8	同樘平开窗相邻扇高度差		2.0	用金属直尺检查
9	平开门窗铰链部位配合间隙		+2.0；−1.0	用塞尺检查
10	推拉门窗扇与框搭接量		+1.5；−2.5	用金属直尺检查
11	推拉门窗扇与竖框平行度		2.0	用 1m 水平尺和塞尺检查

第 10 章

外墙保温工程

本章学习要求：

➤ 了解外墙保温的作用及特点

➤ 掌握各种外墙保温的施工方法

10.1 外墙外保温的作用、范围以及特点

外墙外保温工程是一种新型、先进、节约能源的方法，是由保温层、保护层和固定材料构成的非承重保温构造的总称。外墙外保温工程是将外墙外保温系统通过组合、组装、固定等技术手段在外墙外表面上所形成的建筑物实体。

1. 外墙外保温工程适用范围及作用

外墙外保温工程适用于严寒和寒冷地区、夏热冬冷地区新建居住建筑物或旧建筑物的墙体改造工程，起保温、隔热的作用，常采用新型建材和先进施工方法，实现建筑物的节能。

近年来，我国城市化进程加快，建筑业持续快速发展，传统的实心黏土砖的年产量达 5400 多亿块，绝大部分工艺技术落后，不仅浪费能源，且污染环境，每年烧砖毁田可达 95 万亩。据有关材料统计：2005 年全国城乡累计房屋竣工面积为 57 亿万 m^2。众所周知，房屋建筑具有投资大、使用寿命长的特点，假如这些新建房屋不按建筑物的节能标准进行设计，则将造成更大的浪费，并成为以后节能改造的重大负担。国家有关行政管理部门已作出规定，对于城市新建建筑，全面禁止使用毁田生产的实心或空心黏土制品，要积极发展钢结构建筑、钢筋混凝土框架结构、钢筋混凝土剪力墙结构等新型复合结构。但这些复合结构的房屋外墙围护通常采用混凝土小型空心砌块，墙体厚度为 200mm 左右，满足不了房屋的热工计算要求和外墙的保温隔热作用。如不进行外墙保温，热能耗量大，所以用新型、先进、节能的外墙外保温方法势在必行。

知识扩展：

《外墙外保温工程技术规程》（JGJ 144—2008）

2.0.5 保温层
thermal insulation layer

由保温材料组成，在外保温系统中起保温作用的构造层。

2.0.6 抹面层
rendering coat

抹在保温层上，中间夹有增强网，保护保温层，并起防裂、防水和抗冲击作用的构造层。抹面层可分为薄抹面层和厚抹面层。用于 EPS 板和胶粉 EPS 颗粒保温浆料时为薄抹面层，用于 EPS 钢丝网架板时为厚抹面层。

2.0.7 饰面层
finish coat

外保温系统外装饰层。

2. 新型外墙外保温饰面特点

新型外墙外保温材料（EPS）集节能、保温、防水和装饰功能于一体，采用阻燃、自熄型聚苯乙烯泡沫塑料板材，外用专用抹面胶浆铺贴抗碱玻璃纤维网格布，形成浑然一体的坚固保护层，表面可涂美观耐污染的高弹性装饰涂料，或贴各种面砖。经德国、法国、美国、加拿大等欧美国家实践，新型外墙外保温饰面已沿用了 30 多年，使用新型外墙外保温饰面的最高层建筑物达 40 多层，积累了大量的工程资料和丰富的实践经验。该材料最近几年开始引进国内，是一种简便易行的外保温材料技术，施工方法简捷，具有新建筑物在建筑设计、结构设计、施工设计、节能设计等方面设计简便、设计周期短、出图量小的特点。从设计标准及有关法规依据上，应完全符合《严寒和寒冷地区居住建筑节能设计标准》（JGJ 26—1995）和《民用建筑设计通则》（GB 50057—2015）。

新型聚苯板外墙外保温有如下特点。

（1）节能：由于采用导热系数较低的聚苯板，整体将建筑物外面包起来，消除了冷桥，减少了外界自然环境对建筑的冷、热冲击，可达到较好的保温节能效果。

（2）牢固：由于该墙体采用了高弹力强力粘合基料与混凝土一起现浇，使聚苯板与墙面的垂直拉伸粘结强度符合规范规定的技术指标，具有可靠的负载效果，耐候性、耐久性更好且更强。

（3）防水：该墙体具有高弹性和整体性，解决了墙面开裂、表面渗水的通病，特别对陈旧墙面局部裂纹有整体覆盖作用。

（4）体轻：采用该材料可减小建筑房屋外墙厚度，不但减少了砌筑工程量，缩短了工期，而且减轻了建筑物的自重。

（5）阻燃：聚苯板为阻燃型，具有隔热、无毒、自熄、防火等功能。

（6）易施工：该墙体饰面施工对建筑物基层混凝土、红砖、砌块、石材、石膏板等有广泛的适用性；且施工简单，凡具有一般抹灰水平的技术工人，经短期培训，即可进行现场操作施工。

10.2 聚苯乙烯泡沫塑料板薄抹灰外墙外保温

10.2.1 外墙外保温的工程设计要点和应考虑的因素

1. 设计依据

外墙外保温工程的设计依据是《严寒和寒冷地区居住建筑节能设计标准》（JGJ 26—2010）、《民用建筑热工设计规范》（GB 50176—2016）、《夏热冬暖地区居住建筑节能设计标准》（JGJ 75—2012）。

2．墙体构造层热工计算的顺序

墙体构造层从内到外热工计算的顺序如下：墙面抹灰→基层墙体→保温隔热层→抗裂砂浆抹面→饰面涂料或面砖。

3．聚苯板保温厚度的确定

严寒和寒冷地区应根据建筑物体形系数、外墙传热系数（W/（m² · K））及基层墙体材料选用聚苯板保温厚度。夏热冬冷地区应根据外墙传热系数、热惰性指标及基层墙体材料选用聚苯板保温厚度。

4．设计应考虑因素

设计应考虑热桥部位及热桥影响，如门窗外侧洞、女儿墙以及封闭阳台、机械固定件、承托件等。在外墙上安装的设备及管道应固定在基层墙上，并应做密封保温和防水设计。对于水平或倾斜的出挑部位以及延伸地面以下的部位应做好保温和防水处理。抹面层厚度为 25～30mm。

10.2.2　外墙外保温工程构造和技术要求

1．外墙外保温工程几种常见构造做法

外墙外保温工程的几种常见构造做法如图 10-1～图 10-8 所示。

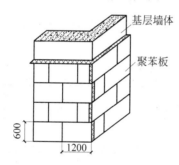

图 10-1　聚苯板排板图（单位：mm）

注：墙角处板应交错互锁。

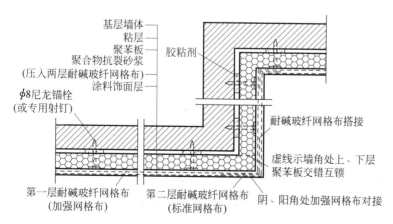

图 10-2　首层墙体构造及墙角构造处理（单位：mm）

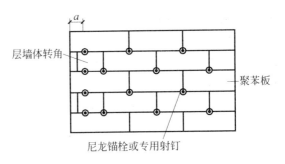

图 10-3　聚苯板排列及锚图点布置图

注：a 应根据基房墙体材料和锚图的要求确定。

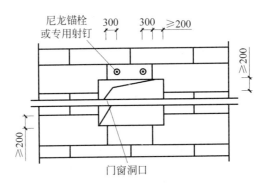

图 10-4　聚苯板洞口四角切割和顶部锚固要求（单位：mm）

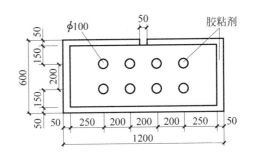

图 10-5　点框粘结示意（单位：mm）

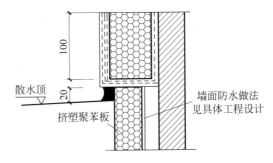

图 10-6　勒角保温构造（单位：mm）

知识扩展：

《外墙外保温工程技术规程》（JGJ 144—2008）

2.0.11　EPS 钢丝网架板

EPS board with metal network

由 EPS 板内插腹丝，外侧焊接钢丝网构成的三维空间网架芯板。

2.0.12　胶粘剂

adhesive

用于 EPS 板与基层以及 EPS 板之间粘结的材料。

2.0.13　抹面胶浆

rendering coat mortar

在 EPS 板薄抹灰外墙外保温系统中用于做薄抹面层的材料。

2.0.14　抗裂砂浆

anti-crack mortar

以由聚合物乳液和外加剂制成的抗裂剂、水泥和砂按一定比例制成的能满足一定变形而保持不开裂的砂浆。

2.0.15　界面砂浆

interface treating mortar

用以改善基层或保温层表面粘结性能的聚合物砂浆。

2.0.16　机械固定件

Mechanical fastener

用于将系统固定于基层上的专用固定件。

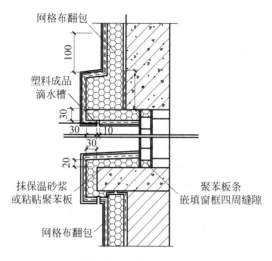

图10-7 带窗套窗口保温构造(单位:mm)

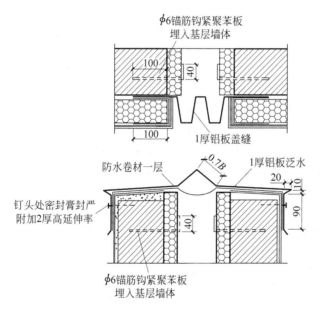

图10-8 墙体变形缝保温平面、剖面构造(单位:mm)

2. 外墙外保温工程技术要求

粘贴聚苯板时,一般可采用点框法将胶粘剂涂在板的背面。涂胶粘剂面积不得小于板面积的40%,板的侧边不得涂胶。

基层与胶粘剂的拉伸粘结强度不应低于0.3MPa,进行强度检验时,粘结界面脱开面积不应大于50%。

聚苯板的尺寸一般为1200mm×600mm,建筑高度在20m以上时,在受风压作用较大部位的聚苯板应用锚栓固定,必要时应设置抗裂分隔缝。

聚苯板应按顺砌方式粘贴,竖缝应逐行错缝。板应粘贴牢固,不得有松动空鼓现象。洞口四角部位的板应切割成型,不得拼接。

墙面连续高或宽超过 23m 时,应设伸缩缝。粘贴聚苯板时,板缝应挤紧挤平,板与板间的缝隙不得大于 2.0mm(大于 2mm 时,可用板条将缝填塞),板间高差不得大于 1.5mm(大于 1.5mm 时,应打磨平整)。

10.2.3　外墙外保温工程施工

1. 聚苯板的施工程序

聚苯板的施工顺序如下:准备材料、工具→处理基层→弹线、配粘结胶泥→粘结聚苯板→处理缝隙→打磨聚苯板、找平→安装装饰件→处理特殊部位→抹底胶泥→铺设网布、配抹面胶泥→抹面胶泥→找平修补、配面层涂料→涂面层涂料→竣工验收。

2. 聚苯板的施工方法

1) 施工应具备的条件

聚苯板的施工应满足以下条件。

施工现场应具备通电、通水工作条件,并保持清洁、文明的施工环境。

施工现场的环境温度和基层墙体表面温度不应低于 5℃。夏季应避免阳光曝晒。5 级以上大风天气和雨天不得施工。如雨天施工时,应采取有效措施,防止雨水冲刷墙面。

在施工过程中,墙体应采用必要的保护措施,防止施工墙面受到污染,待建筑泛水、密封膏等构造细部按设计要求施工完毕后,方可拆除保护物。

外墙和外墙门窗施工完毕,并验收合格。

伸出外墙面的消防楼梯、水落管、各种进户管线等预埋件连接件应安装完毕,并留保温厚度的间隙。

主要施工工具有抹子、槽抹子、槎抹子、角抹子、专用锯齿抹子、手锯、靠尺、电动搅拌机(700～1000r/min)、刷子、多用刀、灰浆托板、拉槽、开槽器、皮尺等。

2) 施工操作要点

聚苯板施工操作要点如下。

外墙保温用脚手架可采用双排钢管脚手架或吊架,架管或管头与墙面间的最小距离应为 450mm,以方便施工。

基层墙体必须清理干净,墙面无油、灰尘、污垢、风化物、涂料、蜡、防水剂、潮气、霜、泥土等污染物或其他有碍粘结的材料,并应剔除墙面的凸出物。应清除基层墙中松动或风化的部分,并用水泥砂浆填充找平。基层墙体的表面平整度不符合要求时,可用 1:3 水泥砂浆找平。

粘结聚苯板时,应根据设计图纸的要求,在经过平整处理的外墙上沿散水标高用墨线弹出散水及勒角水平线。当需设系统变形缝时,应

知识扩展:

《外墙外保温工程技术规程》(JGJ 144—2008)

3.0.8　外保温复合墙体的保温、隔热和防潮性能应符合现行国家标准《民用建筑热工设计规范》(GB 50176—2016)、《民用建筑节能设计标准(采暖居住建筑部分)》(JGJ 26—1995)、《夏热冬冷地区居住建筑节能设计标准》(JGJ 134—2010)和《夏热冬暖地区居住建筑节能设计标准》(JGJ 75—2012)的有关规定。

3.0.9　外墙外保温工程各组成部分应具有物理、化学稳定性。所有组成材料应彼此相容并应具有防腐性。在可能受到生物侵害(鼠害、虫害等)时,外墙外保温工程还应具有防生物侵害性能。

3.0.10　在正确使用和正常维护的条件下,外墙外保温工程的使用年限不应少于 25 年。

在墙面相应位置弹出变形缝及宽度线,标出聚苯板的粘结位置。

加水泥前,先搅拌强力胶,然后将强力胶与普通硅酸盐水泥按比例(1:1质量比)配制,边加边搅拌,直至混合均匀。应避免过度搅拌。胶泥随用随配,配好的胶泥最好在 2h 内用完,最长不得超过 3h,如遇炎热天气,应适当缩短存放时间。

沿聚苯板的周围用不锈钢抹子涂抹配制的粘结胶泥,胶泥带宽 20mm,厚 15mm。如采用标准尺寸聚苯板时,应在板的中间部位均匀布置大约 6 个点的水泥胶泥,每点直径为 50mm,厚 15mm,中心距为 200mm。胶泥抹完后,应立即将聚苯板平贴在基层墙体上滑动就位,应随时用 2m 长的靠尺进行整平操作。

聚苯板由建筑物的外墙勒角部位开始,自上而下粘结。上、下板排列互相错缝,上、下排板间竖向接缝应为垂直交错连接,以保证转角处板材安装的垂直度。带造型的窗口应在墙面粘结聚苯板后,另外贴有造型的聚苯板,以保证板不产生裂缝。

粘结到墙上的聚苯板应用粗砂纸磨平,再将整个聚苯板打磨一遍。操作工人应戴防护用具。打磨墙面的动作应是轻柔的圆周运动,不得沿与聚苯板接缝平行的方向打磨。应在聚苯板施工完毕至少静置 24h 后,才能进行打磨,以防聚苯板移动,减弱板材与基层墙体的粘结强度。

网格布的铺设应在涂抹抹面胶前,应先检查聚苯板是否干燥,表面是否平整,并去除板面的有害物质、杂质或表面变质部分。

标准网格布的铺设方法为二道抹面胶浆法。用不锈钢抹子在聚苯板表面均匀涂抹一层面积略大于一块网格布的抹面胶浆,厚度约为 1.6mm,然后立即将网格布压入湿的抹面胶浆中,待胶浆稍干硬至可以碰触时,再用抹子涂抹第二道抹面胶浆,直至网格布全部被覆盖。此时,网格布均在两道抹面胶的中间。

铺设网格布时,应自上而下沿外墙进行。当遇到门窗洞口时,应在洞口四角处沿 45°方向铺贴一块标准网格布,以防开裂。标准网格布间应相互搭接至少 150mm,但加强网格布间须对接,其对接边缘应紧密。翻网处网宽不少于 100mm。窗口翻网处及第一层起始边处侧面打水泥胶,面网用靠尺归方找平,用胶泥压实,翻网处网格布需将胶泥压出。外墙阳、阴角应直接搭接 200mm。铺设网格布时,其弯曲面应朝向墙面,并从中央向四周用抹子抹平,直至网格布完全埋入抹面胶浆内,目测应无任何可分辨的网格布纹路。如有裸露的网格布,应再抹适量的抹面胶浆进行修补。

全部抹面胶浆和网格布铺设完毕后,需静置养护 24h,方可进行下一道工序的施工。在潮湿的气候条件下,应延长养护时间,保护已完工的成品,避免雨水的渗透和冲刷。

面层涂料施工前,首先应检查胶浆上是否有抹子刻痕、网格布是否完全埋入,然后修补抹面浆的缺陷或凹凸不平处,并用专用细砂纸打磨

知识扩展:

《外墙外保温工程技术规程》(JGJ 144—2008)

5 设计与施工

5.0.1 设计选用外保温系统时,不得更改系统构造和组成材料。

5.0.2 外保温复合墙体的热工和节能设计应符合下列规定:

1 保温层内表面温度应高于 0℃;

2 外保温系统应包覆门窗框外侧洞口、女儿墙以及封闭阳台等热桥部位;

3 对于机械固定 EPS 钢丝网架板外墙外保温系统,应考虑固定件、承托件的热桥影响。

一遍,必要时可批腻子。

面层涂料用滚涂法施工,应从墙的上端开始,自上而下进行。涂层干燥前,墙面不得沾水,以免颜色发生变化。

3. 材料的包装、运输和储存

聚苯板应采用塑料袋包装,在捆扎角处,应衬垫硬质材料。胶粘剂、抹面胶浆可采用编织袋或桶装,但应密封,防止其外泄或受潮。耐碱网格布应成卷并用防水防潮材料包装。锚栓可以用纸箱包装。

聚苯板应侧立搬运,侧立装车,用麻绳等与运输车辆固定牢固,不得重压猛摔或与锋利物品碰撞。在运输过程中,胶粘剂、耐碱网、锚栓应避免挤压、碰撞、雨淋、日晒。

所有组成材料应防止与腐蚀性介质接触,远离火源,防止长期曝晒,应放在干燥、通风、防冻的地方。所储存材料的期限不得超过保质期,应按规格、型号分别储存。

10.3 胶粉聚苯颗粒外墙外保温工程

10.3.1 胶粉聚苯颗粒外墙外保温的特点

知识扩展:

《外墙外保温工程技术规程》(JGJ 144—2008)

5.0.3 对于具有薄抹面层的系统,保护层厚度应不小于3mm并且不宜大于6mm。对于具有厚抹面层的系统,厚抹面层厚度应为25～30mm。

5.0.4 应做好外保温工程的密封和防水构造设计,确保水不会渗入保温层及基层,重要部位应有详图。水平或倾斜的出挑部位以及延伸至地面以下的部位应做防水处理。在外墙外保温系统上安装的设备或管道应固定于基层上,并应做密封和防水设计。

5.0.5 除采用现浇混凝土外墙外保温系统外,外保温工程的施工应在基层施工质量验收合格后进行。

胶粉聚苯颗粒外墙外保温的特点是采用预混合干拌技术,将保温胶凝材料与各种外加剂混合包装,聚苯颗粒按袋分装,到施工现场以袋为单位配合比将各种材料加水混合搅拌成膏状,容易控制计量,保证配比准确。

采用同种材料冲筋,可保证保温层厚度控制准确,保温效果一致。从原材料本身出发,采用高吸水树脂及水溶性高分子外加剂,解决了一次抹灰太薄的问题,保证一次抹灰46cm,粘结力强,不滑坠、干缩小,增强了抗裂防护层的保温抗裂能力,杜绝质量通病。

10.3.2 胶粉聚苯颗粒外墙外保温构造和技术要求

1. 几种常见构造做法图

外墙贴面砖如图10-9～图10-14所示。

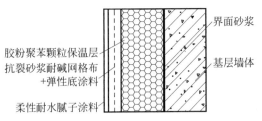

图 10-9　涂料饰面胶粉聚苯颗粒外保温构造

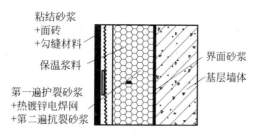

图 10-10　面砖饰面胶粉聚苯颗粒外保温构造

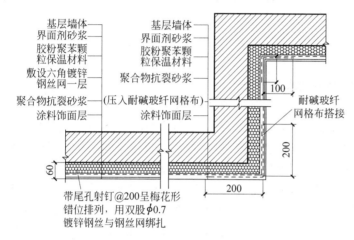

图 10-11　墙体及墙角构造(单位：mm)

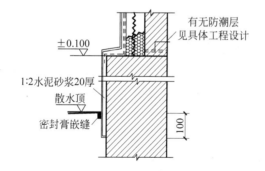

图 10-12　勒脚构造(单位：mm)

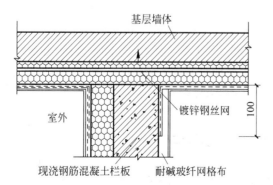

图 10-13　阳台构造(单位：mm)

知识扩展：

《外墙外保温工程技术规程》(JGJ 144—2008)

5.0.6　除采用现浇混凝土外墙外保温系统外，外保温工程施工前，外门窗洞口应通过验收，洞口尺寸、位置应符合设计要求和质量要求，门窗框或辅框应安装完毕。伸出墙面的消防梯、水落管、各种进户管线和空调器等的预埋件、连接件应安装完毕，并按外保温系统厚度留出间隙。

5.0.7　外保温工程的施工应具备施工方案，施工人员应经过培训并经考核合格。

5.0.8　基层应坚实、平整。保温层施工前，应进行基层处理。

5.0.9　EPS板表面不得长期裸露，EPS板安装上墙后应及时做抹面层。

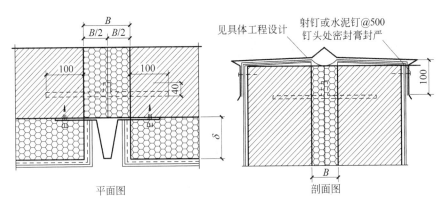

图 10-14　墙身变形缝构造(单位:mm)

2. 技术要求

如高层建筑采用粘贴面砖,每平方米面砖的质量不应大于 20kg,且面积簇为 1000mm² /块。涂抹涂料饰面层前,应先在抗裂砂浆抹面层上涂刷高分子乳液弹性底涂层,再刮抗裂性柔性耐水腻子。胶粉聚苯颗粒保温浆料保温层的设计厚度不宜超过 100mm,必要时应设置抗裂分隔缝。现场应取样检查胶粉聚苯颗粒保温浆料的干密度,但必须在保温层硬化和达到设计要求的厚度后进行。其干密度不应大于 250kg/m³,并且不应小于 180kg/m³。现场检查保温层的厚度应符合设计要求,不得有负偏差。

10.3.3　机具准备

需准备强制式砂浆搅拌机、垂直运输设备、外墙施工脚手架、手推车、水桶、抹灰工具及抹灰专用检测工具、经纬仪及放线工具、壁纸刀、滚刷等。

10.3.4　施工工艺流程

施工工艺流程如下:处理基层墙体→涂刷界面剂→吊垂、套方、弹控制线→贴饼、冲筋、作口→抹第一遍聚苯颗粒保温浆料→(24h 后)抹第二遍聚苯颗粒保温浆料→(晾干后)划分格线、开分格槽、粘贴分格条、滴水槽→抹抗裂砂浆→铺压玻纤网格布→抗裂砂浆找平、压光→涂刷防水弹性底漆→刮柔性耐水腻子→验收。

10.3.5　施工要点

基层墙体表面应清理干净,无油渍、浮尘,应铲平大于 10mm 的凸起部分。经过处理符合要求的基层墙体表面,均应涂刷界面砂浆,如为黏土砖,可浇水淋湿。

保温隔热层的厚度不得出现偏差。保温浆料每遍抹灰厚度不宜超过 25mm,需分多遍抹灰时,施工的时间间隔应在 24h 以上。抗裂砂浆防护层的施工,应在保温浆料充分干燥固化后进行。

抗裂砂浆中铺设的耐碱玻璃纤维网格布,其搭接长度不小于100mm,采用加强网格布时,只对接,不搭接(包括阴、阳墙角部分)。网格布铺贴应平整、无褶皱。砂浆饱满度应为 100%,严禁干搭接。如饰面为面砖,则应在保温层表面铺设一层与基层墙体拉牢的四角钢镀锌丝网(丝径 1.2mm,孔径为 20mm×20mm,网边搭接 40mm,用双股 φ7 镀锌钢丝绑扎,@150),再抹抗裂砂浆作为防护层,面砖用胶粘剂粘贴在防护层上。

涂料饰面时,保温层分为一般型和加强型。加强型保温层用于高度大于 30m 的建筑物,其厚度大于 60mm。加强型保温层的做法是在保温层中距外表面 20mm 处铺设一层六角镀锌钢丝网(丝径 0.8mm,孔径为 25mm×25mm)与基层墙体拉牢。

墙面分格缝可根据设计要求设置,施工应符合国家和行业现行的有关标准、规范、规程的要求。变形缝盖板可采用 1.0mm 厚铝板或0.7mm 厚镀锌薄钢板。凡在盖缝板外侧抹灰时,均应在与抹灰层相接触的盖缝板部位钻孔,钻孔面积应占接触面积的 25% 左右,以增加抹灰层与基础的咬合作用。抹灰、抹保温浆料及涂料的环境温度应大于5℃,应避免阳光暴晒和在 5 级以上大风天气施工,严禁在雨中施工,遇雨或雨期施工,应有可靠的保证措施。施工人员应经过培训考核合格后方可上岗。完工后,应做好成品保护工作,防止施工污染;拆卸脚手架或升降外挂架时,应保护墙面免受碰撞;严禁踩踏窗台、线脚;应及时修补损坏部位的墙面。

10.3.6 成品保护、安全施工

分格线、滴水槽、门窗框、管道及槽盒上的残存砂浆,应及时清理干净。翻拆架子时,应采取保护性措施以防止破坏已抹好的墙面、门窗洞口、边、角、垛。进行其他工种作业时,不得污染或损坏墙面,严禁踩踏窗口。在各构造层凝结前,应防止水冲、撞击、振动。

所搭设的脚手架须经安全检查验收后,方可上架施工,架上不得超重堆放材料,金属挂架每跨最多不得超过两人同时作业。在脚手架上施工时,用具、工具、材料应分散摆放稳妥,防止坠落,注意操作安全。

知识扩展:

《外墙外保温工程技术规程》(JGJ 144—2008)

6.1 EPS 板薄抹灰外墙外保温系统

6.1.2 建筑物高度在 20m 以上时,在受负风压作用较大的部位宜使用锚栓辅助固定。

6.1.3 EPS 板宽度不宜大于 1200mm,高度不宜大于 600mm。

6.1.4 必要时应设置抗裂分隔缝。

6.1.5 EPS 板薄抹灰系统的基层表面应清洁,无油污、脱模剂等妨碍粘结的附着物。凸起、空鼓和疏松部位应剔除并找平。找平层应与墙体粘结牢固,不得有脱层、空鼓、裂缝,面层不得有粉化、起皮、爆灰等现象。

参 考 文 献

[1] 中华人民共和国住房和城乡建设部,中华人民共和国国家质量监督检验检疫总局.土方与爆破工程施工及验收规范:GB 50201—2012[S].北京:中国建筑工业出版社,2012.

[2] 中华人民共和国住房和城乡建设部,中华人民共和国国家质量监督检验检疫总局.建筑地基基础工程施工质量验收规范:GB 50202—2002[S].北京:中国计划出版社,2002.

[3] 中华人民共和国住房和城乡建设部,中华人民共和国国家质量监督检验检疫总局.建筑地基基础工程施工规范:GB 51004—2015[S].北京:中国计划出版社,2015.

[4] 中华人民共和国住房和城乡建设部,中华人民共和国国家质量监督检验检疫总局.砌体结构工程施工规范:GB 50924—2014[S].北京:中国建筑工业出版社,2014.

[5] 中华人民共和国住房和城乡建设部,中华人民共和国国家质量监督检验检疫总局.混凝土结构设计规范:GB 50010—2010(2015 年版)[S].北京:中国建筑工业出版社,2016.

[6] 中华人民共和国住房和城乡建设部,中华人民共和国国家质量监督检验检疫总局.钢结构工程施工规范:GB 50755—2012[S].北京:中国建筑工业出版社,2012.

[7] 中华人民共和国住房和城乡建设部,中华人民共和国国家质量监督检验检疫总局.地下工程防水技术规范:GB 50108—2008[S].北京:中国计划出版社,2009.

[8] 建筑施工手册编写组.建筑施工手册[M].4 版.北京:中国建筑工业出版社,2008.

[9] 姚谨英.建筑施工技术[M].5 版.北京:中国建筑工业出版社,2014.

[10] 卢循,林奇,陈孝慧.建筑施工技术[M].上海:同济大学出版社,1999.

[11] 王洪健.混凝土工程施工[M].北京:中国建筑工业出版社,2011.

[12] 中国机械工业教育协会.建筑施工[M].北京:机械工业出版社,2003.

[13] 张厚先,王志清.建筑施工技术[M].2 版.北京:机械工业出版社,2011.